电机及电力拖动

Dianji ji Dianli Tuodong （第四版）

主　编 ◯ 曲素荣　索　娜
副主编 ◯ 张泽伟

西南交通大学出版社
·成　都·

内容简介

本书是高等职业院校教育“十三五”规划教材之一，作者紧密结合了我国高等职业教育电气类专业培养目标和培养规格要求编写。书中充分体现了理论与实际相结合的原则，注重专业基本技能和职业综合能力的培养。全书共分九章，系统地阐述了直流电机的原理、直流电动机的电力拖动、变压器、三相异步电动机的原理、三相异步电动机的电力拖动、控制电机、电动机容量的选择及其他电动机、电机实测等内容。

本书可作为高职高专学校、成人高校电机电器、供用电技术、城市轨道交通、机电一体化、机械电子、电气运行与控制、铁道供电、电气自动化等电类专业的教材，中等职业学校如开办本课程也可选用本书作为教材。本书对从事电机及电力拖动技术工作的工程技术人员也有一定的参考价值。

图书在版编目（CIP）数据

电机及电力拖动 / 曲素荣，索娜主编. —4 版. —成都：西南交通大学出版社，2019.1（2021.1 重印）
高等职业教育精品课程“十三五”规划教材
ISBN 978-7-5643-6680-3

Ⅰ. ①电… Ⅱ. ①曲… ②索… Ⅲ. ①电机学 – 高等职业教育 – 教材②电力传动 – 高等职业教育 – 教材 Ⅳ. ①TM3②TM921

中国版本图书馆 CIP 数据核字（2018）第 290773 号

高等职业教育精品课程“十三五”规划教材
电机及电力拖动
（第四版）
主编　曲素荣　索　娜

责任编辑　张华敏
特邀编辑　唐建明　陈正余　杨开春
封面设计　何东琳设计工作室

出版发行　西南交通大学出版社
（四川省成都市二环路北一段 111 号
西南交通大学创新大厦 21 楼）
邮政编码　610031
发行部电话　028-87600564
官网　http://www.xnjdcbs.com
印刷　四川煤田地质制图印刷厂

成品尺寸　185 mm × 260 mm
印张　17.5
字数　437 千
版次　2019 年 1 月第 4 版
印次　2021 年 1 月第 14 次
定价　38.00 元
书号　ISBN 978-7-5643-6680-3

课件咨询电话：028-81435775

第四版前言

“电机及电力拖动”课程是高职高专学校和部分成人高等学校工业电气自动化、电气技术、电机电器、供用电技术、城市轨道交通、机电一体化等专业学生的一门必修课程，它是将“电机学”“电力拖动”和“控制电机”等课程有机结合而成的一门课程。

本教材自2004年出版以来，以其知识全面、重于实际运用、讲解清晰的特点，受到老师、学生的好评。在此基础上，编者于2007年和2011年分别对该教材内容进行了更新，使教材内容更趋完善。在此期间，编者收集到了不少读者的评价、建议和意见，对于广大读者的关心和支持，编者在此表示诚挚的感谢。

近年来，由于相关知识的不断更新和发展，同时，为了适应当今社会对高职学生岗位工作能力的新要求，编者决定对该教材进行新一轮的更新，目的是使本教材的结构更加完善、内容更易于理解、更加适合高职教学的需要。

本教材侧重于基本原理和基本概念的阐述和实际应用。有些内容采用提出问题、分析问题、解决问题，最后总结出概念并推广到一般的方式，便于读者理解和掌握。本书体现了高等职业教育的理念，强调基本理论和知识的实际应用，利用图解分析，减少了繁琐的数学推导，简化了一些复杂的运算，着眼于培养学生的技术应用能力。为了加深理解和掌握相关的基本知识，书中配有大量的例题和习题，其中，教学内容模块化，各模块教学的目标明确，具有组合性和选择性，便于不同专业选用。

本书共分九章，全书由郑州铁路职业技术学院曲素荣、索娜统稿并担任主编。其中绪论、第一章、第二章、第三章、第四章、第五章、第九章由曲素荣编写；第六章由索娜编写；第七章由郑州铁路职业技术学院张君霞编写；第八章由包头铁道职业技术学院张泽伟编写。

在本教材的编写过程中，得到了郑州铁路职业技术学院电气工程系张桂香、王子铭、吴宁等老师的帮助，并为本书的编写提供了大量的资料，在此表示衷心感谢。另外，编者还参考了国内同行的有关文献与资料，引用了其中的一些内容和实例，在此向所有原作者表示感谢！

由于编者水平有限，书中难免存在不足之处，恳请读者批评指正。

编　者

2018年10月

目 录

绪　论

一、电机及电力拖动在国民经济中的作用及发展概况

电能是现代社会最常用的一种能源。和其他能源相比，无论是生产、变换、输送、分配、使用还是控制，电能都是最经济、最方便的能源。要实现电能的生产、变换和使用等都离不开电机。电机是根据电磁感应原理实现能量转换或传递的电气装置。

在电力系统中，电能的生产主要依靠发电机；电能的变换、输送和分配都离不开变压器；工业、农业、交通运输、医疗等各行各业以及日常生活中的各种家用电器都需要用电动机来拖动；航天、航空和国防科学等领域的自动控制系统中，需要各种各样的控制电机作为检测、随动、执行和解算元件。因此，电机及电力拖动在国民经济的各个领域都起着重要的作用。

电机工业的发展是同国民经济和科学技术的发展密切相关的。20 世纪以前，电机的发展过程是由诞生到工业上的初步应用，再到各种电机的初步定型以及电机理论和电机设计计算的建立和发展。进入 20 世纪以后，人们在降低电机成本、减小电机尺寸、提高电机性能、选用新型电磁材料、改进电机生产工艺等方面进行了大量的工作，所以现代电机已得到了很大的发展。

我国早在 1965 年就研制成功世界上第一台 125 kW 双水内冷汽轮发电机，显示了我国电机工业的迅速崛起。近些年来，随着对电机新材料的研究，并在电机设计、制造工艺中利用计算机技术，使得普通电机的性能更好、运行更可靠；而控制电机的高可靠性、高精度、快速响应使控制系统可以完成各种人工无法完成的快速复杂的精巧运动。目前，我国电机工业的学者和工程技术人员正在对电机的新理论、新结构、新系列、新工艺、新材料、新的运行方式和调速方法进行更多的探索、研究和试验工作，并取得了可喜的成绩。

电力拖动的发展经历了从最初的“成组拖动”（即由一台电动机拖动一组生产机械），到 20 世纪 20 年代以来广泛采用的“单电动机拖动系统”（即由一台电动机拖动一台生产机械），以及 20 世纪 30 年代广泛使用的“多电动机拖动系统”（即由多台电动机拖动一台生产机械）的过程。随着生产的发展，对上述单电动机拖动系统及多电动机拖动系统提出了更高的要求，例如，要求提高加工精度与工作速度，要求快速启动、制动及反转，实现在很宽范围内调速及整个生产过程自动化，等等。要完成这些任务，除了电动机外，必须要有自动控制设备，组成自动化的电力拖动系统。而这些高要求的拖动系统随着自动控制理论的不断发展、半导体器件和电力电子技术的采用，以及数控技术和计算机技术的发展与采用，正在不断地完善和提高。

综上所述，电力拖动技术发展至今，已具有许多其他拖动方式无法比拟的优点。在启动、制动、反转和调速方面的控制简单方便、快速性好且效率高，并且电动机的类型很多，具有各种不同的运行特性，可以满足各种类型的生产机械的要求。由于电力拖动系统各个参数的检测、信号的变换与传送较方便，易于实现最优控制。因此，电力拖动成为现代工农业电气自动化的基础。

二、电机及电力拖动系统的分类

1. 电机的分类

电机的种类繁多，性能各异，应用广泛，按照功能可分为：

直流电机——实现机械能和直流电能之间的转换，包括直流发电机、直流电动机。

交流电机——实现机械能和交流电能之间的转换，包括同步电机、异步电机。

变压器——进行交流电能的传递。

控制电机——在自动控制系统中起控制作用。

2. 电力拖动的分类

按照电动机的种类不同，电力拖动可分为直流电力拖动和交流电力拖动。

三、本课程的性质、任务及学习方法

本课程是电机电器、供用电技术、电气自动化、城市轨道交通、机电一体化等电类专业的一门专业基础课。

本课程的任务是使学生掌握直流电机、变压器、三相异步电动机的基本结构、工作原理及基本理论；掌握直流电动机、三相异步电动机的机械特性及各种运转状态的基本理论和启动、调速、制动、反转的基本理论，掌握电动机启动、制动和调速电阻的计算方法，具备选择电力拖动方案所需的基础知识，了解单相异步电动机、同步电动机等几种常见电动机、控制电机的原理、特点、运行性能和用途；掌握电机试验的基本方法和技能，达到能选择、使用和维护与电机实验相关的仪器设备；为学习后续课程和今后的工作准备必要的基础知识，同时也培养学生在电力拖动技术方面分析和解决问题的能力。

电机及电力拖动是一门理论性很强的技术基础课，它具有专业课的性质，涉及的基础理论和实际知识面广，是电学、磁学、动力学、热力学等学科知识的综合。因此要学好本课程，必须具有扎实的基础理论知识和丰富的空间想象、思维能力，并且在学习的过程中注重理论联系实际，在掌握基本理论的同时，还要加强实践动手能力的培养。

四、本课程常用的物理概念和定律

1. 磁感应强度 $\boldsymbol{B}$（或磁通密度）

磁场是由电流产生的，为了形象地描绘磁场，采用磁力线的形式来表示，磁力线是无头无尾的闭合曲线。图 1 中画出了直线电流、圆电流及螺线管电流产生的磁力线。

磁感应强度 B 是描述磁场强弱及方向的物理量。磁力线的方向与电流方向之间满足右手螺旋关系，如图 2 所示。

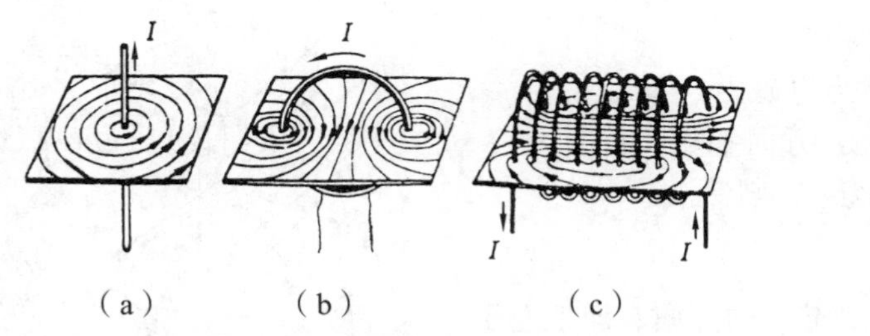

图 1　电流磁场中的磁力线

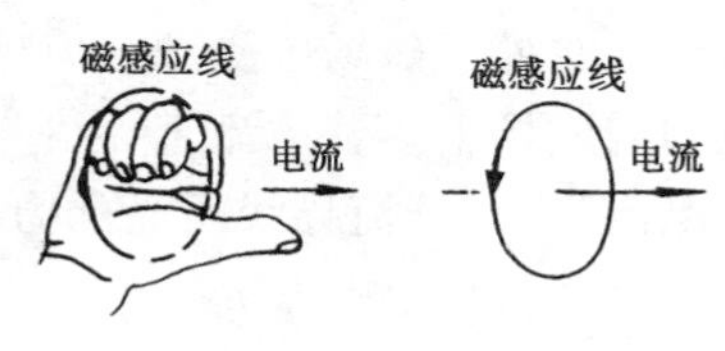

图 2　磁力线与电流的右手螺旋关系

2. 磁感应通量 Φ（或磁通）

穿过某一截面 S 的磁感应强度 B 的通量，即穿过截面 S 的磁力线根数，称为磁感应通量，简称磁通，用 Φ 表示，即

$$\Phi = \int_s B \cdot \mathrm{d}S$$

在均匀磁场中，如果截面 S 与 B 垂直，如图 3 所示，则上式变为

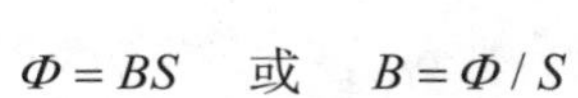

$$\Phi = BS \quad 或 \quad B = \Phi / S$$

式中　B——单位截面积上的磁通，称为磁通密度，简称磁密。在电机和变压器中常采用磁密。

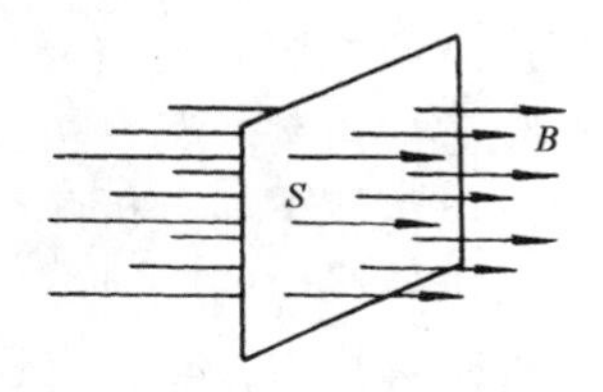

图 3　均匀磁场中的磁通

3. 磁场强度 H

计算导磁物质中的磁场时，引入辅助物理量——磁场强度 H，它与磁密 B 的关系为

$$B = \mu H$$

式中　μ——导磁物质的磁导率。真空的磁导率为 μ_0。铁磁材料的 $\mu >> \mu_0$，例如，铸钢的 μ 约为 μ_0 的 1 000 倍，各种硅钢片的 μ 为 μ_0 的 6 000 ~ 7 000 倍。

4. 安培环路定律（全电流定律）

在磁场中，沿任意一个闭合磁回路的磁场强度的线积分等于该回路所环绕的所有电流的代数和，即

$$\oint H \cdot \mathrm{d}l = \sum I$$

式中　电流方向与闭合回路方向符合右手螺旋关系时为正，反之为负，如图 4 所示。

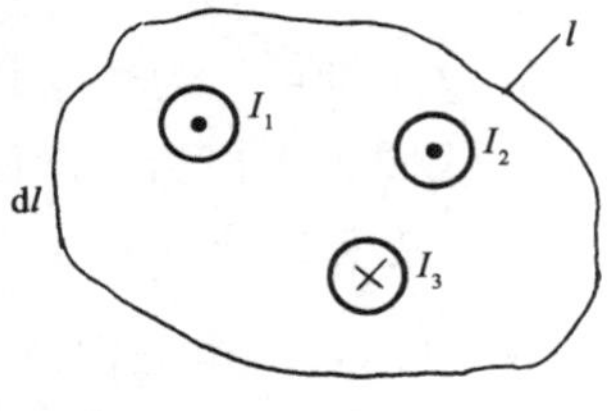

图 4　安培环路定律

5. 磁路的欧姆定律

设一段磁路的长度为 l，截面积为 S，由磁导率为 μ 的材料制成，则该段磁路的磁势

$$F = Hl = \frac{B}{\mu} l = \Phi \frac{l}{\mu S} = \Phi R_{\mathrm{m}}$$

式中　$R_m = \frac{l}{\mu S}$——这段磁路的磁阻，它的表达形式与一段导线的电阻相似。

6. 左手定律（判定电磁力的方向）

载流导线处于磁场中受到的力称为电磁力。

在均匀磁场中，若载流直导线与 B 方向垂直，长度为 l，流过的电流为 i，载流导线所受的力为 f，则

$$f = Bil$$

在电机学中，习惯上用左手定则确定 f 的方向，即把左手伸开，大拇指与其他四指呈 90°，如图 5 所示，磁力线指向手心，其他四指指向导线中电流的方向，则大拇指指向就是导线受力的方向。

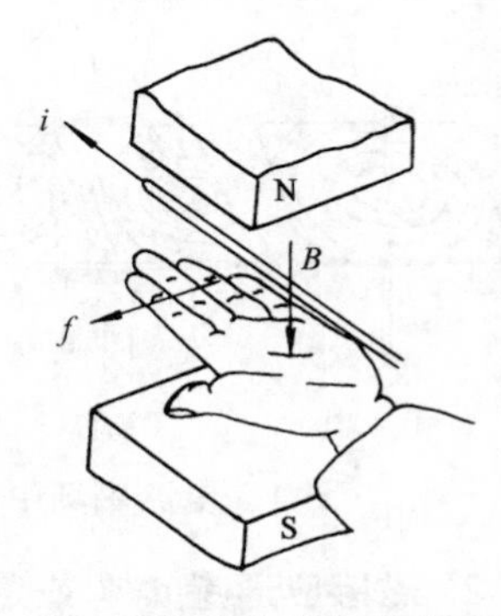

图 5　电磁力方向的判定

7. 电磁感应现象

变化的磁场会产生电场，使导体中产生感应电势，这就是电磁感应现象。在电机中，电磁感应现象主要表现在两个方面：一方面是导线与磁场有相对运动，导线切割磁场时，导线内产生感应电势；另一方面是交链线圈的磁通变化时，线圈内产生感应电势。下面分析两种电势的大小、方向的判定。

（1）导线中的感应电势

若磁场均匀，磁感应强度为 B，直导线长 l，导线相对磁场的运动速度为 v，三者互相垂直，则导线中感应电势为

$$e = Blv$$

在电机学中，习惯上用右手定则确定电势 e 的方向，即把右手手掌伸开，大拇指与其他四指呈 90°，如图 6 所示，如果让磁力线指向手心，大拇指指向导线切割磁场的方向，其他四指的指向就是导线中感应电势的方向。

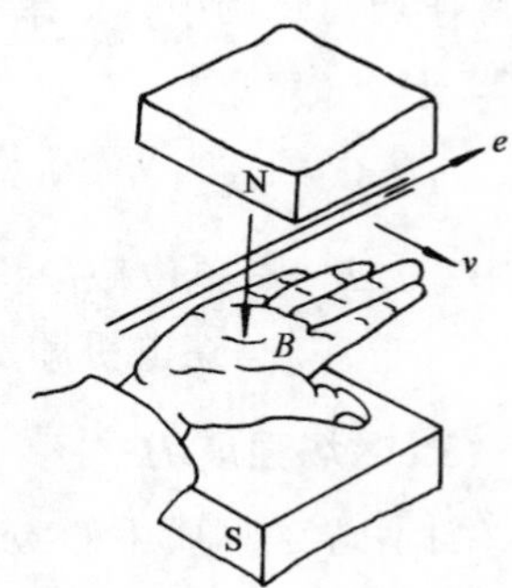

图 6　确定导线中的感应电势方向的右手定则

（2）线圈中的感应电势

如图 7 所示，当变化的磁场（Φ）交链一线圈（匝数为 N），则线圈中的感应电势为

$$e = -N\frac{\mathrm{d}\Phi}{\mathrm{d}t}$$

在电机学中，习惯上用右手定则确定电势 e 的方向，即用右手握住线圈，大拇指指向磁场的方向，则四指环绕的方向就是线圈中感应电势的方向。

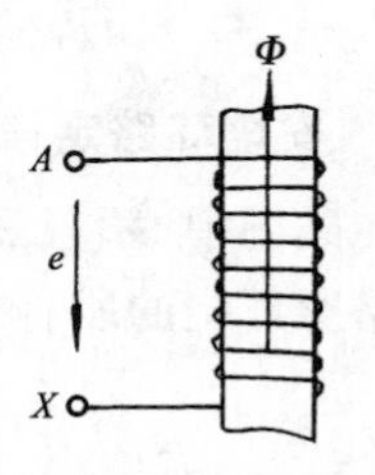

图 7　确定线圈中的感应电势方向的右手定则

8. 基尔霍夫电压定律

在一闭合电回路中，各元件的电压降的代数和恒等于零。数学表达式为

$$\sum u = 0$$

第一章　直流电机的原理

直流电机是根据电磁感应原理实现机械能和直流电能相互转换的旋转电机，包括直流发电机和直流电动机两种。将机械能转换成直流电能的电机称为直流发电机，将直流电能转换成机械能的电机称为直流电动机。直流电机具有可逆性，一台直流电机工作在发电机状态还是电动机状态，取决于电机的运行条件。

本章主要分析直流电机的工作原理、结构和运行特性。

第一节　直流电机的工作原理

一、直流电机的用途

直流电机与交流电机相比，结构复杂，成本高，运行维护较困难；但是直流电动机具有良好的调速性能、较大的启动转矩和过载能力，它在启动和调速性能要求较高的生产机械中，如电力机车、内燃机车、工矿机车、城市电车、电梯、金属切削机床、轧钢机、卷扬机、起重机、造纸及纺织行业等机械中得到了广泛应用。直流发电机可作为各种直流电源，如直流电动机的电源、同步电机的励磁电源、电镀和电解用的低压大电流直流电源等。

二、直流电机的模型

直流电机的工作原理可用一个简单的模型说明，如图 1-1 所示。在空间固定的一对主磁极 N、S 之间放置一个开有凹槽的圆柱形铁芯（电枢铁芯），在电枢铁芯的两个凹槽中安放一个线圈 acb（电枢线圈），线圈的两个出线端 a、b 分别焊接在两个互相绝缘的半圆形铜质圆环（换向器）上，换向器和电枢铁芯压装在同一转轴上。换向器上放置有两个静止不动的电刷 A 和 B，它们分别与外电路相连接。

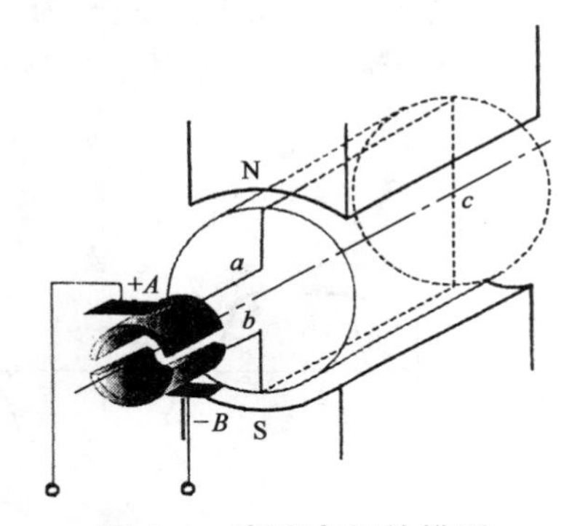

图 1-1　直流电机的模型

实际电机的电枢铁芯上开有很多个槽，放置按一定规律连接的由多个线圈构成的电枢绕组。电机工作时，转轴、电枢铁芯、电枢绕组及换向器是旋转的，这些可旋转的部件称为转子（也叫电枢）；主磁极、电刷在空间固定不动，这些固定不动的部件称为定子；在电枢旋转的过程中电刷和换向器之间保持滑动接触。

三、直流发电机的工作原理

如图 1-2 所示，电机作为发电机运行时，电枢由同轴连接的原动机拖动，以一定的转速 n 逆时针方向旋转，由于导体切割了磁力线，因而导体内产生感应电势，其方向可用右手定则确定，在图 1-2（a）所示的瞬间，导体 a 处于 N 极下，其电势方向为 ⊙，导体 b 处于 S 极下，其电势方向为 ⊕。整个线圈的电势为两个导体电势之和，方向为 $b \to a$。在图 1-2（b）所示的瞬间，线圈转过 180°，则 a 与 b 导体的电势方向均发生改变，线圈电势的方向为 $a \to b$，可见线圈中的电势为交变电势。但由于换向器的作用，电刷 A 只与处于 N 极下的导体相接触，所以极性总是为"+"；电刷 B 只与处于 S 极下的导体相接触，极性总是为"−"，故电刷 A、B 之间向负载输出的电势为方向恒定的直流电势。

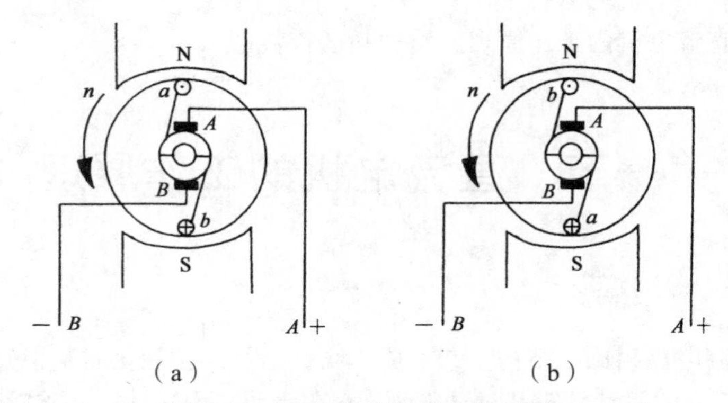

图 1-2 直流发电机的工作原理

综上所述，直流发电机能量转换过程如下：

原动机输入的机械能 ——→（通过电磁感应） 电枢线圈的交变电能 ——→（经过换向器的作用） 电刷间的直流电能

例 1-1 试分析并画出图 1-2 中电枢线圈的感应电势波形及电刷 A、B 间的电势波形。

解 因为电枢的旋转速度不变，所以导体电势随时间变化的规律与磁极下磁密的空间分布规律相同。在直流电机中，磁极下气隙磁密是按梯形波分布的（原因见本章第五节），设 N 极下磁密为负值，S 极下磁密为正值，因此线圈的电势随时间变化为梯形交变电势，如图 1-3 所示。由于换向器的作用，电刷 A、B 间的电势为方向不变的直流电势，如图 1-4 所示。

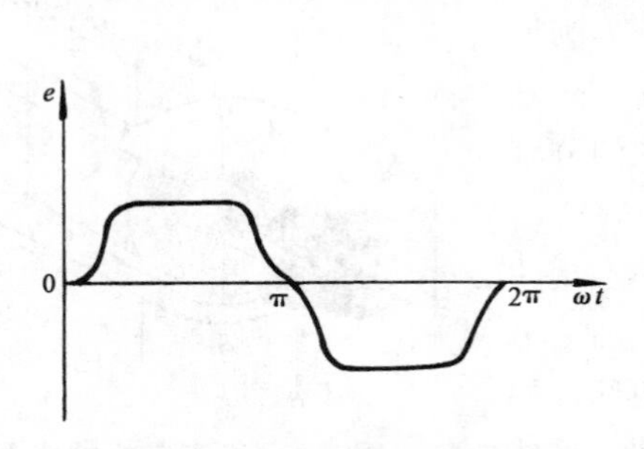

图 1-3 电枢线圈的电势波形

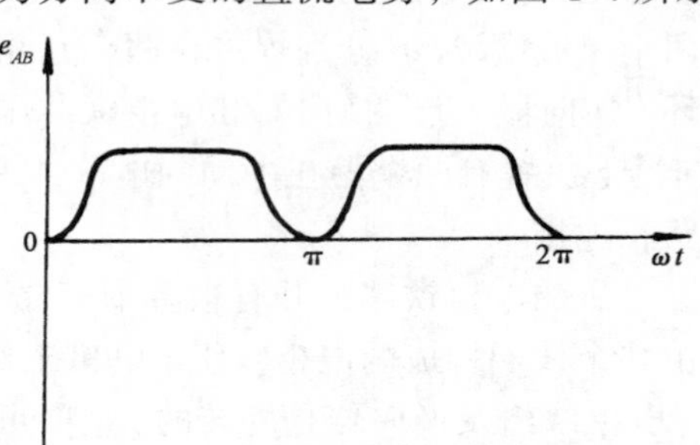

图 1-4 电刷 A、B 间的电势波形

四、直流电动机的工作原理

直流电动机和直流发电机的模型相同，但直流电动机的电刷两端外加直流电源，转子上同轴连接机械负载。

如图 1-5 所示，电机作为电动机运行时，由直流电源把直流电能经电刷 A、B 引入电机，在图 1-5（a）所示的瞬间，导体 a 的电流方向为⊙，导体 b 的电流方向为⊕，载流导体在磁场中受到电磁力作用，方向由左手定则确定，a、b 导体所受的电磁力对轴形成一个顺时针方向的转矩（电磁转矩），当电磁转矩大于阻力矩时，电枢沿顺时针方向旋转。在图 1-5（b）所示的瞬间，线圈转过 180°，由于换向器的作用，电刷 A 只与处于 N 极下的导体相接触，电刷 B 只与处于 S 极下的导体相接触，导体 a 的电流方向为⊕，导体 b 的电流方向为⊙，可见引入线圈中的电流是交变的，在导体位置对换的同时，导体中电流的方向也同时改变，而所产生的电磁转矩方向不会改变，始终为顺时针方向，从而保证电机沿一个方向转动。

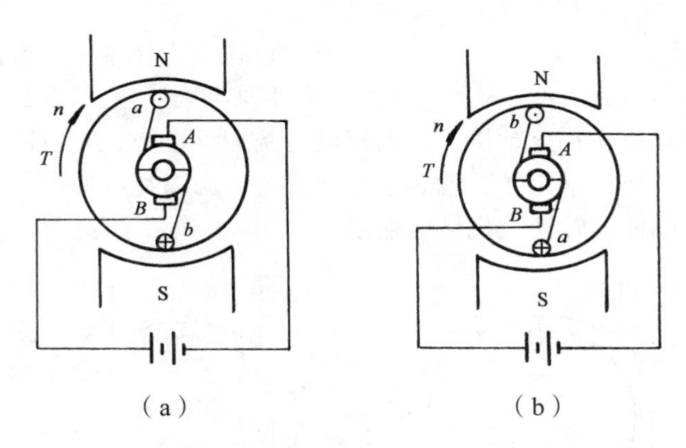

图 1-5　直流电动机的工作原理

综上所述，直流电动机的能量转换过程如下：

外加直流电源输入直流电能 ——→ 电枢线圈的交变电能 ——→ 转子的机械能
（经过换向器的作用）　（通过电磁感应）

实际直流电机的电枢绕组是根据实际应用情况，由多个线圈构成，线圈平均分布于电枢铁芯表面的不同位置的槽中，并按照一定的规律连接。磁极也是根据需要，N、S 极交替放置多对。

五、直流电机的可逆原理

直流发电机和直流电动机的结构完全相同，每一台直流电机既可以作为发电机运行，也可以作为电动机运行，这一性质称为直流电机的可逆原理。直流电机的实际运行方式由外施条件决定：如果在直流电机轴上施加外力，使电枢转动，那么直流电机可以把输入的机械能转换为直流电能输出，直流电机作为发电机运行；如果在电枢绕组两端施加直流电源，输入直流电能，那么直流电机可以把输入的直流电能转换为机械能输出，直流电机作为电动机运行。直流发电机和直流电动机，不是两种不同的电机，而是同一电机的两种不同的运行方式。图 1-6 是直流电机进行能量转换的示意图，可见，能量的转换是可逆的。

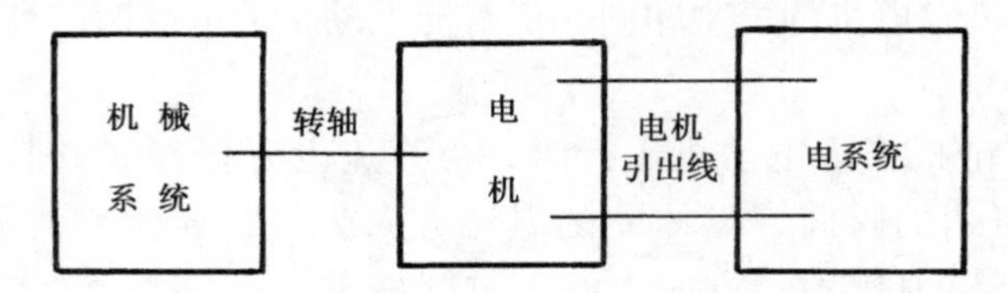

图 1-6 直流电机的能量转换示意图

在直流发电机中，当发电机带负载以后，电枢绕组就与负载构成了闭合回路，回路中就有感应电流流过，电流方向与感应电势方向相同，如图 1-7（a）所示。根据左手定则，载流导体 a 和 b 在磁场中会受到电磁力的作用，从而形成电磁转矩，方向为逆时针，与转速方向相反。这意味着，在发电机中，电磁转矩阻碍发电机旋转，是制动转矩。为此，原动机必须用足够大的拖动转矩来克服电磁转矩的制动作用，以维持发电机的稳定运行，此时发电机从原动机吸取机械能，转换成直流电能向负载输出。

在直流电动机中，如图 1-7（b）所示，当电动机在动力转矩（电磁转矩）的作用下旋转起来后，导体 a 和 b 切割磁力线，产生感应电势，用右手定则判断出其方向与电枢绕组中的电流方向相反。这意味着，在电动机中，电枢电势是一反电势，它阻碍电枢绕组中电流的流动。所以，直流电动机要正常工作，就必须施加直流电源以克服反电势的阻碍作用，此时电动机从直流电源吸取电能，转换成机械能输出。

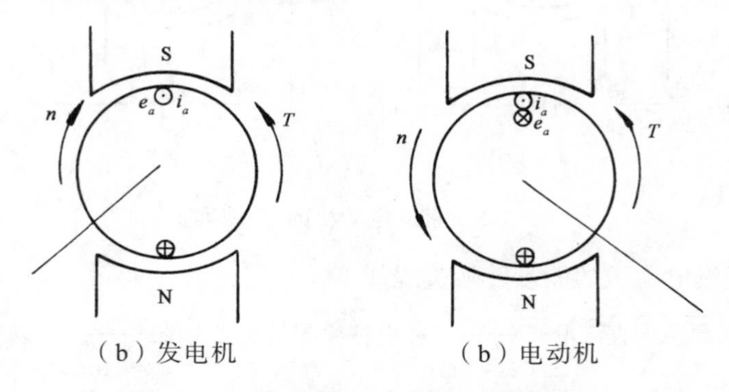

（b）发电机　　（b）电动机

图 1-7 直流电机的感应电势和电磁转矩

综上所述，无论发电机还是电动机，由于电磁的相互作用，感应电势和电磁转矩是同时作用在电机中的。

第二节 直流电机的结构

直流电机是一种旋转机械，从整体上看，主要由两个部分组成，即静止部分（定子）和转动部分（转子）。在定、转子之间有一定的间隙，称为气隙。直流电机的主要构成部件和作用如下：

直流电机的构成：

- 定子
  - 构成：机座、主磁极、换向极、端盖、电刷等装置。
  - 作用：主要用来建立主磁场并起机械支撑作用。
- 转子
  - 构成：电枢铁芯、电枢绕组、换向器、转轴、风扇等部件。
  - 作用：是机械能和直流电能相互转换的枢纽。

图 1-8 是一台直流电机的外形图，图 1-9 是直流电机的主要部件图，图 1-10 是直流电机的剖面图。

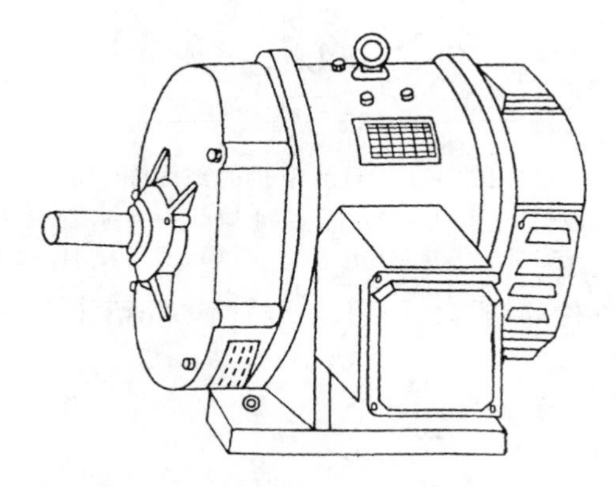

图 1-8　直流电机的外形图

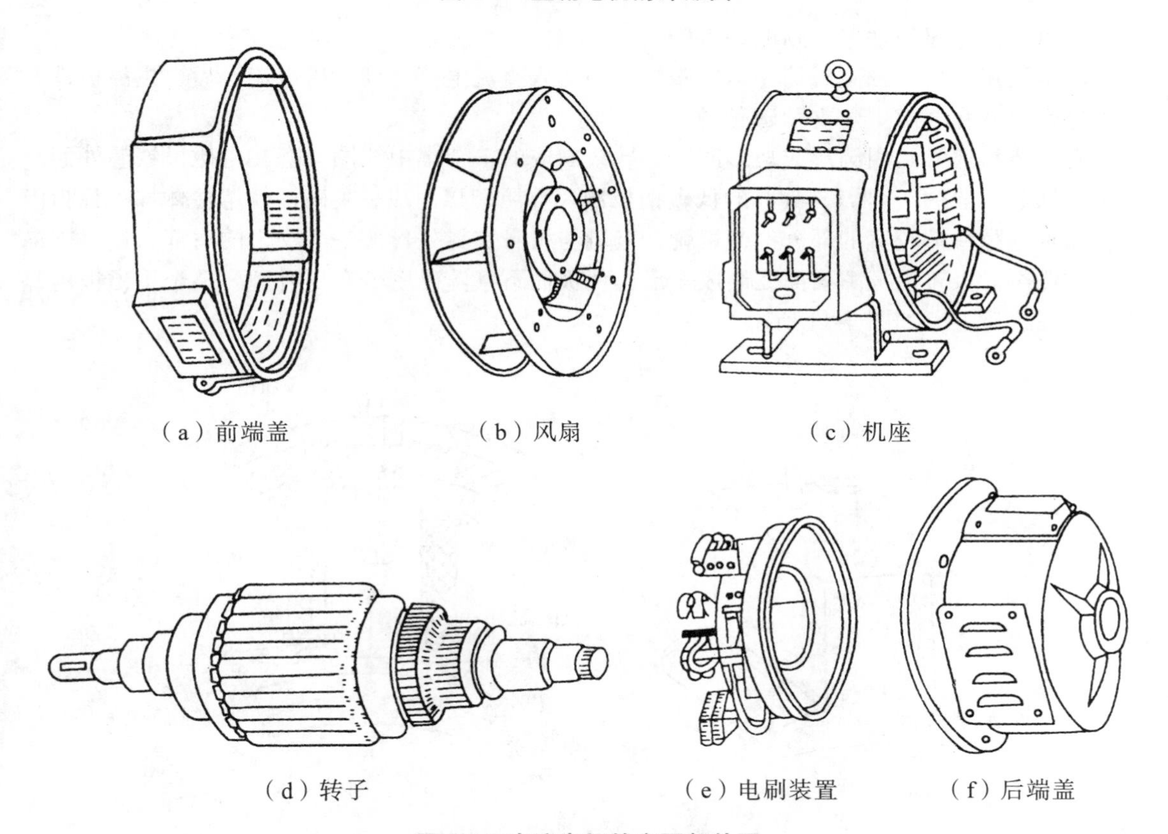

（a）前端盖　（b）风扇　（c）机座

（d）转子　（e）电刷装置　（f）后端盖

图 1-9　直流电机的主要部件图

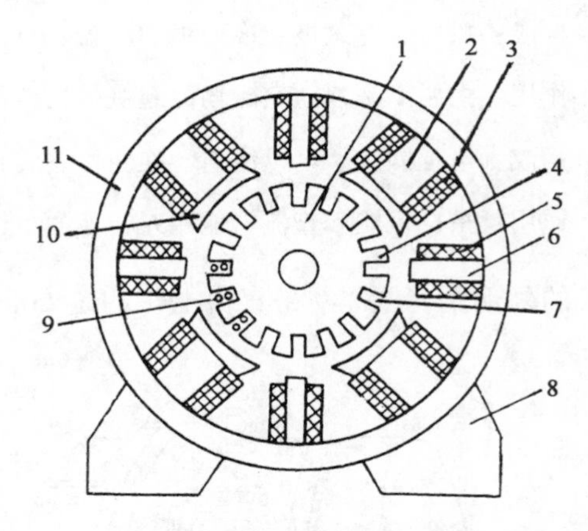

图 1-10　直流电机的剖面图

1—电枢铁芯；2—主磁极铁芯；3—励磁绕组；4—电枢齿；5—换向极绕组；6—换向极铁芯；7—电枢槽；8—底座；9—电枢绕组；10—极掌（极靴）；11—磁轭（机座）

直流电机各主要组成部件的结构、作用及材料简要介绍如下。

一、定子部分

1. 主磁极

主磁极由主磁极铁芯和励磁绕组构成。

主磁极用来建立励磁磁场。当励磁绕组中通入直流电流（即励磁电流）后，主磁极铁芯呈现磁性，并在气隙中建立励磁磁场。

励磁绕组通常是用圆形或矩形的绝缘导线制成的一个集中线圈，套在主磁极铁芯外面。主磁极铁芯一般用 1 ~ 1.5 mm 厚的低碳钢板冲片叠压铆接而成，主磁极铁芯柱体部分称为极身，靠近气隙一端较宽的部分称为极靴，极靴与极身交界处形成一个突出的肩部，用以支撑住励磁绕组。极靴沿气隙表面处制成弧形，使极面下气隙磁密分布更合理。整个主磁极用螺杆固定在机座上，如图 1-11 所示。

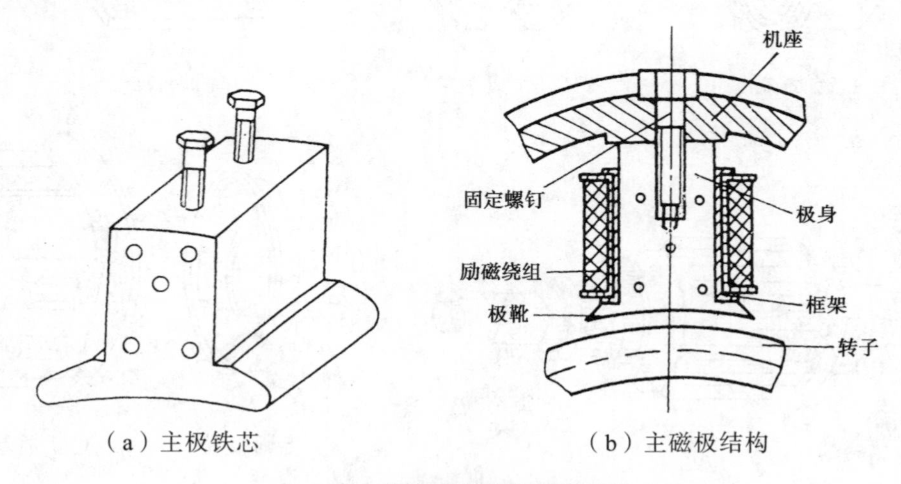

（a）主极铁芯　　（b）主磁极结构

图 1-11　直流电机的主磁极结构

主磁极在机座上总是均匀分布，成对出现。各主磁极上的励磁绕组连接时要保证相邻磁极的极性按 N、S 交替排列。

2. 换向极

换向极又叫附加极，由换向极铁芯和换向极绕组构成。

当换向极绕组通入直流电流后，它所产生的磁场将对电枢磁场产生影响，目的是为了改善换向，减小电刷与换向片之间的火花（详见本章第八节）。

换向极绕组总是与电枢绕组串联，它的匝数少、导线粗。换向极铁芯通常都用厚钢板叠制而成，用螺杆安装在相邻两主磁极之间的机座上。通常换向极与主磁极的个数相等，但当直流电机功率很小时，换向极可以减少为主磁极数的一半，甚至不装置换向极。图 1-12 为换向极的结构。

如图 1-13 所示，主磁极的平分线称为极轴线，也叫主磁极中心线；相邻两主磁极之间的平分线称为几何中心线，换向极装置在机座的几何中心线处。

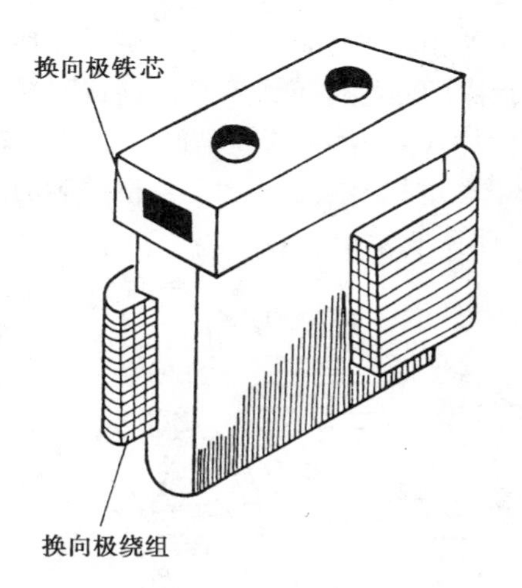

图 1-12　换向极结构

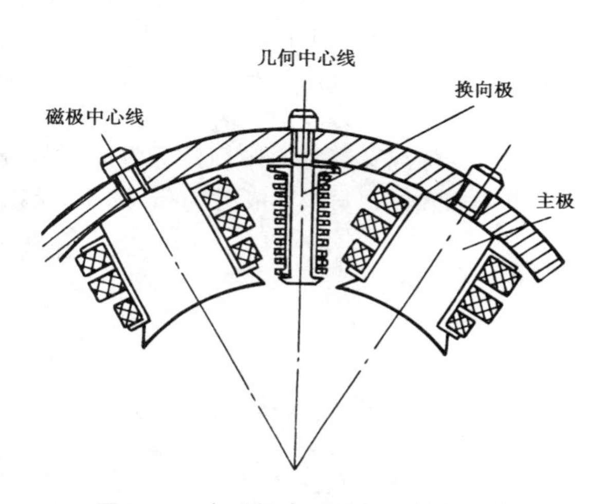

图 1-13　主磁极中心线与几何中心线

3. 机　座

机座的作用一方面是把主磁极、换向极、端盖等零部件固定起来，所以要求它有一定的机械强度；另一方面是让励磁磁通经过，所以它是主磁路的一部分（机座中磁通通过的部分称为磁轭），因此，又要求它有较好的导磁性能。

机座一般为铸钢件或由钢板焊接而成。对于某些在运行中有较高要求的微型直流电机，其主磁极、换向极和磁轭用硅钢片一次冲制叠压而成。

机座一般为圆筒形，也有的为了节省安装空间而制成多角形，如图 1-14 所示。

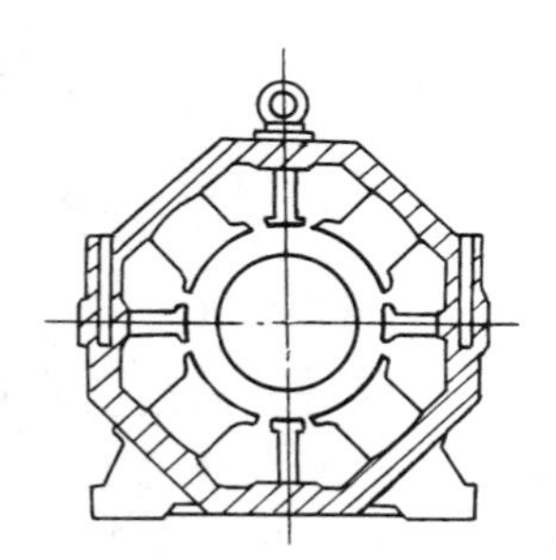

图 1-14　多角形机座

4. 电刷装置

电刷装置的作用是使静止的电刷和旋转的换向器保持滑动接触，从而把转动的电枢绕组与外电路连接起来。

电刷装置由电刷、弹簧、刷握、刷杆、刷杆座等组成。

电刷是用石墨材料做成的导电块，放置在刷握内，用弹簧将它压紧在换向器表面上。刷握固定在刷杆上。刷杆座可与端盖或机座相连接，电刷组在换向器表面应对称分布。整个电刷装置可以移动，用以调整电刷在换向器上的位置。图 1-15 所示为电刷装置的结构图。

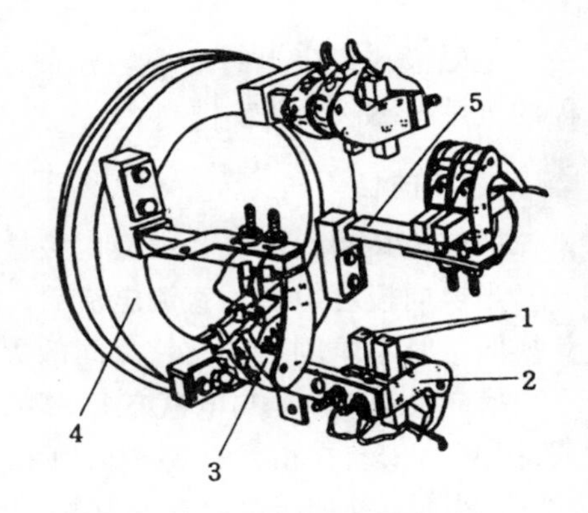

图 1-15　电刷装置

1—电刷；2—刷握；3—弹簧压板；4—座圈；5—刷杆

二、转子部分

1. 电枢铁芯

电枢铁芯是主磁路的一部分，同时也要安放电枢绕组。由于电机运行时，电枢与气隙磁场间有相对运动，铁芯中会产生涡流损耗和磁滞损耗。为了减少损耗，电枢铁芯通常用 0.5 mm 厚、表面涂绝缘漆的圆形硅钢冲片叠压而成，冲片圆周外缘均匀地冲有许多槽，槽内可安放电枢绕组，有的冲片上还冲有许多圆孔，以形成改善散热的轴向通风孔，图 1-16 所示为电枢铁芯冲片的形状。电机容量较大时，电枢铁芯的圆柱体还分隔成几段，每段间隔约 10 mm 左右，以形成径向的通风道。

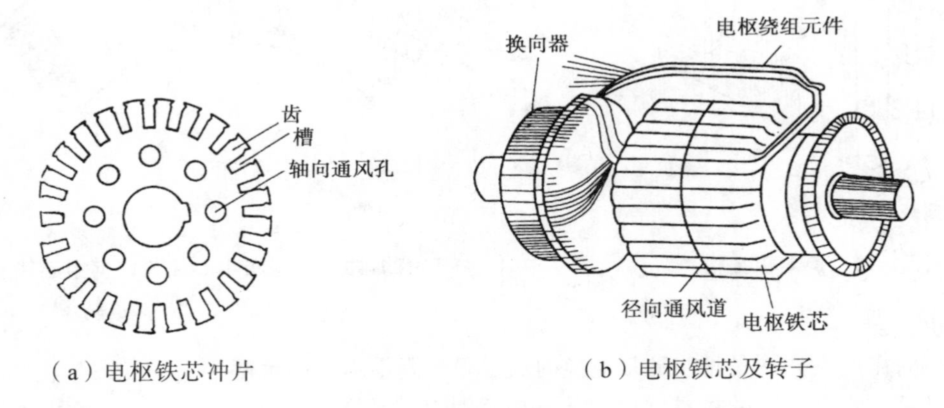

（a）电枢铁芯冲片　　（b）电枢铁芯及转子

图 1-16　电枢铁芯

2. 电枢绕组

电枢绕组是直流电机电路的主要部分，它的作用是产生感应电势和流过电流，因而产生电磁转矩实现机电能量转换，是电机中的重要部件。构成电枢绕组的电枢线圈通常用高强度聚酯漆包线绕制而成，它的一条有效边嵌入某个槽中的上层，另一有效边则嵌入另一槽中的下层，如图 1-17 所示。线圈与铁芯槽之间及上、下层有效边之间均应绝缘，如图 1-18 所示。槽口处沿轴向打入绝缘竹片，或用环氧酚醛玻璃布板制成的槽楔将线圈压紧以防止它在运行时飞出。同样，端接线也要用玻璃丝带扎紧。线圈的两个端头按一定的规律焊接在换向片上。

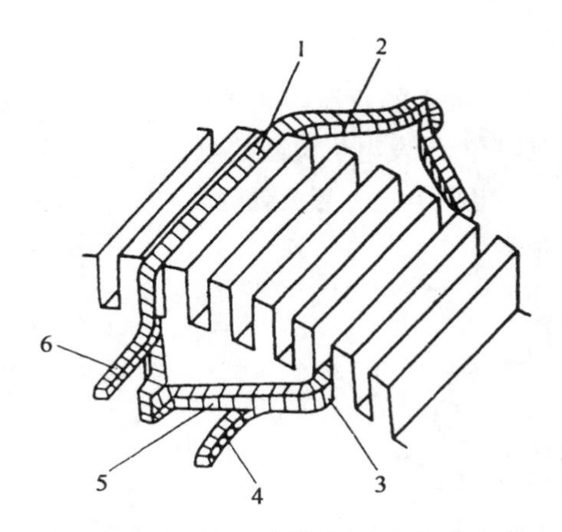

图 1-17　线圈在槽内的安放示意图

1—上层有效边；2、5—端接部分；3—下层有效边；4—线圈尾端；6—线圈首端

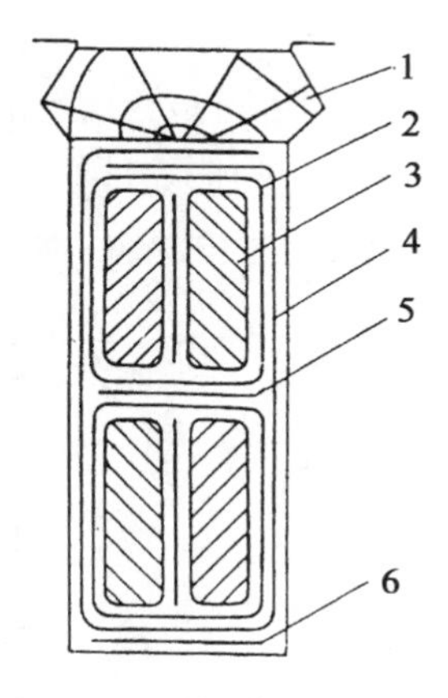

图 1-18　电枢槽内的绝缘

1—槽楔；2—线圈绝缘；3—导体；4—槽绝缘；5—层间绝缘；6—槽底绝缘

3. 换向器

换向器也叫整流子。对于直流电动机，它的作用是将输入的直流电流转换成电枢绕组内的交变电流，从而产生方向恒定的电磁转矩；对于直流发电机，是把电枢绕组中感应的交变电势转换成电刷之间的直流电势，向外电路输出直流电能。图 1-19 为换向器的示意图。

换向器是由许多换向片组合而成的圆柱体。换向片是燕尾状的梯形铜片，片与片之间有云母片绝缘。换向片下部的燕尾嵌在两端的 V 形钢环内。换向片与 V 形云母片绝缘，最后用螺旋压圈压紧。换向器固定在转轴的一侧。这样的换向器称为金属套筒式换向器。

现代小型直流电机广泛采用热压塑料代替金属套筒，这种由热压塑料紧固成形的换向器，称为塑料换向器。

直流电机在定子和转子之间存在着一定的气隙，气隙是电机磁路的重要部分。它的路径虽然很短（一般小型电机的气隙为 0.7 ~ 5 mm，大型电机为 5 ~ 10 mm 左右），但由于气隙磁阻远大于铁芯磁阻，因此，气隙对电机性能有很大的影响。

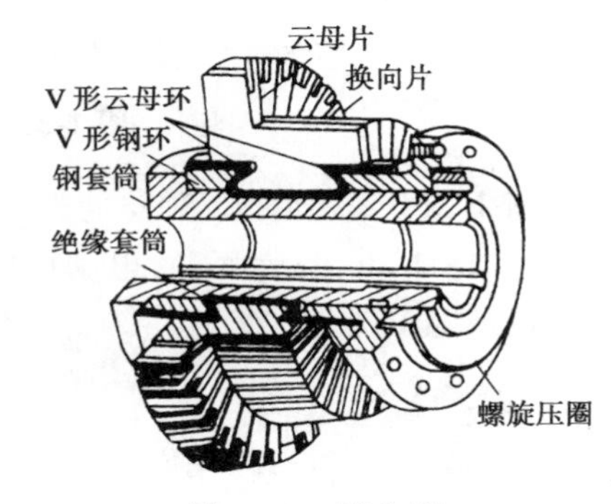

图 1-19　换向器

第三节　直流电机的励磁方式、铭牌数据和主要系列

一、励磁方式

励磁绕组和电枢绕组之间的连接方式称为励磁方式。直流电机的运行性能与它的励磁方式有很大关系。直流电机的励磁方式分为以下四类。

1. 它　励

励磁绕组和电枢绕组无电路上的联系，励磁电流 I_f 由独立的直流电源供电，与电枢电流 I_a 无关，如图 1-20 所示。图 1-20（a）中 I 为负载电流，是指流经发电机负载的电流；图 1-20（b）中负载电流 I 是指电源输入电动机的电流。他励直流电机的电枢电流 I_a 与负载电流 I 相等，即 $I_a = I$。

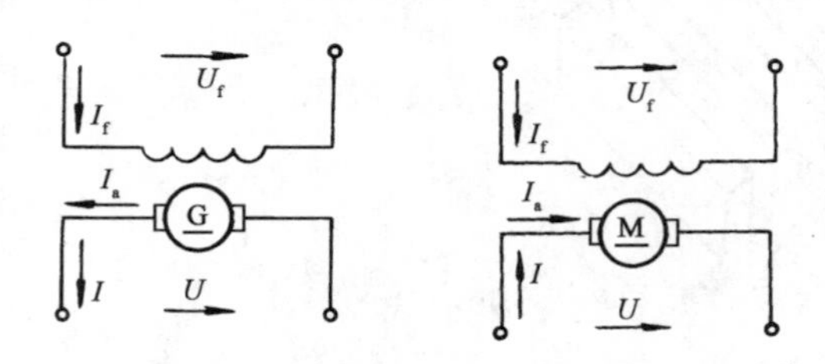

（a）他励直流发电机　　（b）他励直流电动机

图 1-20　他励直流电机的励磁方式

2. 并　励

励磁绕组和电枢绕组并联，如图 1-21 所示。

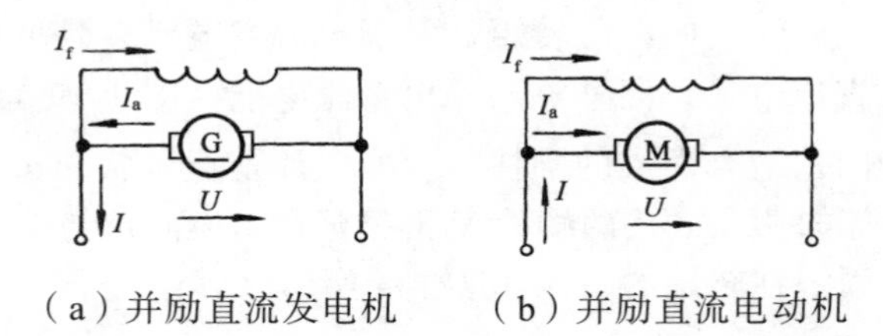

（a）并励直流发电机　　（b）并励直流电动机

图 1-21　并励直流电机的励磁方式

如图 1-21（a）所示，对发电机而言，励磁电流由发电机自身提供，$I_a = I + I_f$。

如图 1-21（b）所示，对电动机而言，励磁绕组与电枢绕组并接于同一外加电源，励磁电流由外加电源提供，$I_a = I - I_f$。

3. 串　励

励磁绕组和电枢绕组串联，$I_a = I = I_f$，如图 1-22 所示。

对发电机而言，如图 1-22（a）所示，励磁电流由发电机自身提供。

对电动机而言，如图 1-22（b）所示，励磁绕组与电枢绕组串接于同一外加电源，励磁电流由外加电源提供。

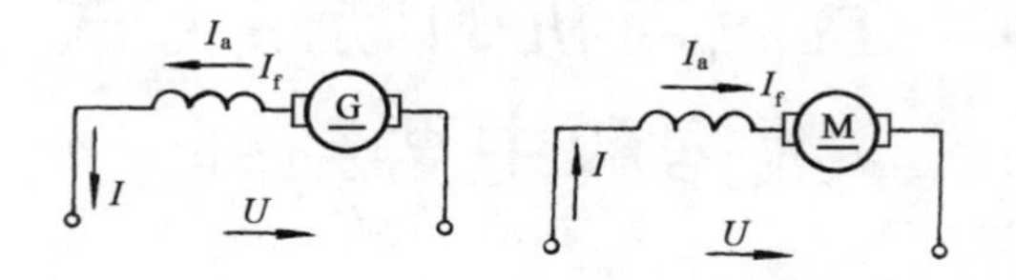

（a）串励直流发电机　（b）串励直流电动机

图 1-22　串励直流电机的励磁方式

4. 复　励

励磁绕组的一部分与电枢绕组并联，另一部分与电枢绕组串联，如图 1-23 所示。

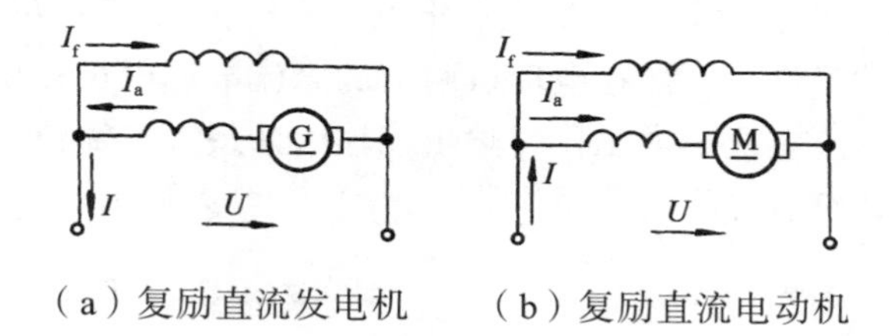

（a）复励直流发电机　（b）复励直流电动机

图 1-23　复励直流电机的励磁方式

二、直流电机的铭牌数据

每一台电机上都有一块铭牌，在上面列出了一些被称为额定值的铭牌数据，这是电机制造厂家按照国家标准和该电机的特定情况，规定的电机在额定运行状态下的各种运行数据，也是对用户提出的使用要求。如果电机运行时处于轻载（即负载远小于额定值），则电机能维持正常运行，但效率降低，不经济。如果电机运行时处于过载（即负载超出了额定值），将缩短电机的使用寿命，甚至损坏电机。所以应根据负载条件合理选用电机，使其接近额定值才既经济合理，又可以保证电机可靠地工作，并且具有优良的性能。图 1-24 是一台直流电动机的铭牌，现对其中几项主要数据说明如下。

直　流　电　动　机			
型　号	Z_2-72	励磁方式	并励
功　率	22 kW	励磁电压	220 V
电　压	220 V	励磁电流	2.06 A
电　流	116 A	定　额	连续
转　速	1500 r/min	温　升	80 °C
产品编号	××××	出厂日期	××××年×月
	××××电机厂		

图 1-24　直流电动机的铭牌

1. 电机型号

型号表明该电机所属的系列及主要特点。掌握了型号，就可以从有关的手册及资料中查出该电机的许多技术数据。例如：

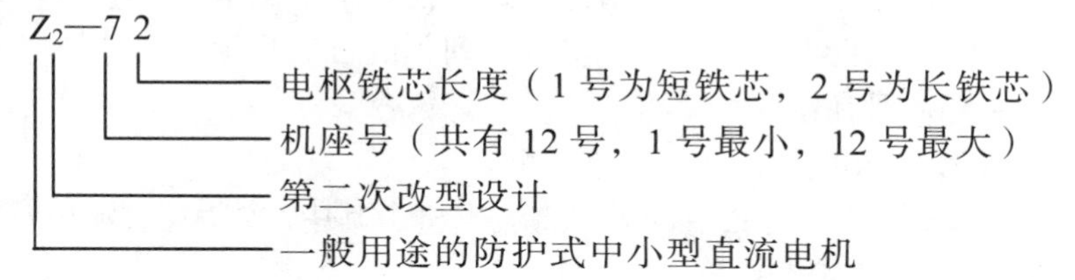

2. 额定值

- 额定功率 P_N　是指在规定的工作条件下，长期运行时的允许输出功率。对于发电机来说，是指正、负电刷之间输出的电功率；对于电动机，则是指电机轴上输出的机械功率，单位为 kW。

- 额定电压 U_N　对发电机来说，是指在额定电流下输出额定功率时的端电压；对电动机来说，是指在按规定正常工作时，加在电动机两端的直流电源电压，单位为 V。
- 额定电流 I_N　是直流电机正常工作时输出或输入的最大电流值，单位为 A。

对于发电机，三个额定值之间的关系为

$$P_N = U_N I_N \tag{1-1}$$

对于电动机，三个额定值之间的关系为

$$P_N = U_N I_N \eta_N \tag{1-2}$$

额定效率

$$\eta_N = \frac{\text{额定输出功率}P_N}{\text{输入功率}P_1} \times 100\% \tag{1-3}$$

- 额定转速 n_N（r/min）　是指电机在上述各项参数均为额定值时的运行转速。
- 额定温升　是指电机允许的温升限度，温升高低与电机使用的绝缘材料的绝缘等级有关。

例 1-2　一台直流发电机，$P_N = 10$ kW，$U_N = 230$ V，$n_N = 2\,850$ r/min，$\eta_N = 85\%$。求其额定电流和额定负载时的输入功率。

解

$$I_N = \frac{P_N}{U_N} = \frac{10\times10^3}{230} = 43.48 \quad (\text{A})$$

$$P_1 = \frac{P_N}{\eta_N} = \frac{10\times10^3}{0.85} = 11.76 \quad (\text{kW})$$

例 1-3　一台直流电动机，$P_N = 17$ kW，$U_N = 220$ V，$n_N = 1\,500$ r/min，$\eta_N = 83\%$，求其额定电流和额定负载时的输入功率。

解

$$I_N = \frac{P_N}{U_N \eta_N} = \frac{17\times10^3}{220\times0.83} = 93.1 \quad (\text{A})$$

$$P_1 = U_N I_N = 220\times93.1 = 20.48 \quad (\text{kW})$$

三、直流电机的主要系列

所谓系列电机，就是在应用范围、结构型式、性能水平、生产工艺等方面有共同性，功率按某一系数递增的、成批生产的电机。实行系列化的目的是为了产品的标准化和通用化。我国直流电机的主要系列有：

- Z_2 系列　一般用途的中、小型直流电机。
- Z 和 ZF 系列　一般用途的中、大型直流电机，其中“Z”为直流电动机系列，“ZF”为直流发电机系列。
- ZT 系列　用于恒功率且调速范围较宽的宽调速直流电动机。
- ZZJ 系列　冶金辅助拖动机械用的冶金起重直流电动机，它具有快速启动和承受较大过载能力的特性。

- ZQ 系列　电力机车、工矿电机车和由蓄电池供电的电车用的直流牵引电动机。
- Z-H 系列　船舶上各种辅机用的船用直流电动机。

直流电机系列很多，使用时可查阅电机产品目录或有关的电工手册。

第四节　直流电机的电枢绕组

一、电枢绕组的一般概念

1. 电枢绕组的作用、分类及要求

电枢绕组是直流电机中最重要的部件之一，无论是发电机还是电动机，感应电势和电磁转矩都在电枢绕组中产生，以实现机电能量的相互转换。

在实际电机中，电枢绕组是由许多分布在电枢铁芯表面槽中的线圈按一定的规律连接而成的闭合回路。根据连接规律的不同，电枢绕组可分为单叠绕组、复叠绕组、单波绕组、复波绕组及混合绕组五种型式。我们在本书中主要介绍单叠与单波绕组。

电枢绕组是一个很重要的部件，其结构和制造工艺复杂，电机中绝大部分的铜和绝缘材料都用在电枢绕组上，运行中容易发生故障。直流电机对电枢绕组的要求是：在能通过规定的电流和产生足够大的电势的前提下，要尽可能地节约有色金属和绝缘材料，并且要结构简单、运行可靠等。

2. 电枢绕组的构成

电枢绕组是由结构、形状相同的线圈构成。线圈有单匝、多匝之分，如图 1-25 所示。

（a）单匝叠绕组线圈

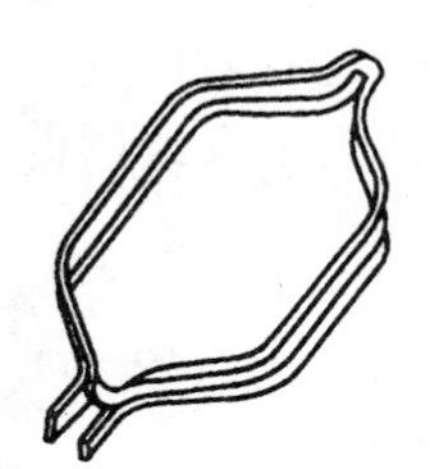

（b）多匝叠绕组线圈

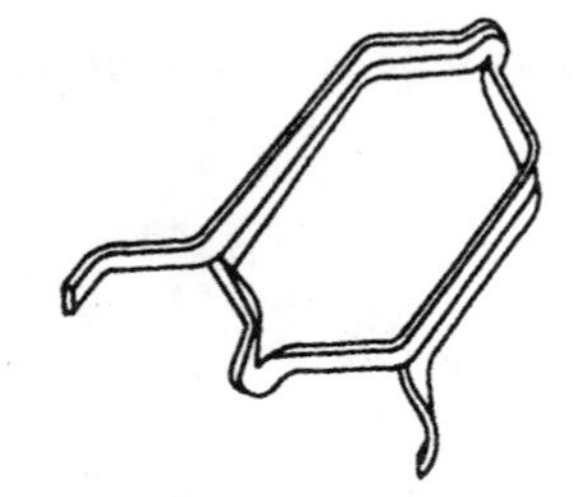

（c）多匝波绕组线圈

图 1-25　线圈的结构

线圈的直线部分放置在电枢槽中，称为有效边；连接有效边的部分称为端部。线圈在槽内分两层放置，放在槽的上层的线圈边，称为上层边；放在下层的线圈边，称为下层边。与上层边相连的出线端称为始端，与下层边相连的出线端称为末端。一个线圈的两个出线端与两个不同的换向片相接。

3. 实槽与虚槽

为了改善电机的性能，希望用较多的线圈来组成电枢绕组。由于工艺等原因，电枢铁芯上

不便开太多的槽，有些电机在每个槽内的上下层各并列放置若干个线圈边。为了确切地说明这些线圈边的具体位置，引入“虚槽”的概念。每个虚槽由一个上层线圈边和一个下层线圈边组成。设每个实际槽内每层有 x 个线圈边，则每个实际槽等同于 x 个“虚槽”，如图 1-26 所示。

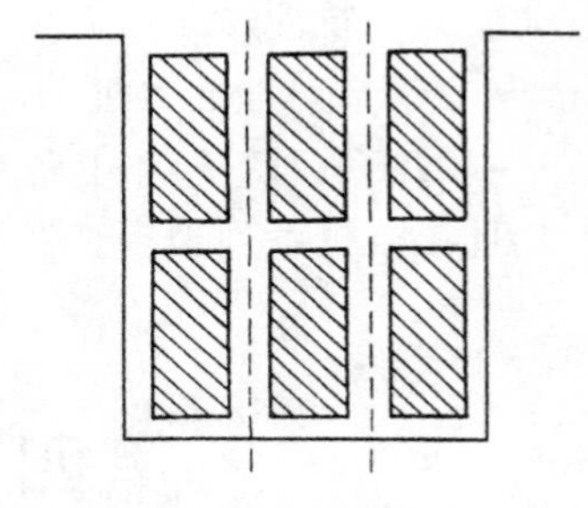

图 1-26　实槽和虚槽（$x=3$）

设电枢铁芯的虚槽数为 Z_x，实槽数为 Z，对于双层绕组，则构成电枢绕组的总线圈数 $S=Z_x=xZ$，因一个换向片上连接两个出线端，则换向片的个数 $k=Z_x$。

4. 极　距

沿电枢表面相邻磁极对应位置之间的圆周距离称为极距 τ，如图 1-27 所示。极距按线性长度表示为

$$\tau=\frac{\pi D_{\mathrm{a}}}{2p} \tag{1-4}$$

式中　D_{a}——电枢铁芯的外径；

p——磁极对数。

极距一般用虚槽数表示，即

$$\tau=\frac{Z_x}{2p} \tag{1-5}$$

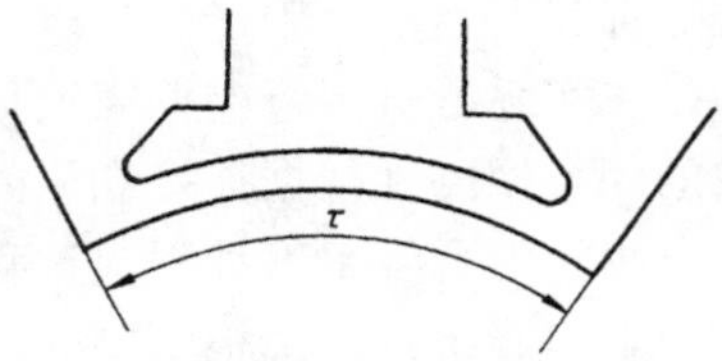

图 1-27　极距 τ

5. 绕组的型式

单叠绕组的连接规律如图 1-28 所示。这种绕组相邻两个线圈的对应边在电枢表面仅相差 1 个虚槽，同时每个线圈的两个出线端与相邻的两个换向片相连接。

单波绕组的连接规律如图 1-29 所示。这种绕组相邻两个线圈的对应边在电枢表面相隔约为两个极距的距离，所以相邻的两个线圈的对应边处在相同极性的两个磁极下，如果电机有 p 对磁极，则连接 p 个线圈后才回到出发线圈的附近，并相差 1 个虚槽，以便第二周继续绕下去，直到所有的线圈均串联起来为止。

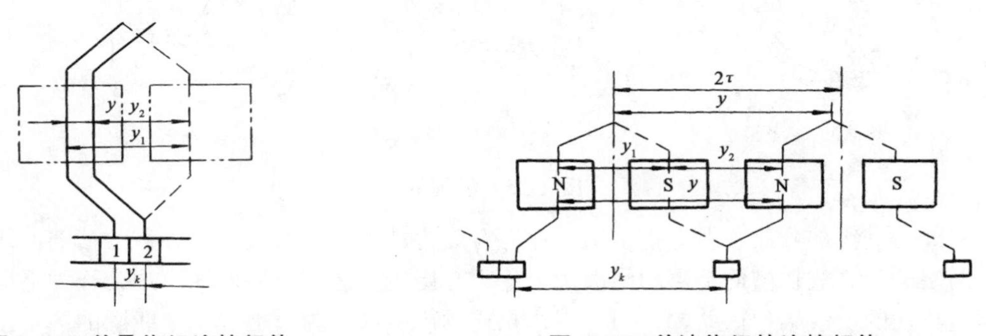

图 1-28　单叠绕组连接规律　　**图 1-29　单波绕组的连接规律**

6. 节　距

为了确定绕组线圈尺寸的大小，正确地将绕组线圈嵌放在电枢槽中，并将出线端正确地

连接到换向片上，有必要引入节距的概念。

所谓节距就是线圈的两边或相连的两个线圈边之间的距离，用虚槽数表示。节距主要包括以下几种：

（1）前节距 y_1（第一节距）

指同一线圈的两边沿电枢表面所跨过的距离。为了使线圈产生尽可能大的感应电势，要求 y_1 大约为一个极距 τ。因为线圈的两边嵌放在不同的虚槽中，所以 y_1 应为整数，即

$$y_1 = \frac{Z_x}{2p} \mp \varepsilon = \text{整数} \tag{1-6}$$

式中　ε —— 是使 y_1 凑成整数的一个分数。

若 $y_1 = \tau =$ 整数，称为整距绕组；若 $y_1 < \tau$，称为短距绕组，反之则为长距绕组。

整距绕组可获得最大的感应电势，短距和长距绕组感应电势略小，由于短距绕组比长距绕组节省端部材料，同时短距绕组对换向有利，所以一般采用短距绕组。

（2）合成节距 y

互相串联的两个线圈对应边之间的距离称为合成节距，用虚槽数表示。

对于单叠绕组，$y = +1$，表示相串联的两个线圈对应边右移一个虚槽，称为右行绕组；$y = -1$ 表示相串联的两个线圈对应边左移一个虚槽，称为左行绕组。直流电机的电枢绕组多采用单叠右行绕组。

对于单波绕组，$y \approx 2\tau$。

（3）换向器节距 y_k

一个线圈的两个出线端分别连接在两个换向片上，这两个换向片之间的距离称为换向器节距，用 y_k 表示，可见，$y_k = y$。

（4）后节距 y_2（第二节距）

相串联的两个线圈，第一个线圈的下层边与第二个线圈的上层边之间的距离称为第二节距（即连接在同一换向片上的两个线圈边之间的距离）。

对于单叠绕组，$y_2 = y_1 - y$；对于单波绕组，$y_2 = y - y_1$。

二、单叠绕组展开图

1. 绕组展开图的绘制

把放在铁芯槽里构成绕组的所有线圈取出，画在同一张图里，就得到绕组展开图，展开图中还包括主磁极、换向片及电刷，如图 1-30 所示。绕组展开图可清楚地表示构成绕组的线圈之间、线圈与换向片之间的连接规律及电刷与主磁极之间的相对位置关系，其中实线表示上层线圈边，虚线表示下层线圈边。一个虚槽中的上、下线圈边用紧邻的一条实线和一条虚线表示，每个方格表示一个换向片。画展开图时，要先对电枢槽、电枢线圈和换向片进行编号，一个线圈的上层边所在的槽与上层边所连接的换向片和该线圈标号相同。例如，1 号线圈上层边放在 1 号槽，并与 1 号换向片连接。

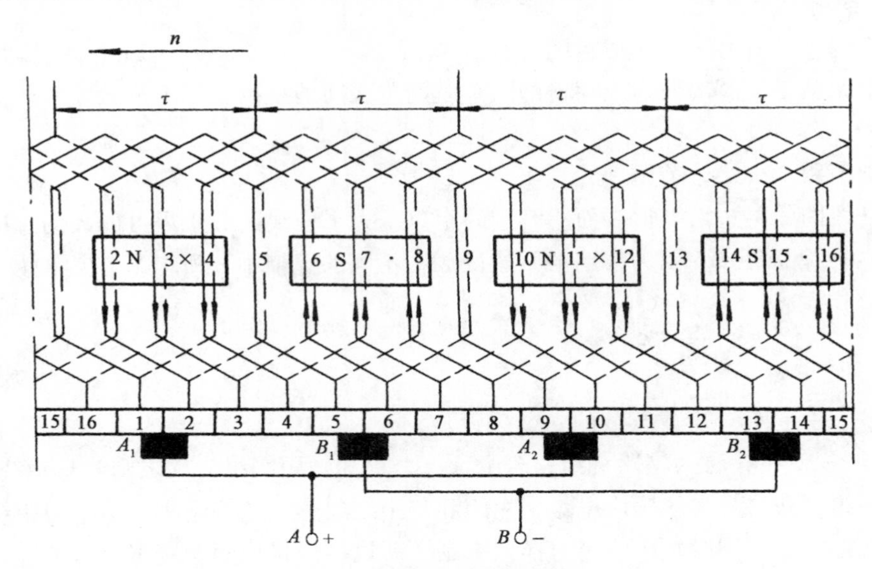

图 1-30　单叠绕组展开图

下面通过一个具体的例子说明单叠绕组展开图的画法。

例 1-4　已知一台直流电机的磁极对数 $p=2$，$Z_x=S=k=16$，试画出右行单叠绕组展开图。

解

（1）计算绕组的节距

$$y_1=\frac{Z_x}{2p}\mp\varepsilon=\frac{16}{4}=4$$

$$y=y_k=+1$$

$$y_2=y_1-y=4-1=3$$

（2）画绕组展开图的步骤

① 画线圈边。用实线代表上层线圈边，用虚线代表下层线圈边，实线（虚线）数等于线圈数 S，从左向右为实线编号，分别为 1～16 号。我们知道，上层线圈边的编号代表该线圈编号，也代表该槽的编号。

② 画换向片。用带有编号的小方块（与齿等宽）代表各换向片，换向片的编号也是从左向右顺序编排，并且第一号线圈上层边所连接的换向片为第一号换向片。为了便于确定一号线圈与一号换向片之间的关系，用如下的方法确定：为了使线圈的端接部分对称，应使线圈所连接的两个换向片的分界线与其轴线重合。

③ 连接绕组。第一号线圈上层边的出线端连接第一号换向片，根据第一节距找到第一号线圈的下层边（本例中编号为 5 号的虚线）及连接上、下层边的端接部分，根据换向器节距 $y_k=1$ 把下层边的出线端连接到第二号换向片上。根据合成节距 $y=1$，把第二号线圈上层边的出线端连接到第二号换向片上，其下层边的出线端连接第三号换向片，依次类推，便构成如图 1-31 所示的展开图。从图中可知，它们的连接次序是从第一号线圈上层边开始，绕电枢一周后，把所有线圈串联起来，最后又回到第一号线圈的上层边，构成一个闭合回路。

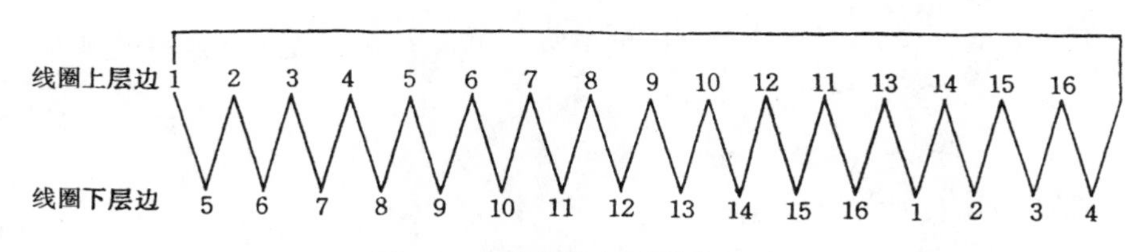

图 1-31　单叠绕组连接顺序表

④ 放置主磁极。两对主磁极应均匀、交替地放置在各槽之上，每个磁极的宽度约为 0.7 倍的极距。

⑤ 放置电刷。在展开图中，直流电机的电刷与换向片的大小相同，电刷数与主磁极数相同。电刷放置的原则是：电机空载时，正、负电刷间得到最大的感应电势。根据电刷放置的原则，电刷应放在主磁极轴线下的换向片上，此时，被电刷短接的线圈感应电势为零，而正、负电刷之间所有线圈的感应电势方向相同，且电势最大。本例中，电刷放置的位置如图 1-30 所示。

⑥ 电刷的连接。假定电枢的旋转方向，并通过右手定则判定线圈中感应电势的方向，从而确定电刷的极性，并把同极性电刷并联引出，作为电枢绕组的输出端。

在实际生产过程中，直流电机电刷的实际位置是电机制造好后通过实验的方法确定的。

2. 单叠绕组的电路图

从图 1-30 所示的单叠绕组展开图，便可得到如图 1-32 所示的瞬间电路图。

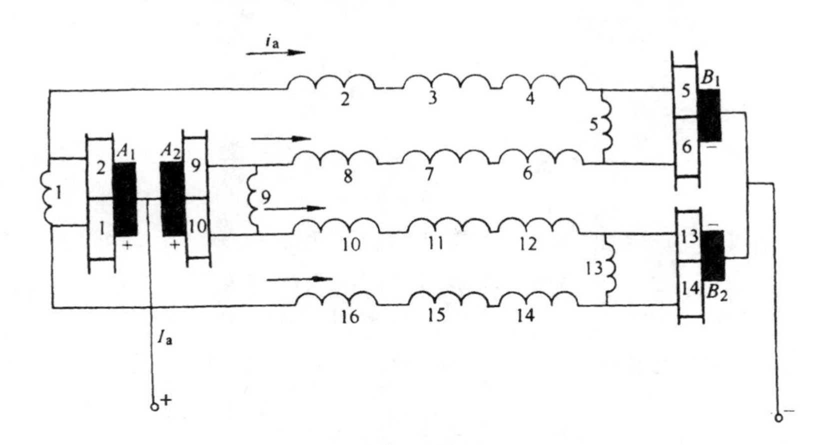

图 1-32　单叠绕组瞬间电路图

从图中看出，有四条支路并联于正、负电刷之间。每一支路都是由上层边处在同一主极下的线圈串联而成，因此一个主极对应一条支路，则单叠绕组的并联支路数恒等于电机的主极数，若以 a 表示并联支路对数，则 $2a = 2p$。

电枢旋转时，各线圈的位置随着移动，构成各支路的线圈则交替更换，由于电刷位置是固定的，所以组成一条支路的线圈数不变，感应电势大小不变。从电刷外面看绕组时，永远是一个具有 $2a$ 条并联支路的电路。

电刷两端接通负载或电源时，产生电枢电流，由于电刷两侧的感应电势方向相反，则电刷两侧的电流方向相反，所以电枢电流的分界线是电刷。

单叠绕组的电枢电势 E_a 等于一条支路的电势，电枢电流 I_a 等于各支路电流 i_a 之和，即

$$I_a = 2a \cdot i_a$$

三、单波绕组展开图

单波绕组是直流电机电枢绕组的另一种基本型式。由于线圈连接呈波浪形，所以称为波绕组。

单波绕组线圈的第一节距和上述单叠绕组相同，但其端接部分的形状和连接规律与单叠绕组就不同了。单波绕组的每个线圈的始、末端要接到相距约两个极距的换向片上，每安放一个线圈，其相应线圈边在电枢表面上移动约为两个极距的槽，所以 $y_k = y \approx 2\tau$。这样，两个相邻线圈在磁场中的相对位置基本上是相同的，使得两者产生的感应电势方向相同，可以相加。设电机有 p 对磁极，单波绕组的线圈沿电枢表面绕行一周后，串联 p 个线圈，第 $p+1$ 号线圈的位置不能与第 1 号线圈相重合，只能放在第 1 号线圈相邻的电枢槽中，因此，一定满足下列条件

$$p \cdot y = Z_x \pm 1 \quad (1\text{-}7)$$

从换向器上看，第 p 个线圈的末端，不能接到与第 1 号线圈的首端相连的第 1 号换向片上，只能连接到与第 1 号换向片相邻的换向片上，显然，也应该满足下列条件

$$p \cdot y_k = k \pm 1 \quad (1\text{-}8)$$

根据式（1-7）、式（1-8）可得

$$y = y_k = \frac{k \pm 1}{p} = \frac{Z_x \pm 1}{p} \quad (1\text{-}9)$$

上式应满足 y 或 y_k 为整数的条件。当取正号时，第 p 号线圈的末端将置于第 1 号换向片的右边，称为右行绕组；当取负号时，第 p 号线圈的末端将置于第 1 号换向片的左边，称为左行绕组。左行绕组端接线较短，易于制作，故得到广泛应用。

例 1-5 已知一台直流电机的磁极对数 $p = 2$，$Z_x = S = k = 15$，试画出单波左行绕组。

解

（1）计算绕组的节距

$$y_1 = \frac{Z_x}{2p} \mp \varepsilon = \frac{15}{4} - \frac{3}{4} = 3$$

$$y = y_k = \frac{k-1}{p} = \frac{15-1}{2} = 7$$

$$y_2 = y - y_1 = 7 - 3 = 4$$

（2）根据算出的各种节距，可画出单波绕组的展开图如图 1-33 所示（因与单叠绕组相似，步骤略）。

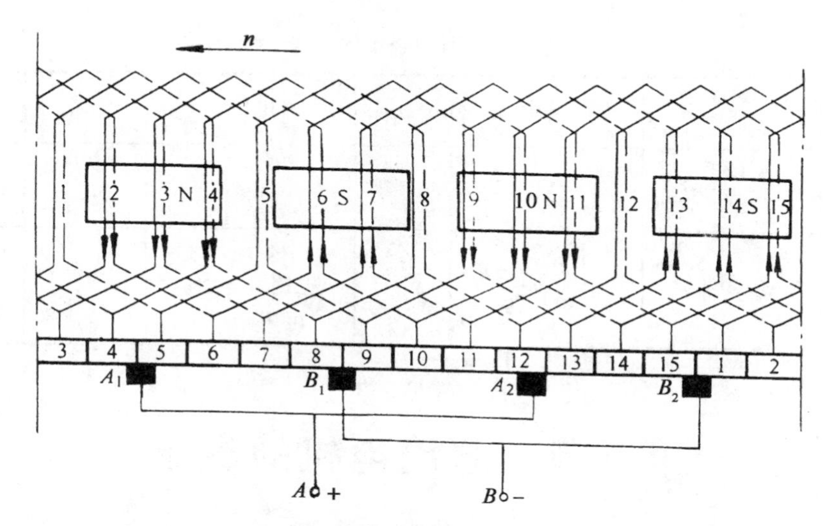

图 1-33　单波绕组的展开图

（3）根据单波绕组展开图，可画出其瞬间电路如图 1-34 所示。

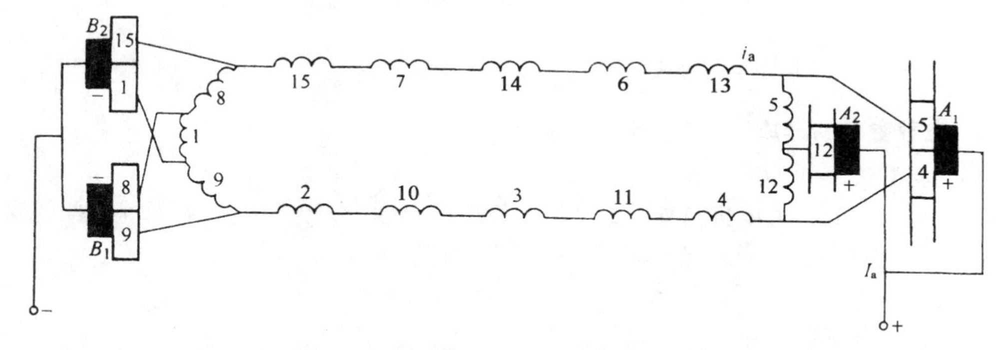

图 1-34　单波绕组瞬间电路图

从图中可以看出，单波绕组是将上层边在 N 极下的所有线圈串联成一条支路，将上层边在 S 极下的所有线圈串联成另一条支路，可见，单波绕组的并联支路数与主极数目无关，恒等于 2，即并联支路对数 $a=1$。

由于单波绕组只有两条并联支路，理论上只需一正一负两组电刷即可工作。但考虑到电刷下的平均电流密度不能过大，因此，单波绕组仍采用与极数相等的电刷组数（全额电刷）。

单波绕组的电枢电势仍为一条支路电势，电枢电流为两条支路电流之和。

四、单叠与单波绕组的应用

单叠与单波绕组是直流电机基本的绕组型式，两者的根本差别在于它们的换向器节距和合成节距不同，所以在相同的极数下，两者绕组的支路数不相同。两种绕组的特点比较于表 1-1。

表 1-1 两种绕组的特点

参数 / 绕组	y_1	$y = y_k$	a	电刷	E_a	I_a
单叠绕组	$y_1 = \frac{Z_x}{2p} \mp \varepsilon$	$y = y_k = \pm 1$	$a = p$	主极中心线 电刷数 = $2p$	支路电势	$I_a = 2a \cdot i_a$
单波绕组	$y_1 = \frac{Z_x}{2p} \mp \varepsilon$	$y = y_k = \frac{k \pm 1}{p}$	$a = 1$	主极中心线 电刷数 = $2p$ （可用两个）	支路电势	$I_a = 2i_a$

第五节 直流电机的磁场

直流电机的磁场，是电机实现机电能量转换必不可少的因素，而且直流电机的运行性能很大程度取决于磁场的特性，因此，研究直流电机磁场的形成、分布及特点是十分必要的。

一、直流电机的空载磁场

1. 空载磁场的形成、分布及特点

（1）空载磁场的形成

直流电机空载（发电机与外电路断开，没有电流输出；电动机轴上不带机械负载）运行时，其电枢电流等于零或近似等于零，因而空载磁场可以认为仅仅是由励磁电流通过励磁绕组建立的。

（2）空载磁场的分布

下面以四极电机为例来分析空载磁场的分布。励磁绕组通入直流电流后，各主磁极应依次为 N 极和 S 极，由于电机磁场对称，不论极数多少，每对极下的磁场分布是相同的，因此，可以只讨论一对极下的情况。

图 1-35 表示一台四极直流电机空载时，由励磁电流单独建立的空载磁场分布图。由图可知，空载时磁通包括主磁通和主极漏磁通两部分。

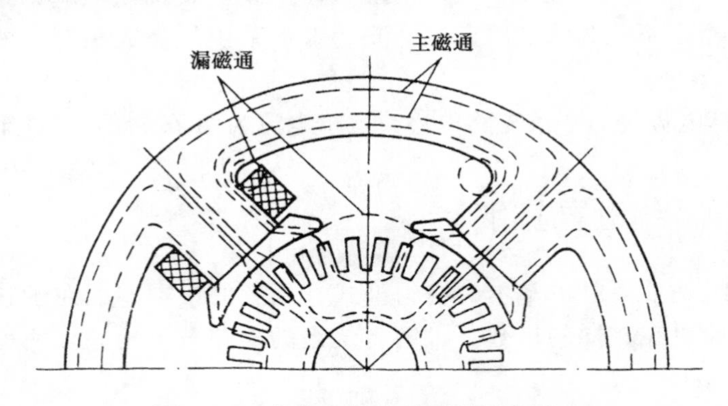

图 1-35 直流电机空载时的磁场分布

• 主磁通　磁通由一个 N 极出来，经过气隙进入 N 极下电枢的齿部或槽部，分左右两路经过电枢轭、S 极下电枢齿部或槽部、空气隙和相邻 S 极，然后经过定子轭回到 N 极而构成闭合回路，这部分磁通称为主磁通。这部分磁通同时交链励磁绕组和电枢绕组，是电机进行能量转换的关键，用 Φ_0 表示。

• 主极漏磁通　磁通从 N 极出来后并不进入电枢，而是经过空气隙直接进入相邻的磁极或定子轭，这部分磁通称为主极漏磁通。这部分磁通只交链励磁绕组，不参与电机的能量转换，用 Φ_σ 表示。

主磁通所经路径（主磁路）的空气隙较小，磁阻较小；而主极漏磁通所经路径的空气隙较大，则磁阻较大，所以，在同样的磁势作用下，漏磁通要比主磁通小得多。一般电机的主极漏磁通约为主磁通的 15%～20%。

（3）空载磁场的特点

根据空载磁场的分布，可知其特点如下：

① 在空间静止不动；

② 以主磁极轴线为对称轴对称分布；

③ 气隙中磁密的分布波形近似为梯形波。根据磁路欧姆定律，气隙某处磁密的大小，取决于该处的磁势和磁阻的大小。忽略铁芯材料的磁阻，可认为建立空载磁场的励磁磁势全部降落在气隙中。由全电流定律可知，气隙中各点的励磁磁势相等，那么主磁极下气隙磁密的分布就取决于气隙 δ 的大小与形状。磁极中心及其附近的气隙 δ 较小且均匀，因此，在极面下磁密大小相等且数值较大。靠近极尖处气隙逐渐增加，磁密明显减小。在两极之间的几何中心线上，磁密等于零。若不考虑电枢表面齿和槽的影响，在一个磁极极距范围内，气隙磁密分布近似为梯形波，如图 1-36 所示。

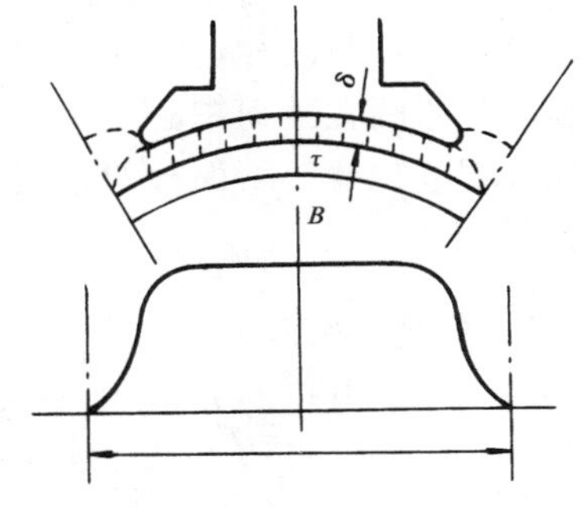

图 1-36　空载时气隙磁密的分布

2. 直流电机的磁化曲线

直流电机的磁化曲线是指主磁通 Φ_0 与励磁磁势 F_f 之间的关系曲线，即 $\Phi_0 = f(F_f)$。

一定的励磁磁势产生一定的主磁通，改变励磁磁势则主磁通随之改变。励磁磁势 F_f 与相应主磁通 Φ_0 的大小关系，仅和电机所用材料和几何尺寸有关，而和电机的励磁方式无关。主磁通 Φ_0 与励磁磁势 F_f 之间的关系，可根据磁路计算得到，如图 1-37 所示。

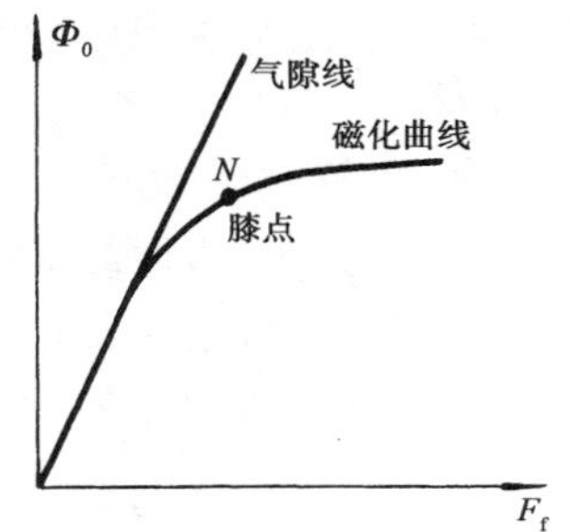

图 1-37　电机的磁化曲线

直流电机的磁化曲线有如下特点：

① 主磁通较小时，磁化曲线近似为线性。这是因为，当主磁通很小时，电机中铁磁材料部分的磁路没有饱和，磁阻很小，所需磁势很小，此时励磁磁势几乎全部降落在气隙中，因气隙磁阻是常数，所以 Φ_0 与 F_f 成正比，近似为线性关系。

② 主磁通增加到一定值时，磁化曲线开始弯曲，趋向水平。随着磁通的增加，电机中铁磁材料部分的磁路开始饱和，铁磁材料部分所需的磁势很快增加（因铁磁材料的磁阻增加很快），不能忽略，所以磁化曲线

开始弯曲，趋向水平。也就是说，此时磁势 F_f 增大较快，主磁通 Φ_0 却增加很少。

磁路将饱和而未饱和的转折点称为膝点。电机在正常运行时，常将额定磁通值取在膝点附近，如图中 N 点。这样，可在磁势 F_f 不太大时就获得较大的磁通 Φ_0，使电机的各部分材料得到更合理的使用。

二、直流电机的电枢磁场

直流电机负载运行时，电枢绕组中便有电流通过，电枢绕组中的电流所建立的磁场，称为电枢磁场。

电枢磁场的分布情况与电枢电流的分布情况有关。在直流电机中，电枢电流的分界线是电刷，所以电枢磁场的分布情况与电刷的位置有关。图 1-38 所示为两极电机的电枢磁场。

电刷的正常位置，应在主极轴线下的换向片上，这时与电刷相连接的电枢线圈边位于几何中心线上或附近。需要注意的是，为分析方便，图中没有画出换向器，而是直接把电刷画在与之相连的线圈边上。所以在正常情况下，电刷的位置画在几何中心线上，但图上电刷的位置并不是实际电刷的位置。下面分两种情况来分析气隙中电枢磁场的分布。

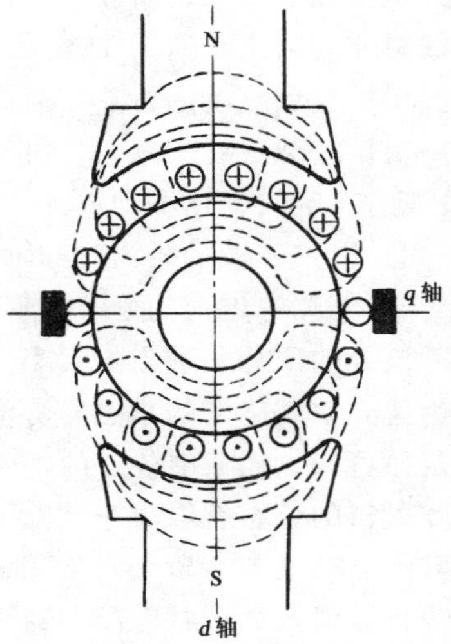

N

q 轴

S

d 轴

图 1-38 两极电机的电枢磁场

1. 电刷在几何中心线上

假设电枢电流的分布如图 1-38 所示，由于电枢电流的分布以电刷所在轴线为对称轴对称分布，根据右手定则可判定电枢磁场的分布也如图 1-38 所示。

电刷在几何中心线上时，电枢磁场的特点如下：

① 在空间静止不动。因为只要电刷固定不动，电枢电流的分布就不变，因此，电枢磁场的分布不变，即电枢磁场是静止不动的。

② 以电刷所在的轴线为对称轴对称分布，此时是交轴电枢磁场。因由电枢磁势建立的电枢磁场的轴线与主极磁场的轴线（称为直轴，即 d 轴）在空间垂直，所以此时的电枢磁势为交轴（q 轴）电枢磁势（用 F_{aq} 表示），电枢磁场为交轴电枢磁场。

③ 电枢磁密 B_a 在气隙中的分布为马鞍形。从主磁极轴线处将电枢展开成一直线，以主磁极轴线与电枢表面的交点作为支路中点，在一极距范围内，以支路中点为中心取一闭合磁回路，该回路与电枢表面的交点距支路中点距离为 $\pm l$。根据全电流定律，可知作用在这个闭合回路上的磁势为

$$F_{al} = 2li$$

式中　i——电枢表面单位长度电流密度，是一常量。

若忽略铁磁材料的磁阻，则上述磁势仅消耗在两段气隙上，距支路中点 l 处的每个气隙段所消耗的电枢磁势为 $F_{al}/2$。若规定电枢磁势由电枢指向主磁极为正，根据 $\frac{1}{2}F_{al}=li$ 可

知，沿电枢表面电枢磁势的分布曲线为三角波，如图 1-39 所示。

当气隙均匀时（在极面下），磁密与磁势成正比；当气隙显著增大时（在几何中心线处），由于磁路磁阻的增大，磁密反而减小，使得电枢磁密沿电枢表面的分布呈马鞍形，如图 1-39 所示。

2. 电刷不在几何中心线上

由于电机装配误差或其他原因，电刷的位置常常偏离几何中心线一个角度，如图 1-40 所示，由于电枢导体中电流的分布仍以电刷为界，故电枢磁势的轴线也随之移动一个角度，此时电枢磁势既不在交轴上也不在直轴上。为分析方便，把电枢磁势分解为交轴电枢磁势（F_{aq}）和直轴电枢磁势（F_{ad}）两部分，此时，电枢磁场也可看成由直轴电枢磁场和交轴电枢磁场两部分组成。

由于直轴电枢磁势与励磁磁势重合，所以，直轴电枢磁势建立的直轴电枢磁场的分布及特点与励磁磁势建立的主磁场相同。

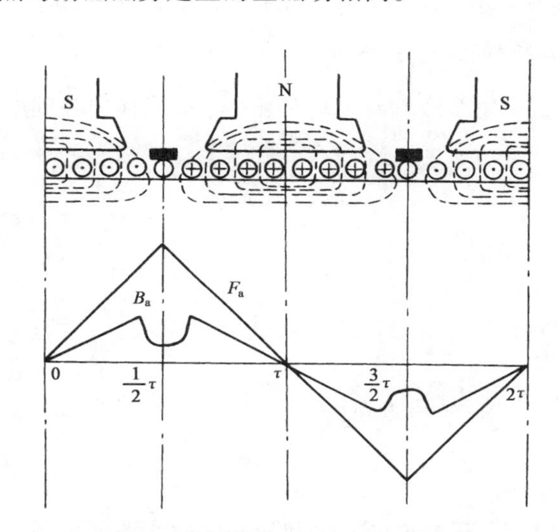

图 1-39　电枢磁势和电枢磁密的分布

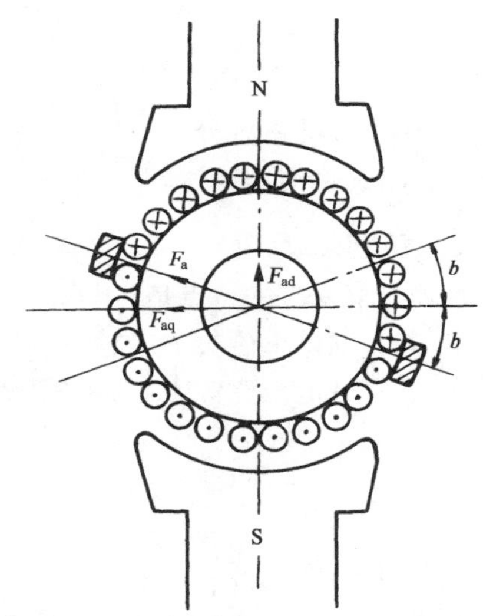

图 1-40　电刷不在几何中心线上时的电枢磁势

三、直流电机的电枢反应

电机在负载运行时，电枢电流产生电枢磁场，电枢磁场的出现，对主磁场的分布有明显的影响，这种电枢磁场对主磁场的影响称为电枢反应。

交轴电枢磁势建立的交轴电枢磁场对主磁场的影响称为交轴电枢反应。

直轴电枢磁势建立的直轴电枢磁场对主磁场的影响称为直轴电枢反应。

1. 交轴电枢反应

如图 1-41 所示，以直流电动机为例，分析交轴电枢反应的特点如下：

① 电枢反应使主磁极下的磁力线扭转，合成磁场发生畸变。

② 电枢反应使每一个主磁极下的磁通量减小。在磁路不饱和时，因主磁场被削弱的磁通数量也恰好等于被增强的磁通数量。因此，负载时每极下的合成磁通量仍与空载时的主磁通量相同。不过在实际情况下，电机的磁路总是比较饱和的，因此增强的磁通量小于减少的磁通量，故负载时每极合成磁通比空载时每极磁通量略小，我们称此为电枢反应的去磁作用。

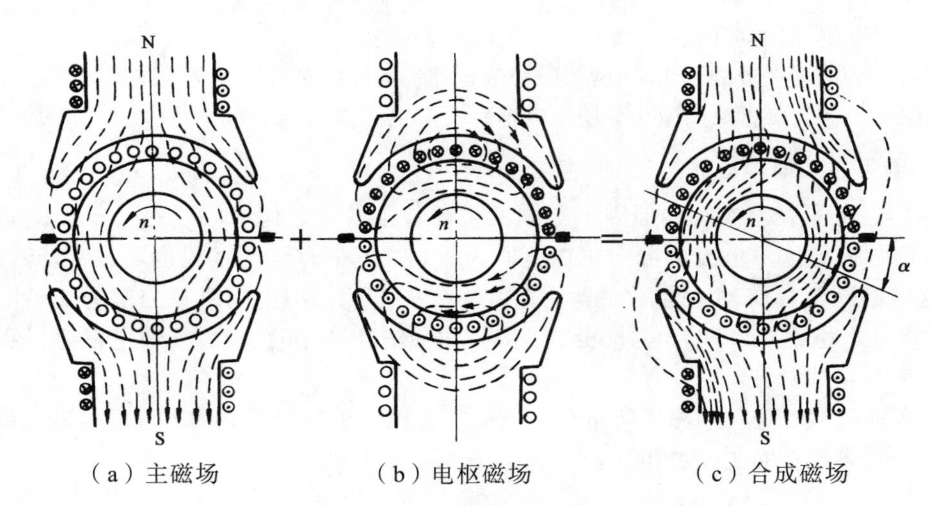

图 1-41 直流电动机气隙磁场分布图

③ 由于气隙密度分布不均匀，使电枢绕组中每个线圈感应电势不等，造成换向片间电位差增大，增加换向困难。

2. 直轴电枢反应

直轴电枢反应的特点是：

① 若直轴电枢磁势 F_{ad} 与主极磁势 F_f 方向相同，起增磁作用。

② 若直轴电枢磁势 F_{ad} 与主极磁势 F_f 方向相反，起去磁作用。

四、直流电机电枢电势、电磁转矩、电磁功率的计算

1. 电枢电势 E_a

电枢电势 E_a 是指电机正、负电刷间的电势，即正、负电刷之间每一并联支路的电势，等于支路中所有串联导体感应电势之总和。

电枢电势可用下式表示

$$E_a = C_e \Phi n \tag{1-10}$$

式中 C_e——直流电机的电势常量，与电机的结构有关。$C_e = \dfrac{pN}{60a}$，其中，p 为电机的磁极对数；N 为电枢绕组的总导体数；a 为并联支路对数。

Φ——正、负电刷间的磁通，单位为 Wb；

n——电机的转速，单位为 r/min。

电枢绕组感应电势的方向，用右手定则判定。

2. 电磁转矩

我们知道，载流导体处于磁场中会受到电磁力的作用，所以当电枢绕组中有电流通过时，构成绕组的每根导体在气隙中将受到电磁力的作用，从而形成电磁转矩。

电磁转矩 T 是指电枢绕组中每根导体所受电磁转矩的和。

电磁转矩可用下式表示

$$T = C_T \Phi I_a \tag{1-11}$$

式中　C_T——直流电机的转矩常量，与电机的结构有关。$C_T = \frac{pN}{2\pi a}$，其中，p 为电机的磁极对数；N 为电枢绕组的总导体数；a 为并联支路对数。

Φ——正、负电刷间的磁通；

I_a——电枢电流，单位为 A。

因为

$$C_T = \frac{pN}{2\pi a},\quad C_e = \frac{pN}{60a}$$

所以

$$C_T = \frac{60}{2\pi} \cdot \frac{pN}{60a} = 9.55C_e \tag{1-12}$$

3. 电磁功率

无论是发电机还是电动机，电磁功率均指电机通过电磁感应进行能量转换的这部分功率，可以表示为机械功率的形式，也可以表示为电功率的形式。

因此，无论是发电机还是电动机，电磁功率都可表示为

$$P_{em} = E_a I_a = T\Omega = T \cdot \frac{2\pi n}{60} = T \cdot \frac{n}{9.55} \tag{1-13}$$

在发电机中，式（1-13）表示发电机把转子获得的机械功率转变成的电功率。

在电动机中，式（1-13）表示电动机把转子获得的电功率转变成的机械功率。

例 1-6　一台四极直流发电机，电枢绕组为单叠绕组，电枢绕组的总导体数 $N = 152$ 根，转速 $n = 1\ 200$ r/min，每极磁通 $\Phi = 3.79 \times 10^{-2}$ Wb，求空载电势。若改为单波绕组，其他条件不变，问空载电势为 230 V 时电机的转速应为多少？

解　单叠绕组　$a = p = 2$

感应电势　$E_a = C_e \Phi n = \frac{pN}{60a}\Phi n = \frac{2\times152}{60\times2}\times3.79\times10^{-2}\times1\ 200 = 115$　（V）

改为单波绕组　$a = 1$，$E_a = 230$ V

$$n = \frac{E_a}{C_e\Phi} = \frac{230}{\frac{2\times152}{60\times1}\times3.79\times10^{-2}} = 1\ 198 \quad (\text{r/min})$$

例 1-7　一台四极直流电动机，$n_N = 1\ 460$ r/min，电枢铁芯有 36 个槽，每槽导体数为 6，每极磁通 $\Phi = 2.2 \times 10^{-2}$ Wb，单叠绕组，问当电枢电流为 800 A 时，能产生多大的电磁转矩？

解　电枢总导体数　$N = 36 \times 6 = 216$

单叠绕组　$a = p = 2$

电磁转矩

$$T = C_T \Phi I_a = \frac{pN}{2\pi a} \cdot \Phi \cdot I_a$$

$$= \frac{2\times216}{2\pi\times2}\times2.2\times10^{-2}\times800 = 605 \quad (\text{N}\cdot\text{m})$$

第六节　直流发电机的运行原理

一、直流发电机的基本方程式

直流发电机稳定运行时的基本方程式，包括电势平衡方程式、转矩平衡方程式和功率平衡方程式，这些方程式既综合了电机内部的电磁过程，又表达了电机外部的运行特性。下面以他励直流发电机为例加以讨论。

图 1-42 所示是一台他励直流发电机的结构示意图和电路图，将各物理量的正方向按惯例标注在图上。

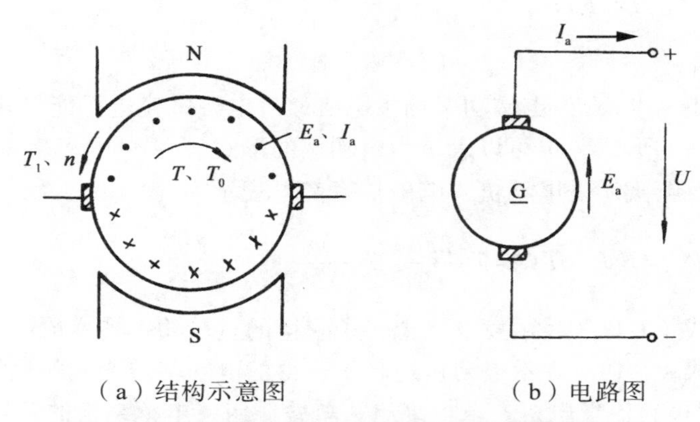

（a）结构示意图　　（b）电路图

图 1-42　他励直流发电机的结构示意图及电路图

1. 电势平衡方程式

根据直流发电机的工作原理，我们知道，直流发电机的电枢电势 E_a 是电枢电流形成的原因，因此电枢电流与电枢电势同方向。根据他励直流发电机的电路图和基尔霍夫电压定律可得电枢回路的电势平衡方程式

$$U = E_a - I_a R_a \tag{1-14}$$

式中　I_a——电枢电流；

R_a——电枢电阻（包括电枢绕组中各串联线圈的电阻和电刷与换向器间的接触电阻）。

可见，对于直流发电机，$E_a > U$。

2. 转矩平衡方程式

由图 1-42 可知，在发电机运行时，作用在转子上的力矩有外力矩 T_1、电磁转矩 T 和空载阻力转矩 T_0，方向如图所示。在电机稳定运行时，作用在转子上的力矩平衡，因此

$$T_1 = T + T_0 \tag{1-15}$$

3. 功率平衡方程式

（1）电机的损耗

• 铜耗 P_{Cu}

铜耗是电枢绕组的电阻损耗，包括电枢回路中各串联线圈的电阻损耗和电刷与换向器间

接触电阻的损耗。铜耗的大小与负载电流的平方成正比，随负载变化而变化，称为负载损耗，又称为可变损耗。

- 铁耗 P_{Fe}

在直流电机中，虽然主磁极建立的是静止磁场，但由于电枢在旋转，因此对电枢铁芯而言，磁场是交变的，从而产生磁滞损耗与涡流损耗，总称铁耗，用 P_{Fe} 表示。铁耗的大小除了与铁芯材料和厚度有关外，还与磁感应强度 B 和磁场的交变频率 f（或电机的转速）有关，一般认为铁耗与 B 的平方成正比，与 f 的 1.2 ~ 1.6 次方成正比。

- 机械摩擦损耗 P_M

机械摩擦损耗包括轴承的摩擦损耗、电刷的摩擦损耗以及电枢铁芯与气隙间的摩擦损耗。其大小主要与转速有关。

P_{Fe}、P_M 在电机空载时就存在，称为空载损耗 P_0，且

$$P_0 = P_{Fe} + P_M \tag{1-16}$$

空载损耗 P_0 与电机的负载无关，也称不变损耗。

- 附加损耗 P_s

除了上述各种损耗之外，电机还存在着附加损耗，附加损耗产生的原因很多，如因电枢反应使磁场畸变而引起的铁耗增加，电刷表面电流分布不均匀而引起的铜耗增加等。附加损耗很难精确计算，一般估计为电机输出功率的 0.5% ~ 1%，即

$$P_s = (0.5\% \sim 1\%)P_2 \tag{1-17}$$

严格地说，有一部分 P_s 在空载时就存在，另一部分 P_s 随负载而变化，但为计算方便，常把附加损耗和空载损耗归为一类。

电机的总损耗为

$$\sum P = P_{Cu} + P_{Fe} + P_M + P_s = P_{Cu} + P_0 \tag{1-18}$$

（2）功率传递与损耗之间的关系

用原动机拖动直流发电机旋转，原动机输送给发电机的机械功率为 P_1，P_1 中的一小部分被转子转动引起的机械摩擦损耗和铁芯的磁滞、涡流损耗及附加损耗所消耗，其余部分才是转子获得的机械功率，此功率通过电磁感应转换成转子的电功率（电磁功率）P_{em}，转子获得的电功率一部分被电枢绕组的电阻消耗，其余部分输出给发电机的负载。

输入功率、输出功率、损耗之间满足能量守恒定律。以上关系可以用功率流程图 1-43 表示。

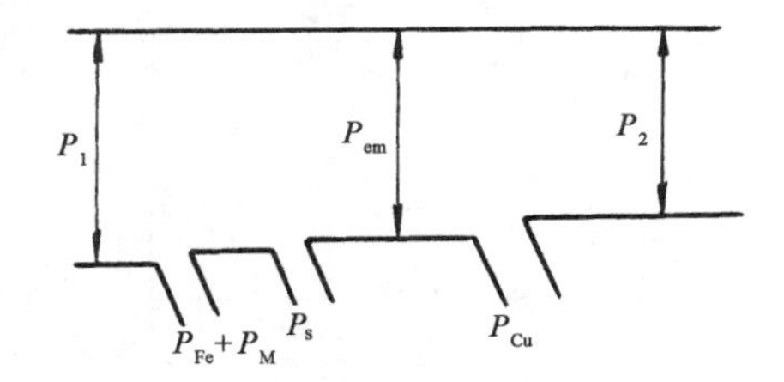

图 1-43　直流发电机的功率流程图

（3）功率平衡方程式

根据功率流程图可以很容易列出直流发电机的功率平衡方程式

$$\begin{aligned} P_1 &= P_{em} + P_M + P_{Fe} + P_s = P_{Cu} + P_M + P_{Fe} + P_s + P_2 \\ &= \sum P + P_2 \end{aligned} \tag{1-19}$$

二、直流发电机的运行特性

直流发电机在拖动系统中大都作为电源使用，目前直流发电机有被大功率可控硅整流电源取代的趋势，但在有些系统中还要使用。

直流发电机的运行特性一般是指在发电机运行时，端电压 U、负载电流 I、励磁电流 I_f 这三个物理量之间的关系。保持其中的一个量不变，其余两个量就构成一种特性，一般用函数关系表示。

下面重点分析直流发电机的空载特性和外特性。

1. 他励直流发电机

（1）空载特性

空载特性是指 $n=n_N$、$I=0$ 时，空载电压 U_0 与励磁电流 I_f 的关系曲线，即 $U_0=f(I_f)$。

图 1-44 所示为他励直流发电机的接线图。空载时，$I=I_a=0$，此时电枢回路的电阻压降 $I_aR_a=0$，发电机的端电压 U_0 等于电枢电势 E_a，即

$$U_0=E_a=C_e\Phi n$$

由于 n 为常数，所以 $U_0\propto\Phi$。同时 $F_f=I_fN_f$，$I_f\propto F_f$，则空载特性曲线 $U_0=f(I_f)$ 与电机的磁化曲线 $\Phi=f(F_f)$ 的形状完全相同。

空载特性曲线可用试验方法测定，试验接线如图 1-44 所示。试验时开关 Q 断开，发电机由原动机拖动旋转，励磁电路接到外电源上，调节励磁电阻 R_f，使励磁电流 I_f 从零开始增加，空载电压随之增大，直到 $U_0=(1.1\sim1.3)U_N$ 为止，然后逐渐减小 I_f 直到回到零，测取空载电压 U_0 及励磁电流 I_f，即可得出发电机的空载特性曲线 $U_0=f(I_f)$。还有另一半特性曲线或者直接测取（改变励磁电流的方向，重复上述步骤），或者根据对称的关系画出。一般空载特性曲线取整个磁滞回线的平均线，如图 1-45 中的虚线，即为他励直流发电机的空载特性。空载特性表明了电机磁路的性质。

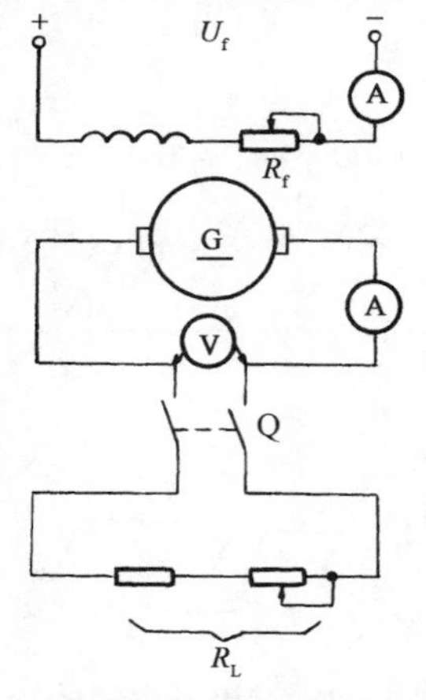

图 1-44　他励直流发电机试验接线图

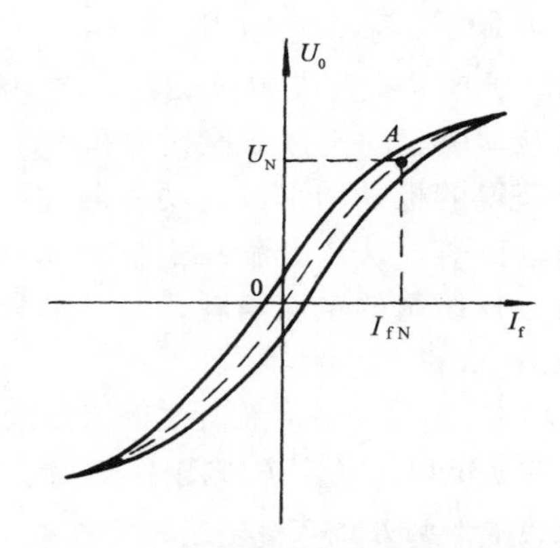

图 1-45　他励直流发电机的空载特性

（2）外特性

外特性是指发电机接上负载后，在保持 $n=n_N$、$I_f=I_{fN}$ 的情况下，发电机端电压 U 随负载电流 I 变化而变化的规律，即 $U=f(I)$。

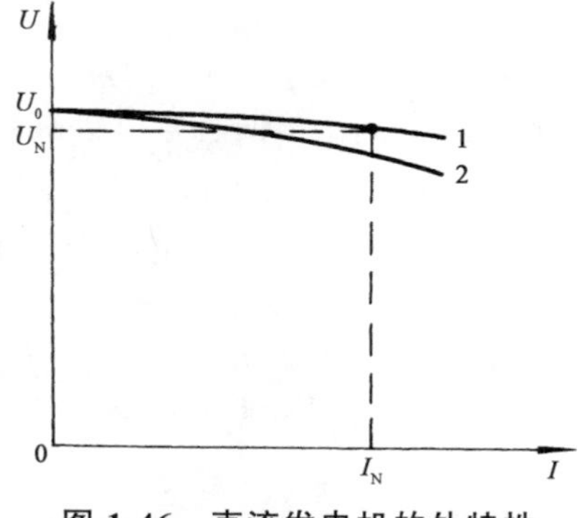

图 1-46　直流发电机的外特性

他励直流发电机的外特性可用试验的方法测得，试验接线如图 1-44 所示。将 Q 闭合，接入负载 R_L，在 $n = n_N$ 时，调 R_L 和 R_f 使 $U = U_N$、$I = I_N$，此时 $I_f = I_{fN}$，然后保持 $n = n_N$、$I_f = I_{fN}$ 不变，改变 R_L 使 I 逐渐减小，测取 U、I 值，即得外特性曲线 $U = f(I)$，如图 1-46 中曲线 1 所示。可见，随着负载电流增加，发电机的端电压逐渐下降。

外特性曲线可由电势方程 $U = E_a - I_a R_a = C_e \Phi n - I_a R_a$ 进行分析。U 下降的原因为：

① $I_a \uparrow \to I_a R_a \uparrow \to U \downarrow$；

② 电枢反应的去磁作用 $\to \Phi \downarrow \to U \downarrow$。

（3）电压调整率

发电机端电压随负载变化的程度用电压调整率来衡量，发电机从额定负载过渡到空载时，端电压变化的数值与额定电压的比值，称为额定电压调整率，即

$$\Delta U_N = \frac{U_0 - U_N}{U_N} \times 100\% \tag{1-20}$$

他励直流发电机的 ΔU_N 在 5%～10% 这一范围内。可见，他励直流发电机的端电压随负载变化较小，基本上可看成是一个恒压的直流电源。

他励直流发电机在额定励磁下短路时，短路电流 $I_d = \frac{E_a}{R_a}$，由于 R_a 很小，所以 I_d 很大，可达（20～30）I_N，为保护电机不受短路电流的危害，必须在外电路中加装短路保护装置（如熔断器等），在电流超过允许的电流值时，保护装置立即切断外电路。

2. 并励直流发电机

（1）空载特性

并励直流发电机空载时，$I = 0$，电枢电流 $I_a = I_f$，通常 I_f 只为额定电流的 1%～3%，这样小的电流可以忽略不计，故空载时端电压也等于电枢电势。因此，并励直流发电机的空载特性和他励直流发电机相同。

（2）并励直流发电机的空载自励过程

并励直流发电机必须有主磁场才能进行电磁感应，而并励直流发电机的主磁场又要靠发电机本身的直流电压提供励磁电流来建立，这对相互制约的矛盾，使并励直流发电机必须在满足一些条件的情况下才能建立起稳定的电压。下面通过分析其自励过程来讨论自励条件。

- 自励过程

图 1-47 可以用来说明并励直流发电机的自励过程。曲线 1 是并励直流发电机的空载特性，即 $U_0 = f(I_f)$，曲线 2 是励磁回路电阻压降与励磁电流的关系曲线，即 $U = I_f R_f = f(I_f)$。当励磁电阻 R_f 不变时，励磁回路电阻压降与励磁电流成正比，其斜率由励磁回路电阻决定，故曲线 2 称为磁场电阻线，简称场阻

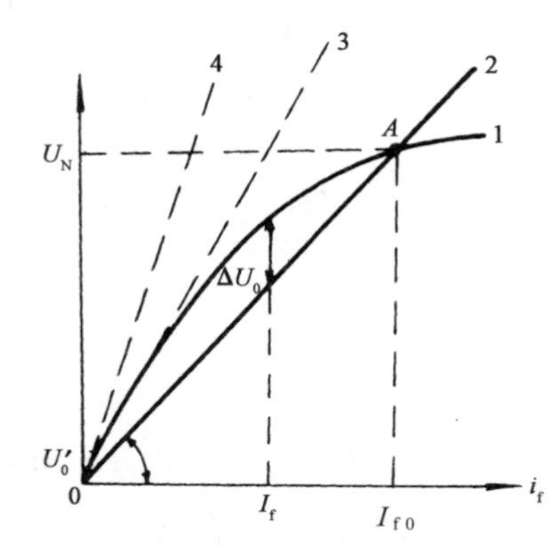

图 1-47　并励直流发电机的自励过程

线。

在自励过程中，电压的建立首先依靠剩磁。若发电机磁路里有一定的剩磁，当发电机由原动机拖动旋转时，发电机电枢两端将有一个不大的剩磁电压，同时加在励磁绕组两端，励磁绕组中便有一个不大的励磁电流通过，从而产生一个不大的励磁磁场。如励磁绕组接法适当，可使励磁磁场的方向与电机剩磁方向相同，从而使电机的磁通和由它产生的端电压 $U_0 = E_a = C_e \Phi n$ 增加。随着电机的磁通和电枢两端电压的增加，励磁电流又进一步加大，最终稳定在空载特性和场阻线的交点 A，A 点所对应的电压即为空载稳定电压。通过调节励磁回路电阻，可调节空载电压稳定点。加大 R_f，则场阻线斜率加大，交点 A 向原点移动，空载电压降低。当场阻线与空载特性直线部分相切时，没有固定交点，空载电压不稳定，此时励磁电阻 R_f 称为临界电阻。如果励磁回路总电阻大于临界电阻，则场阻线与空载特性交点很低，空载电压约等于剩磁电压，发电机将不能自励。必须注意，对应不同的转速，发电机有不同的空载特性，其临界电阻值就不同。

• 自励条件

从上述发电机的自励过程可以看出，要使发电机能够自励，必须满足三个条件：

① 电机必须有剩磁。如电机失磁，可用其他直流电源激励一次，以获剩磁。

② 励磁绕组与电枢绕组的连接必须正确，否则电枢电势不但不会增大反而会下降。如有这种现象，可将励磁绕组两端对调。

③ 励磁回路的电阻应小于临界电阻。

（3）外特性

外特性是指在 $n = n_N$、$R_f = R_{fN}$ 条件下，发电机端电压 U 随负载电流 I 变化而变化的规律，即 $U = f(I)$。

并励直流发电机的外特性可用试验的方法测得，试验接线如图 1-48 所示。试验时保持 $n = n_N$，同时调节 R_L 和 R_f 使发电机达到额定状态 $(U = U_N, I = I_N)$，此时 $R_f = R_{fN}$。保持 $n = n_N$、$R_f = R_{fN}$ 不变，改变 R_L 使 I 逐渐减小，测取 U、I 值，即得外特性曲线 $U = f(I)$。并励直流发电机的外特性如图 1-46 中曲线 2 所示。可见，随着负载电流增加，发电机的端电压也是逐渐下降。

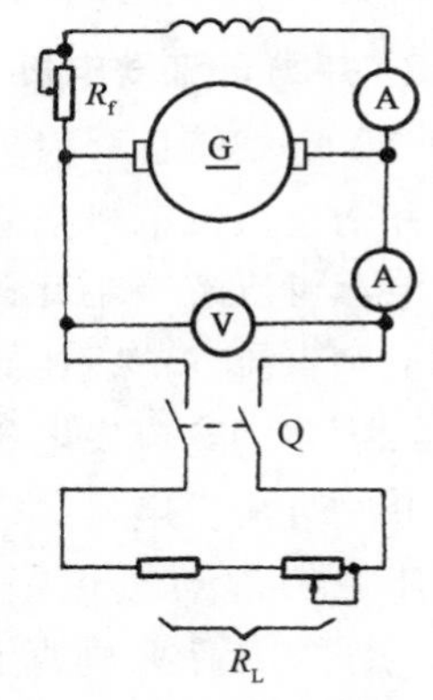

图 1-48 并励直流发电机的试验接线图

比较图 1-46 中曲线 1、2 可知，在同一负载电流下，并励直流发电机的端电压下降较多。并励直流发电机的电压调整率一般在 20% 左右。

并励直流发电机端电压随负载电流的增大而下降，除了与他励直流发电机相同的原因，即电枢反应的去磁作用和电枢回路的电阻压降以外，还因为励磁电流 $I_f = \dfrac{U}{R_f}$ 随端电压下降而减小，从而引起主磁通和电枢电势的进一步下降，所以并励直流发电机的外特性比他励直流发电机的外特性下降得快。

例 1-8 一台并励直流发电机的额定数据为 $P_N = 82$ kW，$U_N = 230$ V，$R_a = 0.025\,9\ \Omega$（电枢回路总电阻），$n_N = 930$ r/min，励磁绕组电阻 $R_f = 26\ \Omega$，机械损耗与铁耗之和 $P_{Fe}+P_M = 2.3$ kW，附加损耗 $P_s = 0.01P_N$。求额定运行时：① 输入功率；② 电磁功率；③ 电磁转矩；

④ 效率；⑤ 额定电压调整率。

解　额定电流　$I_N = \dfrac{P_N}{U_N} = \dfrac{82\times10^3}{230} = 356.5$　（A）

励磁电流　$I_f = \dfrac{U_f}{R_f} = \dfrac{230}{26} = 8.8$　（A）

电枢电流　$I_{aN} = I_N + I_f = 356.5 + 8.8 = 365.3$　（A）

额定运行时电枢电势　$E_{aN} = U_N + I_{aN}R_a = 230 + 365.3\times0.025\,9 = 239.5$　（V）

额定运行时电磁功率　$P_{em} = E_{aN}I_{aN} = 239.5\times365.3 = 87.5\times10^3$　（W）

额定电磁转矩　$T = \dfrac{P_{em}}{\Omega} = \dfrac{87.5\times10^3\times60}{2\pi\times930} = 898.5$　（N·m）

额定运行时发电机的输入功率

$$P_1 = P_{em} + P_0 + P_s = 87.5\times10^3 + 2.3\times10^3 + 820 = 90.6\times10^3 \quad (\text{W})$$

额定运行时的效率　$\eta = \dfrac{P_2}{P_1}\times100\% = \dfrac{82\times10^3}{90.6\times10^3}\times100\% = 90.5\%$

空载时的电压　$U_0 = E_a = 239.5$　（V）

额定电压调整率　$\Delta U_N = \dfrac{U_0 - U_N}{U_N}\times100\% = \dfrac{239.5-230}{230}\times100\% = 4.1\%$

第七节　直流电动机的运行原理

一、直流电动机的基本方程式

直流电动机的基本方程式，是指直流电动机稳定运行时电路系统的电势平衡方程式、机械系统的转矩平衡方程式以及能量转换过程中的功率平衡方程式。这些方程式既反映了直流电动机内部的电磁过程，又表达了电动机内外的机电能量转换，说明了直流电动机的运行原理。下面以他励直流电动机为例进行分析。

图 1-49 是一台他励直流电动机的结构示意图和电路图，将各物理量的正方向按惯例标注在图上。电枢电势 E_a 是反电势，与电枢电流 I_a 方向相反，电磁转矩 T 是驱动转矩，T 与转速 n 的方向一致，负载转矩 T_2 与转速方向相反。

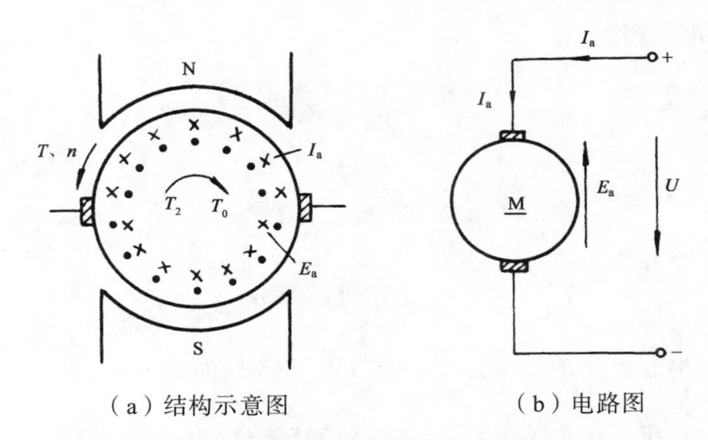

（a）结构示意图　　（b）电路图

图 1-49　他励直流电动机的结构示意图及电路图

1. 电势平衡方程式

根据电路的基尔霍夫电压定律，可以写出电枢回路的电势平衡方程式

$$U = E_a + I_a R_a \tag{1-21}$$

式中　I_a——电枢电流；

R_a——电枢电阻（包括电枢绕组中各串联线圈的电阻和电刷与换向器间接触电阻）。

由直流电动机的电势平衡方程式可知：对于直流电动机，$U > E_a$。

2. 转矩平衡方程式

电机在转速恒定时，作用在电机轴上的力矩平衡，得转矩平衡方程式为

$$T = T_2 + T_0 \tag{1-22}$$

3. 功率平衡方程式

（1）功率传递与损耗之间的关系

当他励直流电动机接上电源时，电枢绕组中流过电流 I_a，电网向电动机输入的电功率为 P_1，输入的电功率一部分被电枢绕组消耗（电枢铜耗 P_{Cu}），其余部分便是电枢绕组所吸收的电功率，此功率通过电磁感应转换成电机的机械功率（电磁功率）P_{em}，转子获得机械功率后，一部分被电机转动引起的机械损耗（P_M）、铁耗（P_{Fe}）和附加损耗（P_s）所消耗，其余便是通过电机的轴向负载输出的机械功率 P_2。

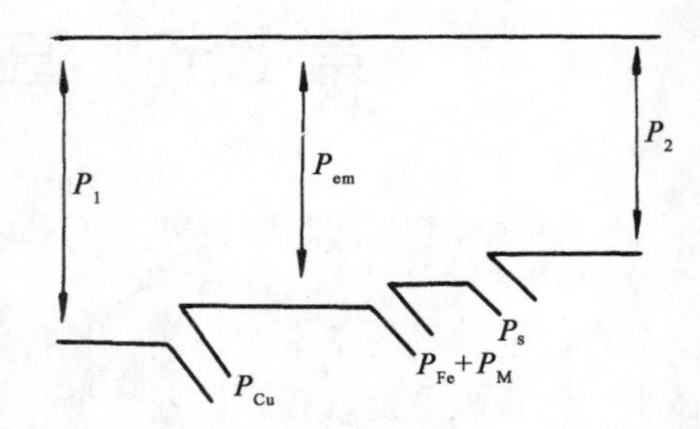

图 1-50　他励直流电动机的功率流程图

以上关系可以用功率流程图 1-50 表示。

（2）功率平衡方程式

根据功率流程图可以很容易列出直流电动机的功率平衡方程式

$$P_1 = P_{Cu} + P_{em} = P_{Cu} + P_M + P_{Fe} + P_s + P_2 = \sum P + P_2 \tag{1-23}$$

（3）电机的效率

电机的输出功率与输入功率之比称为电机的效率 η，可写为

$$\eta = \frac{P_2}{P_1} = \frac{P_1 - \sum P}{P_1} = \frac{P_2}{P_2 + \sum P} \tag{1-24}$$

例 1-9　一台他励直流电机，$U_N = 220$ V，$C_e = 12.4$，$\Phi = 1.1 \times 10^{-2}$ Wb，$R_a = 0.208\ \Omega$，$P_{Fe} = 362$ W，$P_M = 204$ W，$n_N = 1\ 450$ r/min，忽略附加损耗。（1）判断这台电机是发电机运行还是电动机运行；（2）求电磁转矩、输入功率和效率。

解

（1）判断一台电机的工作状态，可以通过比较电机的电枢电势 E_a 与端电压 U 的大小来确定。电枢电势

$$E_a = C_e \Phi n = 12.4 \times 1.1 \times 10^{-2} \times 1\ 450 = 197.8 \quad (\text{V})$$

因为 $U > E_a$，故此电机为电动机运行状态。

（2）由直流电动机的电势平衡方程式 $U = E_a + I_a R_a$ 得

$$I_a = \frac{U - E_a}{R_a} = \frac{220 - 197.8}{0.208} = 106.7 \quad (\text{A})$$

$$T = C_T \Phi I_a = 9.55 \times C_e \Phi I_a = 9.55 \times 12.4 \times 1.1 \times 10^{-2} \times 106.7 = 139 \quad (\text{N} \cdot \text{m})$$

$$P_1 = U_N I_a = 220 \times 106.7 = 23.47 \quad (\text{kW})$$

$$P_2 = P_{em} - P_{Fe} - P_M = 197.8 \times 106.7 - 362 - 204 = 20.54 \quad (\text{kW})$$

$$\eta = \frac{P_2}{P_1} \times 100\% = \frac{20.54}{23.47} \times 100\% = 87.5\%$$

二、工作特性

直流电动机的工作特性是指：$U = U_N$，励磁电流 $I_f = I_{fN}$，电枢回路不串入附加电阻时，电动机转速 n、电磁转矩 T 和效率 η 分别与输出功率 P_2 之间的关系，即 $n = f(P_2)$，$T = f(P_2)$，$\eta = f(P_2)$。在实际运用中，因为测量电枢电流 I_a 比测量功率容易，且 I_a 随 P_2 的增加而增加，所以工作特性也可表示为电枢电流 I_a 的函数，即 $n, T, \eta = f(I_a)$。工作特性因励磁方式不同而有很大的差别，下面以他励直流电动机为例进行分析。

1. 转速特性

转速特性是指：当 $U = U_N$，$I_f = I_{fN}$，电枢回路不串入附加电阻时，$n = f(P_2)$ 的关系曲线。

根据电动机的电势平衡方程式 $U = E_a + I_a R_a = C_e \Phi n + I_a R_a$ 得

$$n = \frac{U_N - I_a R_a}{C_e \Phi_N}$$

当电动机的输出功率增大时，电枢电流 I_a 也随之增加，一方面电枢电阻压降 $I_a R_a$ 增大，使转速 n 降低；另一方面随着电枢电流的增加，电枢反应的去磁作用使气隙磁通减小，又使转速 n 上升。一般情况下，电枢电阻压降的变化对转速 n 影响较大，所以，转速特性是一条略微向下倾斜的曲线，如图 1-51 中的曲线 1 所示。

电动机的转速随负载变化而变化的情况用电动机的额定转速变化率 Δn_N 表示

$$\Delta n_N = \frac{n_0 - n_N}{n_N} \times 100\% \quad (1\text{-}25)$$

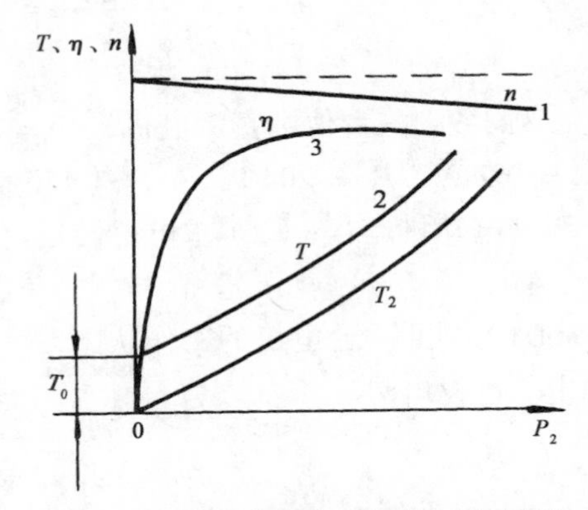

图 1-51 他励直流电动机的工作特性

式中 n_0——空载转速；

n_N——额定转速。

他励直流电动机在负载变化时其转速变化很小，且额定转速变化率只有 2%～8%，所以被近似看成是一种恒速电动机。

2. 转矩特性

转矩特性是指：$U = U_N$，$I_f = I_{fN}$，电枢回路不串入附加电阻时，$T = f(P_2)$ 的关系曲线。

根据转矩平衡方程式 $T = T_2 + T_0 = 9.55 P_2 / n + T_0$ 可知，在电机中，空载转矩 T_0 可看成是与负载无关的常数。如果 n 不变，则电磁转矩 T 与 P_2 呈线性关系，即 $T = f(P_2)$ 特性曲线是一条直线。考虑到实际上当 P_2 增大时，n 略有下降，故 $T = f(P_2)$ 曲线呈略为上翘趋势，如图 1-51 中曲线 2 所示。

3. 效率特性 $\eta = f(P_2)$

效率特性是指：$U = U_N$，$I_f = I_{fN}$，电枢回路不串入附加电阻时，$\eta = f(P_2)$ 的关系曲线。效率公式为

$$\eta = \frac{P_2}{P_1} \times 100\% = \frac{P_2}{P_2 + \sum P} \times 100\% = \frac{P_2}{P_2 + P_{Fe} + P_M + P_{Cu} + P_s} \times 100\%$$

式中，$\sum P$ 为总损耗，其中 P_M、P_{Fe} 和 P_s 为不变损耗（P_0），P_{Cu} 为可变损耗，通常 P_{Cu} 与负载电流的平方成正比。当负载很小时，可变损耗 P_{Cu} 也很小，可忽略不计，此时电机的损耗以不变损耗为主，因此 $\eta \approx \frac{P_2}{P_2 + P_0} \times 100\%$，即随着负载增大，输出功率 P_2 增大，效率增大；当负载较大时，此时电机的损耗以可变损耗为主，因为可变损耗随着负载增大增加很快，因此 $\eta \approx \frac{P_2}{P_2 + P_{Cu}} \times 100\%$，即随着负载增大，输出功率 P_2 增大，效率下降。由此可知，效率曲线是一条先上升、后下降的曲线，如图 1-51 中曲线 3 所示。

曲线中出现了效率最大值，通过用数学方法求导，可得他励直流电动机获得最大效率的

条件，即

$$P_0 = P_{Cu}$$

可见，当电机的可变损耗等于不变损耗时，其效率最高。效率特性还告诉我们，电机空载、轻载时效率低，满载时效率较高，过载时效率反而降低。在使用和选择电动机时，应尽量使电动机工作在高效率的区域。

第八节　直流电机的换向

一、直流电机的换向过程

图 1-52 表示一个单叠绕组线圈的换向过程。图中电刷是固定不动的，电枢绕组和换向器以固定的速度从右向左移动。

图 1-52（a）中，电刷只与换向片 1 接触，线圈 K 属于电刷右边的支路，线圈中电流为 $+i_a$，线圈 K 开始换向。

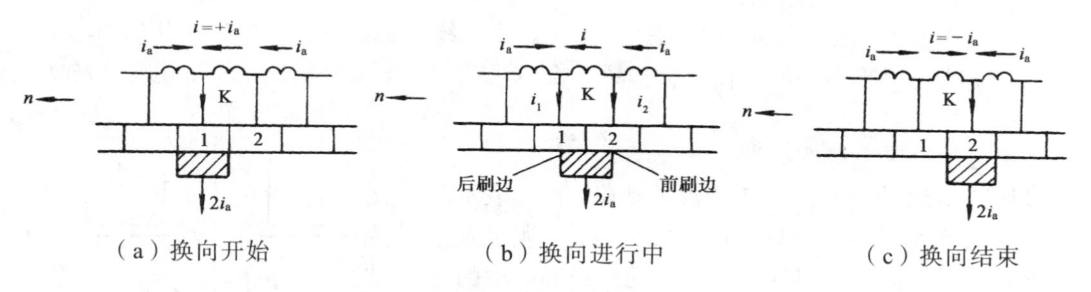

（a）换向开始　（b）换向进行中　（c）换向结束

图 1-52　一个线圈的换向过程

图 1-52（b）中，电刷同时与换向片 1 和 2 接触，线圈 K 被电刷短路，线圈中为变化的电流 i，表明该线圈正在换向。

图 1-52（c）中，电刷只与换向片 2 接触时，线圈 K 已属于电刷左边支路，电流反向为 $-i_a$。线圈 K 换向结束。

可见，当电枢线圈从一条支路经过电刷进入另一条支路时，线圈中电流从一个方向变换为另一方向，这种电流方向的变换称为换向。

线圈 K 就称之为换向线圈。换向过程所经历的时间称为换向周期 T_H，换向周期是极短的，一般只有千分之几秒，但线圈电流要从 $+i_a$ 变换到 $-i_a$。如果换向线圈中电势等于零，则换向线圈中电流的变化规律如图 1-53 中曲线 1 所示。但实际上情况并不如此，因为换向过程中换向线圈会出现两种电势，这两种电势会影响电流的变化。下面就介绍换向过程中换向线圈出现的两种电势。

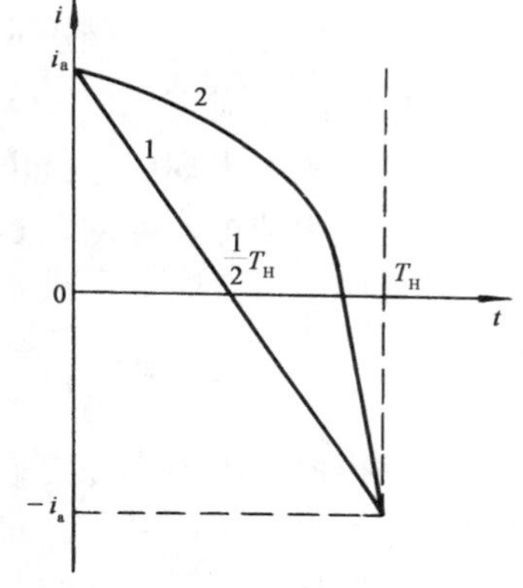

图 1-53　换向电流的变化过程

二、换向回路中的电势

1. 电抗电势 e_x

（1）电抗电势的形成

由图 1-52（b）可知，换向时换向线圈中的电流 i 的大小、方向发生急剧变化，因而会产生自感电势。同时进行换向的线圈不止一个，随着电流的变化，除了各自产生自感电势外，各线圈之间还会产生互感电势。自感电势和互感电势的总和称为电抗电势。

（2）电抗电势的作用

根据电磁感应原理，电抗电势总是阻碍换向线圈中电流的变化，即阻碍换向，故电抗电势的方向与换向线圈换向前的电流方向一致。

（3）电抗电势的大小

因为 $$e_x = -L_H \frac{di_a}{dt}，\quad e_{xav} = L_H \frac{2i_a}{T_H}$$

所以 $e_x \propto I_a$，即电抗电势 e_x 正比于电枢电流 I_a。

2. 电枢反应电势 e_a

（1）电枢反应电势的形成

由于电刷放置在主磁极轴线下的换向片上，换向线圈的有效边一般处在几何中心线上，虽然该处主磁场等于零，但存在电枢磁场，换向线圈切割电枢磁场产生感应电势，称为电枢反应电势。

（2）电枢反应电势的作用

可用图 1-54 来说明，对于直流电动机，图中表示出了电枢电流和电枢磁场的分布，根据左手定则可判定电枢自右向左运动。根据电枢磁场的分布和电枢的运动方向，用右手定则判定处于几何中心线处导体（换向线圈边）的感应电势方向为⊗，与换向前线圈中的电流方向一致，因而电枢反应电势也总是阻碍换向线圈电流的变化，即阻碍换向。在发电机中情况也如此，读者可自行分析。

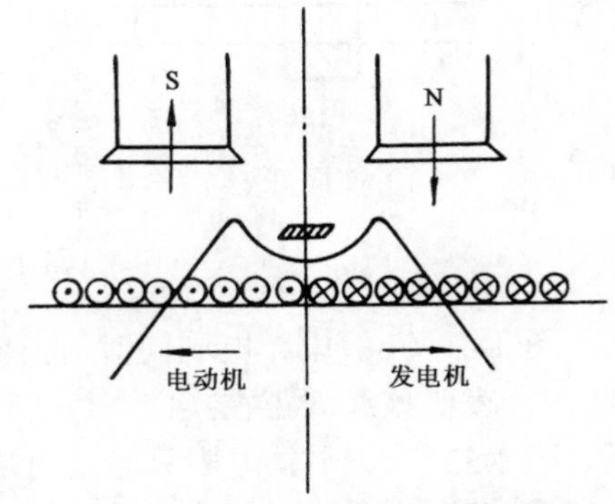

图 1-54 电枢反应电势对换向的影响

（3）电枢反应电势的大小

根据电磁感应定律，$e_a = B_a lv$，而 $B_a \propto I_a$，所以 $e_a \propto I_a$。

换向线圈中出现的电抗电势和电枢反应电势均阻碍电流的变化，即阻碍换向，这种阻碍作用就表现为使电流换向延迟，其电流的变化如图 1-53 中曲线 2 所示。

三、改善换向的方法

如果换向不理想，在电刷下会产生火花，严重时会造成直流电机运行困难。产生火花的原因，除了电磁原因外，还可能因为换向器表面不平整、不清洁、换向片间有绝缘突出、电刷与换向器接触压力不适当等。在这里只从电磁原因入手，介绍一些改善换向的方法。

要改善换向，应从减小甚至消除换向回路中合成电势，或增大电刷接触电阻着手。常用的方法有以下三种。

1. 装置换向极

装置换向极是改善换向最有效的方法，除少数功率很小的电机外，直流电机都装有换向极。

换向极的作用：是产生一个适当的外磁场，该磁场除了抵消交轴电枢磁场外，还要建立一个磁密为 B_{H} 的磁场，换向线圈切割该磁场产生换向电势 e_{H} 去抵消电抗电势 e_{x}，使换向线圈中的合成电势尽可能近似为零，达到改善换向的目的。

换向极的位置：换向极均装置在主磁极之间的机座几何中性线处，如图 1-55 所示。

装置换向极必须注意下面一些问题。

（1）换向极的极性要正确

换向极的作用是产生一个适当的外磁场去抵消交轴电枢磁场，所以由交轴电枢磁场的方向（根据电枢电流的分布，用右手定则可确定）可确定换向极产生的磁场方向，从而确定换向极的极性，如图 1-55 所示。

因此，对换向极的极性可得出如下结论：电动机中换向极的极性应与沿旋转方向前面的主磁极极性相反；发电机中换向极的极性应与沿旋转方向前面的主磁极极性相同（如图 1-55 所示）。

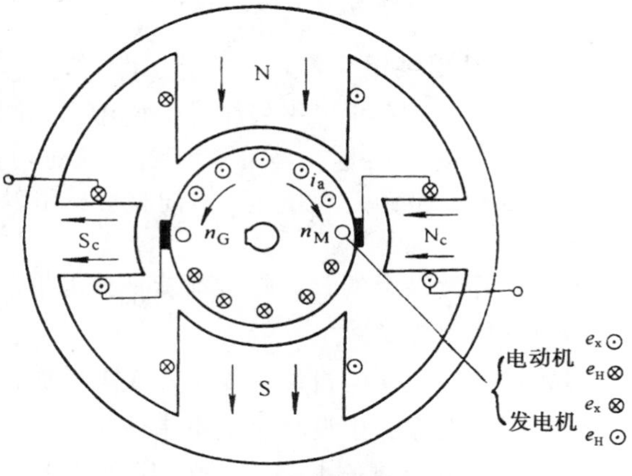

图 1-55　换向极的位置及极性

（2）换向极绕组应与电枢绕组串联

在电机运行时，由于电抗电势、电枢反应电势的大小都正比于电枢电流，这样产生换向电势的换向极磁场也应正比于电枢电流，因此换向极绕组应与电枢绕组串联，使换向极绕组中通过电枢电流后产生的换向极磁场与电枢电流成正比，这样才可保证换向极磁场除了抵消交轴电枢磁场外，还产生一个始终削弱或抵消电抗电势 e_{x} 的换向电势 e_{H}（注意：电枢绕组与换向极绕组在电机内部已串联）。

（3）换向极磁路应处于低饱和状态

在换向极磁路中，磁密 B_{H} 和电枢电流 I_{a} 的关系由磁路的饱和程度决定。只有在磁路不饱和时，才能保证 B_{H} 和 I_{a} 成正比，即满足 e_{H} 与 I_{a} 成正比的需要。

为了使换向极磁路不饱和，在设计电机时，通常将换向极气隙取得较大，但是如果单纯增大换向极和电枢间的气隙，将使漏磁通增加。为此，常将气隙分为两部分，即电枢与换向极极靴之间的第一气隙和极根与极座间的第二气隙，如图 1-56 所示。第二气隙应垫非磁性垫片（铜片或塑料片）。采用第二气隙可使漏磁通减少，在得到同样大的

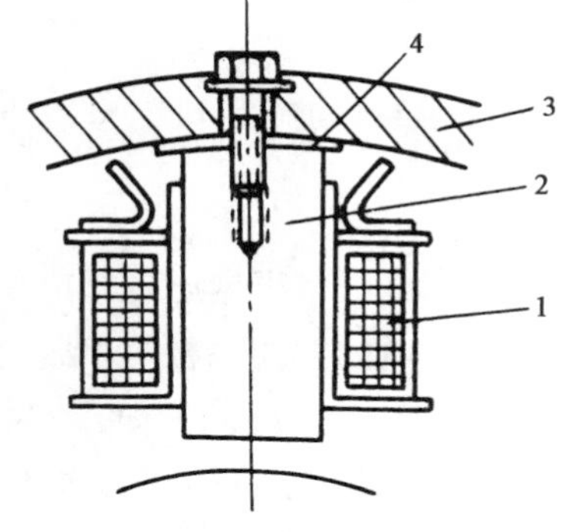

图 1-56　换向极

1—换向线圈；2—铁芯；3—机座；4—非磁性垫片

B_H情况下，使换向极磁路的饱和程度降低，从而使B_H能随I_a正比变化。

2. 增加换向回路的电阻

如前所述，假若换向回路中电势为零，则称为直线换向，直线换向是最理想的换向形式。但由于换向线圈有电感存在，使得换向延迟，过分的延迟是产生火花的一个重要因素。延迟的程度由回路中电阻和电感的比值决定，如果增大换向回路的电阻，相对便削弱了电感的影响。增加电阻的最有效的方法是增加电刷的接触电阻，影响接触电阻的因素主要是电刷材料和换向器表面的化学状态。

国产电刷分为三类，石墨电刷接触电阻最大，电化石墨电刷次之，金属石墨电刷接触电阻最小。

正常工作的电机，换向器表面会形成一层氧化膜，不但会提高换向器表面的硬度，使其耐磨，还可增加接触电阻以改善换向。正常的氧化膜应该均匀、稳定，呈现有光泽的棕褐色。

3. 装置补偿绕组

补偿绕组嵌放在主磁极极靴处的槽中，如图1-57所示。

补偿绕组的作用是：当补偿绕组中流过电流时产生磁场，使其和电枢磁场大小相等、方向相反，用以抵消电枢反应磁场。

为保证补偿绕组的磁场随时都能抵消电枢磁场，补偿绕组应与电枢绕组串联。

装置补偿绕组使电机结构复杂，成本增加，因此，只在负载变化很大的大、中型直流电机中使用。

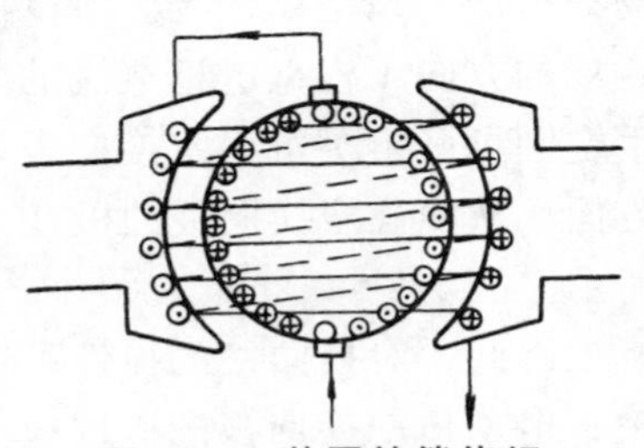

图1-57 装置补偿绕组

例1-10 某台直流电动机，在运行时后刷边发生火花，如在换向极根部加装铜垫片，运行时便无火花，为什么？

解 运行时后刷边发生火花属于延迟换向，其原因是换向线圈中电抗电势大于换向电势。为改善换向，消除火花，应该设法增加换向电势，这就要求增强换向区域的磁场。若在换向极的根部加装非磁性的铜垫片（做成第二气隙），整个换向极磁路的总气隙长度虽未改变，但极面下的气隙减小了，这样可以减小漏磁通，使在同样的换向极磁势下，换向区域的磁场增强，增大了换向电势，从而改善了换向。

本章小结

直流电机是根据电磁感应原理实现机械能与直流电能相互转换的旋转电机。电机中能量转换是可逆的。同一台电机既可作发电机运行也可作电动机运行。如果从轴上输入机械能，则$E_a>U$，I_a与E_a同方向，T是制动转矩，电机处于发电状态；如果从轴上输入直流电能，则$E_a<U$，I_a与E_a反方向，T是拖动转矩，电机处于电动状态。

直流电机的结构可分为定子与转子两大部分。定子的主要作用是建立磁场和机械支撑，转子的作用是感应电势、产生电磁转矩实现能量转换。

电枢绕组是电机中实现能量转换的关键部件，其连接方式有叠绕组、波绕组和混合型。单叠绕组和单波绕组是电枢绕组的两种最基本的绕组形式。电枢绕组是由许多线圈通过串联的方式构成的一闭合回路，通过电刷又分成若干条并联支路（单叠绕组的并联支路数等于主磁极数，单波绕组并联支路数恒等于 2）。电枢电势等于支路电势；电枢电流等于各支路电流之和。电枢绕组中的电势、电流都是交变量，但经过电刷与换向器的换向作用，由电刷端输入或输出的电势和电流都是直流量。

磁场是传递能量的媒介。电机空载时，气隙磁场是由主磁极的励磁绕组通以直流电流建立的。主极磁场中除主磁通外，还有漏磁通。电机负载后，电枢绕组中有电枢电流通过，电枢电流建立的磁场称为电枢磁场，此时气隙磁场是电枢磁场和主磁场的合成磁场。电枢磁场对主磁场的影响称为电枢反应。电枢反应使主磁场的分布发生畸变。

电枢绕组切割气隙磁场产生感应电势 E_a，$E_a = C_e \Phi n$；电枢电流和气隙磁场相互作用产生电磁转矩 T，$T = C_T \Phi I_a$。

电机稳定运行时，各物理量之间相互制约，其制约关系由电机的基本方程式表示。用直流电机的基本方程式可分析直流电机的特性及进行定量计算。在直流发电机的特性中，重点掌握外特性；对于直流电动机的特性，应重点掌握转速特性。

直流电机的换向非常关键，换向不良会使电刷和换向器之间产生火花，严重时会烧坏换向器与电刷，使电机不能正常工作。由换向的电磁理论分析可知，直线换向不会产生火花，延迟换向常使换向不良。为改善换向，常装设换向极。

思考题与习题

1-1　直流发电机怎样将机械能转换为直流电能？直流电动机怎样将直流电能转换为机械能？

1-2　判断下列情况下，电刷两端电压的性质：① 磁极固定，电枢与电刷同时旋转；② 电枢固定，电刷与磁极同时旋转。

1-3　用什么方法可以改变他励直流发电机电枢电势的方向？用什么方法可以改变他励直流电动机的转向？

1-4　直流电机中，电刷之间的电势与电枢绕组的某一根导体中的感应电势有何不同？

1-5　如果将电枢绕组装在定子上，磁极装在转子上，则换向器和电刷应怎样放置，才能作直流电机运行？

1-6　直流电机中的电磁转矩是怎样产生的？电磁转矩在直流发电机和直流电动机中的作用有何不同？

1-7　直流电机中的电枢电势是怎样产生的？电枢电势在直流发电机和直流电动机中的作用有何不同？

1-8　直流电机有哪些主要部件？各起什么作用？

1-9　什么是励磁方式？直流电机的励磁方式有哪几种？以并励直流电动机为例，分析负

载电流 I、电枢电流 I_a、励磁电流 I_f 之间的关系。

1-10　解释直流电机铭牌中额定功率、额定电压、额定电流的含义，并表示出直流电机作为发电机和电动机运行时三者之间的关系。

1-11　一台 Z2 型直流发电机，$P_N = 145$ kW，$U_N = 230$ V，$n_N = 1\,450$ r/min，其额定电流是多少？

1-12　一台 Z2 型直流电动机，$P_N = 160$ kW，$U_N = 220$ V，$\eta_N = 90\%$，$n_N = 1\,500$ r/min，其额定电流是多少？

1-13　已知一直流电机 $2p = 4$，$S = k = 18$，试画出右行单叠绕组展开图。

1-14　有一台四极直流电机，电枢绕组采用单叠绕组，试问：

① 如果取掉相邻的两组电刷，只用另外的相邻两组电刷是否可以？对电机的性能有何影响？端电压有何变化？此时发电机能带多大的负载（以额定负载的百分数表示）？

② 如有一线圈断线，电刷间的电压有无变化？电流有何变化？

③ 若只用相对的两组电刷，电机是否能运行？

④ 若有一个磁极失磁，会产生什么后果？

1-15　什么是主磁通？什么是漏磁通？直流电机主磁路包括哪几段？

1-16　电机的磁化曲线是怎样形成的？有什么特点？

1-17　何谓电枢反应？电枢反应的性质与哪些因素有关？电枢反应对气隙主磁场有何影响？

1-18　如何判断一台直流电机是发电机运行状态还是电动机运行状态？

1-19　一台并励直流发电机数据如下：$P_N = 50$ kW，$U_N = 230$ V，$n_N = 1\,450$ r/min，$R_a = 0.08\ \Omega$，$I_{fN} = 6$ A，如把这台电机作为电动机运行，所加电源电压为 220 V，励磁电流仍维持 6 A，且保持额定电枢电流和发电机运行时相同，求作为电动机运行时的额定数据（不考虑电机饱和影响，并设电动机运行时的效率为 85%）。

1-20　已知一台并励直流发电机的下列技术数据：$R_a = 0.25\ \Omega$，$R_f = 153\ \Omega$，负载 $R_L = 4\ \Omega$，$U_N = 230$ V，$n_N = 1\,000$ r/min，$\eta_N = 0.85$。发电机在额定运行状态。试求：① 输出电流；② 励磁电流；③ 电枢电流；④ 电枢电势；⑤电磁转矩；⑥ 输入功率；⑦输出功率。

1-21　一台并励直流发电机，$P_N = 6$ kW，$U_N = 230$ V，$n_N = 1\,450$ r/min，电枢绕组总电阻 $R_a = 0.57\ \Omega$，励磁回路总电阻 $R_f = 177\ \Omega$，在额定运行状态时空载损耗 $P_0 = 295$ W，附加损耗 $P_s = 0.5\%P_N$。试求：① 额定运行状态时的电磁功率和电磁转矩；② 额定运行状态时的输入功率和效率。

1-22　一台并励直流电动机，$U_N = 220$ V，$I_N = 80$ A，电枢回路总电阻 $R_a = 0.036\ \Omega$，励磁回路总电阻 $R_f = 110\ \Omega$，附加损耗 $P_s = 0.01P_N$，$\eta_N = 0.85$。试求：① 额定输入功率 P_1；② 额定输出功率 P_2；③ 总损耗 $\sum P$；④ 电枢铜损耗 P_{Cu}；⑤ 励磁损耗 P_f；⑥ 附加损耗 P_s；⑦ 机械损耗和铁芯损耗 P_0。

1-23　一台他励直流电动机，额定数据：$P_N = 10$ kW，$U_N = 220$ V，$\eta_N = 90\%$，$n_N = 1\,200$ r/min，电枢回路总电阻 $R_a = 0.044\ \Omega$。电动机在额定运行状态。试求：① 电枢电势和电磁转矩；② 输出转矩和空载转矩。

1-24　为什么并励直流发电机的外特性比他励直流发电机的外特性下斜得厉害？

1-25　并励直流发电机的自励条件是什么？若发电机正转时能自励，反转时能否自励？

1-26　他励直流电动机的工作特性在什么条件下求取？有哪几条曲线？

1-27　一台他励直流电动机拖动一台他励直流发电机，在额定转速下运行。当发电机的电枢电流增加时，电动机的电枢电流为什么也相应增加？试分析其原因。

1-28　分析直流发电机的功率传递与损耗之间的关系，并用功率流程图表示。

1-29　分析直流电动机的功率传递与损耗之间的关系，并用功率流程图表示。

1-30　何谓换向？换向对直流电机运行有何影响？

1-31　换向线圈在换向过程中都有哪些电势出现？是什么原因引起的？对换向有什么影响？

1-32　装置换向极为何能改善换向？换向极极性如何确定？为什么换向极绕组必须与电枢绕组串联？

1-33　一台他励直流发电机，如果改变它的转向，换向极的极性是否改变？是否仍能帮助换向？

1-34　一台他励直流电动机，如果改变电枢电路的正负极性，电动机的转向、换向极的极性是否改变？换向情况有无变化？

第二章　直流电动机的电力拖动

“拖动”就是应用各种原动机使生产机械产生运动，以完成一定的生产任务。而用各种电动机作为原动机的拖动方式称为“电力拖动”。电力拖动方式是现代化大生产中最优越并且用得最多的拖动方式。

一般情况下，电力拖动装置由电动机、传动机构、工作机构、控制设备及电源五部分组成，如图 2-1 所示。

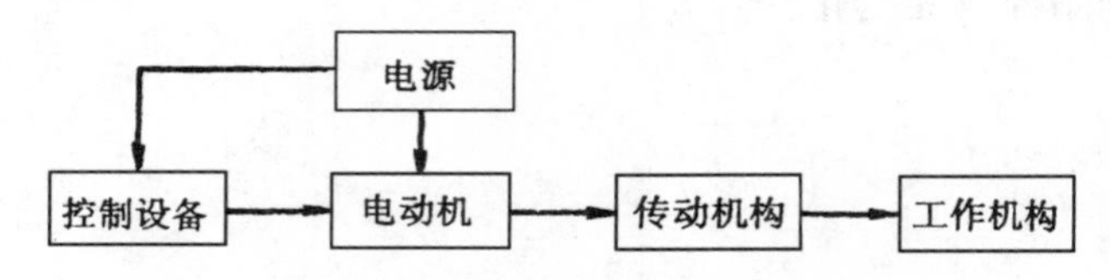

图 2-1　电力拖动系统组成示意图

电动机把电能转换成机械能；传动机构用来传递机械能；工作机构是生产机械为执行某一任务的机械部分；控制设备用于控制电动机的运动，从而对生产机械的运动实现自动控制，它是由各种控制电机、电器、自动化元件及工业控制计算机、可编程序控制器等组成；电源的作用是向电动机和其他电气设备供电。

最简单的电力拖动系统如日常生活中的电风扇、洗衣机、工业生产中的水泵等，复杂的电力拖动系统如轧钢机、电梯等。

本章中首先介绍电力拖动系统的运动方程式，然后介绍电动机的机械特性和生产机械的转矩特性，最后主要研究他励直流电动机的启动、反转、制动和调速问题。

第一节　电力拖动系统的运动方程式

电力拖动系统中所用的电动机种类很多，生产机械的性质也各不相同。因此，需要找出它们普遍的运动规律，予以分析。从动力学的角度看，它们都服从动力学的统一规律。所以，我们首先研究电力拖动系统的动力学，建立电力拖动系统的运动方程式。

一、单轴电力拖动系统的运动方程式

单轴电力拖动系统就是电动机输出轴直接拖动生产机械运转的系统，如图 2-2 所示。

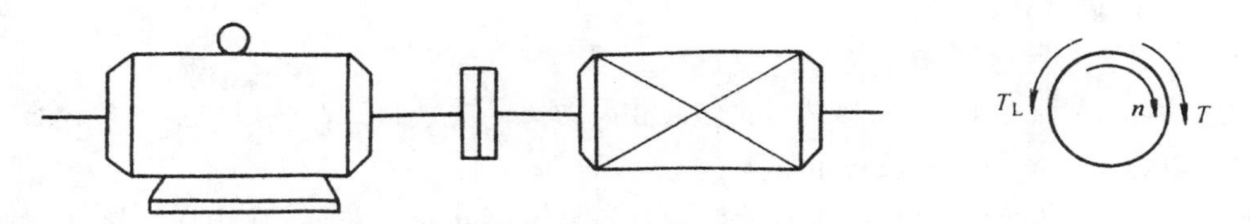

图 2-2 单轴电力拖动系统及轴上转矩

1. 运动方程式

电动机在电力拖动系统中做直线运动或旋转运动时，由力学定律可知，必须遵循下列两个基本的运动方程式：

① 对于直线运动，运动方程式为

$$F - F_L = m\frac{dv}{dt} \tag{2-1}$$

式中 F—— 拖动力（N）；

F_L—— 阻力（N）；

$m\frac{dv}{dt}$——惯性力（N）。

② 与直线运动相似，做旋转运动时的运动方程式为

$$T - T_L = J\frac{d\Omega}{dt} \tag{2-2}$$

式中 T——电动机产生的电磁转矩（N·m）；

T_L——负载转矩（N·m）；

$J\frac{d\Omega}{dt}$——惯性转矩（N·m）。

转动惯量 J 可表示为

$$J = m\rho^2 = \frac{GD^2}{4g} \tag{2-3}$$

式中 m——转动体的质量（kg）；

G——转动体的重量（N）；

g——重力加速度（m/s^2）；

ρ——转动体的惯性半径（m）；

D——转动体的惯性直径（m）。

将角速度 $\Omega = \frac{2\pi n}{60}$ 和式（2-3）代入式（2-2）中，可得到在实际计算中常用的运动方程式

$$T - T_L = \frac{GD^2}{375}\cdot\frac{dn}{dt} \tag{2-4}$$

式中，$GD^2=4gJ$，是物体的飞轮矩（$N\cdot m^2$），它是电动机飞轮矩和生产机械飞轮矩之和，为一个整体的物理量，反映了转动体的惯性大小。电动机和生产机械各旋转部分的飞轮矩可在相应的产品目录中查到。

2. 系统的运行状态

（1）运动方程式中转矩正负号的规定

在运动方程式（2-4）中，各转矩是带有正、负号的代数量。在应用运动方程式时，必须注意各转矩的正、负号。一般规定如下：

首先选定电动机处于电动状态时的旋转方向为转速 n 的正方向，则电磁转矩 T 与所规定转速 n 的正方向相同时为正向取正号，相反时为负向取负号；负载转矩 T_L 与规定转速 n 的正方向相反时为正向取正号，相同时为负向取负号。

加速转矩 $\frac{GD^2}{375}\cdot\frac{dn}{dt}$ 的大小及正、负号由电磁转矩 T 和负载转矩 T_L 的代数和来决定。

（2）系统的运行状态

电力拖动系统的运行状态可由运动方程式表示出来。分析式（2-4）可知：

① 当 $T=T_L$ 时，$\frac{dn}{dt}=0$，则 $n=0$ 或 $n=$ 常数，即电力拖动系统处于静止不动或匀速运行的稳定状态。

② 当 $T>T_L$ 时，$\frac{dn}{dt}>0$，电力拖动系统处于加速状态，即处于过渡过程中。

③ 当 $T<T_L$ 时，$\frac{dn}{dt}<0$，电力拖动系统处于减速状态，也是处于过渡过程中。

由此可知，系统在 $T=T_L$ 稳定运行时，一旦受到外界的干扰，平衡被打破，转速将会变化。对于一个稳定系统来说，要求系统具有恢复平衡状态的能力。

当 $T-T_L=$常数时，系统处于匀加速或匀减速运动状态，其加速度或减速度 dn/dt 与飞轮矩 GD^2 成反比。飞轮矩 GD^2 越大，系统惯性越大，转速变化就越小，系统稳定性好，灵敏度低；飞轮矩 GD^2 越小，系统惯性越小，转速变化就越大，系统稳定性差，灵敏度高。

二、多轴电力拖动系统的运动方程式简介

在实际生产中，有较多的电力拖动系统为多轴电力拖动系统。因为在设计电动机时，为了合理地使用材料，除特殊情况外一般转速较高，而许多生产机械为满足生产工艺的要求需要较低的转速，因此，在电动机与生产机械之间需要装设传动机构。常见的传动机构有齿轮减速箱、蜗轮蜗杆、传动带等。

图 2-3 所示为一多轴电力拖动系统，图中采用三个轴把电动机的转速变成生产机械需要的转速，在不同的轴上各有其本身的转动惯量及转速，也有相应的反映电动机拖动的转矩及生产机械的阻力矩。要全面研究这个系统的问题，必须对每根轴列出其相应的运动方程式，还要列出各轴间互相联系的方程式，最后把这些方程式联系起来，才能全面地研究系统的运动。用这种方法研究是比较复杂的。就电力拖动系统而言，一般不需要详细研究每根轴的问题，而只把电动机的轴作为研究对象即可。为简单起见，采用折算的方法，将实际的多轴电力拖动系统等效为单轴电力拖动系统，如图 2-3（b）所示。利用式（2-4）进行计算，只是式中的 T_L 是折算到电动机轴上的负载转矩 T_L'，式中的飞轮矩 GD^2 是整个传动机构折算到电动机上的等效飞轮矩。

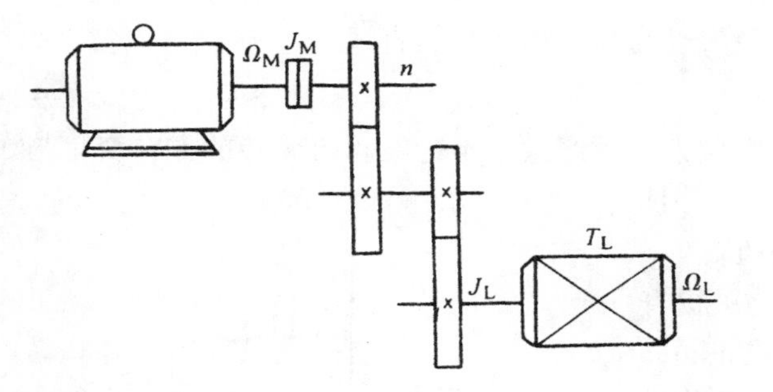

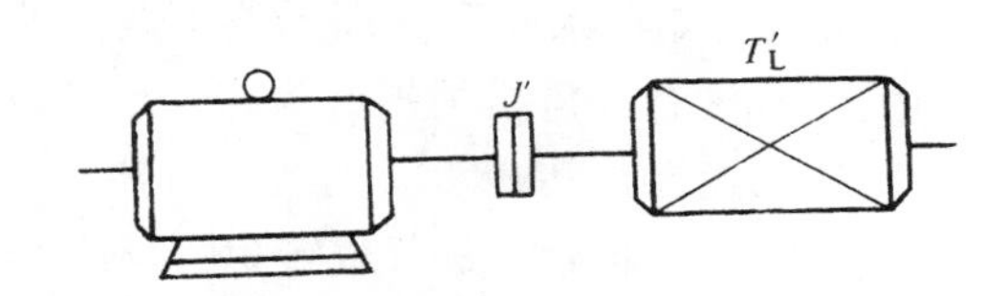

（a）多轴电力拖动系统传动示意图　（b）等效单轴拖动系统示意图

图 2-3　多轴电力拖动系统

将实际的多轴电力拖动系统等效为单轴电力拖动系统的折算办法，可以查有关资料，这里不再赘述。

目前应用广泛的自动调速系统，就是将多轴拖动系统中累赘的传动装置取消，代之以现代化的电气调速方式，使之成为单轴电力拖动系统。

第二节　生产机械的负载转矩特性

负载转矩特性是指生产机械的转矩和转速之间的函数关系，即 $T_L = f(n)$。不同的生产机械，其负载转矩特性也不同。各种生产机械特性大致可分为以下三种类型。

一、恒转矩负载特性

恒转矩负载是指负载转矩 T_L 的大小与转速 n 无关，T_L=常数，这种特性称为恒转矩负载特性。根据负载转矩的方向是否与电动机转向有关，恒转矩负载又分为反抗性恒转矩负载和位能性恒转矩负载两种。

1. 反抗性恒转矩负载

反抗性恒转矩负载的特点是：负载转矩的大小不变，但负载转矩的方向始终与电动机旋转的方向相反，总是阻碍电动机的运转，当电动机的旋转方向改变时，负载转矩的作用方向也随之改变，永远是阻力矩。属于这类特性的生产机械有轧钢机、皮带运输机和机床的平移机构。

从反抗性恒转矩负载的特点可知，当电动机正转时，n 为正，即 $n>0$，负载转矩为反向，应取正，即 $T_L>0$（常数）；而反转时，n 为负，即 $n<0$ 时，负载转矩为正向，应取负，即 $T_L<0$（常数），且 T_L 的绝对值相等，如图 2-4 所示。

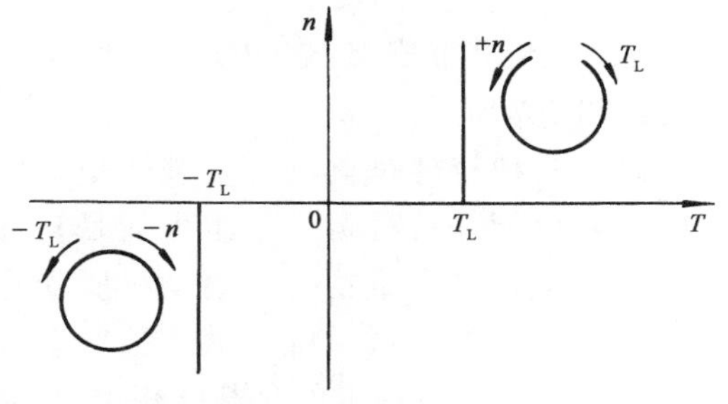

图 2-4　反抗性恒转矩负载特性

显然，反抗性恒转矩负载特性是位于Ⅰ、Ⅲ象限且与纵轴相平行的直线。

2. 位能性恒转矩负载

位能性恒转矩负载的特点是：负载转矩由重力作用产生，不论电动机旋转的方向变化与否，负载转矩的大小和方向始终不变。属于这类特性的生产机械有起重机的提升机构、矿井卷扬机等。

从位能性恒转矩负载的特点可知，当重物被提升时，n 为正，即 $n>0$，负载转矩为反向，应取正，即 $T_L>0$（常数），T_L 是阻碍运动的制动转矩；重物被下放时，n 为负，即 $n<0$，负载转矩仍为反向，仍取正，$T_L>0$（常数），T_L 是帮助运动的拖动转矩，且 T_L 大小不变，如图 2-5 所示。显然，位能性恒转矩负载特性是位于Ⅰ、Ⅳ象限且与纵轴相平行的直线。

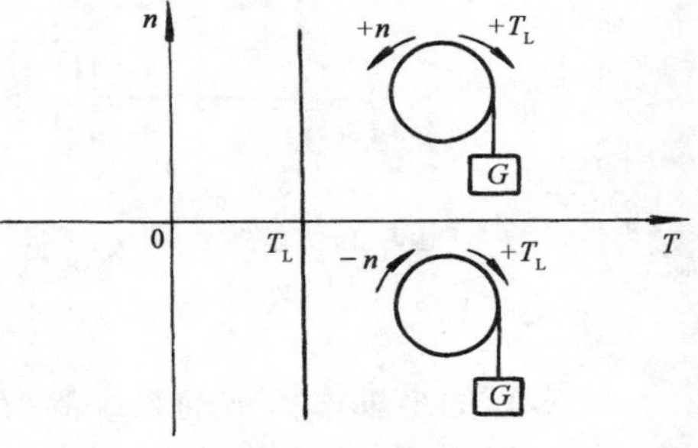

图 2-5　位能性恒转矩负载特性

二、恒功率负载特性

恒功率负载的特点是：在不同转速下，负载功率 P_L 基本上保持不变，即

$$P_L=T_L\Omega=T_L\frac{2\pi n}{60}=\frac{2\pi}{60}T_L n=\text{常数}$$

则
$$T_L\propto\frac{1}{n}$$

也就是说，对于恒功率负载，其负载转矩与转速成反比。属于这类特性的生产机械如车床，在粗加工时，切削量大（T_L 大），这时宜用低速；在精加工时，切削量小（T_L 小），这时宜用高速。恒功率负载特性曲线如图 2-6 所示。

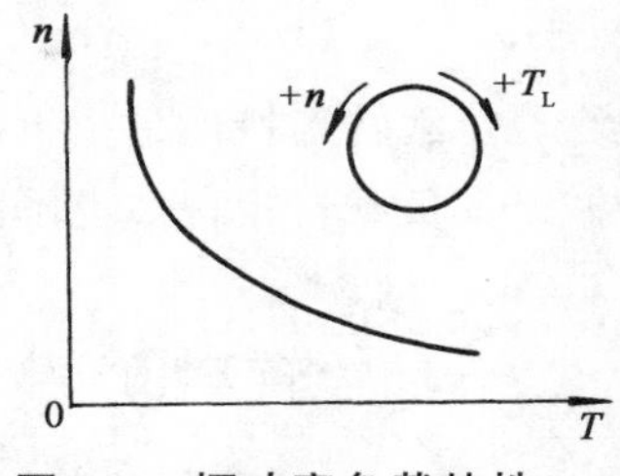

图 2-6　恒功率负载特性

三、通风机型负载特性

通风机型负载的特点是负载转矩 T_L 的大小与转速 n 的二次方成正比，即

$$T_L=Kn^2$$

式中　　K——比例系数。

常见的这类负载如鼓风机、水泵、油泵等。负载特性曲线如图 2-7 所示。

以上三种特性是典型的负载转矩特性，实际生产机械的负载可能是一种类型，也可能是几种类型的综合。例如，起重机提升重物时，电动机所受到的除位能性负载转矩外，还要克服系统机械摩擦所造成的反抗性负载转矩，所以电动机轴上的负载转矩 T_L 应是上述两个转矩之和。

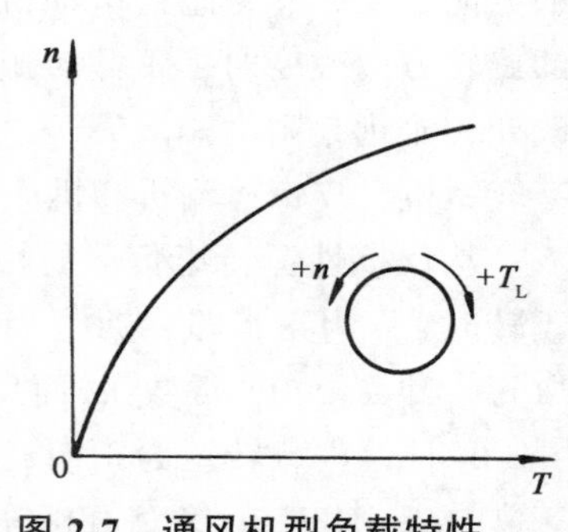

图 2-7　通风机型负载特性

第三节　他励直流电动机的机械特性

电动机的机械特性是指电动机的转速 n 与电磁转矩 T 之间的关系，即 $n=f(T)$。机械特性是电动机机械性能的主要表现，它与运动方程式相联系，是分析电动机启动、调速、制动等问题的重要工具。本节以他励直流电动机为例讨论电动机的机械特性。

一、机械特性方程式

他励直流电动机的机械特性方程式可由电动机的基本方程式导出。他励直流电动机的电路原理接线图如图 2-8 所示。

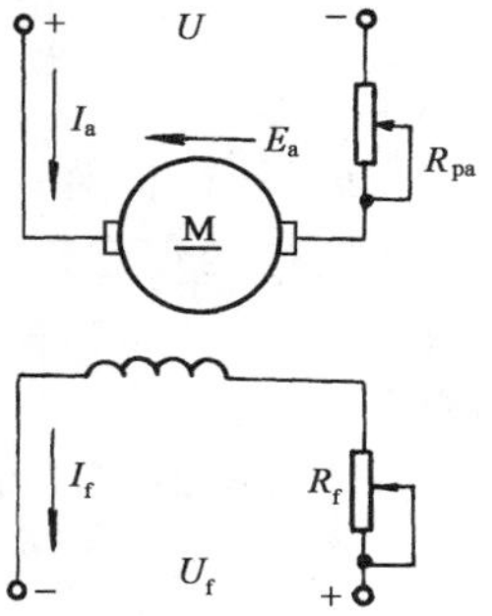

图 2-8　他励直流电动机的接线图

根据电路图 2-8 可以列出电动机的基本方程式为

电势方程式　　$U = E_a + I_a R$

电枢电势　　$E_a = C_e \varPhi n$

电磁转矩　　$T = C_T \varPhi I_a$

式中　R——电枢回路总电阻，$R = R_a + R_{pa}$。

将 E_a 和 T 的表达式代入电势方程式中，可得机械特性方程式为

$$n = \frac{U}{C_e \varPhi} - \frac{R}{C_e C_T \varPhi^2} T \tag{2-5}$$

在机械特性方程式（2-5）中，当电源电压 U、电枢回路总电阻 R、磁通 $\varPhi$ 为常数时，即可画出一条向下倾斜的直线，如图 2-9 所示，这条直线就是他励直流电动机的机械特性，即 $n = f(T)$。由机械特性可见，电动机的转速 n 随电磁转矩 T 的增大而降低，这说明：电动机加上负载，转速会有一些降低。

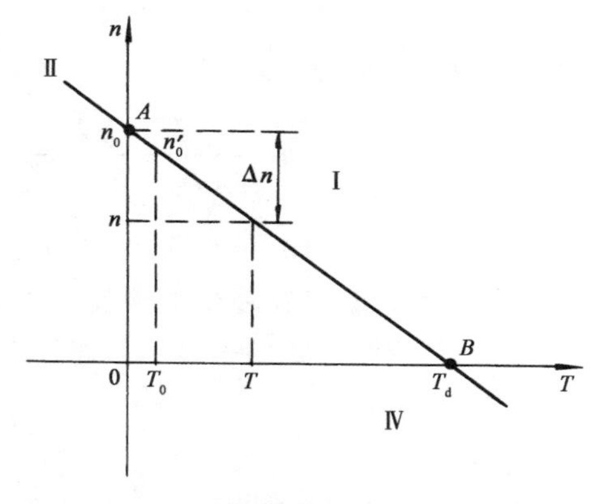

图 2-9　他励直流电动机的机械特性

下面讨论机械特性上的两个特殊点和机械特性的斜率。

1. 理想空载点 $A(0, n_0)$

在方程式（2-5）中，当 $T = 0$ 时，$n = \dfrac{U}{C_e \varPhi}$ 称为理想空载转速 n_0，即

$$n_0 = \frac{U}{C_e \varPhi} \tag{2-6}$$

由公式（2-6）可见，调节电源电压 U 或磁通 $\varPhi$，可以改变理想空载转速 n_0 的大小。

必须指出，电动机的实际空载转速 n_0' 比 n_0 略低，见图 2-9。这是因为，电动机在实际的空载状态下运行时，其输出转矩 $T_2 = 0$，但电磁转矩 T 不可能为零，必须克服空载阻力转矩 T_0，即 $T = T_0$，所以实际空载转速 n_0' 为

$$n_0' = n_0 - \frac{R}{C_e C_T \Phi^2} T_0 \tag{2-7}$$

2. 堵转点 $B(T_d, 0)$

图 2-9 中，机械特性与横轴的交点 B 即为堵转点。在堵转点，$n=0$，因而 $E_a=0$。此时电枢电流 $I_a = \frac{U}{R_a + R_{pa}} = I_d$，$I_d$ 称为堵转电流。与堵转电流相对应的电磁转矩 $T_d = C_T \Phi I_d$ 称为堵转转矩。

3. 机械特性的斜率

方程式（2-5）中，右边第二项表示电动机带负载后的转速降，用 Δn 表示，则

$$\Delta n = \frac{R}{C_e C_T \Phi^2} T = \beta T \tag{2-8}$$

式中 β——机械特性的斜率。

在同样的理想空载转速下，β 越小，Δn 也越小，即转速随电磁转矩的变化较小，称此机械特性为硬特性；β 越大，Δn 也越大，即转速随电磁转矩的变化较大，称此机械特性为软特性。

将公式（2-6）及式（2-8）代入式（2-5），即得机械特性方程式的简化式

$$n = n_0 - \beta T \tag{2-9}$$

二、固有机械特性

当他励直流电动机的电源电压 $U=U_N$、磁通 $\Phi=\Phi_N$、电枢回路中附加电阻 $R_{pa}=0$ 时，电动机的机械特性称为固有机械特性。固有机械特性的方程式为

$$n = \frac{U_N}{C_e \Phi_N} - \frac{R_a}{C_e C_T \Phi_N^2} T \tag{2-10}$$

根据公式（2-10）可绘出他励直流电动机的固有机械特性如图 2-10 所示。由于 R_a 较小，$\Phi=\Phi_N$ 数值最大，所以特性的斜率 β 最小，他励直流电动机的固有机械特性较硬。

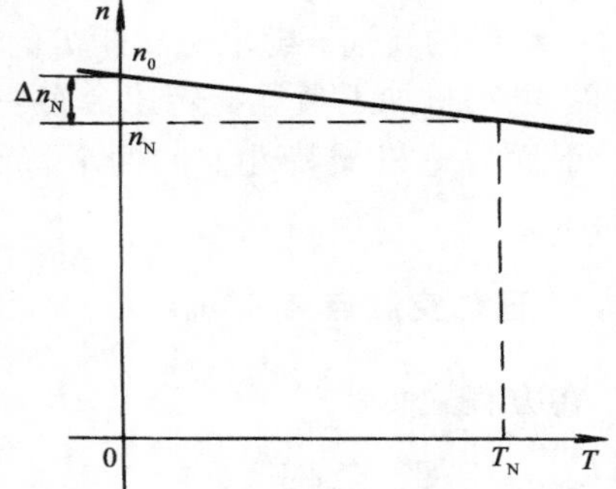

图 2-10 他励直流电动机的固有机械特性

三、人为机械特性

改变机械特性方程式中的电源电压 U、气隙磁通 Φ 和电枢回路附加电阻 R_{pa} 中任意一个或两个、三个参数，所得到的机械特性为人为机械特性。

1. 电枢回路串接电阻时的人为机械特性

此时 $U=U_N$，$\Phi=\Phi_N$，$R=R_a+R_{pa}$，电枢串接电阻 R_{pa} 时的人为机械特性方程式为

$$n=\frac{U_N}{C_e\Phi_N}-\frac{R_a+R_{pa}}{C_eC_T\Phi_N^2}T \tag{2-11}$$

与固有机械特性相比，电枢回路串接电阻时的人为机械特性的特点是：

① 理想空载点 $n_0=\frac{U_N}{C_e\Phi_N}$ 保持不变；

② 斜率 β 随 R_{pa} 的增大而增大，使转速降 Δn 增大，特性变软。图 2-11 所示是不同 R_{pa} 时的一组人为机械特性（从理想空载点 n_0 发出的一组射线）。

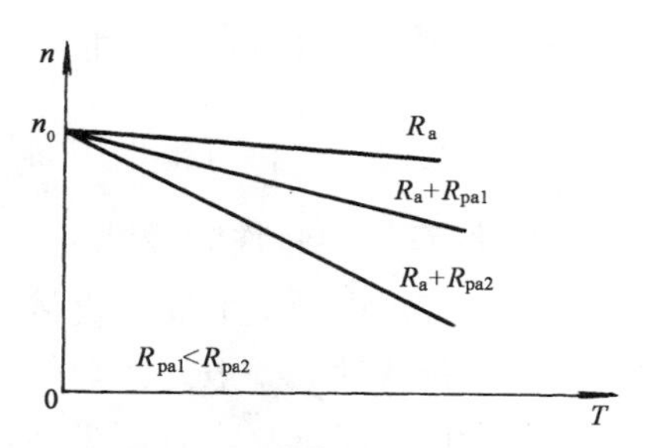

图 2-11　他励直流电动机电枢串接电阻时的人为机械特性

2. 改变电源电压时的人为机械特性

此时 $\Phi=\Phi_N$，电枢不串接电阻（$R_{pa}=0$），改变电源电压时的人为机械特性方程式为

$$n=\frac{U}{C_e\Phi_N}-\frac{R_a}{C_eC_T\Phi_N^2}T \tag{2-12}$$

应注意：由于受到绝缘强度的限制，电压只能从额定值 U_N 向下调节。

与固有机械特性相比，改变电源电压时的人为机械特性的特点是：

① 理想空载转速 n_0 随电源电压 U 的降低而成比例降低；

② 斜率 β 保持不变，特性的硬度不变。图 2-12 所示是不同电压 U 时的一组人为机械特性（一组平行直线）。

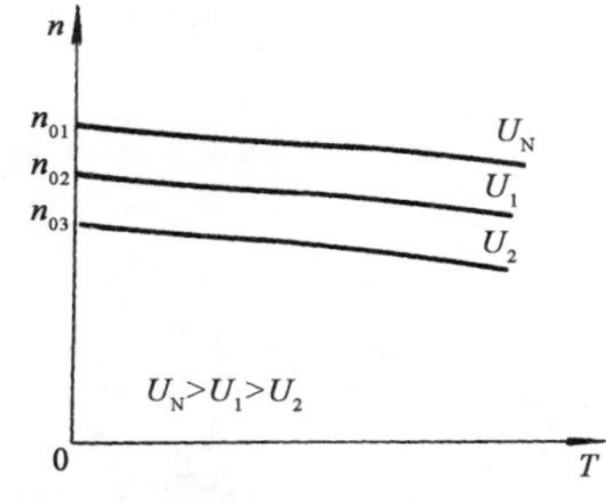

图 2-12　他励直流电动机降压时的人为机械特性

3. 改变磁通时的人为机械特性

一般他励直流电动机在额定磁通下运行时，电机磁路已接近饱和。改变磁通只能在额定磁通以下进行调节。

此时 $U=U_N$，电枢不串接电阻（$R_{pa}=0$）、减弱磁通时的人为机械特性方程式为

$$n=\frac{U_N}{C_e\Phi}-\frac{R_a}{C_eC_T\Phi^2}T \tag{2-13}$$

与固有机械特性相比，减弱磁通时的人为机械特性的特点是：

① 理想空载点 $n_0=\frac{U_N}{C_e\Phi}$，减弱磁通 Φ，理想空载转速 n_0 升高；

② 斜率 β 与 Φ^2 成反比，减弱磁通 Φ，使斜率 β 增大，特性变软。图 2-13 所示是弱磁时的一组人为机械特性（一组理想空载转速升高、斜率变大的直线）。

显然，在实际应用中，有时需要同时改变两个、甚至三个参数，那么此时的人为机械特性同样可根据特性方程式分析得到。

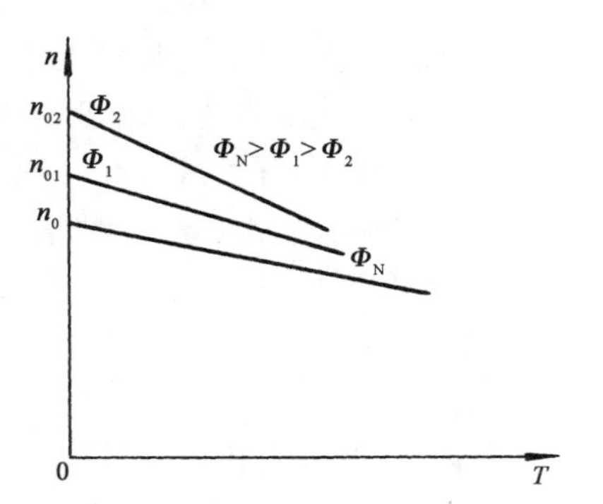

图 2-13　他励直流电动机弱磁时的人为机械特性

四、机械特性的绘制

在工程设计中，可根据产品目录或电动机的铭牌数据计算和绘制出电动机的机械特性。

1. 固有机械特性的绘制

他励直流电动机的固有机械特性是一条直线，只要求出直线上两个点的数据，就可绘制出固有机械特性。一般选择理想空载点($T=0,n_0$)和额定点(T_N,n_N)。

对于理想空载点，只需求 n_0，即

$$n_0=\frac{U_N}{C_e\Phi_N}$$

式中，U_N 已知，$C_e\Phi_N$ 可由额定状态下的电势方程式求得，即

$$C_e\Phi_N=\frac{U_N-I_NR_a}{n_N} \tag{2-14}$$

式中，I_N、n_N 均已知，只有 R_a 未知，R_a 可以实测，也可用下式估算得到

$$R_a=\left(\frac{1}{2}\sim\frac{2}{3}\right)\frac{U_NI_N-P_N}{I_N^2} \tag{2-15}$$

公式（2-15）是一个经验公式，表示在额定负载下，电枢绕组的铜损耗占电机总损耗的 $\frac{1}{2}\sim\frac{2}{3}$。

这样，按公式（2-15）估算出 R_a 后，代入公式（2-14），即可算出 $C_e\Phi_N$，因而可得理想空载点。

对于额定点，只需求 T_N，即

$$T_N=9.55C_e\Phi_NI_N$$

理想空载点和额定点求出后，通过该两点连线即为固有机械特性。

2. 人为机械特性的绘制

对于各种人为机械特性，只需要将相应的参数代入机械特性方程式中，求出任意两点（一般仍选理想空载点和额定负载点）的数据，即可绘出。

下面通过例子来说明机械特性的绘制。

例 2-1 他励直流电动机，P_N=13 kW，U_N=220 V，I_N=68.6 A，n_N=1 500 r/min。要求：

（1）绘制固有机械特性。

（2）分别绘制下列三种情况下的人为机械特性：① 电枢回路中串入 R_{pa}=0.9 Ω；② 电源电压降至额定电压的 1/2，即 U=110 V；③ 磁通减弱为额定磁通的 2/3，即 $\Phi=(2/3)\Phi_N$。

解

（1）绘制固有机械特性

估算 R_a：

$$R_a=\frac{1}{2}\times\frac{U_NI_N-P_N}{I_N^2}=\frac{1}{2}\times\frac{220\times68.6-13\times10^3}{68.6^2}=0.22\quad(\Omega)$$

计算 $C_e\Phi_N$：　　$C_e\Phi_N=\dfrac{U_N-I_NR_a}{n_N}=\dfrac{220-68.6\times0.22}{1\,500}=0.137$

理想转速：　　$n_0=\dfrac{U_N}{C_e\Phi_N}=\dfrac{220}{0.137}=1\,605$　（r/min）

额定电磁转矩：　　$T_N=9.55C_e\Phi_NI_N=9.55\times0.137\times68.6=89.8$　（N·m）

根据理想空载点(0,1 605 r/min)和额定运行点(89.8 N·m,1 500 r/min)绘出固有机械特性，如图 2-14 所示。

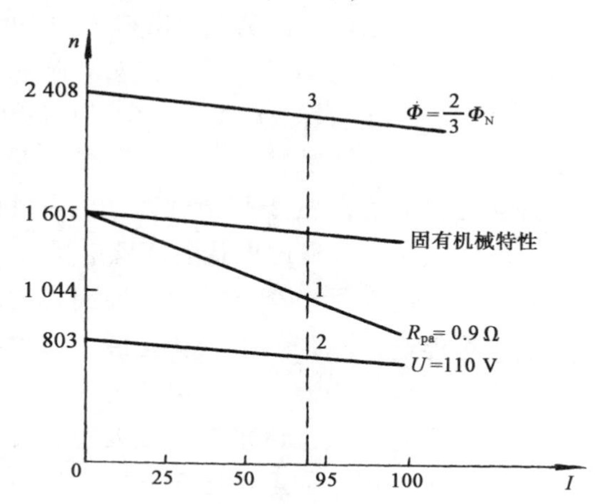

图 2-14　他励直流电动机的固有机械特性和人为机械特性

（2）绘制人为机械特性

① 电枢回路中串入 R_{pa}=0.9 Ω。理想空载转速不变，$T=T_N$ 时电动机的转速

$$n_1=n_0-\frac{R_a+R_{pa}}{C_eC_T\Phi_N^2}T_N$$

$$=1\,605-\frac{0.22+0.9}{9.55\times0.137^2}\times89.8=1\,044\quad(\text{r/min})$$

因此，人为机械特性是过(0,1 605 r/min)和(89.8 N·m,1 044 r/min)两点的直线，如图 2-14 中直线 1 所示。

② 电源电压 U=110 V。理想空载转速降为

$$n_0'=\frac{U}{C_e\Phi_N}=\frac{110}{0.137}=803\quad(\text{r/min})$$

$T=T_N$ 时电动机的转速

$$n_2=n_0'-\frac{R_a}{C_eC_T\Phi_N^2}T_N=803-\frac{0.22}{9.55\times0.137^2}\times89.8=693\quad(\text{r/min})$$

因此，人为机械特性是过(0,803 r/min)和(89.8 N·m,693 r/min)两点的直线，如图 2-14 中直线 2 所示。

③ 磁通减弱为 $\Phi=(2/3)\Phi_N$。理想空载转速升为

$$n_0''=\frac{U_N}{C_e\Phi}=\frac{220}{0.137\times\frac{2}{3}}=2\,408\quad(\text{r/min})$$

$T=T_N$ 时电动机的转速

$$n_3=n_0''-\frac{R_a}{9.55\left(\frac{2}{3}C_e\Phi_N\right)^2}T_N$$

$$=2\,408-\frac{0.22}{9.55\times\left(\frac{2}{3}\times0.137\right)^2}\times89.8=2160\quad(\text{r/min})$$

因此，人为机械特性是过(0,2 408 r/min)和(89.8 N·m,2 160 r/min)两点的直线，如图 2-14 中直线 3 所示。

五、电力拖动系统的稳定运行条件

在生产机械运行时，电动机的机械特性与生产机械的负载转矩特性是同时存在的。为了分析电力拖动的运行问题，可以把两者画在同一个坐标图上。如图 2-15 所示，直线 1 为电动机的机械特性，直线 2 为负载转矩机械特性。两条直线交于 A 点，系统在 A 点恒速运行并处于平衡状态。但系统处于平衡状态并不能代表系统在此点就能够稳定运行。

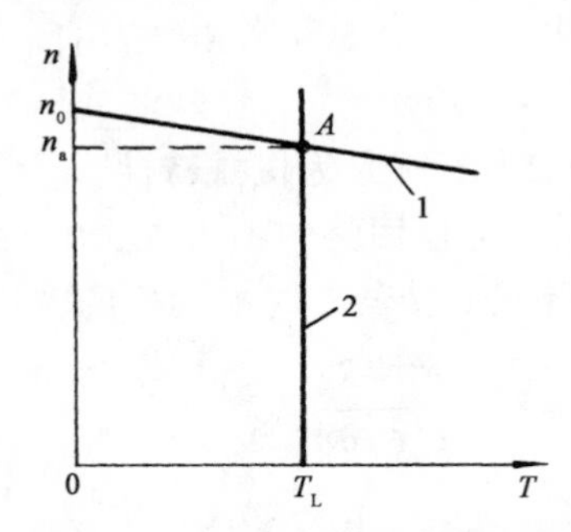

图 2-15　电力拖动系统的平衡状态

1—电动机的机械特性；2—负载的机械特性

必须注意，如果在交点处两特性配合情况不好，运行也有可能是不稳定的。也就是说，两种特性有交点仅是稳定运行的必要条件，但还不充分，充分条件是：如果电力拖动系统原来在交点处稳定运行，由于出现某种干扰作用（如电网电压的波动、负载转矩的微小变化等），离开了平衡位置，当干扰消除后，拖动系统还能回到原来的平衡位置。电力拖动系统如能满足这样的特性配合条件，则该系统是稳定的，否则是不稳定的。

下面举例说明电力拖动系统稳定运行的条件。

图 2-16（a）表示他励直流电动机（特性 2、3）拖动恒转矩负载（特性 1）。系统原工作在平衡点 A 处，由于某种原因，电网电压向上波动，从 U_1 升为 U_2，电动机的特性由 2 变为 3，由于瞬间转速不变，系统工作点由 A 平移到 B，出现 $T > T_L$，系统沿 BC 加速直到 C 点，系统又以 n_C 恒速运行。当扰动消失，电压从 U_2 降到 U_1，电动机的特性由 3 回到 2，系统工作点由 C 平移到 D，出现 $T < T_L$，系统沿 DA 减速，直到转速恢复到 n_A。可见，该系统在扰动消失后还能回到原来的平衡位置，所以 A 点是稳定运行点。

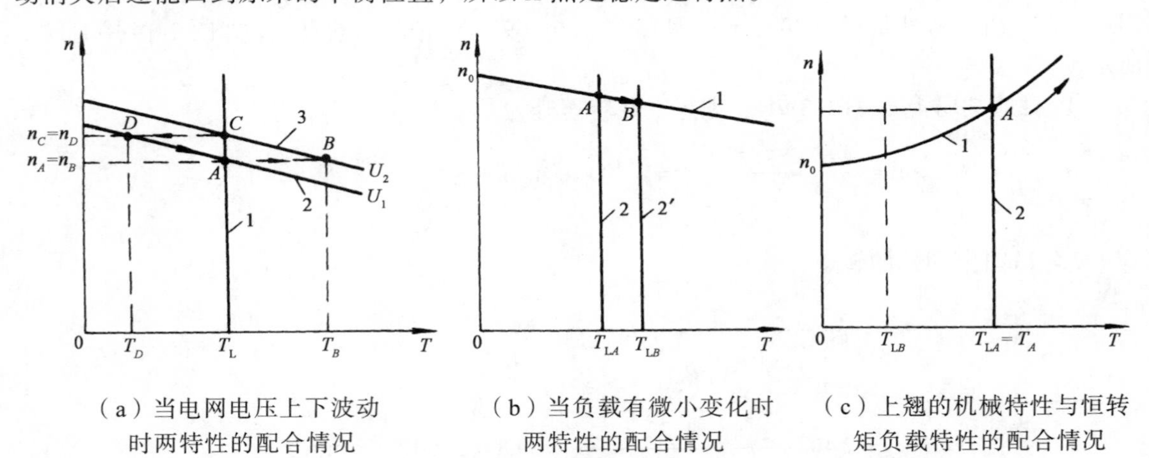

（a）当电网电压上下波动时两特性的配合情况　（b）当负载有微小变化时两特性的配合情况　（c）上翘的机械特性与恒转矩负载特性的配合情况

图 2-16　他励直流电动机的稳定运行

图 2-16（b）表示他励直流电动机拖动恒转矩负载。系统原工作在平衡点 A 处，由于某

种原因，负载由 T_{LA} 增大到 T_{LB}，瞬间电动机转速不变，出现 $T<T_{LB}$，系统减速，直到 $T=T_{LB}$，系统达到新的平衡点 B。当扰动消失，负载由 T_{LB} 恢复到 T_{LA}，出现 $T>T_{LA}$，系统加速，直到 $T=T_{LA}$，系统又回到原平衡点 A，所以 A 点是稳定运行点。

图 2-16（c）表示机械特性呈上翘特点的电动机拖动恒转矩负载。两条特性线交于 A 点，在 A 点，电动机转速的略微减小，将使 $T<T_L$，进而使得电动机继续减速，系统将远离平衡点 A。反之，电动机转速的略微增加，将使 $T>T_L$，进而使得电动机继续加速，系统也将远离平衡点 A。总之，系统在 A 点，不论转速瞬时略微增加或减小，拖动系统都没有恢复到原工作点的能力，所以 A 点是不稳定运行点。

从以上分析可见，对于恒转矩负载，要得到稳定运行，电动机需要具有向下倾斜的机械特性。如果电动机的机械特性向上翘，便不能稳定运行。

推广到一般情况，如果电动机的机械特性 $n=f(T)$ 与负载的机械特性 $n=f(T_L)$ 在交点处的配合能满足下列要求，则系统的运行是稳定的，否则是不稳定的：

在交点所对应的转速之上应保证 $T<T_L$，而在这一转速之下则要求 $T>T_L$，即在交点 $T=T_L$ 处，满足 $\frac{dT}{dn}<\frac{dT_L}{dn}$。显然，这样的特性配合能保证系统有恢复原转速的能力。

第四节　他励直流电动机的启动和反转

电动机从接入电网开始转动，到达稳定运行的全部过程称为启动过程或启动。

电动机在启动的瞬间，转速为零，此时的电枢电流称为启动电流，用 I_{st} 表示；对应的电磁转矩称为启动转矩，用 T_{st} 表示。

直流电动机的启动性能指标：

① 启动转矩 T_{st} 足够大（$T_{st}>T_L$）；

② 启动电流 I_{st} 不可太大，一般限制在一定的允许范围之内，一般为 $(1.5\sim2)I_N$；

③ 启动时间短，符合生产机械的要求；

④ 启动设备简单、经济、可靠、操作简便。

一、他励直流电动机的启动

直流电动机常用的启动方法有三种。

1. 直接启动

直接启动就是将电动机直接投入到具有额定电压的电网上启动。

他励直流电动机启动时，必须先保证有磁场，而后加电枢电压。如图 2-17 所示，启动时，先合 Q_1，然后合 Q_2。

启动瞬间，电机因机械惯性，转子保持静止，$n=0$，电枢电势 $E_a=0$，由电势方程式 $U=E_a+I_aR_a$ 可知

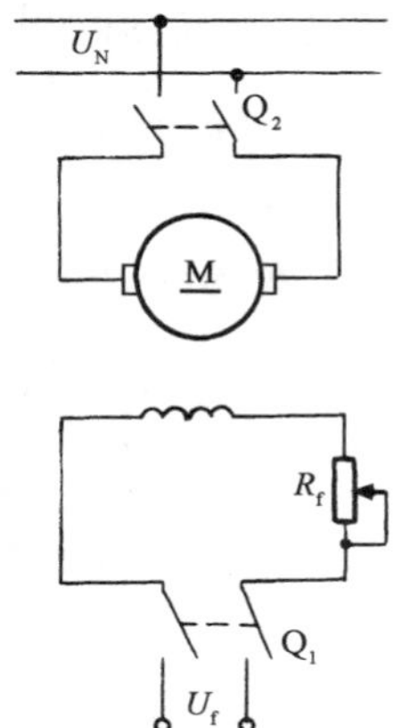

图 2-17　他励直流电动机的直接启动

启动电流 $$I_{st}=\frac{U_N}{R_a} \tag{2-16}$$

启动转矩 $$T_{st}=C_T\Phi I_{st} \tag{2-17}$$

当 T_{st} 大于拖动系统的总阻力转矩时，电动机开始转动并加速。随着转速升高，E_a 增大，使电枢电流下降，相应的电磁转矩也减小，但只要电磁转矩大于总阻力转矩，n 仍旧增加，直到电磁转矩降到与总阻力转矩相等时，转速不变，电机达到稳定恒速运行，启动过程结束。

例 2-2 一台他励直流电动机，P_N=40 kW，U_N=220 V，n_N=1 500 r/min，I_N=207.5 A，R_a=0.067 Ω。计算：

（1）直接启动时的启动电流为额定电流的几倍？

（2）在额定磁通下启动的启动转矩。

解

（1）求启动电流倍数

$$I_{st}=\frac{U_N}{R_a}=\frac{220}{0.067}=3\ 283\quad（\text{A}）$$

$$\frac{I_{st}}{I_N}=\frac{3\ 283}{207.5}=15.8\quad（倍）$$

（2）求启动转矩

$$C_e\Phi_N=\frac{U_N-I_NR_a}{n_N}=\frac{220-207.5\times0.067}{1\ 500}=0.137\ 4$$

$$T_{st}=9.55C_e\Phi_NI_{st}=9.55\times0.137\ 4\times3\ 283=4\ 307.9\quad（\text{N·m}）$$

直接启动的优点是不需要启动设备，操作简单，启动转矩大，但严重的缺点是启动电流大（由上例可知）。过大的启动电流将引起电网电压的下降，影响到其他用电设备的正常工作，对电机自身会造成换向恶化、绕组发热严重，同时很大的启动转矩将损坏拖动系统的传动机构，所以直接启动只限用于容量很小的直流电动机。一般直流电动机在启动时，都必须设法限制启动电流。

为了限制启动电流，可以采用降低电源电压和电枢回路串联电阻的启动方法。

2. 降压启动

降压启动即启动前将施加在电动机电枢两端的电源电压降低，以限制启动电流 I_{st}，为了获得足够大的启动转矩（$T_{st}>T_L$），启动电流通常限制在 $(1.5\sim2)I_N$ 内，则启动电压应为

$$U_{st}=I_{st}R_a=(1.5\sim2)I_NR_a \tag{2-18}$$

例 2-3 接上例题。如果采用降压启动使启动电流为 $1.5I_N$ 时，电源电压应降为多少？

解 求电源电压

$$U_{st}=I_{st}R_a=1.5I_NR_a=1.5\times207.5\times0.067=20.85\quad（\text{V}）$$

由以上计算可知，在降压启动的瞬间，由于电源电压较低，启动电流 I_{st} 不大，且随着转速 n 的上升，电势 E_a 增大，使启动电流下降，相应的启动转矩也减小。因此在启动过程中，

为保证有足够大的启动转矩，需使 I_{st} 保持在 $(1.5\sim2)I_N$ 范围内，电源电压 U 必须不断升高，直到电压升至额定电压，电动机进入稳定运行状态，启动过程结束。

降压启动的优点是：在启动过程中能量损耗小，启动平稳，便于实现自动化。但需要一套可调节的直流电源，增加了投资。

3. 电枢回路串电阻启动

电枢回路串电阻启动时，电源电压为额定值且恒定不变，在电枢回路中串接一启动电阻 R_{st}，达到限制启动电流的目的。电枢回路串电阻启动时的启动电流为

$$I_{st}=\frac{U_N}{R_a+R_{st}} \tag{2-19}$$

例 2-4　接上例题。如果采用电枢回路串电阻启动使启动电流为 $1.5I_N$ 时，则启动开始时应串入多大电阻？

解
$$R_{st}=\frac{U_N}{I_{st}}-R_a=\frac{220}{1.5I_N}-R_a=\frac{220}{1.5\times207.5}-0.067=0.64\quad(\Omega)$$

在电枢回路串电阻启动的过程中，应相应地将启动电阻逐级切除，这种启动方法称为电枢串电阻分级启动。因为在启动过程中，如果不切除电阻，随着转速的增加，电枢电势 E_a 增大，使启动电流下降，相应的启动转矩也减小，转速上升缓慢，使启动过程时间延长，且启动后转速较低。如果把启动电阻一次全部切除，会引起过大的电流冲击。

下面以三级启动为例，说明电枢串电阻分级启动的过程。图 2-18（a）表示他励直流电动机分三级启动时的接线图，图 2-18（b）表示他励直流电动机分三级启动时的机械特性图。

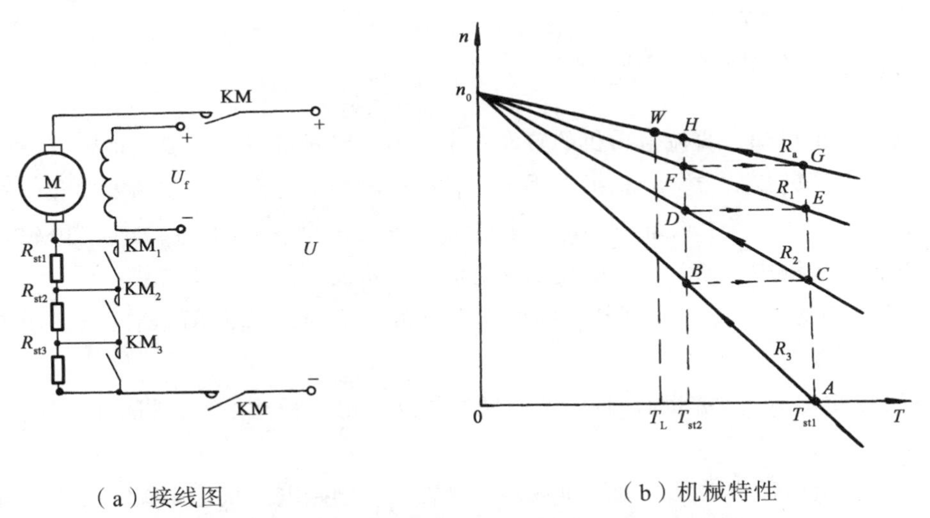

（a）接线图　　（b）机械特性

图 2-18　电枢串电阻分级启动的接线图及机械特性

当电动机励磁回路通电后，接通 KM，其他接触器触点断开，此时电枢和三段电阻 R_{st1}、R_{st2} 及 R_{st3} 串联接上额定电压，启动电流

$$I_{st1}=\frac{U_N}{R_a+R_{st1}+R_{st2}+R_{st3}}$$

由启动电流 I_{st1} 产生启动转矩 T_{st1}，如图 2-18（b）所示，由于 $T_{st1}>T_L$，电动机开始启动，转速上升，转矩下降，电机的工作点从 A 点沿特性 AB 上移，加速逐步变小。为了得到较大的加速，到 B 点时把电阻 R_{st3} 切除（控制线路使接点 KM_3 接通），B 点的电流 I_{st2} 为切换电流。电阻 R_{st3} 切除后，电机的机械特性变成直线 CDn_0。电阻切除瞬间，由于机械惯性，转速不能突变，电势也保持不变，因而电流将随 R_{st3} 的切除而突增，转矩也按比例增加，电机的工作点从 B 点过渡到特性 CDn_0 上的 C 点。如果电阻设计恰当，可以保证 C 点的电流与 I_{st1} 相等，电机产生的转矩 T_{st1} 保证电机又获得较大的加速度。电机由 C 点加速到 D 点，再切除电阻 R_{st2}（接点 KM_2 接通），运行点由 D 点过渡到特性 EFn_0 上的 E 点，电动机的电流又从 I_{st2} 回升到 I_{st1}（转矩由 T_{st2} 增至 T_{st1}）。电机由 E 点加速到 F 点，再切除电阻 R_{st1}（接点 KM_1 接通），运行点由 F 点过渡到固有特性上的 G 点，电动机的电流再一次从 I_{st2} 回升至 I_{st1}（转矩由 T_{st2} 增至 T_{st1}），拖动系统继续加速到 W 点稳定运行，启动过程结束。

必须指出，分级启动时使每一级的 I_{st1}（或 T_{st1}）与 I_{st2}（或 T_{st2}）大小一致，可以使电机有较均匀的加速度，并能改善电动机的换向情况，缓和转矩对传动机构与生产机械的有害冲击。一般取启动转矩 $T_{st1}=(1.5\sim2.0)T_N$、$T_{st2}=(1.1\sim1.3)T_N$。相应的启动电流 I_{st1}、I_{st2} 也是额定电流的相同倍数。

电枢回路串电阻分级启动能有效地限制启动电流，启动设备简单及操作简便，广泛应用于各种中、小型直流电动机。但在启动过程中能量消耗大，不适用于经常启动的大、中型直流电动机。

二、他励直流电动机的反转

通过前面讨论可知，直流电动机的转向决定于电磁转矩的方向，要使他励直流电动机反转，必须改变电磁转矩的方向。根据左手定则，电磁转矩的方向由主磁场方向和电枢电流的方向决定，所以，只要将主磁通 Φ 和电枢电流 I_a 中任意一个参数的方向改变，电磁转矩即改变方向。在自动控制中，通常采用的使他励直流电动机反转的方法有两种：

① 改变主磁通 Φ 的方向。保持电枢两端电压极性不变，将励磁绕组反接，使励磁电流反向，磁通 Φ 即改变方向。

② 改变电枢电流 I_a 的方向。保持励磁绕组两端的电压极性不变，将电枢绕组反接，电枢电流 I_a 即改变方向。

由于他励直流电动机的励磁绕组匝数多、电感大，励磁电流从正向额定值变到负向额定值的时间长，反向过程缓慢，而且在励磁绕组反接断开瞬间，绕组中将产生很大的自感电势，可能造成绝缘击穿，所以，实际应用中大多采用将电枢绕组反接的方法来实现电动机的反转。但在电动机容量很大时，对于反转速度要求不高的场合，则因励磁电路的电流和功率小，为了减小控制电器的容量，可采用将励磁绕组反接的方法来实现电动机的反转。

第五节　他励直流电动机的制动

电动机的制动就是在电动机的轴上加一个与转向相反的转矩。反向转矩称为制动转矩。

制动的目的可以是使电力拖动系统停车（制停），有时也为了限制拖动系统的转速（制动运行），以确保设备和人身安全。

制动的方法有自由停车、机械制动、电气制动。

• 自由停车　如果切断电源，系统就会在摩擦转矩的作用下慢下来，最后停车，这称为自由停车。自由停车是最简单的制动方法，但自由停车一般较慢，特别是空载自由停车，更需要等较长的时间。如果希望使制动过程加快，可以使用机械制动，也可使用电气制动。

• 机械制动　就是靠机械制动闸产生的机械摩擦转矩进行制动。这种制动方法虽然可以加快制动过程，但闸皮磨损严重，增加了维修工作量。所以对需要频繁快速启动、制动和反转的生产机械，一般不采用这种制动，而采用电气制动。

• 电气制动　就是使电动机的电磁转矩成为制动转矩的制动。电气制动便于控制，容易实现自动化，比较经济。常用的电气制动方法有能耗制动、反接制动、回馈制动（再生发电制动）。

下面分别讨论三种电气制动的物理过程、特性及制动电阻的计算等问题。

一、能耗制动

能耗制动是把正在做电动运行的他励直流电动机的电枢从电网上切除，并接到一个外加的制动电阻 R_{bk} 上构成闭合回路。

图 2-19 为他励直流电动机采用能耗制动的电路，为了便于比较，在图 2-19（a）中标出了电机在电动状态时各物理量的方向（均为正方向）。制动时，保持主磁通不变，接触器 KM_1 常开触点断开，电枢切断电源，同时其常闭触点闭合把电枢接到制动电阻 R_{bk} 上，电动机进入制动状态，如图 2-19（b）所示。

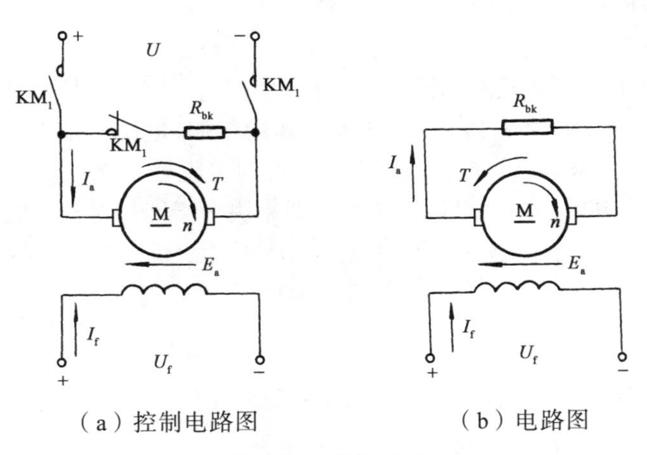

（a）控制电路图　　（b）电路图

图 2-19　能耗制动

电动机开始制动瞬间，由于惯性，转速 n 仍保持与原电动状态相同的方向和大小，因此电枢电势 E_a 在此瞬间的大小和方向也与电动状态时相同，此时 E_a 产生电流 I_a，其方向与 E_a 相同。根据电势平衡方程得

$$I_a=\frac{U-E_a}{R_a+R_{bk}}$$

显然，由于 U=0，则 $$I_a=-\frac{E_a}{R_a+R_{bk}} \tag{2-20}$$

式中，电枢电流 I_a 为负值，即其方向与电动状态时的正方向相反，为制动电流 I_{bk}。由于主磁通保持不变，因此，电磁转矩 T 反向，与转速方向相反，反抗由于惯性而继续维持的运动，起制动作用，使系统较快地减速。在制动过程中，电动机把拖动系统的动能转变成电能并消耗在电枢回路的电阻上，因此称为能耗制动。

能耗制动时的特点是：$U=0$，$R=R_a+R_{bk}$，代入式（2-5），得能耗制动机械特性方程式

$$n=\frac{0}{C_e\Phi_N}-\frac{R_a+R_{bk}}{C_eC_T\Phi_N^2}T=-\frac{R_a+R_{bk}}{C_eC_T\Phi_N^2}T \tag{2-21}$$

由式（2-21）可见，n 为正时，T 为负；n=0 时，T=0。所以能耗制动时的机械特性是一条过坐标原点、位于第Ⅱ、Ⅳ象限的直线，如图 2-20 所示。

假设制动前电动机运行于电动状态 A 点，在能耗制动瞬间，由于转速 n 不能突变，电动机的工作点从 A 点跳变至能耗制动机械特性的 B 点，此时，电磁转矩反向，与负载转矩同方向，在它们的共同作用下，电机沿直线 BO 减速，随着 $n\downarrow\rightarrow E_a\downarrow\rightarrow I_a\downarrow\rightarrow$制动电磁转矩 $T\downarrow$，直至 O 点，$n=0$，$E_a=0$，$I_a=0$，$T=0$。

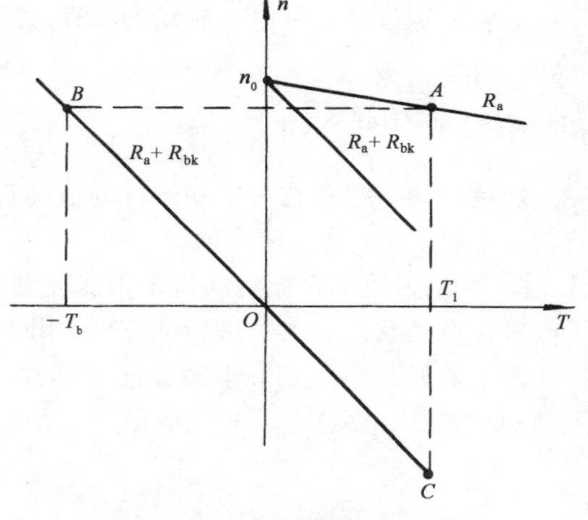

图 2-20 能耗制动机械特性

若负载为反抗性负载，电力拖动系统在 O 点停止运转。

若负载为位能性负载，拖动系统在位能性负载转矩的作用下，电动机开始反转，n 反向，E_a 反向，I_a 和 T 也反向（与电动状态相同），这时机械特性位于第 IV 象限，如图 2-20 所示。随着转速的增加，电磁转矩也不断增大，直到 $T=T_L$ 时（图 2-20 中 C 点）转速稳定，重物匀速下放，此时电机处于能耗制动稳定运行状态。

从式（2-21）可以看出，制动时机械特性的斜率决定于能耗制动电阻 R_{bk} 的大小。R_{bk} 越大，机械特性线越斜，制动转矩越小，制动越慢；R_{bk} 越小，机械特性线越平，制动转矩越大，制动就越快。但 R_{bk} 又不宜太小，否则，在制动瞬间会产生过大的冲击电流。根据允许的最大制动电流选择制动电阻 R_{bk}，则

$$R_{bk}\geqslant-\frac{E_a}{I_{bk}}-R_a \tag{2-22}$$

式中 I_{bk}——制动瞬间的电枢电流（负值）；

E_a——制动瞬间的电枢电势（正值）。

必须注意，在一定转速下进行能耗制动时，电枢回路必须串接电阻 R_{bk}，否则电枢电流将过大，在高速时甚至接近短路电流的数值。

能耗制动的控制线路比较简单，制动过程中不需要从电网吸收电能，比较经济、安全。常用于反抗性负载的电气制动停车，有时也用于位能性负载的低速下放。

例 2-5　一台他励直流电动机额定数据如下：$P_N = 22$ kW，$U_N = 220$ V，$I_N = 116$ A，$n_N = 1\,500$ r/min，$R_a = 0.174\ \Omega$，用这台电动机来拖动升起机构。试问：

（1）在额定负载下进行能耗制动，欲使制动电流等于 $2I_N$，电枢回路中应串接多大制动电阻？

（2）在额定负载下进行能耗制动，如果电枢直接短接，制动电流应为多大？

（3）当电动机轴上带有一半额定负载时，要求在能耗制动中以 800 r/min 的稳定低速下放重物，求电枢回路中应串接多大制动电阻？

解

（1）额定负载时，电动机的电势

$$E_{aN} = U_N - I_N R_a = 220 - 116 \times 0.174 = 199.8 \quad (\text{V})$$

根据式（2-22）得电枢电路中应串入的制动电阻 R_{bk} 为

$$R_{bk} = -\frac{E_{aN}}{I_{bk}} - R_a = -\frac{199.8}{-2 \times 116} - 0.174 = 0.687 \quad (\Omega)$$

（2）如果电枢直接短接，则制动电流

$$I_{bk} = -\frac{E_{aN}}{R_a} = -\frac{199.8}{0.174} = -1148.3 \quad (\text{A})$$

此电流约为额定电流的 10 倍，由此可见能耗制动时，不许直接将电枢短接，必须接入一定数值的制动电阻。

（3）求稳定能耗制动运行时的制动电阻

$$C_e \Phi_N = \frac{E_{aN}}{n_N} = \frac{199.8}{1\,500} = 0.133$$

因负载为额定负载的一半，则 $I_{bk} = \frac{1}{2} I_N$。

把能耗制动的条件代入直流电动机的电势方程式，得

$$0 = E_a + I_{bk}(R_a + R_{bk})$$

$$R_{bk} = -\frac{E_a}{I_{bk}} - R_a = -\frac{C_e \Phi_N n}{I_{bk}} - R_a = -\frac{0.133 \times (-800)}{58} - 0.174 = 1.66 \quad (\Omega)$$

二、反接制动

反接制动有电枢反接制动和倒拉反接制动两种方式。

1. 电枢反接制动

电枢反接制动就是把正在做电动运行的他励直流电动机的电枢反接在电源上，同时电枢

回路要串入制动电阻 R_{bk}，如图 2-21（a）所示的控制电路。

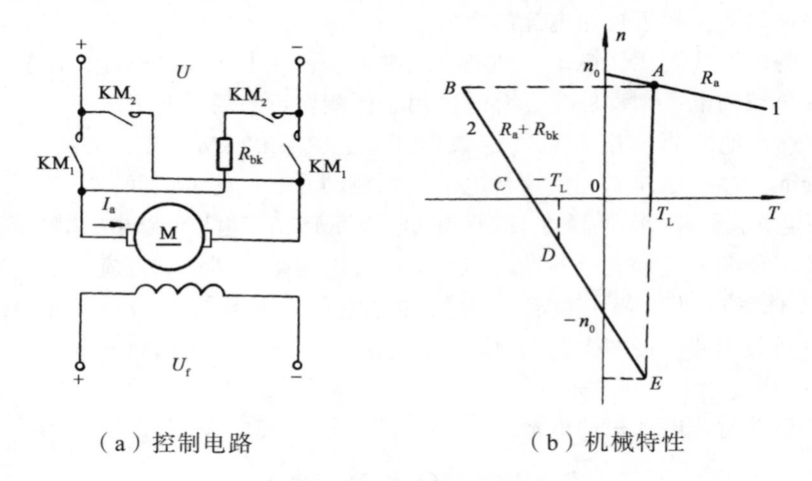

（a）控制电路　　（b）机械特性

图 2-21　电枢反接制动

在图 2-21（a）所示的控制电路中，当接触器 KM_1 接通，KM_2 断开时，电动机稳定运行于电动状态。为使生产机械迅速停车或反转，可断开 KM_1，并同时接通 KM_2，把电枢反接在电源上，并串入制动电阻 R_{bk}。在电枢反接瞬间，由于转速 n 不能突变，电枢电势 E_a 不变，但电源电压 U 的方向改变，为负值，此时电枢电流

$$I_a = \frac{-U_N - E_a}{R_a + R_{bk}} = -\frac{U_N + E_a}{R_a + R_{bk}} \tag{2-23}$$

式中，I_a 为负值，说明制动时电枢电流反向，那么电磁转矩也反向（负值），与转速方向相反，起制动作用，电机处于制动状态，此时电枢被反接，故称为电枢反接制动。拖动系统在 T 和 T_L 的共同作用下，电机转速迅速下降。

电枢反接制动时的特点是：$U=-U_N$，$R=R_a+R_{bk}$，代入式（2-5），得机械特性方程式

$$n = \frac{-U_N}{C_e\Phi_N} - \frac{R_a + R_{bk}}{C_e C_T \Phi_N^2}T = -n_0 - \frac{R_a + R_{bk}}{C_e C_T \Phi_N^2}T \tag{2-24}$$

由式（2-24）可画出机械特性曲线，如图 2-21（b）中 $BCDE$ 所示，是一条通过点$(0,-n_0)$、斜率为 $\beta = \dfrac{R_a + R_{bk}}{C_e C_T \Phi_N^2}$、位于Ⅱ、Ⅲ、Ⅳ象限的直线。

假设制动前电动机运行于电动状态 A 点，在电枢反接瞬间，由于转速 n 不能突变，电动机的工作点从 A 点跳变至电枢反接制动机械特性的 B 点。此时，电磁转矩反向，与负载转矩同方向，在它们的共同作用下，电动机的转速迅速降低，工作点从 B 点沿特性下降到 C 点，此时 $n=0$，$T\neq 0$。机械特性在第Ⅱ象限的 BC 段，为电枢反接制动特性。

如果制动的目的是为了停车，则必须在转速到零以前，及时切断电源，否则系统有自行反转的可能性。

如果制动的目的是为了反向运行，当负载是反抗性恒转矩负载时，在 C 点，若电磁转矩 $|T|<|T_L|$，则电动机堵转；若 $|T|>|T_L|$，则电动机将反向启动，沿特性曲线至 D 点。在 D 点，

由于 $-T=-T_L$，电机在此处于反向电动状态稳定运行，机械特性在第Ⅲ象限段，为反向电动状态特性。当负载是位能性恒转矩负载时，电机反向转速继续升高，工作点沿特性曲线到 E 点，$T=T_L$，并在此稳定运行，此时电机属于反向回馈制动状态稳定运行，机械特性在第Ⅳ象限。有关反向回馈制动问题在下面将进行详细分析。

从式（2-24）可以看出，电枢反接制动机械特性的斜率也决定于制动电阻 R_{bk} 的大小。根据电势平衡方程，则应使反接制动电阻

$$R_{bk} \geqslant -\frac{U_N + E_a}{I_{bk}} - R_a \tag{2-25}$$

如在额定运行下制动，可认为 $E_a \approx U_N$，则制动电阻 R_{bk} 也可近似计算

$$R_{bk} \geqslant -\frac{2U_N}{I_{bk}} - R_a \tag{2-26}$$

式中 I_{bk}—— 制动瞬间的电枢电流（负值）；

E_a—— 制动瞬间的电枢电势（正值）；

U_N—— 电源额定电压（正值）。

从电枢反接制动的机械特性可看出，在整个反接制动过程中，制动转矩都比较大，因此制动效果好。但应注意，在电枢反接制动过程结束瞬间，$n=0$，$T\neq 0$，要使系统停车就应立即切断电源，否则电动机将要反向运行。从能量关系看，在电枢反接制动过程中，电动机一方面从电网吸取电能，另一方面将系统的动能或位能转换成电能，这些电能全部消耗在电枢回路的总电阻（R_a+R_{bk}）上，很不经济。

电枢反接制动适用于快速停车或要求快速正、反转的生产机械。

2. 倒拉反接制动

这种制动方法一般发生在起重机下放重物的情况，如图 2-22（a）所示的控制电路。

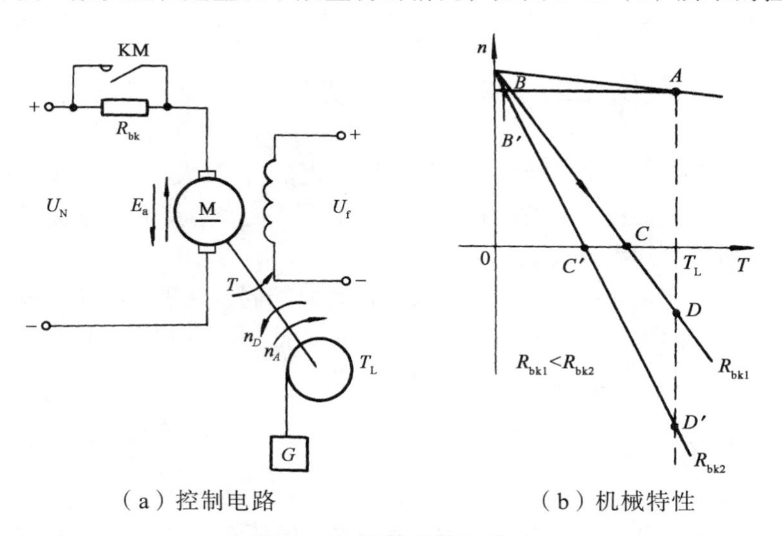

（a）控制电路　　（b）机械特性

图 2-22 倒拉反接制动

电动机提升重物时，接触器 KM 常开触点闭合，电动机运行在固有机械特性的 A 点（电动状态），如图 2-22（b）所示。下放重物时，将接触器 KM 常开触点打开，此时电枢回路内

串入了较大电阻 R_{bk}，由于电机转速不能突变，工作点从 A 点跳至对应的人为机械特性 B 点上，在 B 点，由于 $T<T_L$，电机减速，工作点沿特性曲线下降至 C 点。在 C 点，n=0，但仍有 $T<T_L$，在负载重力转矩的作用下，电动机将反转，重物被下放，此时，由于 n 反向（负值），E_a 也反向（负值），电枢电流为

$$I_a=\frac{U_N-(-E_a)}{R_a+R_{bk}}=\frac{U_N+E_a}{R_a+R_{bk}} \tag{2-27}$$

式中，电枢电流为正值，说明电磁转矩保持原方向，与转速方向相反，电动机运行在制动状态，由于 n 与 n_0 方向相反，犹如电枢已被反接，因而称为反接制动。因为此时的反接制动状态是由于位能性负载转矩拖动电动机反转而形成的，所以称为倒拉反接制动。

重物在下放的过程中，随着电机反向加速，E_a 增大，I_a 与 T 也相应增大，直到 D 点，$T=T_L$，电动机在 D 点以此速度匀速下放重物。

倒拉反接制动时的特点是：$U=U_N$，$R=R_a+R_{bk}$，代入式（2-5），得机械特性方程式

$$n=\frac{U_N}{C_e\Phi_N}-\frac{R_a+R_{bk}}{C_eC_T\Phi_N^2}T=n_0-\frac{R_a+R_{bk}}{C_eC_T\Phi_N^2}T \tag{2-28}$$

倒拉反接制动时，由于电枢回路串入了大电阻，电动机的转速降 Δn 为

$$\Delta n=\frac{R_a+R_{bk}}{C_eC_T\Phi_N^2}T>n_0$$

即电动机的转速变为负值，所以倒拉反接制动的机械特性应在第Ⅳ象限 CD 段。

图 2-22（b）表示了电枢回路串入不同制动电阻的倒拉反接制动的机械特性。可以看出，在同一转矩下，制动电阻越大，稳定下放重物的转速就越高。由电枢回路的电势平衡方程式可推导出制动电阻的计算方法为

$$R_{bk}=\frac{U_N-E_a}{I_{bk}}-R_a=\frac{U_N-C_e\Phi_N(-n)}{I_{bk}}-R_a \tag{2-29}$$

式中 I_{bk}——倒拉反接稳定制动时的电枢电流（正值），其大小由负载转矩决定。

综上所述，电动机要进入倒拉反接制动状态必须满足两个条件：一是负载一定为位能性负载；二是电枢回路必须串入大电阻。

倒拉反接制动的能量转换关系与电枢反接制动时相同，区别仅在于机械能的来源不同。倒拉反接制动运行中的机械能来自负载的位能，因此此制动方式不能用于停车，只可以用于下放重物。

三、回馈制动

他励直流电动机在电动状态下运行时，由于电源电压 U 大于电枢电势 E_a，因此电枢电流 I_a 从电源流向电枢绕组，电流与磁场作用产生拖动转矩，电源向电动机输入的电功率 $UI_a>0$；而在回馈制动状态下运行时，电源电压 U 小于电枢电势 E_a，E_a 将迫使 I_a 改变方向，电磁转矩也随之改变方向成为制动转矩，此时由于 U 与 I_a 方向相反，I_a 从电枢绕组流向电源，$UI_a<0$，

电动机向电源回送电功率 UI_a，所以把这种制动称为回馈制动。也就是说，回馈制动就是电动机工作在发电机状态。回馈制动可能出现于下列两种情况。

1. 位能性负载高速拖动电动机时的回馈制动

图 2-23（a）表示电车在平路上行驶，电动机的电磁转矩 T 与反抗性负载转矩 T_L（即摩擦阻力转矩 T_f）相平衡，电机稳定运行在正向电动状态，工作点在固有机械特性的 A 点，如图 2-23（c）所示。

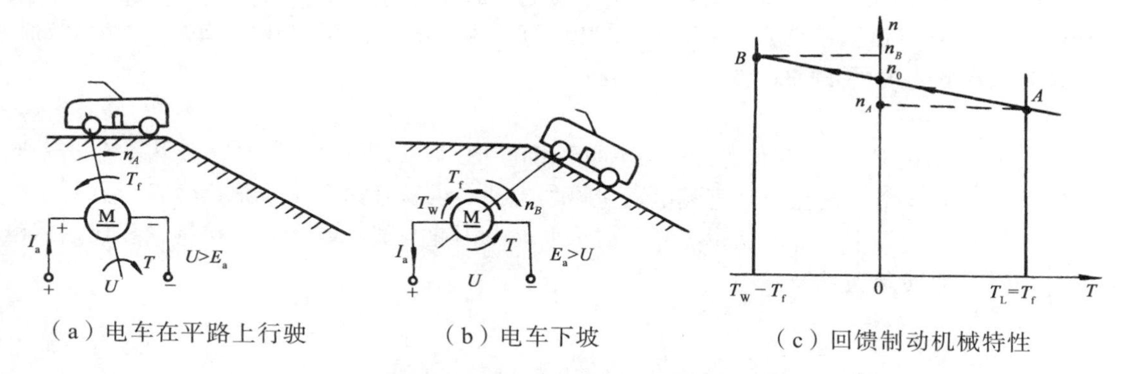

（a）电车在平路上行驶　　（b）电车下坡　　（c）回馈制动机械特性

图 2-23　电车下坡时的回馈制动

当电车下坡时，如图 2-23（b）所示，虽然 T_f 依然存在，但由电车重力所形成的下滑力产生对电机起驱动作用的转矩 T_W，如果 $T_W > T_f$，则合成后的位能性负载转矩 T_L（$T_L=T_W-T_f$）与 n 同方向，在位能性负载转矩和电磁转矩的共同作用下，电动机做加速运动，工作点沿固有机械特性上移。到 $n > n_0$ 时，$E_a > U$，I_a 反向（与 E_a 同方向），T 反向（与 n 反方向），电动机运行在发电机状态，即正向回馈制动状态。随着转速的继续升高，起制动作用的电磁转矩 T 在增大，当 $T=T_L$ 时，电动机便稳定运行，工作点在固有机械特性的 B 点，如图 2-23（c）所示。

这种制动的特点是：电动机的接线不变，它的机械特性方程与式（2-5）相同，但在正向回馈制动时，由于起制动作用的 T 是负值，所以式中 $n > n_0$，特性曲线位于第Ⅱ象限。

另外，前面讲到的电枢反接制动，如果负载为位能性负载，当 $n=0$ 时，如不切除电源，电机便在电磁转矩和位能性负载转矩的作用下，迅速反向加速；当 $|-n|>|-n_0|$ 时，电机进入反向回馈制动状态，此时因 n 为负，T 为正，机械特性位于第Ⅳ象限，如图 2-21（b）所示，特性曲线位于第Ⅳ象限区段。反向回馈制动状态在高速下放重物的系统中应用较多。

为了使位能性负载获得较低的稳定下放速度，一般在回馈制动时，将电枢内串接的电阻 R_{bk} 切除。

电动机工作在回馈制动状态时，位能性负载带动电动机，电机把获得的机械功率扣除电机空载损耗（P_0）后转变为电功率 E_aI_a，电功率 E_aI_a 的大部分回馈给电网（UI_a），小部分被电枢回路的电阻消耗，电机变为一台与电网并联运行的发电机。

2. 降低电枢电压调速时的回馈制动

在降低电压的降速过程中，也会出现回馈制动。当突然降低电枢电压，感应电势还来不及变化时，就会发生 $E_a > U$ 的情况，即出现了回馈制动状态。

图 2-24 绘出了他励直流电动机降压调速中的回馈制动特性。当电压从 U_N 降到 U_1、U_2…

时，理想空载转速由 n_0 降到 n_{01}、n_{02}…人为特性向下平行移动。当电压从 U_N 降到 U_1 时，转速从 n_N 降到 n_{01} 期间，由于 $E_a > U$，将产生回馈制动，此时电流 I_a 将与正向电动状态时反向，即 I_a 与 T 均为负，而 n 为正，故回馈制动特性相当于在第二象限的区段。

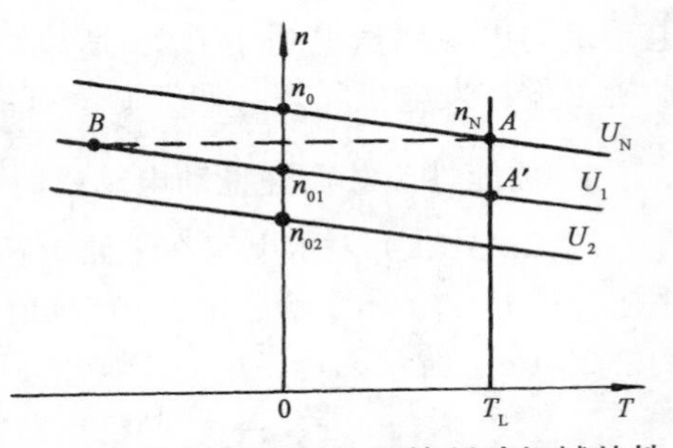

图 2-24　降压调速时的回馈制动机械特性

如果减速到 n_{01} 时，不再降低电压，则转速将继续降低，一旦转速低于 n_{01}，则 $E_a < U$，电流 I_a 将恢复到电动状态时的正向，此时电机恢复到电动状态下工作。

如果想继续保持回馈制动状态，必须不断降低电压，以实现在回馈制动状态下系统的减速。

回馈制动同样会出现在他励直流电动机增加磁通 Φ 的调速过程中，请读者自行分析。

在回馈制动过程中，有电功率 UI_a 回馈给电网，因此与能耗制动及反接制动相比，从电能消耗来看，回馈制动是经济的。

四、他励直流电动机的四象限运行

他励直流电动机的机械特性方程式的一般形式为

$$n = \frac{U}{C_e\Phi} - \frac{R}{C_eC_T\Phi^2}T = n_0 - \beta T$$

当按规定的正方向用曲线表示机械特性时，电动机的机械特性将位于直角坐标系的四个象限之中。现将他励直流电动机的四个象限运行的机械特性画在一起，如图 2-25 所示，便于加深理解和综合分析。在第Ⅰ、Ⅲ象限内，T 与 n 同方向，为电动运行状态；在第Ⅱ、Ⅳ象限内，T 与 n 反方向，为制动运行状态。

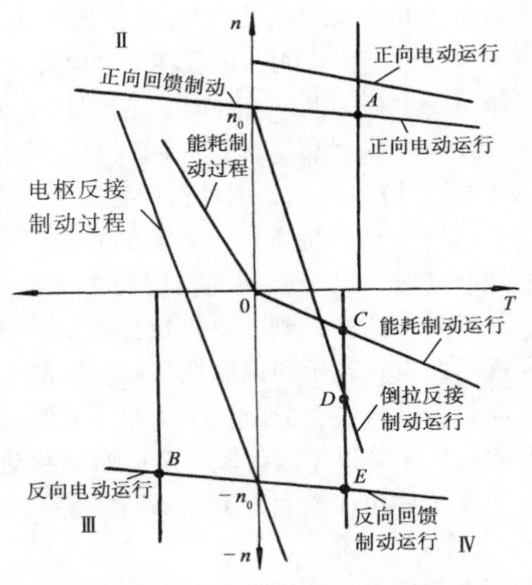

图 2-25　他励直流电动机的各种运行状态

例 2-6　一台他励直流电动机，其机械特性如图 2-26 所示。$P_N = 5.6$ kW，$U_N = 220$ V，$I_N = 31$ A，$n_N = 1\,000$ r/min，$R_a = 0.4\ \Omega$，负载转矩 $T_L = 49$ N·m，电枢电流不得超过 2 倍额定电流（忽略空载转矩 T_0）。试计算：

（1）电动机拖动反抗性负载，若采用电枢反接制动停车，电阻最小值是多少？

（2）电动机拖动位能性恒转矩负载，要求以 300 r/min 的速度下放重物，采用倒拉反接制动运行，电枢回路应串入多大电阻？若采用能耗制动，电枢回路应串入多大电阻？

（3）若使电机以 $n = -1\,200$ r/min 的速度在反向回馈制动运行状态下下放重物，电枢回路应串入多大的电阻？若电枢回路不串电阻，在反向回馈制动状态下，下放重物的转速是多少？

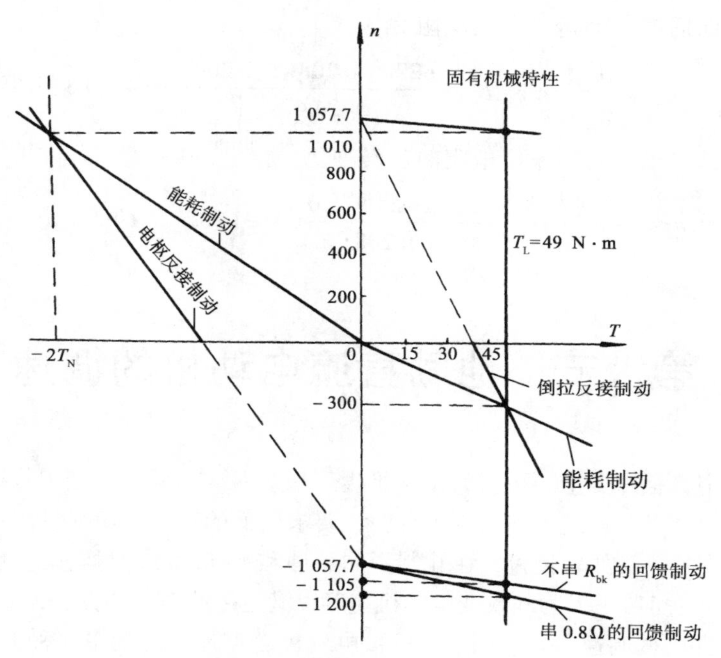

图 2-26　例 2-6 的机械特性

解

（1）
$$C_e\Phi_N=\frac{U_N-I_{aN}R_a}{n_N}=\frac{220-31\times0.4}{1\,000}=0.208$$

电动状态的稳定转速

$$n=\frac{U_N}{C_e\Phi_N}-\frac{R_a}{C_eC_T\Phi_N^2}T=\frac{220}{0.208}-\frac{0.4}{9.55\times0.208^2}\times49=1\,010\quad(\text{r/min})$$

电枢反接制动电阻，由式（2-25）得

$$R_{bk}\geqslant-\frac{U_N+E_a}{I_{bk}}-R_a=-\frac{220+0.208\times1\,010}{-2\times31}-0.4=2.99\quad(\Omega)$$

（2）计算稳定制动运行时的制动电流为

$$I_{bk}=\frac{T}{C_T\Phi_N}=\frac{49}{9.55\times0.208}=24.67\quad(\text{A})$$

计算倒拉反接制动电阻，由式（2-29）得

$$R_{bk}=\frac{U_N-E_a}{I_{bk}}-R_a=\frac{220-0.208\times(-300)}{24.67}-0.4=11.05\quad(\Omega)$$

计算能耗制动稳定运行时的电阻，由式（2-22）得

$$R_{bk}=-\frac{E_a}{I_{bk}}-R_a=-\frac{0.208\times(-300)}{24.67}-0.4=2.13\quad(\Omega)$$

（3）计算反向回馈制动运行时的电阻为

$$R_{bk}=\frac{-U_N-E_a}{I_{bk}}-R_a=\frac{-220-0.208\times(-1\,200)}{24.67}-0.4=0.8 \quad (\Omega)$$

计算反向回馈制动运行、不串电阻时的转速为

$$n=\frac{-U_N-I_{bk}R_a}{C_e\Phi_N}=\frac{-220-24.67\times0.4}{0.208}=-1\,105 \quad (\text{r/min})$$

第六节　他励直流电动机的调速

在生产实践中，有许多生产机械为了满足生产工艺要求，需要改变工作速度。例如，龙门刨床在切削过程中，当刀具进刀和退出工件时，要求较低的转速；切削过程用较高的速度；工作台返回时则用高速。又如轧钢机，在轧制不同品种和不同厚度的材料时，也必须采用不同的速度。这种在同样的负载下人为地改变电动机速度以满足生产需要的方法，通常称为调速。

调速的方法有机械调速、电气调速、机械电气配合调速。究竟用何种方案，要全面考虑，有时要进行各种方案的技术经济比较，才能决定。本节只讨论在生产实践中应用最多的电气调速。所谓电气调速就是通过人为改变电动机参数来改变电动机的转速。

根据机械特性方程式

$$n=\frac{U}{C_e\Phi}-\frac{R}{C_eC_T\Phi^2}T$$

可知，人为改变电枢电压 U、电枢回路总电阻 R 和主磁通 Φ 都可以改变电动机的转速。所以，调速的方法有降压调速、电枢回路串电阻调速和弱磁调速三种。

必须注意，调速与因负载变化而引起的转速变化是不同的。调速需要人为地改变电动机的电气参数，从而改变电机的机械特性，使得在同一负载下得到不同的转速。负载变化时的转速变化则是自动的，这时电动机的电气参数未变。

一、调速的性能指标

电动机的调速方法有多种，各种调速方法性能的好坏，常用调速的性能指标来衡量。主要的调速性能指标有以下几种，现分别说明。

1. 调速范围

调速范围是指电动机在额定负载时所能达到的最高转速 n_{max} 与最低转速 n_{min} 之比，用 D 表示，即

$$D=\frac{n_{max}}{n_{min}} \tag{2-30}$$

不同的生产机械对调速范围的要求不同，例如，车床 $D=20\sim120$，龙门刨床 $D=10\sim40$，轧钢机 $D=3\sim120$，造纸机 $D=3\sim20$，等等。

由 D 的表达式可见：要扩大调速范围，必须设法提高最高转速 n_{max} 与降低最低转速 n_{min}。电动机的最高转速 n_{max} 受电动机换向条件及机械强度的限制，一般在额定转速以上，转速提高的范围是不大的。最低转速 n_{min} 受低速运行时的相对稳定性的限制。所谓相对稳定性是指负载转矩变化时，转速随之变化的程度。转速变化越小，相对稳定性越好，能得到的最低转速 n_{min} 越小，D 也就越高。

2. 静差率（相对稳定性）

工程上常用静差率 δ 来衡量相对稳定性的程度。

静差率是表示电动机在某一机械特性上运行时，由理想空载到额定负载所出现的转速降与理想空载转速之比，用百分数表示为

$$\delta = \frac{\Delta n}{n_0} \times 100\% = \frac{n_0 - n_N}{n_0} \times 100\% \tag{2-31}$$

显然，在相同的 n_0 情况下，电动机的机械特性越硬，静差率就越小，相对稳定性就越好。

生产机械调速时，为保持一定的稳定程度，要求静差率 δ 小于某一允许值。不同的生产机械，其允许的静差率是不同的，例如，普通车床可允许 $\delta \leqslant 30\%$，一般设备要求 $\delta \leqslant 50\%$，高精度的造纸机要求 $\delta \leqslant 0.1\%$。

静差率和机械特性的硬度有关系，但又有不同之处。例如，两条互相平行的机械特性，其硬度相同，但静差率不同。同样硬度的特性，转速越低，静差率越大，越难满足生产机械对静差率的要求。

静差率与调速范围是互有联系的两项指标，系统可能达到的最低转速决定于系统允许的最大静差率，因此，调速范围显然受最大静差率的制约。

3. 调速的平滑性

在一定的调速范围内，调速的级数越多，则认为调速的平滑性越好。调速的平滑程度用平滑系数 φ 来衡量，φ 是指两个相邻调速级（如第 i 级与 $i-1$ 级）的转速之比，即

$$\varphi = \frac{n_i}{n_{i-1}} \tag{2-32}$$

φ 值越接近于 1，调速的平滑性越好。$\varphi=1$ 时称为无级调速，即转速连续可调，级数接近无穷多，此时调速的平滑性最好。

不同的生产机械对调速的平滑性要求不同，例如，龙门刨床要求基本上近似无级调速（即 $\varphi \approx 1$）。

4. 调速的经济性

调速的经济性是指对调速设备的投资、电能消耗和调速效率等经济效果的综合比较。

5. 调速时的容许输出

容许输出是指电动机在得到充分利用的情况下，调速过程中轴上所能输出的功率和转矩。在电动机稳定运行时，实际输出的功率和转矩由负载的需要来决定，故应使调速方法适应负载的要求。

二、他励直流电动机的调速方法

1. 电枢串电阻调速

他励直流电动机在保持电源电压和气隙磁通为额定值时，在电枢回路中串入不同阻值时，可以得到如图 2-27 所示的一组人为机械特性。从机械特性上可看到，电枢串接电阻后电动机的转速将降低。

电枢串接电阻调速的物理过程是：设电动机稳定运行在固有机械特性的 A 点上，当电枢回路突然串入电阻 R_{pa1} 时，瞬间 n 及 E_a 不能突变，I_a 及 T 减小，在图 2-27 中，运行点即在相同的转速下由 A 点过渡到人为机械特性上的 B 点。在 B 点，由于电磁转矩 T 小于负载转矩 T_L，电动机减速。随着转速 n 的下降，电枢电势 E_a 下降，电枢电流 I_a 增大，电磁转矩 T 增大，直到 $T=T_L$，电动机以较低的转速在 C 点稳定运行。

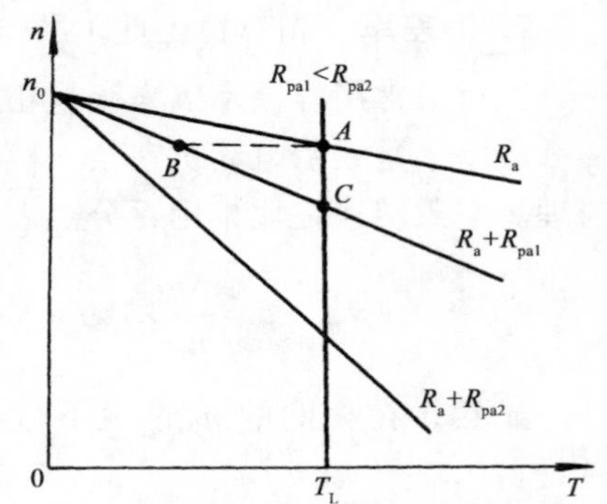

图 2-27 他励直流电动机电枢串接电阻调速的机械特性

电枢串接电阻调速的特点：

① 调速范围不大。由于电枢串接电阻后，机械特性变软，特别是低速运行时，负载稍有变化，就会引起转速发生较大的变化，不能满足一般生产机械对静差率的要求。

② 调速的平滑性不高，且是有级调速。因为外串电阻 R_{pa} 只能分段调节，所以这种调速方法不能实现无级调速。

③ 调速的经济性不够。现分析如下：

电枢串电阻调速时，外串电阻 R_{pa} 上要消耗电功率 $I_a^2R_{pa}$，使调速系统的效率降低。调速系统的效率可用系统输出的机械功率 P_2 与输入的电功率 P_1 之比的百分数表示。若电动机所带负载是额定恒转矩负载，则 $I_a=I_N$，$P_1=U_NI_a=U_NI_N=P_{1N}=$常量。忽略电动机的空载损耗 P_0，则 $P_2=P_{em}=E_aI_N$。电动机的效率为

$$\eta=\frac{P_2}{P_1}\times100\%=\frac{E_aI_N}{U_NI_N}\times100\%=\frac{n}{n_0}\times100\%$$

可见，效率将随 n 的降低成正比的下降。如 $n=\frac{1}{2}n_0$ 时，$\eta=50\%$，就是说由电网输入的功率将有一半消耗在电枢回路总电阻上，所以这种调速方法是很不经济的。

④ 调速方法简单，设备投资少。

这种调速方法只适用于对调速性能要求不高的中、小功率电动机，如起重设备和运输牵引装置。

2. 降低电源电压调速

保持他励直流电动机的磁通为额定值，电枢回路不串电阻，若将电源电压降低为 U_1、U_2 等不同数值时，则可得到一组互相平行的人为机械特性，如图 2-28 所示。从机械特性上可看到，降低电源电压后电动机的转速将降低。

降低电源电压调速的物理过程是：设电动机稳定运行在电源电压为 U_1 的机械特性上的 A 点，当电源电压突然降低为 U_2 时，瞬间 n 及 E_a 不能突变，I_a 及 T 减小，在图 2-28 中，运行点即在相同的转速下由 A 点过渡到人为机械特性上的 B 点。在 B 点，由于 $T<T_L$，电动机减速。随着转速 $n\downarrow\rightarrow E_a\downarrow\rightarrow I_a\uparrow\rightarrow T\uparrow$，直到 $T=T_L$，电动机以较低的转速在 C 点稳定运行。

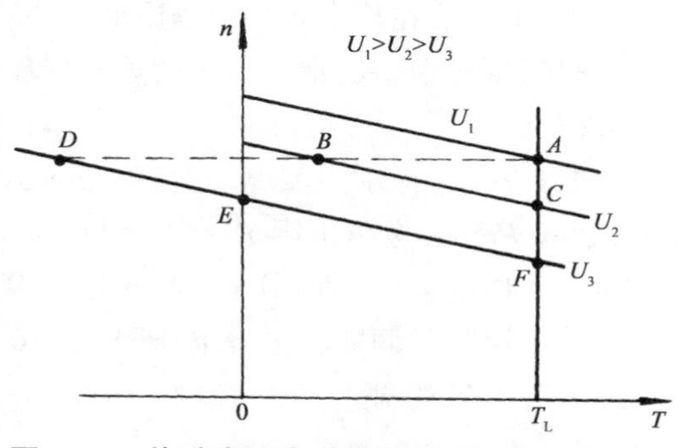

图 2-28　他励直流电动机降压调速的机械特性

在降压幅度较大时，如从 U_1 突降到 U_3，电动机由 A 点过渡到 D 点，此时电机进入回馈制动状态，直到 E 点。随着电动机的减速，电动机从 E 点重新进入电动状态的减速过程直至 F 点，$T=T_L$，电机以更低的转速稳定运行。

降低电源电压调速的特点：

① 调速范围大。当降低电源电压时，机械特性的硬度不变。电机在低速下运行时，转速随负载变化的幅度较小。与电枢回路串电阻的调速方法比较，转速的稳定性要好得多。

② 调速的平滑性好，是无级调速。因为电源电压可连续调节，所以这种调速方法可实现无级调速。

③ 调速的经济性好。因为降压调速是通过减小输入功率来降低转速的，低速时，损耗小，所以降低电源电压调速的经济性好。

④ 调压电源设备较复杂。

降低电源电压调速的性能好，目前被广泛用于自动控制系统中，如轧钢机、龙门刨床等。

3. 弱磁调速

保持他励直流电动机的电源电压为额定值，电枢回路不外串电阻，仅改变电动机的励磁磁通，如磁通由 Φ_1 降到 Φ_2，则得到如图 2-29 所示的机械特性。从机械特性上可看到，减弱磁通后电动机的转速将升高。

弱磁调速的物理过程是：在图 2-29 中，设电动机稳定运行在 A 点，当磁通突然从 Φ_1 降到 Φ_2 时，瞬间转速 n 不变，E_a 减小，I_a 及 T 增大，运行点即在相同的转速下由 A 点过渡到 B 点。在 B 点，由于 $T>T_L$，电动机加速，随着转速 $n\uparrow\rightarrow E_a\uparrow\rightarrow I_a\downarrow\rightarrow T\downarrow$，直到 $T=T_L$，电动机以较高的转速在 C 点稳定运行。

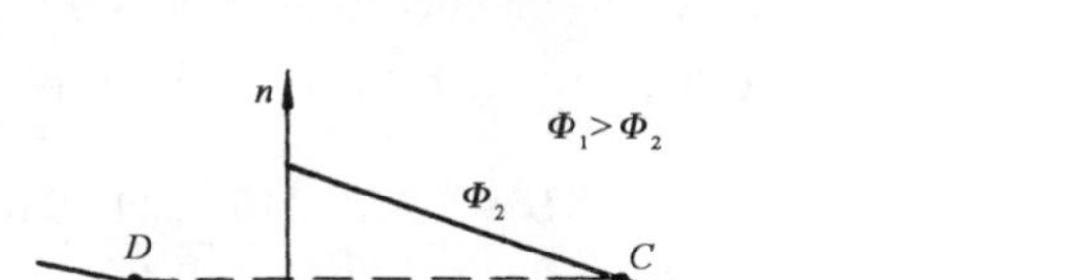
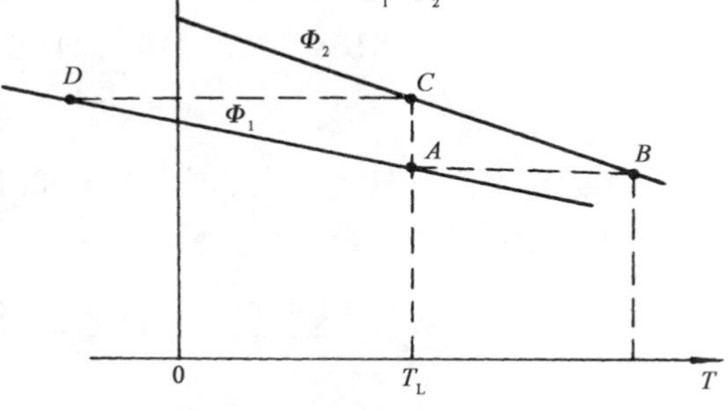

图 2-29　他励直流电动机弱磁调速的机械特性

与降压调速类似，在突然增磁的过程中，如磁通由 Φ_2 增大到 Φ_1，在图 2-29 中，工作点由 C 点过渡到 D 点，电机也进入回馈制动状态。

弱磁调速的特点：

① 调速范围不大。由于弱磁调速是在额定转速以上调节，受电机换向条件和机械强度的限制，转速调高幅度不大，因此，对于普通电机最多为 $D=2$，对于特殊设计的额定转速较低的调磁电机则 $D=3\sim4$；

② 调速的平滑性较好。由于用于调节励磁电流的变阻器功率小，可以较平滑地调节转速。如果励磁电源采用可以连续调压的直流电源来进行弱磁，则可实现无级调速；

③ 由于调节在功率较小的励磁回路中进行，因此控制方便，能量损耗小。

在实际生产中，通常把降压调速和弱磁调速配合起来使用，以实现双向调速，扩大转速的调节范围。

例 2-7 一台他励直流电动机，其额定数据为：$P_N = 100$ kW，$I_N = 511$ A，$U_N = 220$ V，$n_N = 1\,500$ r/min，电枢电阻 $R_a = 0.04\ \Omega$，电动机拖动额定恒转矩负载运行。

（1）采用电枢串电阻调速，将转速降至 600 r/min，求应串入多大电阻？

（2）采用降压调速，电源电压降至 110 V，求电动机的稳定转速是多少？

（3）采用弱磁调速，磁通减小 10% 时，求调速瞬间的电枢电流、稳定后的电枢电流和转速是多少？

解

（1）电动机在额定状态时

$$E_{aN} = U_N - I_N R_a = 220 - 511 \times 0.04 = 199.56 \quad (\text{V})$$

$$C_e \Phi_N = \frac{E_{aN}}{n_N} = \frac{199.56}{1500} = 0.133$$

因为负载为额定恒转矩负载，调速前后磁通不变，所以电枢电流 I_a 在调速前后保持恒定，即 $I_a = I_N$。在电枢回路中串入电阻将转速降至 600 r/min，根据电动机的电势方程式得

$$R_{pa} = \frac{U_N - E_a}{I_N} - R_a = \frac{220 - 0.133 \times 600}{511} - 0.04 = 0.23 \quad (\Omega)$$

（2）因为调速后，负载转矩、磁通不变，所以电枢电流 I_a 也不变，即 $I_a = I_N = 511$ A。当电源电压 $U = 110$ V，根据电动机的电势方程式得电动机的稳定转速为

$$n = \frac{U - I_N R_a}{C_e \Phi_N} = \frac{110 - 511 \times 0.04}{0.133} = 673 \quad (\text{r/min})$$

（3）因调速瞬间转速不变，为 $n = 1\,500$ r/min，$\Phi = 90\% \Phi_N$，根据电动机的电势方程式得调速瞬间电枢电流为

$$I_a' = \frac{U_N - 90\% C_e \Phi_N n_N}{R_a} = \frac{220 - 90\% \times 0.133 \times 1\,500}{0.04} = 1\,011.25 \quad (\text{A})$$

因为调速前后负载转矩不变，故调速前后稳定时的电磁转矩也不变，即

$$C_T \Phi_N I_{aN} = 90\% C_T \Phi_N I_a$$

则调速后的稳定电流为

$$I_a = \frac{I_{aN}}{0.9} = \frac{511}{0.9} = 567.8 \quad (\text{A})$$

调速后的稳定转速为

$$n=\frac{U_{\mathrm{N}}-I_{\mathrm{a}}R_{\mathrm{a}}}{90\%C_{\mathrm{e}}\Phi_{\mathrm{N}}}=\frac{220-567.8\times0.04}{0.9\times0.133}=1\,648\quad(\mathrm{r/min})$$

本章小结

凡是由电动机将电能变为机械能拖动生产机械，并完成一定工艺要求的系统，都称为电力拖动系统。生产实践中的电力拖动系统有很多，但是它们都是一个动力学整体，因而可以用运动方程式来研究。

电力拖动系统的运动方程式描写了电动机轴上的电磁转矩、负载转矩与转速三者之间的关系，即

$$T-T_{\mathrm{L}}=\frac{GD^2}{375}\cdot\frac{\mathrm{d}n}{\mathrm{d}t}$$

运动方程式表示了电力拖动系统机械运动的普遍规律，是研究电力拖动系统各种运动状态的基础，也是生产实践中设计计算的基础，是个很重要的公式。

负载的机械特性是指负载转矩 T_{L} 与转速 n 之间的函数关系，即 $n=f(T_{\mathrm{L}})$。常见的负载有恒转矩负载（包括反抗性恒转矩负载和位能性恒转矩负载）、恒功率负载和通风机型负载。实际生产机械往往是以某种类型负载为主，其他类型负载也同时存在。

电动机的机械特性是指电磁转矩 T 与转速 n 之间的函数关系，即 $n=f(T)$。他励直流电动机的机械特性方程式为

$$n=\frac{U}{C_{\mathrm{e}}\Phi}-\frac{R}{C_{\mathrm{e}}C_{\mathrm{T}}\Phi^2}T$$

在 $U=U_{\mathrm{N}}$，$\Phi=\Phi_{\mathrm{N}}$，电枢回路中附加电阻 $R_{\mathrm{pa}}=0$ 时，为固有机械特性。改变 U、Φ、R 可以得到人为机械特性。因为他励直流电动机的机械特性是一条直线，所以可用两点法绘制其机械特性。

他励直流电动机启动时，因为外加电压全部加在电枢电阻 R_{a} 上，该电阻又很小，致使启动电流很大，一般不允许直接启动。为了限制过大的启动电流，多采用电枢回路串电阻的降压启动。

他励直流电动机的制动方法有三种，即反接制动、能耗制动和回馈制动。对于每一种制动方法，应重点掌握其制动如何实现、制动特性、制动过程、能量关系、特点和应用等。

他励直流电动机的调速是指在负载恒定不变时，人为地分别改变电动机的外加电压 U、电枢回路中附加电阻 R_{pa}、主磁通 Φ，使电动机的转速得到改变。他励直流电动机的调速和由于负载波动引起的转速变化是不同的。

思考题与习题

2-1　什么是电力拖动系统？它包括哪几个部分？都起什么作用？

2-2　电力拖动系统中 T、T_{L} 及 n 的正方向是如何规定的？如何表示它的实际方向？

2-3 从运动方程式中，如何判定系统是处于加速、减速、稳定还是静止的各种运行状态？

2-4 生产负载的机械特性常见的有哪几种类型？各有什么特点？

2-5 他励直流电动机固有机械特性 $n=f(T)$ 的条件是什么？一台他励直流电动机的固有机械特性有几条？人为机械特性有几类？

2-6 直流电动机的理想空载转速与实际空载转速有何区别？

2-7 什么是电力拖动系统的稳定运行？能够稳定运行的充分必要条件是什么？

2-8 直流电动机的电磁转矩是动力转矩，应该是电磁转矩增大时，转速上升。但机械特性上却得到相反结果，即电磁转矩增大时转速反而下降，这是为什么？

2-9 他励直流电动机稳定运行时，其电枢电流与哪些因素有关？如果负载不变，改变电枢回路的电阻，或改变电源电压，或改变励磁电流，对电枢电流有何影响？

2-10 一台他励直流电动机的铭牌为：$P_N=12$ kW，$U_N=220$V，$I_N=60$ A，$n_N=1\,340$ r/min。

① 绘出固有机械特性曲线，并列出它的方程式。

② 绘出电枢串联电阻 $R_{pa}=2\ \Omega$ 时的人为机械特性，并列出它的方程式。

③ 绘出磁通为额定值的一半时的人为机械特性，并列出它的方程式。

④ 绘出电枢电压为额定值的一半时的人为机械特性，并列出它的方程式。

2-11 一台并励直流电动机，$P_N=1.75$ kW，$U_N=110$ V，$\eta_N=79\%$，$R_a=0.75\ \Omega$，$n_N=1\,450$ r/min。试求：

① 固有机械特性方程，确定理想空载点和额定运行点。

② 50% 额定负载时的转速。

③ 转速为 1 500 r/min 时的电枢电流值。

2-12 启动他励直流电动机时为什么一定先加励磁电压？如果未加励磁电压，而将电枢接通电源，会发生什么现象？

2-13 为什么他励（并励）直流电动机正在运行时励磁电路不可断开？如果电动机尚未转动，励磁电路断开了，然后启动电动机，情况又是如何？

2-14 一台他励直流电动机，$P_N=21$ kW，$U_N=220$ V，$I_N=115$ A，$n_N=980$ r/min，电枢电阻 $R_a=0.1\ \Omega$，若限制启动电流不超过 200 A。计算：

① 全压启动时的启动电流 I_{st}。

② 若采用电枢串电阻启动时，最小应串入多大启动电阻？

③ 若拖动额定恒转矩负载启动时，采用降压启动的最低电压为多少？

2-15 一台他励直流电动机，$U_N=220$ V，$I_N=207.5$ A，$R_a=0.067\ \Omega$。试问：

① 直接启动时的启动电流是额定电流的多少倍？

② 若限制启动电流不超过 $1.5I_N$，电枢回路应串入多大的电阻？

2-16 怎样实现他励直流电动机的能耗制动？试说明在反抗性恒转矩负载下，能耗制动过程中的 n、E_a、I_a、T 的变化情况。

2-17 采用能耗制动和电枢反接制动进行系统停车时，为什么要在电枢回路中串入制动电阻？哪一种情况下串入的电阻大？为什么？

2-18 实现倒拉反接制动和回馈制动的条件是什么？

2-19 试分别分析说明在反抗性恒转矩负载和位能性恒转矩负载下，将他励直流电动机的电枢反接后，电机最终将进入什么状态？

2-20　当提升机下放重物时，要使他励直流电动机低于理想空载转速下运行，应采用什么制动方法？若在高于理想空载转速下运行，又应采用什么制动方法？

2-21　一台他励直流电动机，$P_N = 17$ kW，$U_N = 110$ V，$I_N = 185$ A，$n_N = 1\ 000$ r/min，已知电动机最大允许电流 $I_{max} = 1.8I_N$，电动机拖动负载 $T_L = 0.8T_N$ 运行。试问：

① 若采用能耗制动停车，电枢回路应串入多大电阻？

② 若采用电枢反接制动停车，电枢回路应串入多大电阻？

③ 两种制动方法在制动开始瞬间的电磁转矩各是多大？

④ 两种制动方法在制动到 n=0 时的电磁转矩各是多大？

2-22　一台他励直流电动机数据为：$P_N = 29$ kW，$U_N = 440$ V，$I_N = 76.2$ A，$n_N = 1\ 050$ r/min，$R_a = 0.393\ \Omega$，设负载电流 $I_N = 60$ A。试求：

① 电动机在反向回馈制动运行下放重物，电枢回路不串电阻，此时电动机转速与负载转矩各为多少？回馈给电网的功率多大？

② 若采用能耗制动运行下放重物，电动机的转速为 300 r/min，此时电枢回路应串入多大电阻？该电阻上消耗的功率为多大？

③ 若采用倒拉反接制动下放同一重物，电动机的转速为 850 r/min，此时电枢回路应串入多大电阻？电源输入电动机的电功率为多大？串接电阻上消耗多大功率？

2-23　他励直流电动机，$P_N = 5.5$ kW，$U_N = 220$ V，$I_N = 30.3$ A，$n_N = 1\ 000$ r/min，$T_L = 0.8T_N$。试求：

① 最大制动电流为 $1.8I_N$ 时的电枢反接制动电阻，并定性画出机械特性曲线。

② 如要用倒拉反接制动以 400 r/min 的速度下放位能负载，应串入多大的制动电阻？并定性画出机械特性曲线。

③ 如制动电阻 $R_{bk} = 10\ \Omega$，求倒拉反接制动的稳定制动电流和稳定转速，并定性画出机械特性曲线。

2-24　什么叫电气调速？调速有哪几种方法？

2-25　调速的性能指标有哪些？

2-26　在他励直流电动机的速度调节过程中，当采用弱磁调速的瞬间，电动机的电磁转矩增加且大于负载转矩，电动机转速上升，采用电枢回路串入电阻调速的瞬间，电磁转矩减小且小于负载转矩，电动机转速下降，这是什么原因？

2-27　某一生产机械采用他励直流电动机拖动，该电机采用弱磁调速，其数据为：$P_N = 18.5$ kW，$U_N = 220$ V，$I_N = 103$ A，$n_N = 500$ r/min，最高转速 $n_{max} = 1\ 500$ r/min，$R_a = 0.18\ \Omega$。

① 若电动机带动恒转矩负载（$T_L = T_N$），当减弱磁通使 $\Phi = \Phi_N/3$，求电动机稳定转速和电枢电流。能否长期运行？为什么？

② 若电动机带动恒功率负载（$P_L = P_N$），求 $\Phi = \Phi_N/3$ 时电机稳定转速和转矩，此时能否长期运行？为什么？

2-28　他励直流电动机，$P_N = 18$ kW，$U_N = 220$ V，$I_N = 94$ A，$n_N = 1\ 000$ r/min，求在额定负载下：

① 想降速至 800 r/min 稳定运行，需外串多大电阻？采用降压方法，电源电压应降至多少伏？

② 想升速到 1 100 r/min 稳定运行，弱磁系数 Φ/Φ_N 为多少？

2-29　他励直流电动机，$P_N = 30$ kW，$U_N = 220$ V，$I_N = 158.5$ A，$n_N = 1\,000$ r/min，$R_a = 0.1\ \Omega$，$T_L = 0.8T_N$。试求：

① 要使电动机以 500 r/min 转速稳定运行，如何实现？计算有关参数。

② 要使电动机以 1 254 r/min 转速稳定运行，如何实现？计算有关参数。

2-30　一台他励直流电动机，$P_N = 29$ kW，$U_N = 440$ V，$I_N = 76$ A，$n_N = 1\,000$ r/min，$R_a = 0.376\ \Omega$，采用降低电源电压和弱磁的方法调速，要求最低理想空载转速 $n_{0min} = 250$ r/min，最高理想空载转速 $n_{0max} = 1\,500$ r/min。试求：

① 该电动机拖动恒转矩负载 $T_L = T_N$ 时，最低转速及此时的静差率 δ_{max}。

② 该电动机拖动恒功率负载 $P_L = P_N$ 时的最高转速。

③ 系统的调速范围。

第三章　变　压　器

变压器是一种静止的电气设备，它可以将一种电压等级的交流电能转变成同频率的另一种电压等级的交流电能。在电力系统中，发电厂（站）发出的电能被经济地传输、合理地分配以及安全地使用，都需要通过变压器的变压。在电力拖动系统和自动控制系统中，变压器作为能量传递或信号传递的元件，也应用得十分广泛。另外在某些特殊领域也会用变压器来提供特种电源或满足特殊需要。

变压器的用途广泛，种类繁多，容量小的只有几伏安，大的可达数十万伏安；电压低的只有几伏，高的可达几十万伏，因此其结构各有特点，然而基本原理是相同的。本章以电力变压器为典型，介绍变压器的工作原理、结构、性能及分析方法。

第一节　变压器的工作原理和结构

一、变压器的基本工作原理

如图 3-1 所示是单相变压器的工作原理示意图。

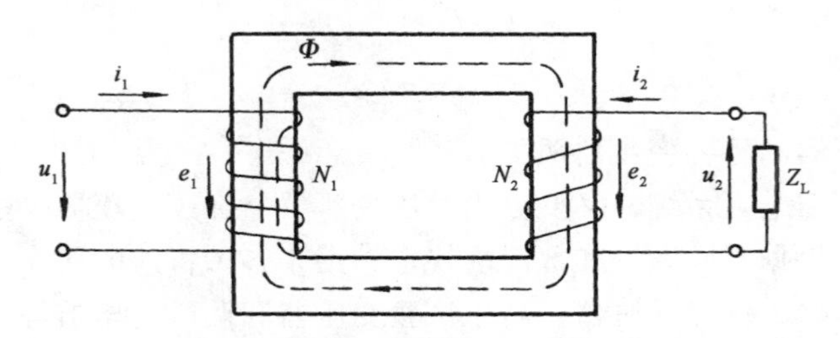

图 3-1　变压器的工作原理示意图

变压器主要包括铁芯和绕在铁芯上的两个（或以上）互相绝缘的绕组，绕组之间有磁耦合但没有电的联系。通常一侧绕组接交流电源，称为一次绕组（也称原绕组或初级绕组），匝数为 N_1，另一侧绕组接负载，称为二次绕组（也称副绕组或次级绕组），匝数为 N_2。

当一次绕组加上合适的交流电源时，一次绕组中就有交流电流 i_1 通过，由于 i_1 的励磁作用，将在铁芯中产生交变的主磁通 Φ。由于一次、二次绕组绕在同一个铁芯上，所以主磁通同时和一次、二次绕组交链。根据法拉第电磁感应定律，这个交变的主磁通分别在这两个绕组中产生感应电势，即一次绕组的感应电势 e_1 和二次绕组的感应电势 e_2，这样二次绕组在感应电势 e_2 的作用下，可向负载供电，实现能量的传递。

根据电磁感应原理，可得

$$\left.\begin{aligned} e_1 &= -N_1\frac{\mathrm{d}\Phi}{\mathrm{d}t} \\ e_2 &= -N_2\frac{\mathrm{d}\Phi}{\mathrm{d}t} \end{aligned}\right\} \tag{3-1}$$

假设忽略变压器的内阻抗，则感应电势等于端电压，即 $u_1 \approx e_1, u_2 \approx e_2$，所以一次、二次绕组端电压的大小与绕组的匝数成正比，即

$$\frac{u_1}{u_2} \approx \frac{e_1}{e_2} = \frac{N_1}{N_2} = K \tag{3-2}$$

式中　　K——变压器的变比，改变变比即可改变输出电压的大小。

根据能量守恒原理，如果忽略变压器的内部能量损耗，则二次绕组的输出功率等于一次绕组的输入功率，即

$$p_1 = p_2 = u_1 i_1 = u_2 i_2$$

所以

$$\frac{u_1}{u_2} = \frac{i_2}{i_1} = \frac{N_1}{N_2} \tag{3-3}$$

可见，变压器在变换电压的同时，电流的大小也随着改变。

二、变压器的分类和用途

为了实现不同的使用目的，并适应不同的工作条件，变压器可以按照不同的分类方法进行分类。

1. 按用途分类

可分为电力变压器和特种变压器两类。

电力变压器应用于电力系统，又可分为升压变压器、降压变压器、配电变压器和厂用变压器。特种变压器是根据不同系统和部门的要求，用于各种特殊的用途，如电炉变压器、整流变压器、电焊变压器、仪用互感器、高压试验变压器和调压变压器等。

2. 按绕组的构成分类

可分为单绕组(自耦) 变压器、双绕组变压器、三绕组变压器和多绕组变压器。

3. 按铁芯结构分类

可分为壳式变压器和心式变压器。

4. 按相数分类

可分为单相、三相和多相变压器。

5. 按冷却方式分类

可分为干式变压器、油浸式变压器（油浸自冷式、油浸风冷式和强迫油循环式等）、充气式变压器。

三、变压器的基本结构

一般的油浸式电力变压器的基本结构包括四部分：铁芯、绕组、绝缘套管、油箱及其附件。图 3-2 所示为油浸式电力变压器的结构示意图。

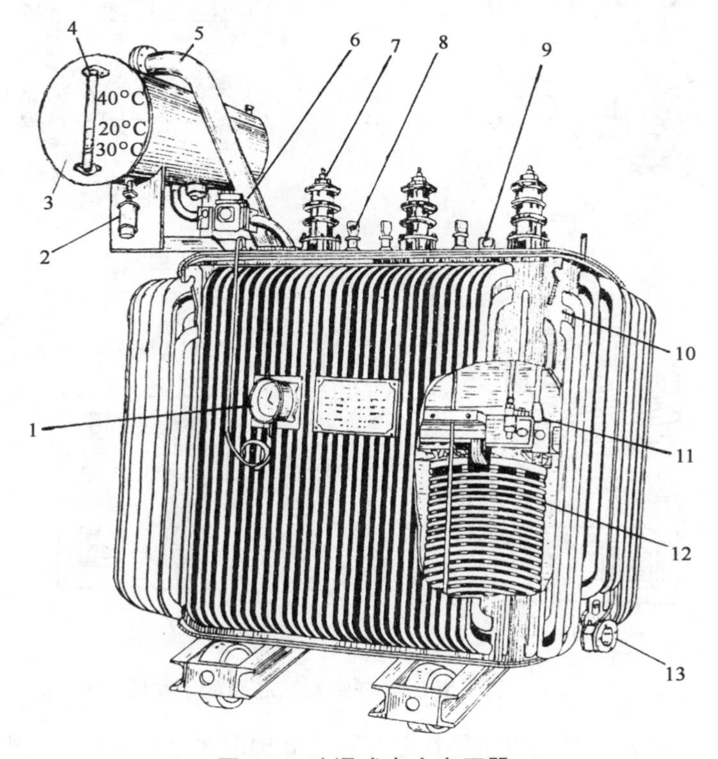

图 3-2 油浸式电力变压器

1—信号式温度计；2—吸湿器；3—储油柜；4—油表；5—安全气道；
6—气体继电器；7—高压套管；8—低压套管；9—分接开关；
10—油箱；11—铁芯；12—绕组；13—放油阀门

铁芯和绕组合称器身，是变压器通过电磁感应原理进行能量传递的部件。为了改善散热条件，器身浸入盛满变压器油的油箱中。油箱还起到机械支撑和保护器身的作用。变压器油则起到绝缘和冷却的作用。套管的作用是使变压器绕组的端头从油箱内引到油箱外，且保证变压器引线与油箱绝缘。同时为了使变压器安全可靠运行，还设有储油柜、安全气道和气体继电器等附件。

1. 铁　芯

铁芯是变压器的主磁路，又是绕组的支撑骨架。铁芯分为铁芯柱和铁轭两部分，铁芯柱用来套绕组，铁轭则是连接两个铁芯柱的部分，以形成闭合的磁路。为了提高铁芯的导磁性能，减少磁滞损耗和涡流损耗，铁芯多采用厚度为 0.35 mm、表面涂有绝缘漆的热轧或冷轧硅钢片叠装而成。

铁芯的基本结构分为心式和壳式两种类型，如图 3-3 和图 3-4 所示。

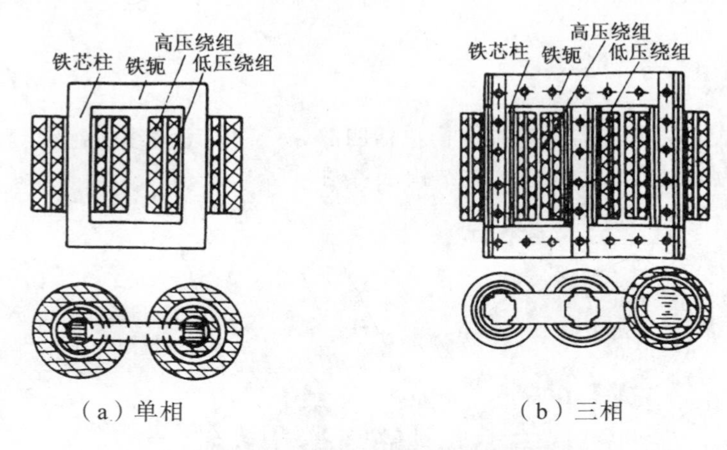

（a）单相　　（b）三相

图 3-3　心式变压器绕组和铁芯装配示意图

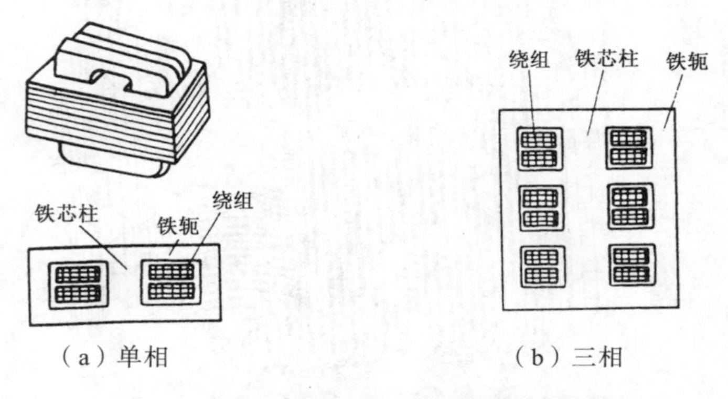

（a）单相　　（b）三相

图 3-4　壳式变压器绕组和铁芯装配示意图

心式变压器的结构特点是绕组包围铁芯，这种结构形式比较简单，绕组的装配及绝缘也比较容易，适用于容量大而电压高的变压器，国产电力变压器均采用心式结构。壳式变压器的特点是铁芯包围绕组，这种结构形式机械强度好，铁芯容易散热，但外层绕组的铜线用量较多，制造工艺又复杂，一般多用于小型干式变压器中。

大、中型变压器的铁芯，一般先将硅钢片裁成条形，然后采用交错叠片的方式叠装而成，如图 3-5 所示。交错叠片的目的是使各层磁路的接缝互相错开，以免接缝处的间隙集中，从而减小磁路的磁阻和励磁电流。

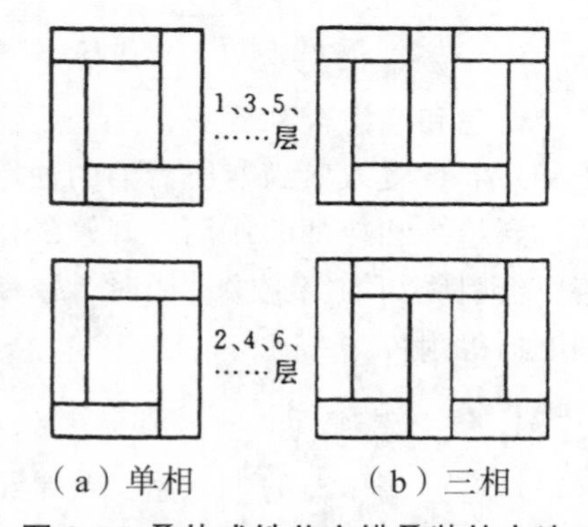

（a）单相　　（b）三相

图 3-5　叠片式铁芯交错叠装的方法

小容量变压器的铁芯柱截面一般采用方形和长方形，如图 3-6（a）所示。在容量较大的变压器中，为了充分利用绕组内圆的空间，常采用阶梯形截面，如图 3-6（b）所示，且容量越大，阶梯形越多。

铁轭的截面有矩形、外 T 形、内 T 形及阶梯形四种，如图 3-7 所示。铁轭的截面通常比铁芯柱大 5%～10%，以减小空载电流和损耗。

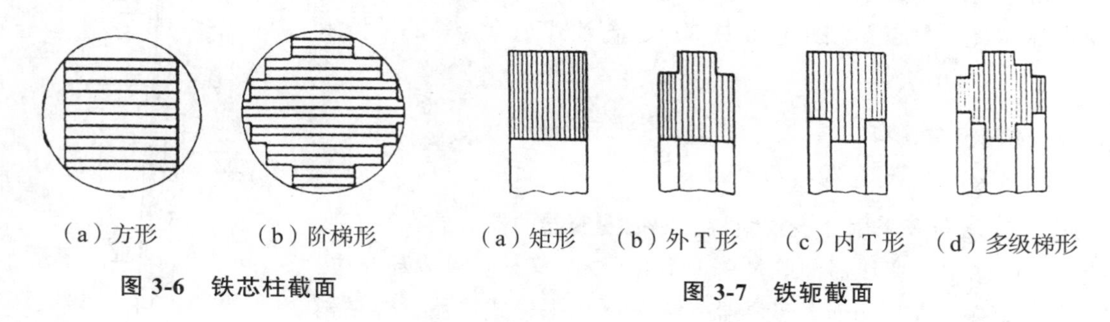

图 3-6 铁芯柱截面

图 3-7 铁轭截面

2. 绕 组

绕组是变压器的电路部分，常用绝缘铜线或铝线绕制而成，近来还有用铝箔绕制而成的。为了使绕组便于制造，并且在电磁力作用下受力均匀以及机械性能良好，一般电力变压器都把绕组绕制成圆形。

按高、低压绕组在铁芯柱上的排列方式，绕组型式可分为同心式和交叠式两种，如图 3-8 和图 3-9 所示。

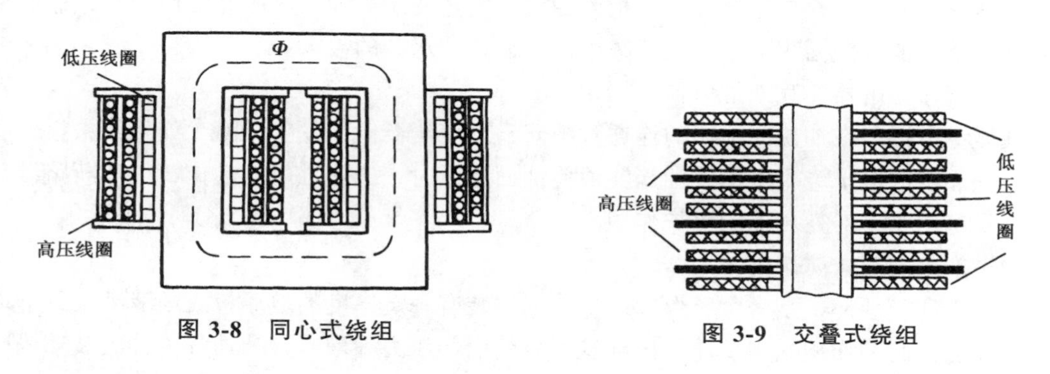

图 3-8 同心式绕组

图 3-9 交叠式绕组

（1）同心式绕组

同心式绕组是将高、低压绕组绕在同一铁芯柱上，为了便于绕组与铁芯之间的绝缘，通常低压绕组在内，高压绕组在外，在高、低压绕组之间及绕组和铁芯之间都加有绝缘。同心式绕组具有结构简单、制造方便的特点，国产变压器多采用这种结构。

（2）交叠式绕组

交叠式绕组又称饼式绕组，它是将高、低压绕组分成若干个线饼，沿着铁芯柱的高度方向交替排列。为了便于绝缘，一般靠近铁轭的最上层和最下层放置低压绕组，高压绕组放在中间。交叠式绕组的主要优点是：漏抗小，机械强度好，引线方便，但绝缘比较复杂。这种绕组只适用于壳式大型变压器中，如大型电炉变压器就采用这种结构。

3. 绝缘套管

变压器绕组的引出线从油箱内穿过油箱盖时，要通过瓷质的绝缘套管，以使带电的引出线与接地的油箱绝缘。套管的结构取决于电压等级。为了增加表面爬电距离，绝缘套管的外形多做成多级伞形，电压越高级数越多。图 3-10 是 35 kV 充油式绝缘套管的结构示意图。

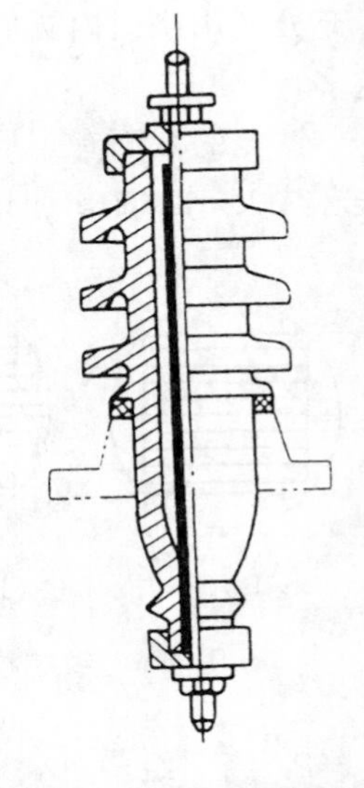

图 3-10　35 kV 充油式绝缘套管的结构示意图

4. 油箱及其附件

（1）油箱

电力变压器多采用油浸式结构，即把变压器的器身放在装有变压器油的油箱内。变压器油既是一种绝缘介质，又是一种冷却介质。小容量（20 kV·A 以下）的变压器，一般采用平壁式油箱，容量稍大的变压器则采用管式油箱，即在油箱壁上焊有散热油管，以增加散热面积。对于容量在 3 000 ~ 10 000 kV·A 的变压器，则采用散热式油箱。10 000 kV·A 以上的变压器，一般采用带有风扇冷却的散热器油箱，即油浸风冷式油箱。50 000 kV·A 以上的变压器，则采用强迫油循环冷却油箱。

（2）储油柜（油枕）

在变压器油箱的上面，一般装有圆筒形的储油柜，储油柜通过连通管与油箱相通，以保证变压器器身始终浸在变压器油中。柜内油面高度随变压器油的热胀冷缩而变动，储油柜还能使油与空气的接触面积减小，从而减少油的氧化和水分的侵入。

（3）气体继电器（瓦斯继电器）

气体继电器装在油枕和油箱的连通管中间，当变压器内部发生故障（如绝缘击穿、匝间短路、铁芯事故等）产生气体或油箱漏油使油面降低时，气体继电器动作，可使断路器自动跳闸或发出信号，对变压器起保护作用。

（4）安全气道（防爆筒）

它装于油箱顶部，是一个长形圆筒，上端口装有一定厚度的玻璃板或酚醛纸板，下端口与油箱连通。它的作用是当变压器内部发生故障引起压力骤增时，让油气流冲破玻璃或酚醛纸板，以免造成箱壁爆裂。

（5）分接开关

油箱盖上面装有分接开关，可调节一次绕组的匝数，当电网电压波动时，变压器本身能做到小范围的电压调节，以保证负载端电压的稳定。

四、变压器的铭牌

为了使变压器安全、经济、合理地运行，同时使用户对变压器的性能有所了解，变压器出厂时都安装了一块铭牌，上面标明了变压器型号及各种额定数据。表 3-1 所示为某三相变压器的铭牌。

表 3-1 变压器的铭牌

<table>
<tr><td colspan="7">铝 线 电 力 变 压 器</td></tr>
<tr><td colspan="4">产品标准</td><td>型　号</td><td colspan="2">SJL-560/10</td></tr>
<tr><td>额定容量</td><td>560 kV·A</td><td>相　数</td><td>3</td><td>额定频率</td><td colspan="2">50 Hz</td></tr>
<tr><td rowspan="2">额定电压</td><td>高压</td><td>10 000 V</td><td rowspan="2">额定电流</td><td>高压</td><td colspan="2">32.3 A</td></tr>
<tr><td>低压</td><td>400～230 V</td><td>低压</td><td colspan="2">808 A</td></tr>
<tr><td>使用条件</td><td colspan="2">户外式</td><td colspan="2">绕组温升 65°C</td><td colspan="2">油面温升 55°C</td></tr>
<tr><td colspan="3">阻抗电压 4.94%</td><td colspan="2">冷却方式</td><td colspan="2">油浸自冷式</td></tr>
<tr><td colspan="2">油重 370 kg</td><td colspan="3">器身重 1 040 kg</td><td colspan="2">总重 1 900 kg</td></tr>
<tr><td colspan="2">绕组连接图</td><td colspan="2">相量图</td><td rowspan="2">联结组</td><td rowspan="2">开关位置</td><td rowspan="2">分接电压</td></tr>
<tr><td>高压</td><td>低压</td><td>高压</td><td>低压</td></tr>
<tr><td rowspan="3">A B C
X Y Z</td><td rowspan="3">a b c n</td><td rowspan="3">A
C B</td><td rowspan="3">a
n
c b</td><td rowspan="3">Y,yn0</td><td>Ⅰ</td><td>10 500 V</td></tr>
<tr><td>Ⅱ</td><td>10 000 V</td></tr>
<tr><td>Ⅲ</td><td>9 500 V</td></tr>
<tr><td colspan="2">出厂序号</td><td colspan="3">××××厂</td><td colspan="2">年　月　出品</td></tr>
</table>

1. 变压器的型号及系列

变压器的型号表明了变压器的结构特点、额定容量（kV·A）、电压等级（kV）、冷却方式等内容。变压器的型号所表示的意义如下：

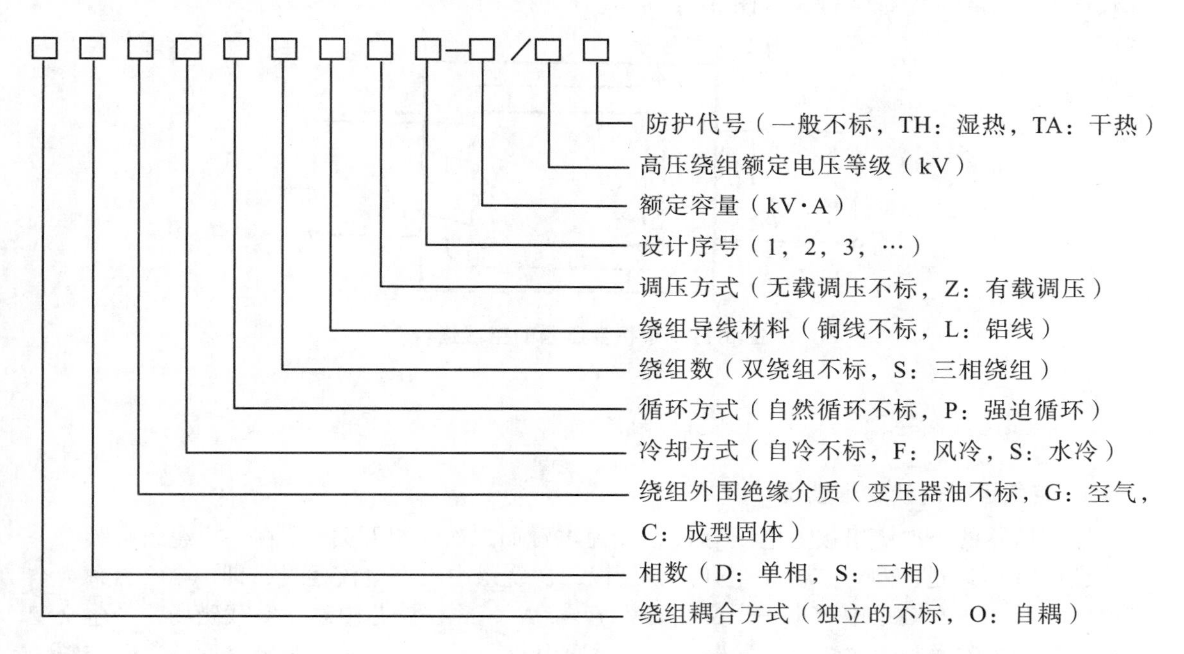

2. 变压器的额定值

（1）额定容量 S_N

指额定工作条件下变压器输出能力（视在功率）的保证值。三相变压器的额定容量是指三相容量之和。由于电力变压器的效率很高，忽略内部损耗时有

单相变压器　　$S_N = U_{1N}I_{1N} = U_{2N}I_{2N}$

三相变压器　　$S_N = \sqrt{3}U_{1N}I_{1N} = \sqrt{3}U_{2N}I_{2N}$

（2）额定电压 U_{1N}、U_{2N}

一次绕组的额定电压 U_{1N} 是根据变压器的绝缘强度和容许发热条件而规定的一次绕组的正常工作电压值。二次绕组的额定电压 U_{2N} 是指当一次绕组加上额定电压，分接开关位于额定分接头时，二次绕组的空载电压值。对于三相变压器，额定电压指线电压。

（3）额定电流 I_{1N}、I_{2N}

额定电流 I_{1N} 和 I_{2N} 是根据容许发热条件而规定的绕组长期容许通过的最大电流值。对于三相变压器，额定电流指线电流。

（4）额定频率 f_N

我国规定标准工频为 50 Hz。

第二节　变压器的空载运行

变压器的一次绕组接在额定频率、额定电压的交流电源上，而二次绕组开路，这种运行方式称为变压器的空载运行，如图 3-11 所示。

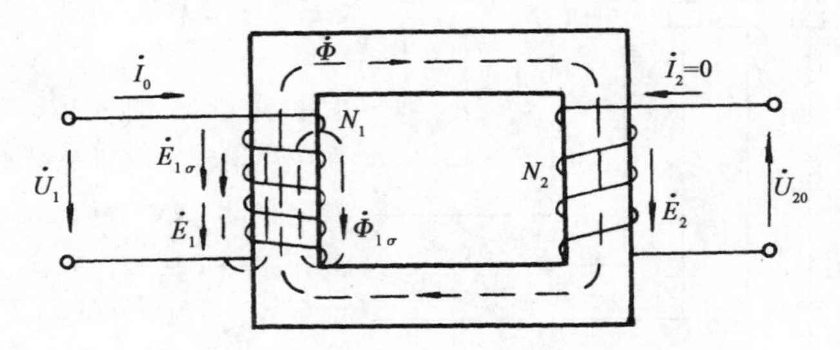

图 3-11　单相变压器的空载运行

一、变压器空载运行时的电磁关系

1. 空载运行时的物理情况

当变压器的一次绕组接上电压为 u_1 的交流电源而二次绕组开路时，在一次绕组中就有一个交变电流 i_0 通过。由于二次绕组开路，所以二次绕组中没有电流通过，即 $i_2=0$。i_0 称为空载电流，其在一次绕组中产生一个交变磁势 $f_0 = i_0 N_1$，并在铁芯中建立空载磁场，产生交变磁通，包括主磁通和一次绕组的漏磁通。主磁通用 Φ 表示，以铁芯作为闭合回路，既交链一

次绕组又交链二次绕组；一次绕组的漏磁通用 $\Phi_{1\sigma}$ 表示，以非磁性介质（空气或油）作为闭合回路，只交链一次绕组。根据法拉第电磁感应定律，主磁通 Φ 在一次和二次绕组中分别感应电势 e_1 和 e_2，如果负载接通，则在感应电势 e_2 的作用下向负载输出电功率，所以这部分磁通起着传递能量的作用；漏磁通 $\Phi_{1\sigma}$ 只与一次绕组交链，在一次绕组中产生漏电势 $e_{1\sigma}$。此外，i_0 将在一次绕组中产生电阻压降 $i_0 r_1$。各种电磁量之间的关系如下所示：

$$\dot{U}_1 \rightarrow \dot{I}_0 \rightarrow \boldsymbol{F}_0 = N_1\dot{I}_0 \rightarrow \begin{cases} \dot{\Phi} \rightarrow \begin{cases} \dot{E}_1 \\ \dot{E}_2 \end{cases} \\ \dot{\Phi}_{1\sigma} \rightarrow \dot{E}_{1\sigma} \end{cases}$$

$$\dot{I}_0 \rightarrow \dot{I}_0 r_1$$

由于路径不同，主磁通和漏磁通有很大差异：① 在性质上，主磁通磁路由铁磁材料组成，具有饱和特性，Φ 和 i_0 呈非线性关系；② 在数量上，因为铁芯的磁导率比空气或变压器油的磁导率大得多，铁芯磁阻小，所以磁通绝大部分通过铁芯而闭合，故主磁通远大于漏磁通，一般主磁通可占总磁通的 99% 以上，而漏磁通占 1% 以下；③ 在作用上，主磁通在二次绕组中感应电势，如果二次侧接上负载，就有电功率输出，故起到了传递能量的媒介作用，而漏磁通只交链一次绕组，产生漏电势。在分析变压器时，把这两部分磁通分开，即可把线性问题和非线性问题分别予以处理。在交流电机中，一般也采用这种分析方法。

2. 正方向的规定

变压器的电压、电流、磁通以及电势均为交流，大小和方向都随时间做周期性的变化，为正确表示各量之间的关系，必须规定它们的正方向。一般采用电工惯例来规定它们的正方向：

① 一次绕组是输入电能的，所以把流入一次绕组的电流方向作为电流 i_1（空载时为 i_0）的正方向；

② 同一条支路中，电压 u 与电流 i 的正方向一致；

③ 电流 i 产生磁势，在变压器铁芯中建立磁通 Φ，Φ 与 i 的正方向符合右手螺旋定则；

④ 磁通 Φ 产生感应电势，感应电势与磁通的正方向之间符合右手螺旋定则。

图 3-11 中各量的正方向就是按照上述原则规定的。

3. 感应电势

（1）主磁通的感应电势

在变压器的一次绕组上加上正弦交流电压 u_1 时，假设主磁通 Φ 按正弦规律变化，即

$$\Phi = \Phi_{\rm m}\sin\omega t$$

式中　$\Phi_{\rm m}$——主磁通的幅值，单位为 Wb；

ω——正弦磁通变化的角频率，单位为 rad/s。

根据电磁感应定律，一次绕组的感应电势 e_1 为

$$e_1 = -N_1\frac{{\rm d}\Phi}{{\rm d}t} = -\omega N_1\Phi_{\rm m}\cos\omega t = \omega N_1\Phi_{\rm m}\sin(\omega t - 90°) = E_{1\rm m}\sin(\omega t - 90°)$$

由上式可知，当主磁通 Φ 按正弦规律变化时，由它所产生的感应电势也按正弦规律变化，

但在相位上滞后产生它的主磁通 90°。

由上式还可得出 e_1 的有效值为

$$E_1 = \frac{E_{1m}}{\sqrt{2}} = \frac{\omega N_1 \Phi_m}{\sqrt{2}} = \frac{2\pi f N_1 \Phi_m}{\sqrt{2}} = \sqrt{2}\pi f N_1 \Phi_m = 4.44 f N_1 \Phi_m$$

同理，二次绕组感应电势的有效值为

$$E_2 = 4.44 f N_2 \Phi_m$$

e_1 和 e_2 用相量表示时为

$$\left.\begin{aligned} \dot{E}_1 &= -\mathrm{j}4.44 f N_1 \dot{\Phi}_m \\ \dot{E}_2 &= -\mathrm{j}4.44 f N_2 \dot{\Phi}_m \end{aligned}\right\} \tag{3-4}$$

式（3-4）表明，变压器一、二次绕组的感应电势的大小与电源频率 f、绕组匝数 N 及铁芯中主磁通的最大值 Φ_m 成正比，在相位上滞后产生它们的主磁通 $\dot{\Phi}_m$ 90°。

（2）漏磁通的感应电势

变压器一次绕组的漏磁通 $\dot{\Phi}_{1\sigma}$ 也将在一次绕组中感应一个漏电势 $\dot{E}_{1\sigma}$，即

$$\dot{E}_{1\sigma} = -\mathrm{j}4.44 f N_1 \dot{\Phi}_{1\sigma m}$$

因为漏磁路是线性的，线性磁路中磁通与电流的大小成正比，且相位相同，若用漏磁路的电感系数 L_1 来表示，即

$$L_1 = \frac{N_1 \Phi_{1\sigma m}}{\sqrt{2} I_0}$$

则

$$\dot{E}_{1\sigma} = -\mathrm{j}\dot{I}_0 \omega L_1 = -\mathrm{j}\dot{I}_0 X_1 \tag{3-5}$$

式中 L_1——变压器一次绕组的漏电感，单位为 H；

X_1——变压器一次绕组的漏电抗，单位为 Ω。

式（3-5）说明，漏磁通在变压器绕组中感应的漏电势，大小和电流成正比，在相位上比电流滞后 90°，由于漏磁通的磁路大部分是通过空气形成闭路，磁路不会饱和，漏磁路的磁导 $\Lambda_{1\sigma}$ 是常数，因此，对于已制成的变压器，漏电感 L_1 为常数，在频率不变时，漏电抗 $X_1 = \omega N_1^2 \Lambda_{1\sigma}$ 也是常数。漏电抗 X_1 是一次绕组的一个参数，它表征了漏磁通的电磁效应。

二、空载电流

1. 空载电流的组成与作用

变压器空载时，一次绕组实际上是一个铁芯线圈，因此空载电流 $\dot{I}_0$ 应包括励磁分量 $\dot{I}_{0Q}$ 和铁耗分量 $\dot{I}_{0P}$ 两个分量，即

$$\dot{I}_0 = \dot{I}_{0Q} + \dot{I}_{0P} \tag{3-6}$$

式中 $\dot{I}_{0Q}$——空载电流的励磁分量（无功分量）；

$\dot{I}_{0P}$——空载电流的铁耗分量（有功分量）。

$\dot{I}_{0Q}$用来建立空载磁场，与主磁通同相位，为无功电流；$\dot{I}_{0P}$用来供给铁耗（交变磁场在铁芯中产生的损耗，铁耗的大小与磁场的磁感应强度 B 和交变频率 f 有关，一般认为 $p_{Fe} \propto B^2 f^{1.5}$），它超前于主磁通 90°，为有功分量，如图 3-14 所示。

2. 空载电流的主要作用和大小

由于变压器一般都采用减小铁耗的措施，因此 I_{0P} 不大，通常 $I_{0P} < 10\% I_0$，即空载电流 I_0 主要用于产生主磁通，所以空载电流也叫励磁电流。同时 $\dot{I}_0$ 比 $\dot{\Phi}$ 在相位上超前一个不大的角度，叫铁耗角，用 α_{Fe} 表示，参见图 3-14。对于电力变压器，一般空载电流 $\dot{I}_0$ 为额定电流的 2%～10%，容量越大，$\dot{I}_0$ 相对额定电流的比例越小。

3. 空载电流的波形

空载电流的波形与铁芯磁化曲线有关，由于磁路的饱和，空载电流与它所产生的主磁通呈非线性关系，如图 3-12（a）所示，可见由于磁饱和的影响，当产生正弦的主磁通时，空载电流呈尖顶波。尖顶波的空载电流，除基波分量以外，三次谐波分量为最大（由于对称性，无偶次谐波分量），如图 3-12（b）所示。

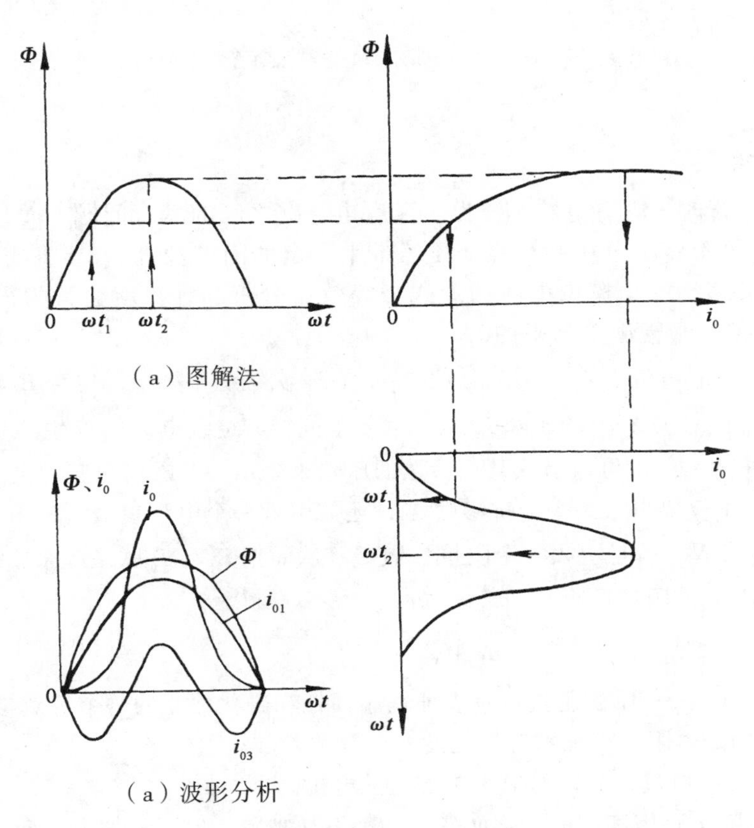

图 3-12 不考虑铁芯损耗时的空载电流波形

三、变压器空载时的电压平衡方程式、相量图和等值电路

1. 电压平衡方程式

（1）一次侧电压平衡方程式

根据基尔霍夫第二定律，由图 3-11，得

$$\dot{U}_1 = \dot{I}_0 r_1 - \dot{E}_1 - \dot{E}_{1\sigma} = -\dot{E}_1 + \dot{I}_0 r_1 + \mathrm{j}X_1 \dot{I}_0 = -\dot{E}_1 + \dot{I}_0 Z_1 \tag{3-7}$$

式中 r_1——一次绕组的电阻；

Z_1——一次绕组的漏阻抗，$Z_1 = r_1 + \mathrm{j}X_1$。

由于$\dot{I}_0$和Z_1均很小，故漏阻抗压降$\dot{I}_0 Z_1$更小（$<0.5\%U_{1N}$），分析时常忽略不计，于是式（3-7）可写成

$$\dot{U}_1 \approx -\dot{E}_1 = \mathrm{j}4.44 f N_1 \dot{\Phi}_m$$

则

$$\Phi_m = \frac{E_1}{4.44 f N_1} \approx \frac{U_1}{4.44 f N_1} \tag{3-8}$$

由式（3-8）可知，影响变压器主磁通大小的因素有两种：一种是电源因素（电压U_1和频率f_1）；另一种是结构因素N_1。

（2）二次侧电压平衡方程式

由于空载时，二次电流$\dot{I}_2 = 0$，故由基尔霍夫第二定律得到

$$\dot{U}_{20} = \dot{E}_2 \tag{3-9}$$

2. 等效电路

在变压器运行时，既有电路和磁路，又有电、磁之间的耦合问题，而且变压器的磁路存在饱和现象，这都将给分析和计算变压器带来一定的困难。所以若能将变压器运行中电、磁之间的相互关系用一个模拟电路的形式来等效，分析和计算就会大为简化，所谓等效电路就是基于这一思想建立起来的。

前已述及，空载电流$\dot{I}_0$产生的漏磁通$\dot{\Phi}_{1\sigma}$，在一次绕组中感应漏电势$\dot{E}_{1\sigma}$，$\dot{E}_{1\sigma}$在数值上可用空载电流$\dot{I}_0$在漏抗X_1上的压降$\dot{I}_0 X_1$来表示。同样，空载电流$\dot{I}_0$产生的主磁通$\dot{\Phi}$在一次绕组上的感应电势$\dot{E}_1$，也可以引入某一参数的压降来表示，考虑到交变的主磁通在铁芯中会产生铁耗，所以不仅要引入一个电抗参数X_z，还需引入一个电阻参数r_z，用$r_z I_0^2$来反映变压器的铁损耗，综合起来就是引入一个阻抗参数Z_z，从而把$\dot{E}_1$与$\dot{I}_0$联系起来，此时$-\dot{E}_1$可看成空载电流$\dot{I}_0$在Z_z上的阻抗压降，即

$$-\dot{E}_1 = Z_z \dot{I}_0 = (r_z + \mathrm{j}X_z)\dot{I}_0 \tag{3-10}$$

式中 $Z_z = r_z + \mathrm{j}X_z$——励磁阻抗，是表征铁芯损耗和磁化性能的一个等效参数；

r_z——励磁电阻，表征铁芯损耗的一个等效参数；

X_z——励磁电抗，表征对应于主磁通的电抗。

这三个参数随磁路饱和度的变化而变化，都不是常数。但当外加电压变化不大时，铁芯内的磁通变化不大，磁路的饱和度也变化不大，此时这三个参数可认为是常值。

把式（3-10）代入式（3-7），得

$$\dot{U}_1 = -\dot{E}_1 + Z_1\dot{I}_0 = Z_z\dot{I}_0 + Z_1\dot{I}_0 = \dot{I}_0(r_1 + jX_1 + r_z + jX_z) \quad (3\text{-}11)$$

式（3-11）对应的电路即为变压器空载时的等效电路，如图 3-13 所示。

对于电力变压器，由于 $r_1 << r_z$，$X_1 << X_z$，故有时可把一次漏阻抗 Z_1 忽略不计，则变压器的等效电路就成为只有一个励磁阻抗 Z_z 元件的电路了，所以在外施电压一定时，变压器空载电流的大小主要取决于励磁阻抗的大小。从变压器运行的角度看，希望空载电流越小越好，因而变压器采用高磁导率的铁磁材料，以增大 Z_z，减小 I_0，提高其运行效率和功率因数。

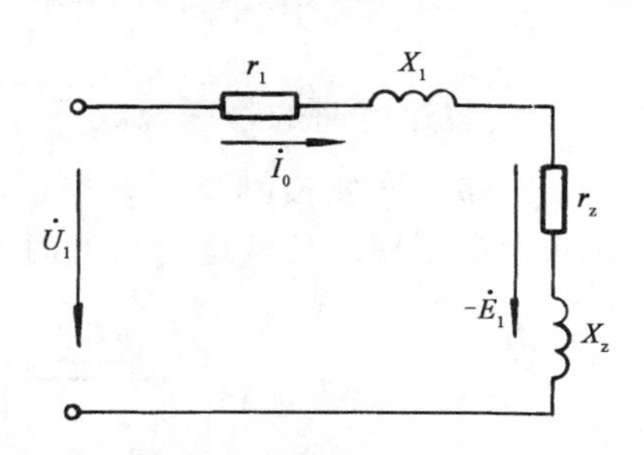

图 3-13　变压器空载时的等效电路

等效电路也适用于三相变压器，但要注意，此时电路中的各物理量均为相值。

3. 空载运行时的相量图

归纳本节所学的方程式，有

$$\dot{U}_1 = -\dot{E}_1 + r_1\dot{I}_0 + jx_1\dot{I}_0 \quad (3\text{-}12a)$$

$$\dot{U}_{20} = \dot{E}_2 \quad (3\text{-}12b)$$

$$\dot{E}_1 = -j4.44fN_1\dot{\Phi}_m \quad (3\text{-}12c)$$

$$\dot{E}_2 = -j4.44fN_2\dot{\Phi}_m \quad (3\text{-}12d)$$

$$\dot{I}_0 = \dot{I}_{0Q} + \dot{I}_{0P} \quad (3\text{-}12e)$$

由式（3-12）可画出变压器空载时的相量图，如图 3-14 所示。从图上可以直观地看出变压器空载运行时各电磁量的大小和相位关系。

相量图 3-14 的绘制步骤如下：

① 以 $\dot{\Phi}_m$ 为参考相量，画于水平线上；

② 由式（3-12c）、式（3-12d）画出电势 $\dot{E}_1$、$\dot{E}_2$，均滞后 $\dot{\Phi}_m$ 90°；

③ 由式（3-12e）画出空载电流 $\dot{I}_0$，其中无功分量 $\dot{I}_{0Q}$ 与 $\dot{\Phi}_m$ 同相，有功分量 $\dot{I}_{0P}$ 超前 $\dot{\Phi}_m$ 90°，$\dot{I}_0$ 超前 $\dot{\Phi}_m$ 的角度为铁耗角 α_{Fe}；

④ 由式（3-12a）画出电源电压 $\dot{U}_1$，其中 $r_1\dot{I}_0$ 与 $\dot{I}_0$ 同相，$jX_1\dot{I}_0$ 超前 $\dot{I}_0$ 90°；

⑤ 由式（3-12b）画出二次侧端电压 $\dot{U}_{20} = \dot{E}_2$。

从空载相量图可见，$\dot{U}_1$ 与 $\dot{I}_0$ 之间的夹角 φ_0 即为变压器空载运行时的功率因数角，$\varphi_0 \approx 90°$，即变压器空载运行时的功率因数很低，一般 $\cos\varphi_0$ 在 0.1 ~ 0.2 之间。

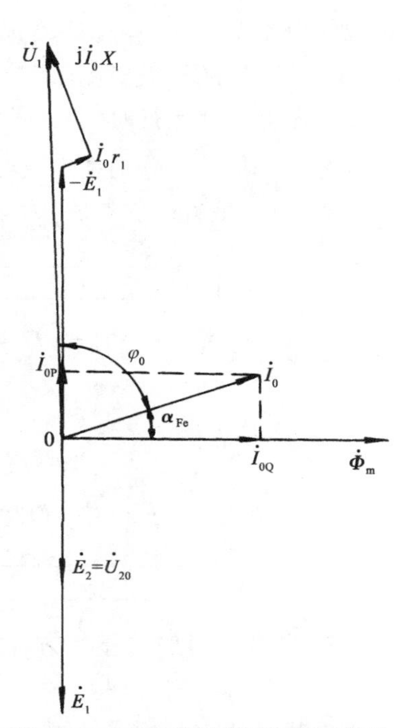

图 3-14　变压器空载时的相量图

第三节 变压器的负载运行

一、变压器负载运行时的电磁关系

1. 负载运行时的物理现象

变压器一次侧接到额定频率、额定电压的交流电源 u_1 上，二次侧接上负载 Z_L 的运行状态，称为变压器的负载运行。此时二次侧中便有负载电流流过，如图 3-15 所示。

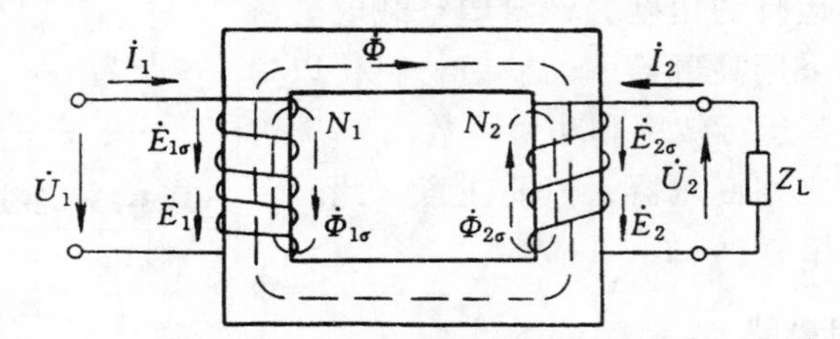

图 3-15 单相变压器的负载运行图

变压器空载运行时，作用在铁芯上的磁势只有 $\boldsymbol{F}_0 = N_1\dot{I}_0$，它在铁芯中产生主磁通 $\dot{\Phi}$ 和漏磁通 $\dot{\Phi}_{1\sigma}$，而 $\dot{\Phi}$ 又在一、二次绕组中产生感应电势 $\dot{E}_1$、$\dot{E}_2$，$\dot{\Phi}_{1\sigma}$ 在一次绕组中产生漏电势 $\dot{E}_{1\sigma}$，电源电压 $\dot{U}_1$ 与一次绕组的感应电势 $\dot{E}_1$、漏电势 $\dot{E}_{1\sigma}$ 及电阻压降 $\dot{I}_0 r_1$ 相平衡，此时变压器处于空载时的电磁平衡状态。

变压器接入负载时，二次绕组中有电流 $\dot{I}_2$ 通过，产生的磁势 $\boldsymbol{F}_2 = \dot{I}_2 N_2$ 也将作用于主磁路上，这时作用在铁芯上的总磁势为 $\boldsymbol{F}_1 + \boldsymbol{F}_2 = \dot{I}_1 N_1 + \dot{I}_2 N_2$。由于电源电压 $\dot{U}_1$ 为一常值，相应主磁通 $\dot{\Phi}$ 也应保持不变，当出现二次侧磁势 $\boldsymbol{F}_2$ 力图改变主磁通 $\dot{\Phi}$ 时，一次绕组中必将产生一个附加电流，以其产生的磁势去抵消二次侧磁势，使主磁通保持不变，电磁关系达到负载时的新的平衡。

变压器负载运行时，除由合成磁势 $\boldsymbol{F}_1 + \boldsymbol{F}_2$ 产生的主磁通 $\dot{\Phi}$ 在一、二次绕组中感应电势 $\dot{E}_1$、$\dot{E}_2$ 外，$\boldsymbol{F}_1$ 和 $\boldsymbol{F}_2$ 还分别产生只交链于各自绕组的漏磁通 $\dot{\Phi}_{1\sigma}$ 和 $\dot{\Phi}_{2\sigma}$，并分别在一、二次绕组中感应漏电势 $\dot{E}_{1\sigma}$ 和 $\dot{E}_{2\sigma}$，另外，绕组电阻还分别产生压降 $r_1\dot{I}_1$ 和 $r_2\dot{I}_2$，此过程可简单地表示为：

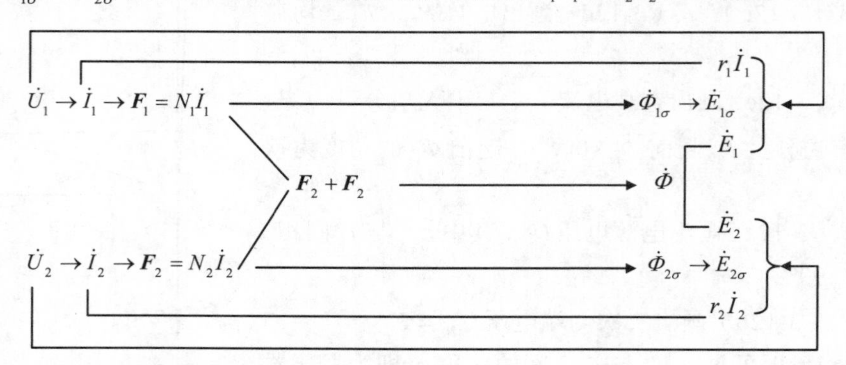

2. 负载运行时的基本方程式

（1）磁势平衡方程式

空载时的主磁通 $\dot{\Phi}$ 由空载磁势 $\boldsymbol{F}_0$ 建立，负载时主磁通 $\dot{\Phi}$ 则由 $\boldsymbol{F}_1 + \boldsymbol{F}_2$ 建立。因为从空载

到负载，电源电压不变，所以主磁通$\dot{\Phi}$不变，因此建立主磁通$\dot{\Phi}$的磁势相等，即

$$\left.\begin{aligned} \boldsymbol{F}_1+\boldsymbol{F}_2=\boldsymbol{F}_0 \\ \text{或}\quad \dot{I}_1N_1+\dot{I}_2N_2=\dot{I}_0N_1 \end{aligned}\right\} \tag{3-13}$$

这一关系式称为磁势平衡方程式。

式（3-13）两边同除以N_1并移相，得

$$\dot{I}_1=\dot{I}_0+\left(-\frac{N_2}{N_1}\dot{I}_2\right)=\dot{I}_0+\left(-\frac{\dot{I}_2}{K}\right) \tag{3-14}$$

由式（3-14）可见，当负载电流增加时，$-\frac{\dot{I}_2}{K}$增加，一次绕组的电流$\dot{I}_1$也随之增加，从而使变压器的功率从一次侧传递到二次侧。

（2）电势平衡方程式

因为主磁通在一、二次绕组中分别感应电势$\dot{E}_1$、$\dot{E}_2$，漏磁通在一、二次绕组中分别感应漏电势$\dot{E}_{1\sigma}$和$\dot{E}_{2\sigma}$。类似$\dot{E}_{1\sigma}$的计算方法，$\dot{E}_{2\sigma}$也可以用一个漏抗X_2的压降来表示，即$\dot{E}_{2\sigma}=-\mathrm{j}\dot{I}_2X_2$。此外，一、二次绕组还分别有电阻压降，根据基尔霍夫定律及负载运行图3-15中各量正方向的规定，可列写出一、二次侧电压方程为

$$\dot{U}_1=-\dot{E}_1-\dot{E}_{\sigma1}+\dot{I}_1r_1=-\dot{E}_1+\dot{I}_1(r_1+\mathrm{j}X_1)=-\dot{E}_1+\dot{I}_1Z_1$$
$$\dot{U}_2=\dot{E}_2+\dot{E}_{\sigma2}-\dot{I}_2r_2=\dot{E}_2-\dot{I}_2(r_2+\mathrm{j}X_2)=\dot{E}_2-\dot{I}_2Z_2$$

式中　r_2——二次绕组的电阻；

X_2——二次绕组的漏电抗；

Z_2——二次绕组的漏阻抗。

归纳起来变压器的基本方程式组为

$$\left.\begin{aligned} &\dot{U}_1=-\dot{E}_1+\dot{I}_1Z_1 \\ &\dot{U}_2=\dot{E}_2-\dot{I}_2Z_2 \\ &\dot{E}_1=-\dot{I}_0Z_z \\ &\dot{I}_1=\dot{I}_0+\left(-\frac{\dot{I}_2}{K}\right) \\ &\dot{U}_2=\dot{I}_2Z_\mathrm{L} \end{aligned}\right\} \tag{3-15}$$

二、变压器的等效电路

变压器的基本方程式综合了变压器内部的电磁过程，利用这组方程可以分析计算变压器的运行情况。但解联立方程相当复杂，且由于变比很大，所以一、二次侧的电压、电流相差很大，计算精确度很差。实际上一般不直接利用方程组计算，而是通常采用等效电路的计算方法。在利用等效电路计算之前，先要进行绕组的折算。

1. 绕组的折算

折算是把变压器一、二次绕组折算成相同的匝数，通常是将二次侧折算到一次侧，这样

折算以后二次绕组的感应电势与一次绕组的感应电势相等，于是可以找到一、二次绕组的等电位点，就可将一、二次侧两个电路合并成一个等效电路。折算仅是一种手段，折算前后的磁势平衡关系、功率传递关系和损耗均应保持不变，这样折算后的二次绕组和折算前的二次绕组是等效的。为了加以区别，折算后的电磁量在原符号右上方打“′”。

（1）二次侧电流的折算

根据折算前后磁势不变的原则，有

$$N_2 I_2 = N_2' I_2' = N_1 I_2'$$

则

$$I_2' = \frac{N_2}{N_2'} I_2 = \frac{N_2}{N_1} I_2 = \frac{1}{K} I_2 \tag{3-16}$$

（2）二次侧电势和电压的折算

根据电势与匝数成正比的关系，有

$$\frac{E_2'}{E_2} = \frac{N_2'}{N_2} = \frac{N_1}{N_2} = K$$

即

$$E_2' = K E_2 = E_1$$

同样

$$\left.\begin{aligned} E_{2\sigma}' &= K E_{2\sigma} \\ U_2' &= K U_2 \end{aligned}\right\} \tag{3-17}$$

（3）二次侧阻抗的折算

根据折算前后消耗在二次绕组电阻上及漏抗上的有功、无功功率不变的原则，有

$$I_2'^2 r_2' = I_2^2 r_2$$
$$I_2'^2 X_2' = I_2^2 X_2$$

可见

$$\left.\begin{aligned} r_2' &= K^2 r_2 \\ X_2' &= K^2 X_2 \\ Z_2' &= K^2 Z_2 \end{aligned}\right\} \tag{3-18}$$

折算后的基本方程式组为

$$\left.\begin{aligned} \dot{U}_1 &= -\dot{E}_1 + \dot{I}_1 Z_1 \\ \dot{U}_2' &= \dot{E}_2' - \dot{I}_2' Z_2' \\ \dot{I}_1 &= \dot{I}_0 + (-\dot{I}_2') \\ \dot{E}_1 &= \dot{E}_2' = -\dot{I}_0 Z_z \\ \dot{U}_2' &= \dot{I}_2' Z_L' \end{aligned}\right\} \tag{3-19}$$

2. T 形等效电路

经过绕组折算，可得变压器的部分等效电路，如图 3-16（a）所示。其中一、二次侧之间的耦合作用，由主磁通在绕组中产生的感应电势 $\dot{E}_1$、$\dot{E}_2$ 反映出来，经过绕组折算后，$\dot{E}_1 = \dot{E}_2'$，构成了相应的一、二次侧部分的等值电路。又根据 $\dot{E}_1 = \dot{E}_2' = -\dot{I}_0 Z_z$ 和 $\dot{I}_1 + \dot{I}_2' = \dot{I}_0$ 的关系式，可将一、二次绕组的等值电路和励磁支路连接起来，构成图 3-16（b）所示的等效电路。因它的 6 个参数分布如 T 形，所以称为 T 形等效电路。

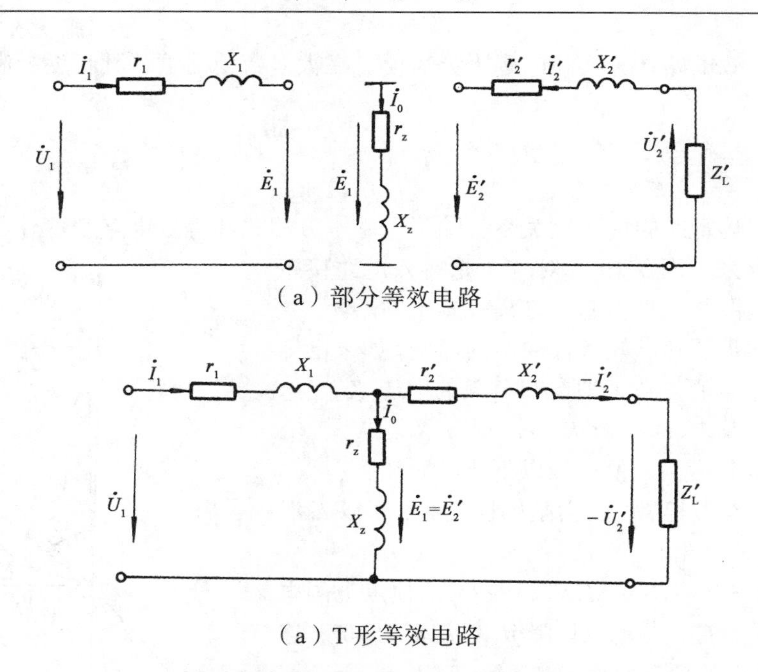

（a）部分等效电路

（a）T 形等效电路

图 3-16 变压器的 T 形等效电路的形成过程

三、近似和简化等效电路

T 形等效电路虽然能正确地反映变压器内部的电、磁关系，但它是一种混联电路，进行复数运算比较繁琐。

因为 $Z_z >> Z_1$，若把励磁支路前移，如图 3-17 所示，即认为在一定的电源电压下，励磁电流 I_0 = 常数，不受负载变化的影响，同时忽略 I_0 在一次绕组中产生的漏阻抗压降，可得如图 3-17 所示近似等效电路。近似等效电路是一个并联电路，不仅大大简化了计算过程，而且引起的误差也较小。

另外，一般电力变压器运行时，$I_0 << I_1$，在工程上可忽略 I_0 不计，即将励磁支路去掉，如图 3-18 所示，变为简化等效电路。从简化等效电路中可以看出，当 $Z_L' = 0$ 时，可将一、二次侧参数合并起来，称为短路阻抗。

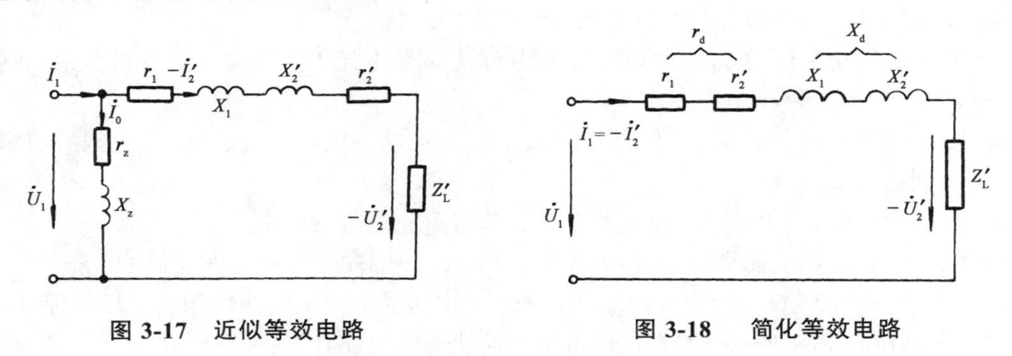

图 3-17 近似等效电路 **图 3-18 简化等效电路**

短路电阻 $r_d = r_1 + r_2'$、短路电抗 $X_d = X_1 + X_2'$、短路阻抗 $Z_d = r_d + jX_d$ 统称为短路参数，可由短路实验求得。

使用简化等效电路计算实际问题十分简便，在大多数情况下，其精度能满足工程要求。

四、变压器负载时的相量图

变压器负载运行时的电、磁关系，除了用基本方程式和等效电路表示外，还可以用相量图直观地表示出来。图 3-19 为对应 T 形等效电路接感性负载时的相量图，是根据基本方程式画出的。

画相量图的步骤随已知条件的不同而变。如果已知负载情况和变压器的参数，即已知负载的电压 U_2、电流 I_2、负载功率因数 $\cos\varphi_2$ 及 K、r_1、r_2'、X_1、X_2'、r_z、X_z 等，以感性负载为例，便可按以下步骤画图：

① 以 $\dot{U}_2'$ 为参考相量，因为是感性负载，所以 $\dot{I}_2'$ 滞后 $\dot{U}_2'$ 一个 φ_2 角，画出 $\dot{U}_2'$ 及 $\dot{I}_2'$。

② 根据 $\dot{E}_2' = \dot{U}_2' + \dot{I}_2' r_2' + \mathrm{j}\dot{I}_2' X_2'$，在 $\dot{U}_2'$ 的顶点上画电阻压降 $\dot{I}_2' r_2'$ 平行于 $\dot{I}_2'$，漏电抗压降 $\mathrm{j}\dot{I}_2' X_2'$ 超前 $\dot{I}_2'$ 90°；连接 $\dot{U}_2'$ 起点和 $\mathrm{j}\dot{I}_2' X_2'$ 的顶点便得相量 $\dot{E}_2' = \dot{E}_1$。

③ 根据 $\Phi_{\mathrm{m}} = \dfrac{E_1}{4.44 f N_1}$，计算主磁通幅值 $\dot{\Phi}_{\mathrm{m}}$ 的大小，且 $\dot{\Phi}_{\mathrm{m}}$ 超前 $\dot{E}_1$ 90°。

④ 根据 $\dot{I}_0 = \dfrac{-\dot{E}_1}{Z_z}$，计算空载电流 $\dot{I}_0$ 的大小，其相位超前 $\dot{\Phi}_{\mathrm{m}}$ 一个铁耗角 $\alpha_{\mathrm{Fe}} = \arctan\dfrac{r_z}{X_z}$，画出相量 $\dot{I}_0$。

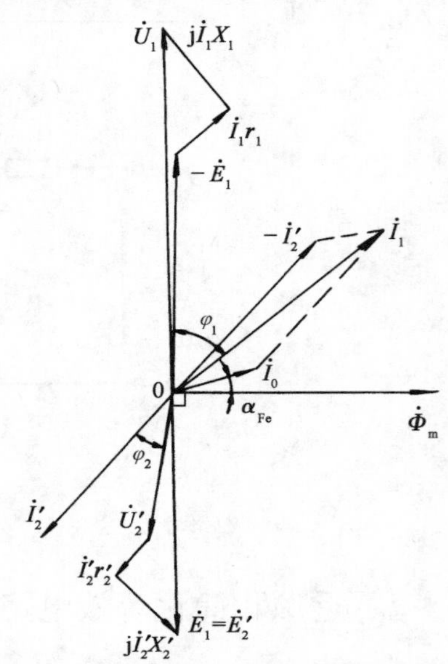

图 3-19　感性负载时变压器的相量图

⑤ 根据 $\dot{I}_1 = \dot{I}_0 + (-\dot{I}_2')$，画相量 $-\dot{I}_2'$ 与相量 $\dot{I}_0$ 相加，便得输入电流相量 $\dot{I}_1$。

⑥ 根据 $\dot{U}_1 = -\dot{E}_1 + \dot{I}_1 r_1 + \mathrm{j}\dot{I}_1 X_1$，在 $-\dot{E}_1$ 的顶点上画电阻压降 $\dot{I}_1 r_1$ 平行于 $\dot{I}_1$，漏电抗压降 $\mathrm{j}\dot{I}_1 X_1$ 超前 $\dot{I}_1$ 90°；连接 $-\dot{E}_1$ 的起点和 $\mathrm{j}\dot{I}_1 X_1$ 的顶点，即得一次侧电源电压 $\dot{U}_1$ 相量。$\dot{U}_1$ 与 $\dot{I}_1$ 之间的夹角为 φ_1。

由图 3-19 我们可得出几点结论：

① 变压器带感性负载运行时，二次侧电压 $U_2' < E_2'$。

② 当负载的功率因数 $\cos\varphi_2$ 不变时，如果增大负载电流 $\dot{I}_2$（即增大 $\dot{I}_2'$）的数值，则可以提高一次侧的功率因数 $\cos\varphi_1$。

③ 当负载电流 $\dot{I}_2$ 的数值不变时，如果提高负载的功率因数 $\cos\varphi_2$，则一次侧的功率因数 $\cos\varphi_1$ 也得到提高。

近似等效电路和简化等效电路的相量图，读者可自己练习绘制。

例 3-1　一台单相变压器，$S_{\mathrm{N}} = 10\ \mathrm{kV\cdot A}$，$U_{1\mathrm{N}}/U_{2\mathrm{N}} = 380/220\ \mathrm{V}$，$r_1 = 0.14\ \Omega$，$r_2 = 0.035\ \Omega$，$X_1 = 0.22\ \Omega$，$X_2 = 0.055\ \Omega$，$r_z = 30\ \Omega$，$X_z = 310\ \Omega$。一次侧加上额定频率的额定电压并保持不变，二次侧接负载阻抗 $Z_{\mathrm{L}} = (4+\mathrm{j}3)\ \Omega$。试用近似和简化等效电路计算：

（1）一次、二次侧电流及二次侧电压。

（2）一次、二次侧的功率因数。

解　先求参数：

$$K=\frac{U_{1N}}{U_{2N}}=\frac{380}{220}=1.727$$

$$r_2'=K^2r_2=1.727^2\times 0.035=0.104\quad(\Omega)$$

$$X_2'=K^2X_2=1.727^2\times 0.055=0.164\quad(\Omega)$$

$$Z_L'=K^2Z_L=1.727^2\times(4+j3)=11.93+j8.95=14.91\underline{/36.87^\circ}\quad(\Omega)$$

$$Z_d=r_d+jX_d=(r_1+r_2')+j(X_1+X_2')=0.14+0.104+j(0.22+0.164)$$

$$=0.244+j0.384=0.455\underline{/57.57^\circ}\quad(\Omega)$$

（1）用近似等效电路计算

以$\dot{U}_1$为参考相量，即$\dot{U}_1=380\underline{/0^\circ}$（V），则

$$-\dot{I}_2'=\frac{\dot{U}_1}{Z_d+Z_L'}=\frac{380\underline{/0^\circ}}{0.244+j0.384+11.93+j8.95}=24.77\underline{/-37.48^\circ}\quad(A)$$

$$\dot{I}_0=\frac{\dot{U}_1}{Z_z}=\frac{380\underline{/0^\circ}}{30+j310}=1.22\underline{/-84.47^\circ}\quad(A)$$

$$\dot{I}_1=\dot{I}_0+(-\dot{I}_2')=1.22\underline{/-84.47^\circ}+24.77\underline{/-37.48^\circ}$$

$$=19.78-j16.29=25.62\underline{/-39.47^\circ}\quad(A)$$

$$I_2=KI_2'=1.727\times 24.77=42.78\quad(A)$$

$$\dot{U}_2'=\dot{I}_2'Z_L'=-24.77\underline{/-37.48^\circ}\times 14.91\underline{/36.87^\circ}=369.32\underline{/179.39^\circ}\quad(V)$$

$$U_2=\frac{U_2'}{K}=\frac{369.32}{1.727}=213.85\quad(V)$$

$$\cos\varphi_1=\cos 39.47^\circ=0.772\quad（感性）$$

$$\cos\varphi_2=\cos 36.87^\circ=0.8\quad（感性）$$

（2）用简化等效电路计算

二次侧的电流和电压及功率因数与近似等效电路的计算结果相同，而一次侧电流为

$$\dot{I}_1=-\dot{I}_2'=\frac{\dot{U}_1}{Z_d+Z_L'}=24.77\underline{/-37.48^\circ}\quad(A)$$

$$\cos\varphi_1=\cos 37.48^\circ=0.794\quad（感性）$$

可见，用近似和简化等效电路进行计算，其结果相近。

第四节　变压器等效电路参数的测定

从上节可知，当用变压器的基本方程式、等效电路或相量图分析变压器的运行性能时，必须知道变压器的参数，这些参数直接影响变压器的运行性能。对已制成的变压器，可用试

验的方法求得这些参数。

一、空载试验

1. 空载试验的目的

通过测定空载电流 I_0 和一、二次侧电压 U_1、U_{20} 及空载损耗 P_0，计算出变压器的变比 K 和励磁参数 r_z、X_z、Z_z，确定变压器铁芯的损耗、检验铁芯的质量。

2. 空载试验的方法

空载试验时，将具有额定频率的额定电压施加于变压器的一个绕组上，其余绕组开路。单相变压器进行空载试验的原理接线图如图 3-20 所示。

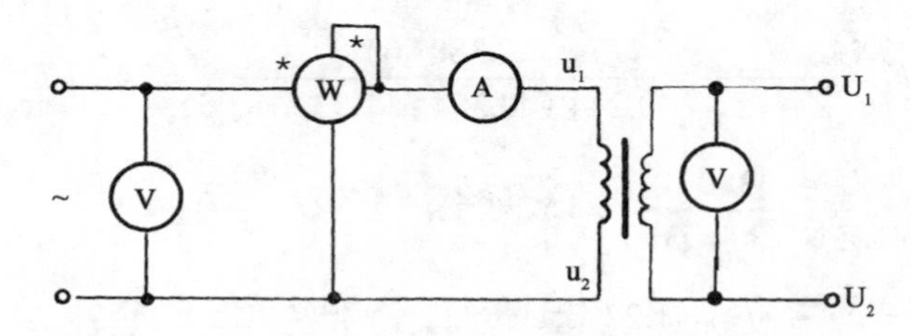

图 3-20 单相变压器空载试验时的原理接线图

三相变压器的试验接线图如图 3-21 所示。

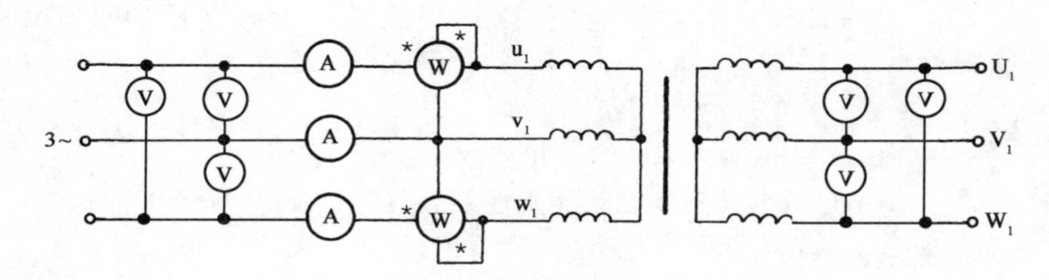

图 3-21 三相变压器空载试验时的原理接线图

空载试验原则上可以在变压器的任何一侧进行，但由于空载试验时所施加的电压较高（额定电压），而电流较小（空载电流），为了试验的安全和仪表、设备选择的方便，所以空载试验一般在低压侧施加额定电压，高压侧开路。

空载试验时，调节调压器使电源电压 U_1 由 0 逐渐升至 U_{1N} 时停止升压，记录 I_0、P_0 和 U_{20} 值。

3. 空载试验的结果分析

变压器空载运行时，输入的空载功率 P_0 为铁芯损耗 P_{Fe} 和空载铜耗 P_{Cu0} 之和。由于 $P_{Cu0}=I_0^2r_1$ 很小，可以忽略不计。而空载运行时绕组施加的电压为额定电压，所以铁芯中的主磁通和绕组的感应电势也达到了额定工作状态下的数值，这时铁芯的损耗也达到了额定工作状态下的数值，所以可以认为 $P_{Fe}\approx P_0$。

由所测数据可求得：

$$K = \frac{U_{20(\text{高压})}}{U_{1(\text{低压})}}$$

$$I_0^*\% = \frac{I_0}{I_{1N}} \times 100\%$$

$$P_0^*\% = \frac{P_0}{S_N} \times 100\%$$

把 $I_0^*\%$ 和 $P_0^*\%$ 与标准比较即可检验铁芯的质量。

根据空载等效电路，忽略 r_1 和 X_1，可求得

$$\left.\begin{aligned} |Z_z| &= \frac{U_1}{I_0} \\ r_z &= \frac{P_0}{I_0^2} \\ X_z &= \sqrt{|Z_z|^2 - r_z^2} \end{aligned}\right\} \tag{3-20}$$

4. 空载试验的注意事项

空载试验时应注意以下几点：

① 变压器空载运行时功率因数很低，为减小误差，试验时应采用低功率因数表来测量空载损耗。

② 由于试验在低压侧进行，所以计算的励磁参数为低压侧的参数，若要求取折算到高压侧的励磁阻抗，必须乘以变比的平方，即高压侧的励磁阻抗为 $K^2 Z_z$。

③ 三相变压器的参数指一相的参数，因此只要采用相电压、相电流，一相的损耗即用每相的参数值进行计算便可。

④ 空载损耗主要是由于铁芯的磁化引起的磁滞和涡流损耗。如果试验时发现空载损耗过大，主要原因是铁芯质量不好引起的铁耗增加，如硅钢片质量不合格、片间绝缘损伤等。空载电流过大，主要原因是铁芯的磁阻过大，引起磁化电流的增加，如铁芯接缝过大、硅钢片磁化特性较差、铁芯叠片不整齐等。我们希望变压器的励磁阻抗大一些，那么空载电流和空载损耗就会小一些。三相油浸式电力变压器的空载电流和空载损耗标准见表 3-2。

表 3-2　三相变压器的空载电流和空载损耗标准

S_N	$\frac{I_0}{I_N}$ (100%)	$\frac{P_0}{S_N}$ (100%)
5 ~ 50	7 ~ 10	0.9 ~ 1.4
75 ~ 750	5 ~ 8.5	0.6 ~ 0.9
1000 ~ 10 000	3 ~ 5.5	0.3 ~ 0.5
10 000 以上	2.2 ~ 3.5	0.25 ~ 0.4

例 3-2 一台三相变压器的联结组为 Y, y_0，额定容量 $S_N = 100\ kV·A$，额定电压 $U_{1N}/U_{2N} = 6\ 000/400\ V$，$f = 50\ Hz$，在低压侧做空载试验，施加额定电压，测得 I_0=9.37 A，$P_0 = 600\ W$,。试求一相的励磁阻抗并检查铁芯的质量。

解 变压器的两侧绕组均为 Y 接，则

相电压 $U_{\phi 1N} = 6\ 000/\sqrt{3} = 3\ 464$ （V）

$U_{\phi 2N} = 400/\sqrt{3} = 231$ （V）

相电流 $I_{1N} = S_N/\sqrt{3}U_{1N} = 9.63$ （A）

$I_{2N} = S_N/\sqrt{3}U_{2N} = 144$ （A）

每相损耗 $P_{0\phi} = \dfrac{P_0}{3} = 200$ （W）

励磁阻抗 $|Z_z| = \dfrac{U_{\phi 2N}}{I_0} = 24.65$ （Ω）

励磁电阻 $r_z = \dfrac{P_{0\phi}}{I_0^2} = 2.28$ （Ω）

励磁电抗 $X_z = \sqrt{|Z_z|^2 - r_z^2} = 24.54$ （Ω）

$$I_0^*\% = \frac{I_0}{I_{2N}} \times 100\% = \frac{9.37}{144} \times 100\% = 6.5\% < 8.6\%$$

$$P_0^*\% = \frac{P_0}{S_N} \times 100\% = \frac{600}{100 \times 10^3} \times 100\% = 0.6\% < 0.9\%$$

对照表 3-2，可知铁芯质量合格。

二、短路试验

1. 短路试验的目的

短路试验又称为负载试验，目的是根据测量出的变压器的短路电流 I_d、短路电压 U_d、短路损耗 P_d 求出短路参数 r_d、X_d、Z_d，确定变压器的额定铜耗。

2. 短路试验的方法

将具有额定频率的额定电流通过变压器一侧绕组，另一侧绕组端子接成短路进行试验。单相变压器短路试验原理接线图如图 3-22 所示。

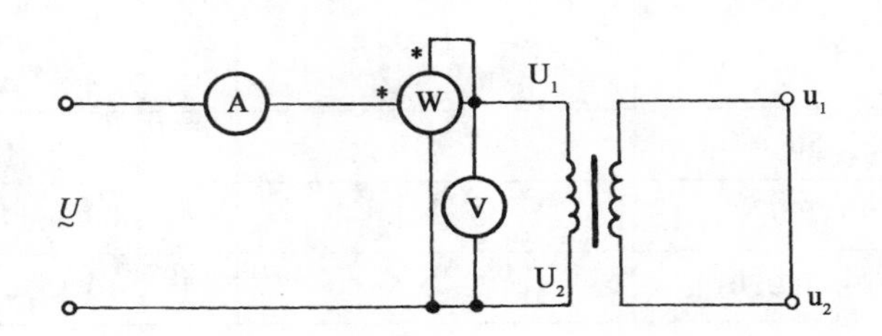

图 3-22 单相变压器短路试验原理接线图

三相变压器短路试验原理接线图如图 3-23 所示。

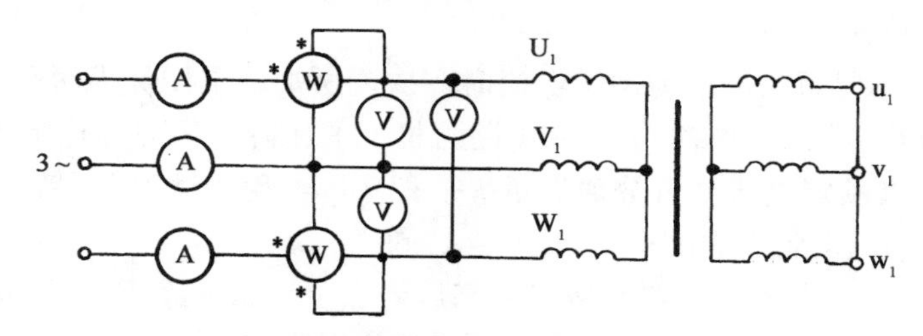

图 3-23 三相变压器短路试验原理接线图

短路试验原则上可以在变压器的任何一侧施加电压进行，但一般在变压器的高压侧进行试验。因为变压器在短路试验时一侧电流达到额定值，另一侧的电流也达到了额定值，无论在哪一侧做试验，绕组中的铜耗是一样的，但是短路试验时所加的额定电流一般较大，而试验所需的电压很小，一般短路电压为额定电压的 4%～10%，为了便于测量和仪表、设备选择的方便，短路试验一般在高压侧加压，将低压侧短路。

短路试验时，用调压器调节电源电压 U_1 从零开始缓慢增大，使一次电流从零上升到额定电流 I_{1N} 时停止升压，记录短路电压 U_d、短路电流 I_d 和短路损耗 P_d，并记录试验时的室温 t_0（°C）。

3. 短路试验的结果分析

变压器短路试验时，由于外加电压很低，主磁通很小，所以铁耗可忽略不计，这时输入的功率（短路损耗）P_d 可以认为完全消耗在绕组的铜耗上，而短路试验时绕组中的电流为额定电流，所以这时绕组的铜耗也达到了额定工作状态下的数值，所以可以认为额定铜耗为 $P_{CuN} \approx P_d$。

根据测量的结果，由简化等值电路计算室温下的短路参数

$$\left.\begin{aligned} |Z_d| &= \frac{U_d}{I_d} = \frac{U_d}{I_{1N}} \\ r_d &= \frac{P_d}{I_d^2} = \frac{P_d}{I_{1N}^2} \\ X_d &= \sqrt{|Z_d|^2 - r_d^2} \end{aligned}\right\} \tag{3-21}$$

由于绕组的电阻随温度的变化而变化，而短路试验一般在室温下进行，所以经过计算的电阻必须换算到基准工作温度时的数值。按国标规定，油浸式变压器的短路电阻值应换算到 75°C 的值，即

$$\left.\begin{aligned} r_{d75°C} &= r_d \frac{235+75}{235+t_0} \\ |Z_{d75°C}| &= \sqrt{r_{d75°C}^2 + X_d^2} \end{aligned}\right\} \tag{3-22}$$

式中 t_0——变压器在室温下的温度。

4. 短路试验的注意事项

短路试验时应注意以下几点：

① 由于试验在高压侧进行，所以计算的短路参数为高压侧的参数，若要求取折算到低压侧的短路阻抗，必须除以变比的平方，即低压侧的短路阻抗为 Z_d/K^2。

② 三相变压器的参数指一相的参数，因此只要采用相电压、相电流，一相的损耗即用每相的参数值进行计算便可。

③ 短路试验时，把短路电流为额定电流时一次侧所加的电压称为短路电压，根据变压器简化等效电路，短路电压即为额定电流在短路阻抗上的压降，故亦称作阻抗电压。阻抗电压（短路电压）通常以额定电压的百分值表示。一般中、小型电力变压器的阻抗电压为 4%～10.5%，大型电力变压器的阻抗电压为 12.5%～17.5%。

例 3-3 仍以例 3-2 中的变压器为例，在高压侧做负载试验，得 $I_d = 9.4$ A，$U_d = 317$ V，$P_d = 1920$ W，试验时室温为 t_0=25°C，求一相绕组的短路参数。

解

相电压 $$U_{\phi d} = \frac{U_d}{\sqrt{3}} = \frac{317}{\sqrt{3}} = 183 \quad (\text{V})$$

相电流 $$I_{\phi d} = I_d = 9.4 \quad (\text{A})$$

每相损耗 $$P_{\phi d} = \frac{P_d}{3} = \frac{1\,920}{3} = 640 \quad (\text{W})$$

短路阻抗 $$|Z_d| = \frac{U_{\phi d}}{I_{\phi d}} = \frac{183}{9.4} = 19.47 \quad (\Omega)$$

短路电阻 $$r_d = \frac{P_{\phi d}}{I_{\phi d}^2} = \frac{640}{9.4^2} = 7.24 \quad (\Omega)$$

短路电抗 $$X_d = \sqrt{|Z_d|^2 - r_d^2} = \sqrt{19.47^2 - 7.24^2} = 18.07 \quad (\Omega)$$

折算到 75°C $$r_{d75°C} = r_d \frac{235+75}{235+t_0} = 7.24 \times \frac{235+75}{235+25} = 8.63 \quad (\Omega)$$

$$|Z_{d75°C}| = \sqrt{r_{d75°C}^2 + X_d^2} = \sqrt{8.63^2 + 18.07^2} = 20.02 \quad (\Omega)$$

第五节　变压器的运行特性

变压器的运行特性主要有外特性及效率特性，表征变压器运行性能的主要指标有电压调整率和效率。

在介绍变压器的运行特性之前，我们先来介绍一下“标幺值”的概念。

一、标幺值

在电力系统中做实际运算时，为简便起见，把变压器的各种电磁量（如电压、电流、阻抗等）不用实际的伏数、安数和欧数表示，而是以某一给定值作为基值的相对值表示，这种表示法称为标幺值。标幺值就是相对值，表示方法是在原来符号的右上角加“*”。

变压器的标幺值，一般以额定值作为相应量的基值，即取额定电压作为电压的基值，额定电流作为电流的基值，额定电压与额定电流之比作为阻抗、电阻、电抗的基值。由于变压器一次绕组和二次绕组有不同的额定电压和额定电流，所以一、二次侧各物理量取不同的基值。一次侧各物理量的基值为：电流 I_{1N}，电压 U_{1N}，阻抗 $|Z_{1N}|=\dfrac{U_{1N}}{I_{1N}}$；二次侧各物理量的基值为：电流 I_{2N}，电压 U_{2N}，阻抗 $|Z_{2N}|=\dfrac{U_{2N}}{I_{2N}}$。

一、二次侧电压的标幺值为

$$U_1^*=\frac{U_1}{U_{1N}},\qquad U_2^*=\frac{U_2}{U_{2N}}$$

一、二次侧电流的标幺值为

$$I_1^*=\frac{I_1}{I_{1N}},\qquad I_2^*=\frac{I_2}{I_{2N}}$$

一、二次绕组漏阻抗的标幺值为

$$|Z_1^*|=\frac{|Z_1|}{|Z_{1N}|}=\frac{I_{1N}|Z_1|}{U_{1N}}$$

$$|Z_2^*|=\frac{|Z_2|}{|Z_{2N}|}=\frac{I_{2N}|Z_2|}{U_{2N}}$$

短路阻抗的标幺值为

$$r_d^*=\frac{r_{d75°C}}{|Z_N|}=\frac{I_N r_{d75°C}}{U_N}=\frac{U_{dP}}{U_N}=U_{dP}^*$$

$$X_d^*=\frac{X_d}{|Z_N|}=\frac{I_N X_d}{U_N}=\frac{U_{dQ}}{U_N}=U_{dQ}^*$$

$$|Z_d^*|=\frac{|Z_{d75°C}|}{|Z_N|}=\frac{I_N|Z_{d75°C}|}{U_N}=\frac{U_d}{U_N}=U_d^*$$

式中 U_d——短路（阻抗）电压，$U_d=I_N|Z_{d75°C}|$；
U_{dP}——短路（阻抗）电压的有功分量；
U_{dQ}——短路（阻抗）电压的无功分量。

可见，短路阻抗的标幺值 $|Z_d^*|$ 等于短路（阻抗）电压的标幺值 U_d^*，短路电阻的标幺值 r_d^* 等于短路（阻抗）电压标幺值的有功分量 U_{dP}^*，短路电抗的标幺值 X_d^* 等于短路（阻抗）电压标幺值的无功分量 U_{dQ}^*。

二、电压调整率和外特性

1. 电压调整率

为了表征 U_2 随 I_2 变化的程度，引入电压调整率的概念。所谓电压调整率，是指变压器一次侧接具有额定频率的额定电压 U_{1N}，二次侧从空载到负载(负载功率因数一定)，二次侧电压的变化量与二次侧额定电压 U_{2N} 比值的百分值，用 Δu 表示，即

$$\Delta u=\frac{U_{20}-U_2}{U_{2N}}\times 100\%=\frac{U_{2N}-U_2}{U_{2N}}\times 100\%$$

$$=\frac{U'_{2N}-U'_2}{U'_{2N}}\times 100\%=\frac{U_{1N}-U'_2}{U_{1N}}\times 100\% \quad (3\text{-}23)$$

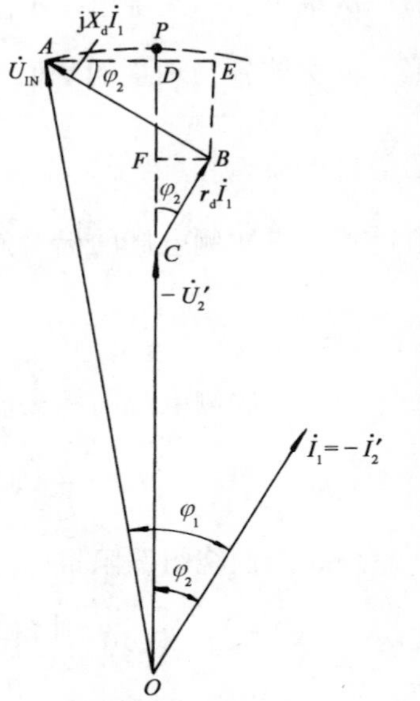

电压调整率 Δu 是表征变压器运行性能的重要指标之一，它的大小反映了供电电压的稳定性。

电压调整率 Δu 的计算式可用定义式和简化相量图求出，图 3-24 所示为变压器感性负载时的简化相量图。以下是公式推导证明过程。

图 3-24 中，以 O 为圆心，以 $\overline{OA}$ 为半径画弧交 $\overline{OC}$ 的延长线于 P 点，画 $\overline{BF}\perp\overline{OP}$，画 $\overline{AE}//\overline{BF}$，并交 $\overline{OP}$ 于 D 点，取 $\overline{DE}=\overline{BF}$，则

$$U_{1N}-U'_2=\overline{OP}-\overline{OC}=\overline{CF}+\overline{FD}+\overline{DP}$$

图 3-24 变压器感性负载时的简化相量图

因为 $\overline{DP}$ 很小，可以忽略不计，又因为 $\overline{FD}=\overline{BE}$，故

$$U_{1N}-U'_2=\overline{CF}+\overline{BE}=\overline{CB}\cos\varphi_2+\overline{AB}\sin\varphi_2=I_1 r_d\cos\varphi_2+I_1 X_d\sin\varphi_2$$

则

$$\Delta u=\frac{U_{1N}-U'_2}{U_{1N}}\times 100\%=\frac{I_1 r_d\cos\varphi_2+I_1 X_d\sin\varphi_2}{U_{1N}}\times 100\%$$

$$=\frac{I_1}{I_{1N}}\left(\frac{I_{1N} r_d\cos\varphi_2+I_{1N} X_d\sin\varphi_2}{U_{1N}}\right)\times 100\%$$

$$=\beta(r_d^*\cos\varphi_2+X_d^*\sin\varphi_2)\times 100\% \quad (3\text{-}24)$$

式中 β——负载系数，反映负载的大小，$\beta=\frac{I_1}{I_{1N}}=\frac{I_2}{I_{2N}}=I_1^*=I_2^*$。

因此：当 $\varphi_2=0$, $\cos\varphi_2=1$, $\sin\varphi_2=0$, Δu 很小且为正；当 $\varphi_2>0$, $\cos\varphi_2$ 和 $\sin\varphi_2$ 均为正，Δu 较大且为正；当 $\varphi_2<0$, $\sin\varphi_2<0$, $\cos\varphi_2>0$, 且 $\left|r_d^*\cos\varphi_2\right|<\left|X_d^*\sin\varphi_2\right|$, Δu 为负。

式（3-24）说明：

① 电压调整率的大小与负载大小（β）、负载性质（φ_2）及变压器本身的参数（$Z_d^*=r_d^*+\mathrm{j}X_d^*$）有关。

② 在电力变压器中，$X_d^*>>r_d^*$，当变压器带纯电阻负载时，电压调整率小且为正，说明负载变大时二次侧端电压下降量很小；带感性负载时，电压调整率大，且为正值，说明二次侧端电压随负载的增大而下降，且在同一负载下，感性负载时端电压的下降量比纯阻性负载时大；带容性负载时，电压调整率可能为正值，也可能为负值，当电压调整率为负值时，说明随负载增大，二次侧端电压升高。

③ 一般情况下，当额定负载且功率因数为指定时（通常为 0.8 滞后），称电压调整率为额定电压调整率。额定电压调整率是变压器的主要性能指标之一。通常额定电压调整率为 5% 左右，所以电力变压器的高压绕组均有 +5% 的抽头，以便进行电压调整。

2. 变压器的外特性

当变压器电源电压为 U_{1N} 和负载功率因数 $\cos\varphi_2$ 等于常数时，二次侧端电压 U_2 随负载电流 I_2 的变化规律，即 $U_2=f(I_2)$ 曲线，称为变压器的外特性曲线。

变压器负载运行时，由于变压器内部存在电阻和漏抗，故负载电流在变压器内部产生阻抗压降，使二次侧端电压随负载电流的变化而变化。图 3-25 所示为不同负载性质时变压器的外特性曲线。由图 3-25 可知，变压器二次侧电压的大小不仅与负载电流的大小有关，还和负载的功率因数有关。当纯电阻负载和感性负载时，外特性是下降的；而容性负载时外特性可能上翘。

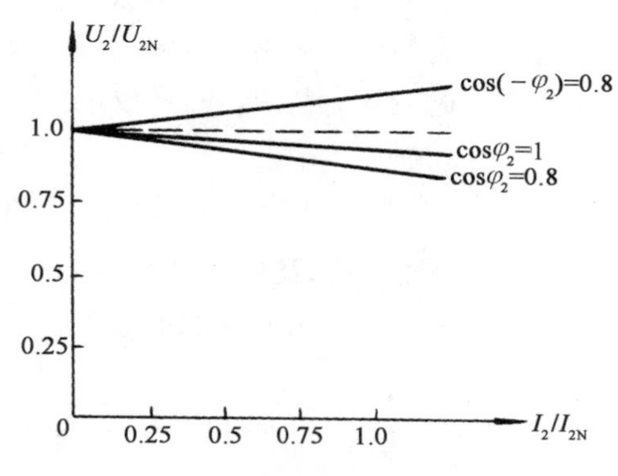

图 3-25　变压器的外特性曲线

3. 变压器的电压调整

变压器负载运行时，二次侧端电压随负载大小及功率因数的变化而变化，如果电压变化过大，将对用户产生不利的影响。为了保证二次侧端电压的变化在允许的范围内，通常在变压器的高压侧设置抽头，并装设分接开关，用以调节高压绕组的工作匝数，从而调节二次侧端电压。分接头之所以常设置在高压侧，是因为高压绕组套在最外边，便于引出分接头，而且高压绕组的电流相对较小，分接头的引线及分接开关载流部分的导体截面也小，开关触点也易制造。

中、小型电力变压器一般有三个分接头，记为 $U_N \pm 5\%$，大型电力变压器则采用 5 个或更多的分接头，如 $U_N \pm 2\times2.5\%$ 或 $U_N \pm 8\times1.5\%$ 等。

分接开关有两种形式：一种只能在断电的情况下进行调节，称为无载分接开关；另一种可以在带负载的情况下进行调节，称为有载分接开关。

三、效率和效率特性

1. 变压器的损耗

变压器在运行时将产生损耗，变压器的损耗分为两大类，即铜耗和铁耗。

（1）铜耗

包括基本铜耗和杂散铜耗。

基本铜耗是指一、二次绕组内通过电流时引起的电阻损耗。杂散铜耗主要是由漏磁通所引起的集肤效应使导线等效截面变小，即导线的有效电阻增大，从而增加的铜耗，以及漏磁场在结构部件中引起的涡流损耗等。杂散铜耗约为基本铜耗的 0.5% ~ 20%。

变压器的铜耗与负载电流的平方成正比，因此也称为可变损耗（负载损耗）。铜耗与绕组的温度有关，一般都用 75°C 时的电阻值来计算。

变压器的铜耗可由短路试验确定。近似认为额定负载时的铜耗等于短路试验测定的短路损耗，即 $P_{CuN}=P_d$，因铜耗与负载电流的平方成正比，所以任一负载下的铜耗 $P_{Cu}=I_2^{*2}P_d=\beta^2 P_d$。

（2）铁耗

包括基本铁耗和杂散铁耗。

基本铁耗是指变压器铁芯中的磁滞与涡流损耗，取决于铁芯中磁感应强度大小、磁通交变的频率和硅钢片的质量。杂散铁耗主要包括铁芯叠片间的绝缘损伤引起的局部涡流损耗及主磁通在结构部件中所引起的涡流损耗等。杂散铁耗为基本铁耗的 15% ~ 20%。

铁耗可近似认为与 B_m^2 或 U_1^2 成正比。由于变压器一次侧电压保持不变，故铁耗可视为不变损耗（空载损耗）。

变压器的铁耗可由空载试验确定。近似认为铁耗等于空载试验测定的空载损耗，即 $P_{Fe}=P_0$。

2. 变压器的效率及效率特性

变压器的效率是指变压器的输出功率 P_2 与输入功率 P_1 之比，用百分数来表示，即

$$\eta=\frac{P_2}{P_1}\times 100\%=\frac{P_2}{P_2+\sum P}\times 100\%=\frac{P_1-\sum P}{P_1}\times 100\%=\left(1-\frac{\sum P}{P_1}\right)\times 100\%$$

变压器的效率反映了变压器运行的经济性能的好坏，是表征变压器运行性能的重要指标之一。

变压器的效率可用直接负载法测量输出功率 P_2 和输入功率 P_1 来确定。但因变压器无转动部分，一般效率都很高，大多数在 95% 以上，甚至大型变压器可达 99%，所以 P_1 与 P_2 相差很小，而测量仪器本身的误差就可能超出此范围。所以，工程上常用间接法来计算变压器的效率，即通过空载试验和负载试验求出变压器的铁耗 P_{Fe} 和铜耗 P_{Cu}，然后按下式计算

$$\eta=\left(1-\frac{\sum P}{P_1}\right)\times 100\%=\left(1-\frac{P_{Fe}+P_{Cu}}{P_2+P_{Fe}+P_{Cu}}\right)\times 100\%$$

因为变压器的电压调整率很小，所以计算 P_2 时忽略了负载时 U_2 的变化，即认为 $U_2\approx U_{2N}$，于是 $P_2=U_{2N}I_2\cos\varphi_2=\beta U_{2N}I_{2N}\cos\varphi_2=\beta S_N\cos\varphi_2$，则变压器的效率可改写为

$$\eta=\left(1-\frac{P_0+\beta^2 P_d}{\beta S_N\cos\varphi_2+P_0+\beta^2 P_d}\right)\times 100\% \tag{3-25}$$

对于已经制成的变压器来说，P_0 和 P_d 是一定的，所以效率与负载的大小及功率因数有关。

在功率因数一定时，变压器的效率与负载系数之间的关系 $\eta=f(\beta)$，称为变压器的效率特性曲线，如图 3-26 所示。

由图 3-26 可见，空载时，$\beta=0,\ P_2=0,\ \eta=0$；负载增加时，效率增加很快。当负载达到某一数值时，效率最大，然后又开始降低。这是因为随着负载 P_2 的增加，铜耗 P_{Cu} 随 β^2 成正比的增加，超过某一负载时，效率随着 β 的增加反而减小了。

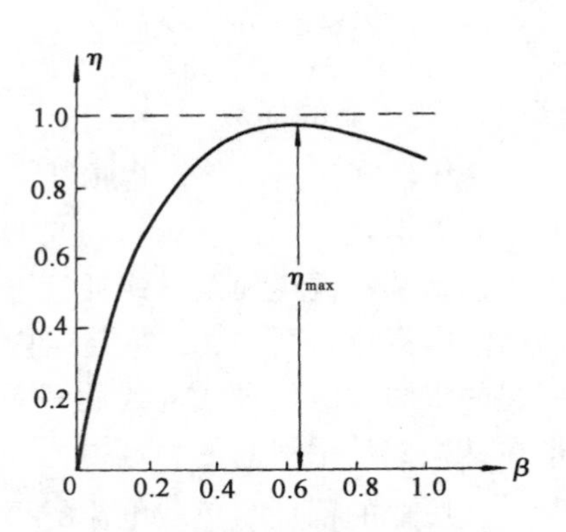

图 3-26 变压器的效率特性曲线

将式（3-25）对 β 取一阶导数，并令其为0，得对应最大效率时负载系数的值为

$$\beta_{m}=\sqrt{\frac{P_{0}}{P_{d}}} \tag{3-26}$$

式（3-26）说明，当铜耗等于铁耗，即可变损耗等于不变损耗时，效率最高，将 β_{m} 代入式（3-25）可得最大效率 η_{max}。

由于电力变压器长期接在电网上运行，总有铁耗，而铜耗随负载变化，一般变压器不可能总在额定负载下运行，因此，为提高变压器的运行效益，设计时使铁耗相对较小些，一般取 $\beta_{m}=0.5\sim0.6$。

第六节　三相变压器

电力系统一般采用三相制供电，因而广泛采用三相变压器。三相变压器可以由三台同容量的单相变压器组成，称为三相变压器组；还可以用铁轭把三个铁芯柱连在一起构成三相变压器，称为三相心式变压器。

从运行原理上看，三相变压器在对称负载运行时，各相的电压和电流大小相等，相位彼此相差120°，因而可取一相进行分析，分析方法与单相变压器没有什么差别，前面所述的单相变压器的分析方法及结论完全适用于三相变压器在对称负载运行时的情况。

一、三相变压器的磁路系统

1. 三相变压器组的磁路系统

三相变压器组是由三个相同的单相变压器按一定的方式联结起来组成的，如图3-27所示。由于每相的主磁通 Φ 各沿自己的磁路闭合，因此相互之间是独立的，彼此无关。当一次绕组加上三相对称电压时，三相的主磁通必然对称，三相空载电流也对称。

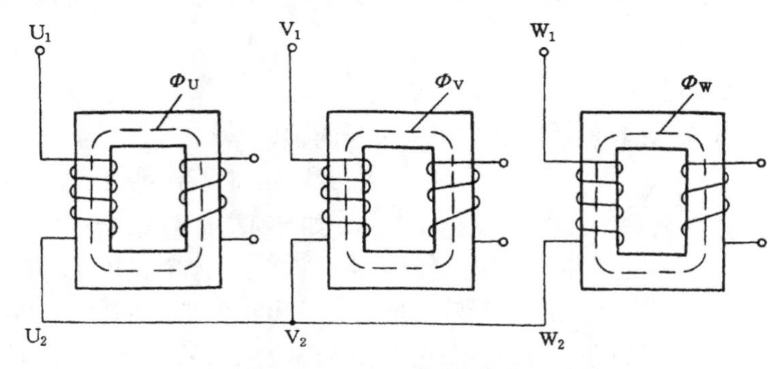

图3-27　三相变压器组的磁路系统

2. 三相心式变压器的磁路系统

三相心式变压器的铁芯是由三相变压器组演变而来的，如图3-28所示。如果将三台单相

变压器的铁芯合并成如图 3-28（a）所示的样子，当三相绕组外加三相对称电压时，三相绕组产生的主磁通也是对称的，此时中间铁芯柱内的磁通为 0，因此可将中间铁芯柱省去，如图 3-28（b）所示，为了使结构简单，制造方便，减小体积和节省硅钢片，将三相铁芯柱布置在同一平面内，于是演变成如图 3-28（c）所示的常用的三相心式变压器的铁芯结构。这种铁芯结构的磁路，其特点是三相主磁路互相联系，彼此相关，而且三相主磁路长度不等，中间 V 相最短，两边 U、W 相最长，所以 V 相的磁阻较小，在外加三相对称电压时，三相主磁通相等，但三相空载电流不等，V 相最小，U、W 相较大。由于一般电力变压器的空载电流很小，它的不对称对变压器负载运行的影响较小，可不予考虑，因而空载电流可取三相的平均值。

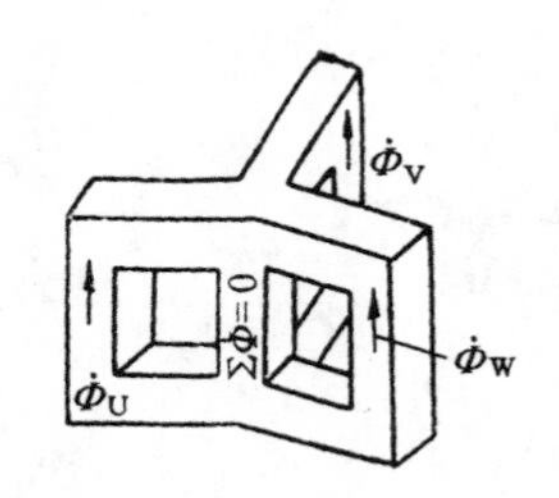

（a）由三个单相铁芯合并

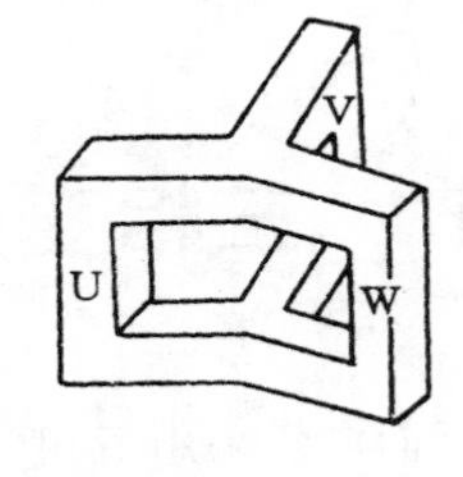

（b）省去中间铁芯柱

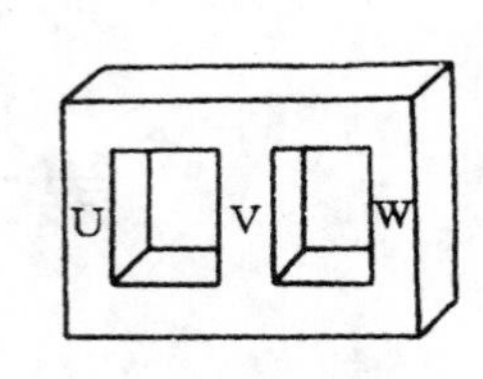

（c）三个铁芯柱在一个平面上

图 3-28　三相心式变压器的磁路系统

目前国内外用得较多的是三相心式变压器，它具有消耗材料少、效率高、维护简单、占地面积小等优点。但在大容量的巨型变压器中以及运输条件受限的地方，为了便于运输及减少备用容量，往往采用图 3-27 所示的三相变压器组。

二、三相变压器的电路系统

1. 变压器绕组的标记

变压器的每个绕组都有两个出线端，一个称为首端，另一个称为末端。三相绕组首端的标记分别以 U_1、V_1、W_1（或 u_1、v_1、w_1）表示，末端的标记分别以 U_2、V_2、W_2（或 u_2、v_2、w_2）表示。

2. 三相绕组的联结法

三相变压器绕组的联结主要采用星形和三角形两种联结法。

把三相绕组的末端 U_2、V_2、W_2（或 u_2、v_2、w_2）联结在一起，而将三个首端 U_1、V_1、W_1（或 u_1、v_1、w_1）引出，称为星形联结，用 Y（或 y）表示，如果有中性点引出，则用 Y_N（或 y_n）表示。

将三相绕组的首、末端依次相连构成闭合回路，再由三个首端引出，则为三角形联结，用 D（或 d）表示。根据各相绕组的联结顺序不同，三角形联结可分为逆序三角形联结（按 U_1—U_2W_1—W_2V_1—V_2U_1 联结）和顺序三角形联结（按 U_1—U_2V_1—V_2W_1—W_2V_1 联结）。现在新国标只有顺序三角形联结。

图 3-29 所示为三相绕组的各种联结法及对应的相量图。

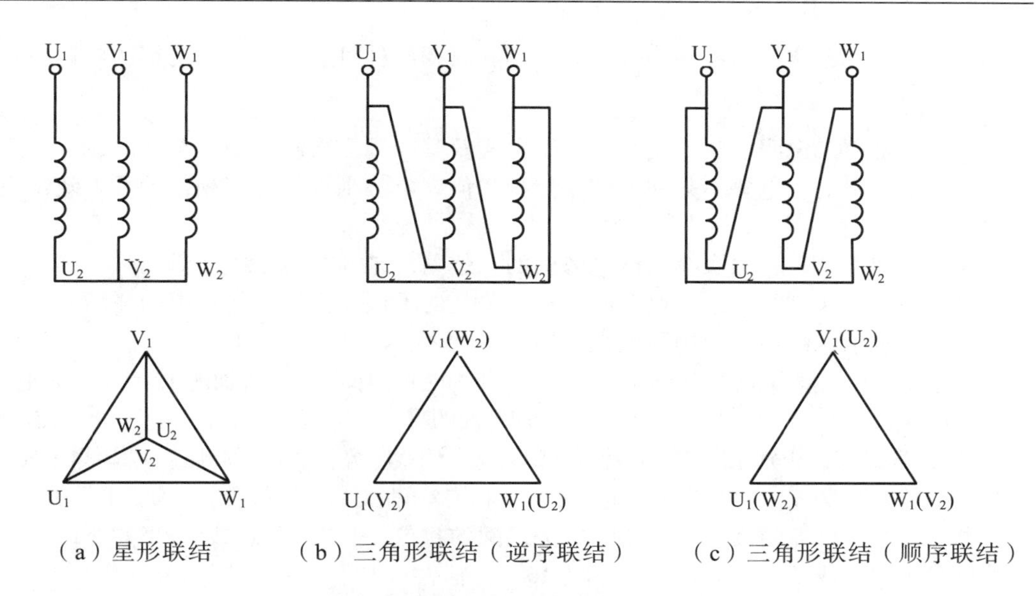

（a）星形联结　（b）三角形联结（逆序联结）　（c）三角形联结（顺序联结）

图 3-29　三相绕组的联结法及相量图

3. 同名端

如图 3-30 所示，绕在同一铁芯柱上的一、二次绕组，与同一主磁通交链，所以在任一瞬间，一次绕组某一端点的电位为正时，二次绕组必有一个端点的电位也为正，这两个对应的同极性端点称为同名端。用符号“•”表示。

由图 3-30 可见，绕组的同名端与绕组的绕向有关。当一、二次绕组的绕向相同时，同名端在两个绕组的对应端；当一、二次绕组的绕向相反时，同名端在两个绕组的非对应端。

4. 一、二次绕组相电势的相位关系

实际上，对于已制成的变压器，其绕组的绕向都是相同的。但由于首、末端的标记不同，绕在同一铁芯柱上的一、二次绕组的相电势有两种情况，即同相或反相。都以同名端作首端，如图 3-31（a）所示，则一、二次绕组的相电势同相；反之，一个同名端作首端，另一个同名端作末端，如图 3-31（b）所示，则一、二次绕组的相电势反相。

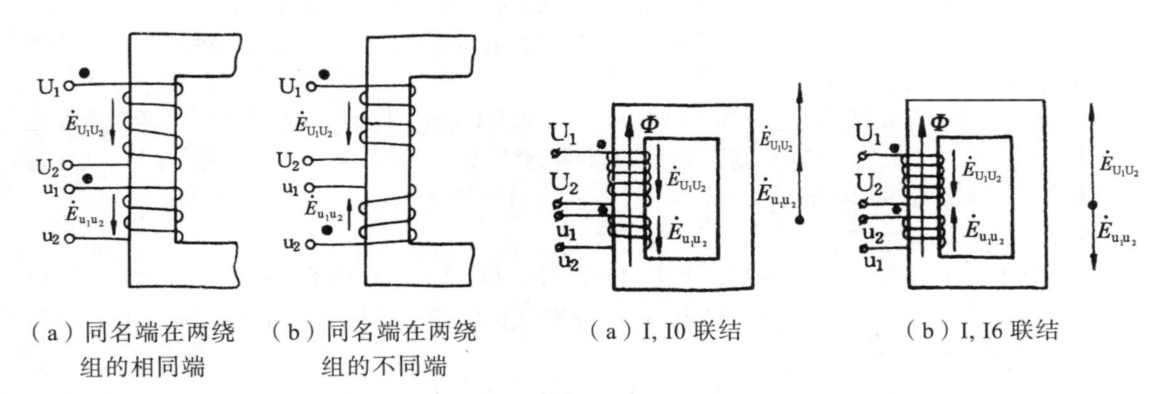

（a）同名端在两绕组的相同端　（b）同名端在两绕组的不同端

图 3-30　绕组的同名端

（a）I, I0 联结　（b）I, I6 联结

图 3-31　单相变压器的两种不同联结

可见，一、二次绕组的相电势只有同相和反相两种可能，且是由绕组的标记决定的。

5. 联结组

联结组是用来说明变压器绕组的联结方式及其一、二次绕组线电势间的相位关系的。虽然一、二次绕组的相电势不是同相就是反相，但线电势则不然，其相位关系将随绕组联结方式的不同而不同。

经分析知道，一、二次绕组线电势间的相位角总是30°的倍数。

根据一、二次绕组对应线电势间的相位关系的不同，把变压器绕组的联结分成了不同的联结组别。对于联结组别，国际上是采用“时钟表示法”来表示的。

时钟表示法是把高压侧线电势的相量 $\dot{E}_{U_1V_1}$ 作为时钟的长针放在钟面的12点上，而把低压侧对应线电势的相量 $\dot{E}_{u_1v_1}$ 作为时钟的短针，它指向钟面的哪个数字，该数字即为变压器联结组的组别。

可见，联结组的组别乘以30° 所得角度即为低压侧线电势 $\dot{E}_{u_1v_1}$ 滞后高压侧对应线电势 $\dot{E}_{U_1V_1}$ 的相位角。高压侧线电势 $\dot{E}_{U_1V_1}$ 与低压侧线电势 $\dot{E}_{u_1v_1}$ 的相位差角除以30° 所得数字即为变压器联结组的组别。

由于单相变压器的高、低压绕组电势之间的相位差只能为 0° 或 180°，所以它的联结组别号只有两种 0 或 6，表示为 I, I0 和 I, I6，分别表示 $\dot{E}_{u_1u_2}$ 和 $\dot{E}_{U_1U_2}$ 同相或反相，如图 3-31 所示。国标规定，单相变压器采用 I, I0 作为标准联结组。

已知联结法、同名端、标记，确定三相变压器联结组的步骤如下：

① 在变压器绕组接线图上标出各相电势；

② 画出高压绕组相、线电势相量图；

③ 在高压绕组相量图的基础上画出低压绕组的相量图。首先为了方便，取 U_1、u_1 点重合，再根据同一铁芯柱上高、低压绕组相电势的相位关系，确定低压绕组相电势相量，连接得线电势相量；

④ 根据高、低压侧对应的线电势相位关系确定联结组别；

⑤ 确定三相变压器的联结组。

6. 我国电力变压器标准联结组及应用

我国国标规定下列五种为标准联结组，即 Y, y_n0、Y, d11、Y_N, d11、Y_N, y0、Y, y0，其中前三种最为常用，分别适用于下列场合：

① Y, y_n0 用于配电变压器，其电压一般低压为 400/230V，即三相线电压 400 V 向动力供电，相电压 230 V 供应照明等单相设备，星形连接的低压绕组中性点必须引出。

② Y, d11 用于中、小容量的高压为 10 ~ 35 kV、低压为 3 ~ 10 kV 电压等级的变压器及较大容量的发电厂厂用变压器。

③ Y_N, d11 用于大容量的电压为 35 kV 和 110 kV 及以上电压等级的变压器，当变压器高压绕组中性点经消弧电抗器（35 kV 侧）接地或直接接地（110 kV 及以上）时，必须将中性点引出。

例 3-4 判断图 3-32 所示的三相变压器的联结组。

解

（1）三相变压器绕组接线图中，上下对应的高、低压绕组表示绕在同一铁芯柱上，即绕组 U_1U_2 和 u_1u_2、V_1V_2 和 v_1v_2、W_1W_2 和 w_1w_2 分别套在同一铁芯柱上，有“•”标记的为同名端。在接线图上标出各相电势。

（2）按照高压绕组的接线方式 Y，首先画出高压绕组电势相量图。

（3）取 U_1、u_1 点重合，根据同一铁芯柱上高、低压绕组相电势的相位关系，确定低压绕组相电势相量，如图所示，$\dot{E}_{U_1U_2}$ 和 $\dot{E}_{u_1u_2}$ 同相位，$\dot{E}_{V_1V_1}$ 和 $\dot{E}_{v_1v_2}$ 同相位，$\dot{E}_{W_1W_2}$ 和 $\dot{E}_{w_1w_2}$ 同相位。连接得高压绕组线电势相量。

（4）从高、低压绕组相量图中可以看出 $\dot{E}_{U_1V_1}$ 和 $\dot{E}_{u_1v_1}$ 的相位关系，即 $\dot{E}_{U_1V_1}$ 和 $\dot{E}_{u_1v_1}$ 同相位，相位差为 0°，所以联结组别号为 0，则联结组表示为 Y，y0。

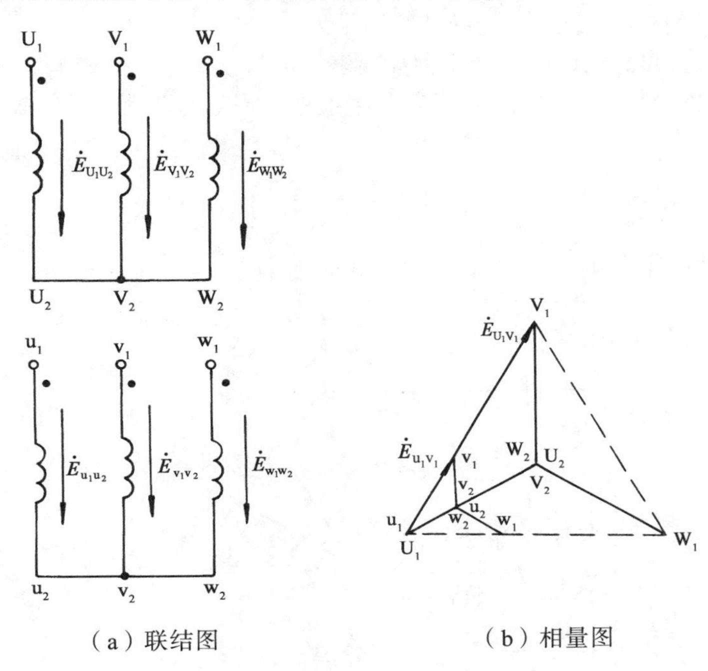

（a）联结图　　（b）相量图

图 3-32　例 3-4 图

例 3-5　判断图 3-33 所示的三相变压器的联结组。

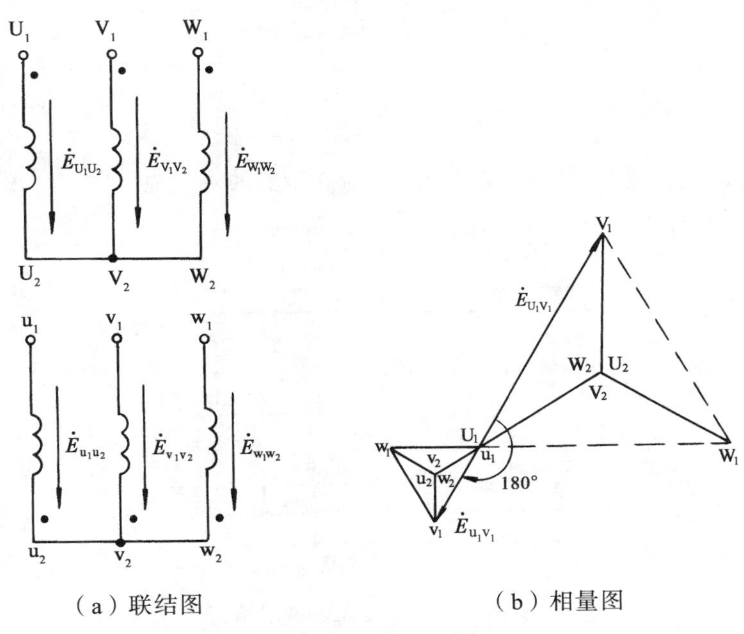

（a）联结图　　（b）相量图

图 3-33　例 3-5 图

解　如图 3-33 所示，如果将上例中一、二次绕组的同名端改变，而绕组联结法不变，按上述方法可得线电势 $\dot{E}_{U_1V_1}$ 和 $\dot{E}_{u_1v_1}$ 的相位差为 180°，联结组别号为 6，联结组表示为 Y,y6。

例 3-6　判断图 3-34 所示的三相变压器的联结组。

解　一次绕组接成 Y 形，二次绕组接成顺序三角形。相电势 $\dot{E}_{U_1U_2}$ 和 $\dot{E}_{u_1u_2}$ 同相位，可得出线电势 $\dot{E}_{U_1V_1}$ 和 $\dot{E}_{u_1v_1}$ 的相位差为 30°，联结组别号为 1，即联结组为 Y,d1。

综上所述可以看出，实际的联结组种类很多，但从一、二次侧线电势之间的相位差的关系来看，只有 12 种，且 Yy、Dd 连接时其联结组别号一定为偶数，Yd、Dy 连接时其联结组别号一定为奇数。

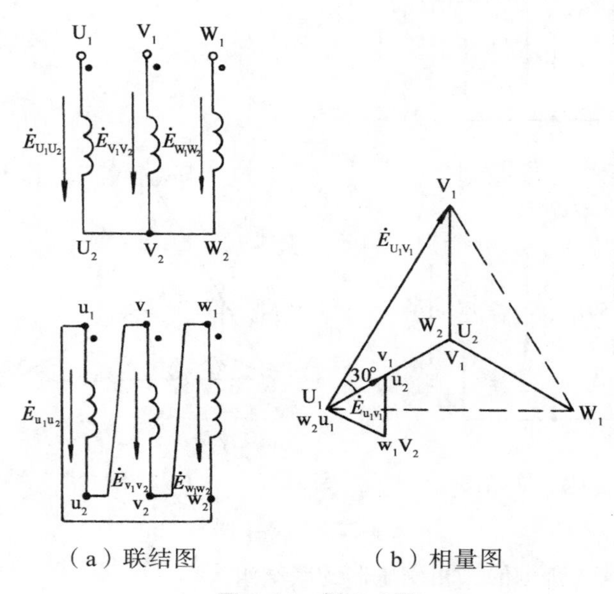

图 3-34　例 3-6 图

三、三相变压器的并联运行

变压器的并联运行就是将两台或两台以上的变压器的一、二次绕组均接到公共高、低压母线上，共同向负载供电的运行方式，如图 3-35 所示。

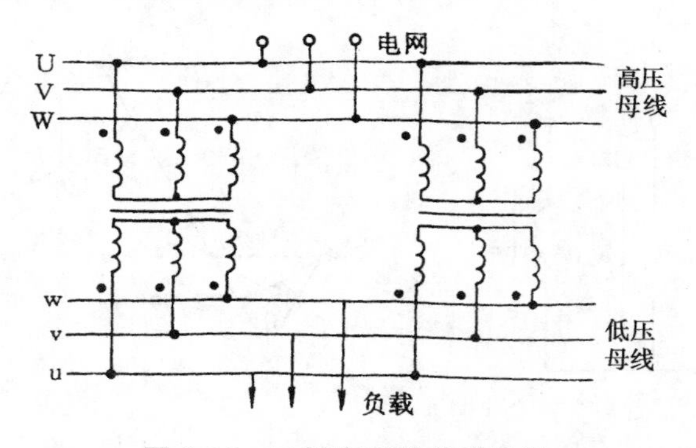

图 3-35　三相变压器并联运行

变压器并联运行，无论从技术或经济的角度看都是必要的。主要优点包括：

① 提高供电的可靠性，因为并联以后，如果某台变压器发生故障，可以将它从电网上切除并进行检修，而电网仍可继续供电；

② 提高运行的经济性。当负载出现较大变化时可以调整并联运行的变压器的台数，尽量使运行的变压器接近满载，提高系统的运行效率和改善系统的功率因数；

③ 可以减少总的备用容量和投资。因为随着用电量的增加，可以分期分批地安装新的变压器。

当然，并联的台数过多也是不经济的，因为一台大容量的变压器，其造价比总容量相同的几台小变压器的造价低，占地面积小。

变压器并联运行的理想情况是：

① 空载时并联运行的各台变压器之间无环流，以避免环流铜耗；

② 带负载后，各台变压器能合理分担负载，即负载应按各自容量大小成比例分配；

③ 各台并联运行的变压器所分担的负载电流与总的负载电流同相位，这样当总负载电流一定时，各变压器负担的负载电流最小；当各变压器负担的负载电流一定时，变压器的总负载电流最大。

为了满足理想的运行情况，并联运行的变压器应满足以下情况：

① 各台变压器的额定电压要相等，即变比相同；

② 各台变压器的联结组别相同；

③ 各台变压器的短路阻抗的标幺值相等，即阻抗电压的标幺值相等。

下面分析这些条件的必要性。

1. 变比不同时变压器的并联运行

以两台变压器并联运行为例，如图 3-36 所示，且假设并联运行的变压器的联结组别和阻抗电压的标幺值相等，仅变比不相等，即 $K_{\mathrm{I}} \neq K_{\mathrm{II}}$，由于并联运行的两台变压器的一次绕组都接在同一电源上，而 $K_{\mathrm{I}} \neq K_{\mathrm{II}}$，则二次绕组的空载电压不同，即 $\frac{U_1}{K_{\mathrm{I}}} \neq \frac{U_1}{K_{\mathrm{II}}}$，因此在并联前，开关 Q 之间就存在电位差 $\Delta\dot{U}_{20}$，且

$$\Delta\dot{U}_{20} = \dot{U}_{20\mathrm{I}} - \dot{U}_{20\mathrm{II}} = -\left(\frac{\dot{U}_1}{K_{\mathrm{I}}} - \frac{\dot{U}_1}{K_{\mathrm{II}}}\right)$$

其算术值为

$$\Delta U_{20} = \frac{U_1}{K_{\mathrm{I}}} - \frac{U_1}{K_{\mathrm{II}}}$$

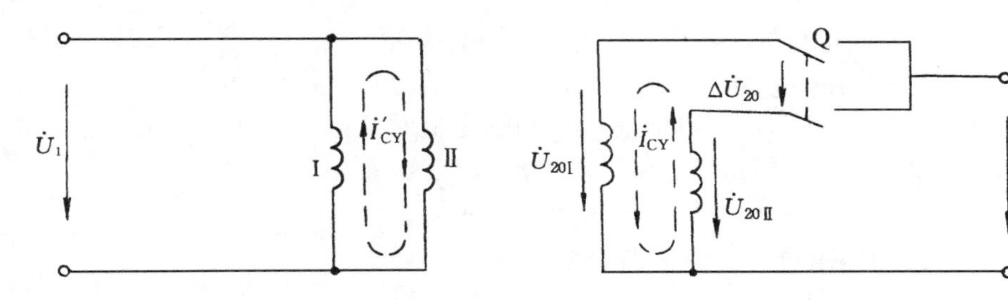

图 3-36　变比不等时变压器的并联运行

并联投入运行后，两台变压器的二次绕组内便有环流产生。根据简化等效电路，变压器二次侧空载环流为

$$I_{\mathrm{CY}}=\frac{\Delta U_{20}}{\left|Z'_{\mathrm{dI}}\right|+\left|Z'_{\mathrm{dII}}\right|} \tag{3-27}$$

式中，Z'_{dI} 和 Z'_{dII} 分别为折算到二次侧的变压器的短路阻抗。由于变压器的短路阻抗很小，所以即使变比差值很小，也可引起很大的环流。环流不是负载电流，但它占据了变压器的容量，增加了变压器的损耗和温升。为了保证并联运行时，空载环流不超过额定电流的 10%，通常规定并联运行的变压器的变比差值为

$$\Delta K=\frac{K_{\mathrm{I}}-K_{\mathrm{II}}}{\sqrt{K_{\mathrm{I}}K_{\mathrm{II}}}}\times 100\% \leqslant 0.5\%$$

2. 联结组别不同时变压器的并联运行

如果并联运行的两台变压器的变比和短路阻抗的标幺值均相等，但是联结组别不等，那造成的后果将非常严重，因为在变压器联结组别不同时，它们的组别标号至少差 1，如 Y,y0 和 Y,d11，两台变压器二次绕组的电压大小相等，但线电压相位至少相差 30°，如图 3-37 所示，此时二次绕组线电压的电压差 $\Delta\dot{U}_{20}$ 为

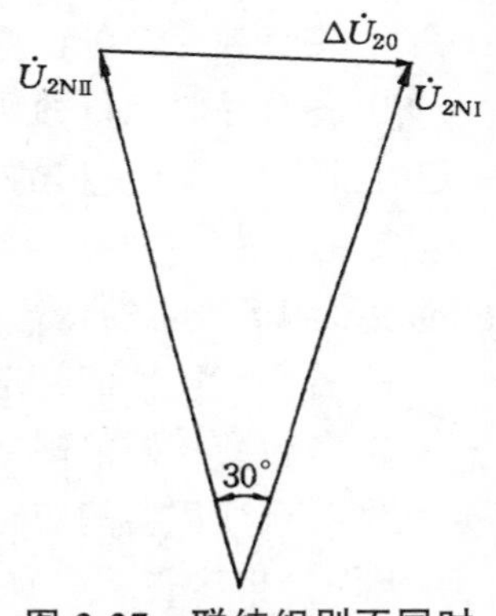

图 3-37 联结组别不同时变压器的并联运行

$$\Delta\dot{U}_{20}=\dot{U}_{2\mathrm{NI}}-\dot{U}_{2\mathrm{NII}}$$

其算术值为

$$\Delta U_{20}=2U_{2\mathrm{N}}\sin\frac{30^{\circ}}{2}=0.518U_{2\mathrm{N}}$$

两台变压器二次绕组中的环流为

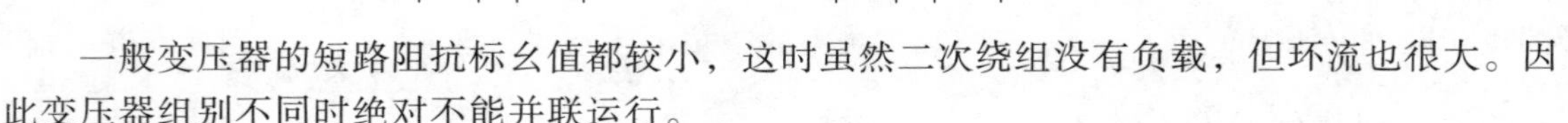

$$I_{\mathrm{CY}}=\frac{0.518}{\left|Z'_{\mathrm{dI}}\right|+\left|Z'_{\mathrm{dII}}\right|}U_{2\mathrm{N}} \quad 或 \quad I^{*}_{\mathrm{CY}}=\frac{0.518}{\left|Z^{*}_{\mathrm{dI}}\right|+\left|Z^{*}_{\mathrm{dII}}\right|} \tag{3-28}$$

一般变压器的短路阻抗标幺值都较小，这时虽然二次绕组没有负载，但环流也很大。因此变压器组别不同时绝对不能并联运行。

3. 短路阻抗标幺值不同时变压器的并联运行

如果并联运行的两台变压器的变比相等，联结组别相同，则不会有空载环流产生，但是两台变压器的短路阻抗标幺值不等，如 $Z^{*}_{\mathrm{dI}}>Z^{*}_{\mathrm{dII}}$，则在额定电流时，第一台变压器的内阻抗压降大于第二台变压器的内阻抗压降。也就是说，短路阻抗标幺值大的变压器外特性较软。但是并联运行的两台变压器的二次绕组接在同一母线上，具有相同的 U_2 值，因而使变压器的负载分配不均，当第一台变压器的负载电流还达不到额定值时（如 $\beta_{\mathrm{I}}=0.8$），第二台变压器已经过载了（如 $\beta_{\mathrm{II}}=1.2$）。

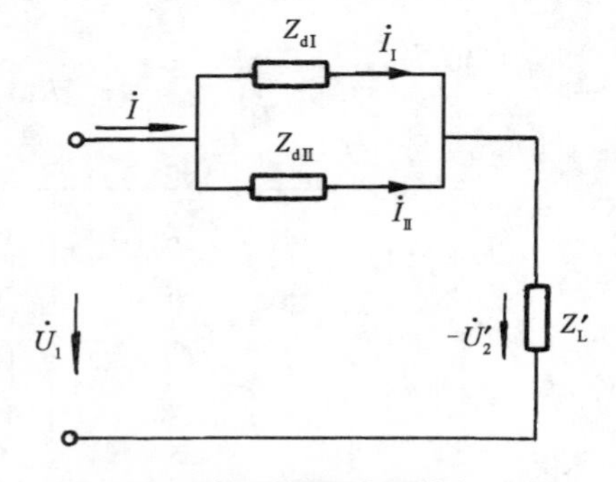

图 3-38 变压器短路阻抗标幺值不等时的并联运行

假设有两台变压器的变比相等，联结组别也相同，并联运行，它们的短路阻抗标幺值分别为 Z^{*}_{dI} 和 Z^{*}_{dII}，如图 3-38 所示。

两台变压器内阻抗压降相等

$$\dot{I}_{\mathrm{I}}Z_{\mathrm{dI}}=\dot{I}_{\mathrm{II}}Z_{\mathrm{dII}} \tag{3-29}$$

由于$U_{\mathrm{NI}}=U_{\mathrm{NII}}$，即

$$I_{\mathrm{NI}}|Z_{\mathrm{NI}}|=I_{\mathrm{NII}}|Z_{\mathrm{NII}}| \tag{3-30}$$

联解式（3-29）和式（3-30），得

$$\frac{\dot{I}_{\mathrm{I}}Z_{\mathrm{dI}}}{I_{\mathrm{NI}}|Z_{\mathrm{NI}}|}=\frac{\dot{I}_{\mathrm{II}}Z_{\mathrm{dII}}}{I_{\mathrm{NII}}|Z_{\mathrm{NII}}|}$$

即

$$\frac{\dot{I}_{\mathrm{I}}^{*}}{\dot{I}_{\mathrm{II}}^{*}}=\frac{Z_{\mathrm{dII}}^{*}}{Z_{\mathrm{dI}}^{*}} \tag{3-31}$$

同时，要使各台变压器所分担的负载电流均为同相，则各变压器的短路阻抗角应相等。实际并联时，短路阻抗角的影响不大，故在计算中可认为I_{I}和I_{II}同相位，式（3-31）也可表示为

$$\frac{I_{\mathrm{I}}^{*}}{I_{\mathrm{II}}^{*}}=\frac{|Z_{\mathrm{dII}}^{*}|}{|Z_{\mathrm{dI}}^{*}|}=\frac{\beta_{\mathrm{I}}}{\beta_{\mathrm{II}}} \tag{3-32}$$

式中　$\beta_{\mathrm{I}}=I_{\mathrm{I}}^{*}$——第一台变压器的负载系数；

$\beta_{\mathrm{II}}=I_{\mathrm{II}}^{*}$——第二台变压器的负载系数。

由式（3-32）可知，各变压器负载电流的标幺值与其短路阻抗的标幺值成反比。当然，合理的分配是，各台变压器根据其本身的容量来分担负载，即

$$I_{\mathrm{I}}^{*}=I_{\mathrm{II}}^{*}$$

这就要求变压器短路阻抗标幺值相等，即

$$|Z_{\mathrm{dI}}^{*}|=|Z_{\mathrm{dII}}^{*}|$$

并联运行的变压器可认为

$$I=I_{\mathrm{I}}+I_{\mathrm{II}}$$

同时

$$I_{\mathrm{I}}^{*}S_{\mathrm{NI}}+I_{\mathrm{II}}^{*}S_{\mathrm{NII}}=S_{\text{总}} \tag{3-33}$$

可通过式（3-32）和式（3-33）进行两台变压器并联运行的计算。

例 3-7　两台变压器并列运行，其参数：第一台，Y, d11，$S_{\mathrm{NI}}=560\ \mathrm{kV\cdot A}$，$|Z_{\mathrm{dI}}^{*}|=5\%$；第二台，Y, d11，$S_{\mathrm{NII}}=475\ \mathrm{kV\cdot A}$，$|Z_{\mathrm{dII}}^{*}|$=5.5%。现求：

（1）总负载为 1 035 kV·A 时，各台变压器分担的负载为多少？

（2）最大总负载为多少时各台变压器不过载？

解

（1）由$\dfrac{I_{\mathrm{I}}^{*}}{I_{\mathrm{II}}^{*}}=\dfrac{|Z_{\mathrm{dII}}^{*}|}{|Z_{\mathrm{dI}}^{*}|}=\dfrac{5.5\%}{5\%}$得

$$I_{\mathrm{I}}^{*}=\frac{5.5}{5}I_{\mathrm{II}}^{*} \quad ①$$

由 $I_{\mathrm{I}}^{*}S_{\mathrm{N\,I}}+I_{\mathrm{II}}^{*}S_{\mathrm{N\,II}}=S$ 得

$$560I_{\mathrm{I}}^{*}+475I_{\mathrm{II}}^{*}=1035 \quad ②$$

联立式①、式②，求解得：

$$I_{\mathrm{I}}^{*}=1.045\ \mathrm{kA}, \qquad I_{\mathrm{II}}^{*}=0.948\ \mathrm{kA}$$

第一台 $S_{\mathrm{I}}=I_{\mathrm{I}}^{*}S_{\mathrm{N\,I}}=1.045\times560=585$（kV·A）（超载）

第二台 $S_{\mathrm{II}}=I_{\mathrm{II}}^{*}S_{\mathrm{N\,II}}=0.948\times475=450$（kV·A）（欠载）

（2）由题意及前面计算可得：

第一台变压器先满载，输出容量为：560 kV·A。

此时第二台变压器处于欠载状态，输出容量为 475 × 5%/5.5% = 432（kV·A）。

因此，最大总负载为 560 + 432 = 992（kV·A）时各台变压器不过载。

第七节　其他用途的变压器

在电力系统中，除大量采用双绕组电力变压器外，还常采用多种特殊用途的变压器，它们涉及面广，种类繁多，本节仅介绍较常用的自耦变压器、仪用互感器、电焊变压器的工作原理及特点。

一、自耦变压器

1. 结构特点和用途

普通的双绕组变压器一、二次绕组是相互绝缘的，他们之间只有磁的耦合，没有电的直接联系。如果将双绕组变压器的一、二次绕组串联起来作为新的一次侧，而二次绕组仍作为二次侧与负载 Z_L 相连接，便得到一台降压自耦变压器，如图 3-39 所示。显然，自耦变压器一、二次绕组之间不但有磁的联系，而且还有电的联系。通过下面分析可知，自耦变压器可节省大量材料，降低成本，减小变压器的体积、重量，且有利于大型变压器的运输和安装。目前，在高电压、大容量的输电系统中，自耦变压器主要用来连接两个等级相近的电力网，作联络变压器之用，在实验室中还经常采用二次侧有滑动触头的自耦变压器作为调压器，此外，自耦变压器还可用作异步电动机的启动补偿器。

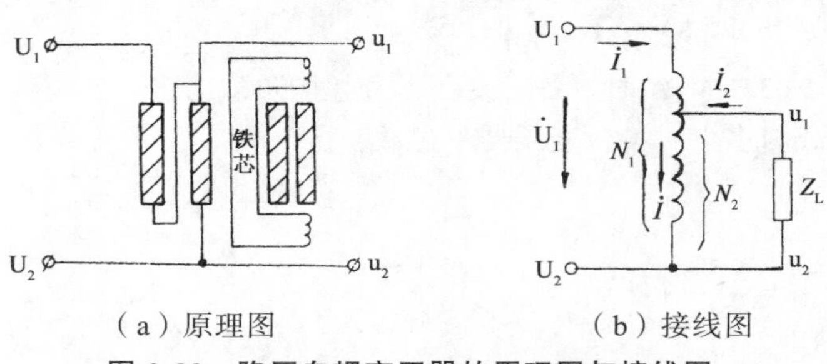

（a）原理图　　（b）接线图

图 3-39　降压自耦变压器的原理图与接线图

2. 电压、电流及容量关系

（1）电压关系

自耦变压器也是利用电磁感应原理工作的。当一次绕组 U_1、U_2 两端加交变电压 $\dot{U}_1$ 时，铁芯中产生交变磁通，并分别在一、二次绕组中产生感应电势，若忽略漏阻抗压降，则有

$$U_1 \approx E_1 = 4.44 f N_1 \Phi_m$$

$$U_2 \approx E_2 = 4.44 f N_2 \Phi_m$$

自耦变压器的变比为

$$K_Z = \frac{E_1}{E_2} = \frac{N_1}{N_2} \approx \frac{U_1}{U_2} \tag{3-34}$$

（2）电流关系

负载运行时，外加电压为额定电压，主磁通近似为常数，总的励磁磁通仍等于空载磁通。根据磁势平衡关系可知

$$N_1\dot{I}_1 + N_2\dot{I}_2 = N_1\dot{I}_0 \tag{3-35}$$

若忽略励磁电流，得

$$N_1\dot{I}_1 + N_2\dot{I}_2 = 0$$

则

$$\dot{I}_1 = -\frac{N_2}{N_1}\dot{I}_2 = -\frac{\dot{I}_2}{K_Z}$$

可见，一、二次绕组电流的大小与匝数成反比，在相位上互差 180°。因此，流经公共绕组中的电流 $\dot{I}$ 为

$$\dot{I} = \dot{I}_1 + \dot{I}_2 = -\frac{\dot{I}_2}{K_Z} + \dot{I}_2 = \left(1 - \frac{1}{K_Z}\right)\dot{I}_2$$

在数值上

$$I_2 = I + I_1 \tag{3-36}$$

式（3-36）说明，自耦变压器的输出电流为公共绕组中电流与一次绕组电流之和，由此可知，流经公共绕组中的电流总是小于输出电流的。

（3）容量关系

普通双绕组变压器的铭牌容量（又称通过容量）和绕组的额定容量（又称电磁容量或设计容量）相等，但自耦变压器两者却不相等。以单相自耦变压器为例，其铭牌容量为

$$S_N = U_{1N}I_{1N} = U_{2N}I_{2N} \tag{3-37}$$

而串联绕组 U_1u_1 段的额定容量为

$$S_{U_1u_1} = U_{U_1u_1}I_{1N} = \frac{N_1 - N_2}{N_1}U_{1N}I_{1N} = \left(1 - \frac{1}{K_Z}\right)S_N \tag{3-38}$$

公共绕组 u_1u_2 段的额定容量为

$$S_{u_1u_2} = U_{u_1u_2}I_N = U_{2N}I_{2N}\left(1 - \frac{1}{K_Z}\right) = \left(1 - \frac{1}{K_Z}\right)S_N \tag{3-39}$$

比较式（3-38）和式（3-39）可知，串联绕组 U_1u_1 段的额定容量与公共绕组 u_1u_2 段的额定容量相等，并均小于自耦变压器的铭牌容量。而且，自耦变压器的变比 K_Z 愈接近 1，绕组容量就愈小，其优越性就愈显著，因此，自耦变压器主要用于 $K_Z < 2$ 的场合。

自耦变压器工作时，其输出容量

$$S_2 = U_2 I_2 = U_2 (I + I_1) = U_2 I + U_2 I_1 \tag{3-40}$$

式（3-40）说明，自耦变压器的输出功率由两部分组成，其中，U_2I 为电磁功率，是通过电磁感应作用从一次侧传递到负载中去的，与双绕组变压器的传递方式相同；U_2I_1 为传导功率，它是直接由电源经串联绕组传导到负载中去的，这部分功率只有在一、二次绕组之间有了电的联系时，才有可能出现，它不需要增加绕组容量，也正因为如此，自耦变压器的绕组容量才小于其额定容量。

3. 自耦变压器的主要优缺点

和普通双绕组变压器比较，自耦变压器的主要优点有：

① 由于自耦变压器的设计容量小于额定容量，故在同样的额定容量下，自耦变压器的外形尺寸小，有效材料（硅钢片和铜线）和结构材料（钢材）都比较节省，从而降低了成本；

② 有效材料的减少使得铜损耗和铁损耗也相应减少，故自耦变压器的效率较高；

③ 由于自耦变压器的尺寸小，重量较轻，故便于运输和安装，占地面积也小。

自耦变压器的主要缺点有：

① 和相应的普通双绕组变压器相比，自耦变压器的短路阻抗标幺值较小，因此短路电流较大，故设计时应注意绕组的机械强度，必要时可适当增大短路阻抗以限制短路电流；

② 由于一、二次绕组间有电的直接联系，运行时一、二次侧都需要装设避雷器，以防高压侧产生过电压时，引起低压绕组绝缘的损坏；

③ 为防止高压侧发生单相接地时，引起低压侧非接地相对地电压升得较高，造成对地绝缘击穿，自耦变压器的中性点必须可靠接地。

二、仪用互感器

仪用互感器是一种测量用的设备，分电流互感器和电压互感器两种，它们的工作原理与变压器相同。

使用互感器有两个目的：一是为了工作人员的安全，使测量回路与高压电网隔离；二是可以使用小量程的电流表、电压表分别测量大电流和高电压。互感器的规格各种各样，但电流互感器二次侧额定电流都是 5 A 或 1 A，电压互感器二次侧额定电压都是 100 V。

互感器除了用于测量电流和电压外，还用于各种继电保护装置的测量系统，因此它的应用极为广泛。下面分别介绍电流互感器和电压互感器。

1. 电流互感器

图 3-40 是电流互感器的原理图，电流互感器的一次绕组匝数少，二次绕组匝数多。它的一次侧串联接入主电路，被测电流为 $\dot{I}_1$；二次侧接内阻抗极小的电流表或功率表的电流线圈，二次侧电流为 $\dot{I}_2$。因此电流互感器的运行情况相当于变压器的短路运行状态。

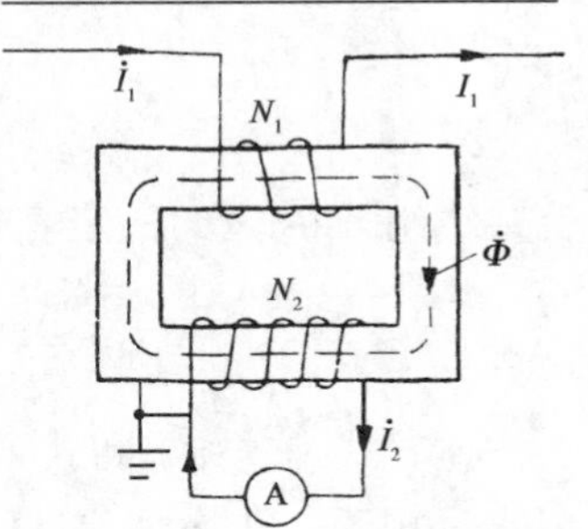

图 3-40 电流互感器的原理图

如果忽略励磁电流，由变压器产生的磁势平衡关系可得

$$\frac{I_1}{I_2} = \frac{N_2}{N_1} = K_I \quad 或 \quad I_1 = K_I I_2 \tag{3-41}$$

式中，K_I称为电流变比，是个常数。也就是说，可把电流互感器二次侧的电流乘上一个常数作为一次侧被测电流。测量 I_2 的电流表可按 $K_I I_2$ 来刻度，从表上直接读出被测电流。

由于互感器总有一定的励磁电流，故一、二次侧电流比只是近似一个常数，因此，把一、二次侧电流比按一个常数 K_I 处理的电流互感器就存在着误差，用相对误差表示为

$$\Delta I = \frac{K_I I_2 - I_1}{I_1} \times 100\%$$

根据误差的大小，电流互感器分为下列各级：0.2、0.5、1.0、3.0、10.0。例如，0.5 级的电流互感器表示在额定电流时误差最大不超过 ± 0.5%。对各级的允许误差请参见国家有关技术标准。

使用电流互感器时必须注意以下事项：

① 二次侧绝对不允许开路。因为二次侧开路时，电流互感器处于空载运行状态，此时一次侧被测线路的大电流全部为励磁电流，使铁芯中磁通密度明显增大，一方面使铁损耗急剧增加，铁芯过热甚至烧坏绕组；另一方面将使二次侧感应出很高的电压，不但使绝缘击穿，而且危及工作人员和其他设备的安全。因此，在电流互感器的二次绕组电路中，绝对不允许装熔断器；运行中如需要检修和拆换电流表或功率表的电流线圈，必须先将互感器二次侧短路。

② 为了使用安全，电流互感器的铁芯和二次绕组必须可靠接地，以防止绝缘击穿后，电力系统的高电压危及二次测量回路中的设备及操作人员的安全。

③ 使用时，二次侧不宜串接过多的仪表，否则会影响测量精度。

为了能在现场不切断电路的情况下测量电流以及便于携带使用，把电流表和电流互感器合起来制造成钳形电流表。图 3-41 所示为钳形电流表的实物外形和原理电路图。互感器的铁芯成钳形，可以张开，使用时只要张开钳嘴，将待测电流的一根导线放入其中，然后将铁芯闭合，钳形电流表就会显示读数。

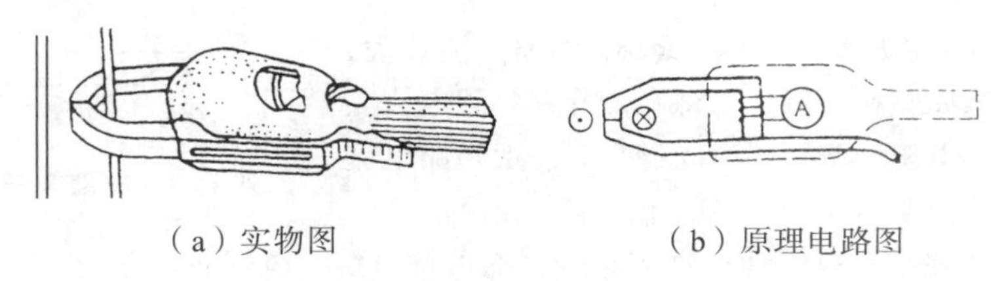

（a）实物图　　（b）原理电路图

图 3-41　钳形电流表

2. 电压互感器

图 3-42 是电压互感器的接线图。一次侧直接并联在被测的高压电路上，二次侧接电压表或功率表的电压线圈。一次绕组匝数 N_1 多，二次绕组匝数 N_2 少。由于电压表或功率表的电压线圈内阻抗很大，因此，电压互感器实际上相当于一台二次侧处于空载状态的降压变压器。

如果忽略漏阻抗压降，则有

$$\frac{U_1}{U_2} = \frac{N_1}{N_2} = K_U \quad 或 \quad U_1 = K_U U_2 \tag{3-42}$$

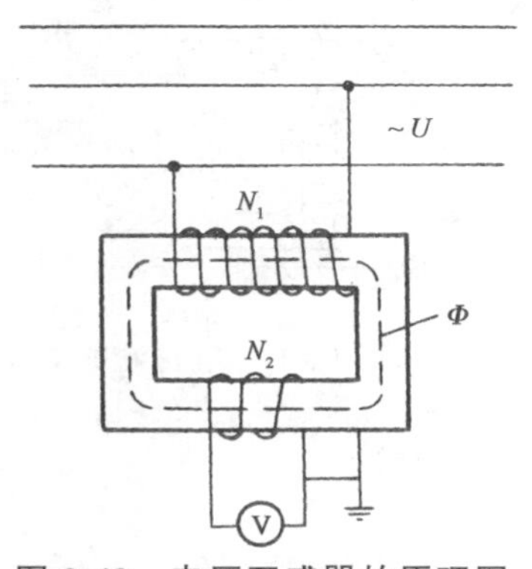

图 3-42　电压互感器的原理图

式中，K_U称为电压变比，是个常数。也就是说，可把电压互感器的二次侧电压数值乘上常数 K_U 作为一次侧被测电压的数值。测量 U_2 的电压表可按 $K_U U_2$ 来刻度，从表上直接读出

被测电压。

实际的电压互感器，一、二次侧漏阻抗上都有压降，因此一、二次绕组电压比只是近似一个常数，必然存在误差。根据误差的大小分为 0.2、0.5、1.0、3.0 几个等级，每个等级的允许误差参见有关技术标准。

使用电压互感器时必须注意以下事项：

① 使用时电压互感器的二次侧不允许短路。电压互感器正常运行时是接近空载，如二次侧短路，则会产生很大的短路电流，绕组将因过热而烧毁；

② 为安全起见，电压互感器的二次绕组连同铁芯一起，必须可靠接地；

③ 电压互感器有一定的额定容量，使用时二次侧不宜并接过多的仪表，以免影响互感器的精度等级。

3. 电焊变压器

交流电弧焊接实际生产中被广泛应用。而交流电弧焊接的电源通常是电焊变压器，实际上它是一种特殊的降压变压器。为了保证电焊的质量和电弧燃烧的稳定性，对电焊变压器有以下几点要求：

① 电焊变压器应具有 60 ~ 75 V 的空载电压，以保证容易起弧，但考虑操作的安全，电压一般不超过 85 V；

② 电焊变压器应具有迅速下降的外特性，如图 3-43 所示，以满足电弧特性的要求；

③ 为了满足焊接不同工件的需要，要求能够调节焊接电流的大小；

④ 短路电流不应太大，也不应太小。短路电流太大，会使焊条过热、金属颗粒飞溅，工件易烧穿；短路电流太小，引弧条件差，电源处于短路时间过长。一般短路电流不超过额定电流的两倍，在工作中电流要求比较稳定。

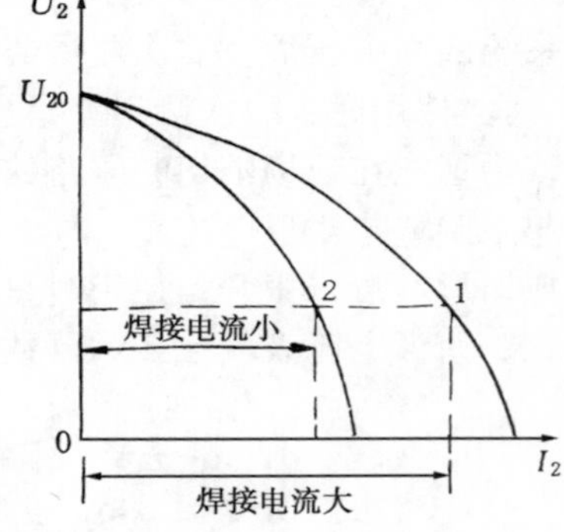

图 3-43　电焊变压器的外特性

为了满足上述要求，电焊变压器应有较大的可调电抗。电焊变压器的一、二次绕组一般分装在两个铁芯柱上，以使绕组的漏抗比较大。改变漏抗的方法很多，常用的有磁分路法和串联可变电抗法两种，如图 3-44 所示。

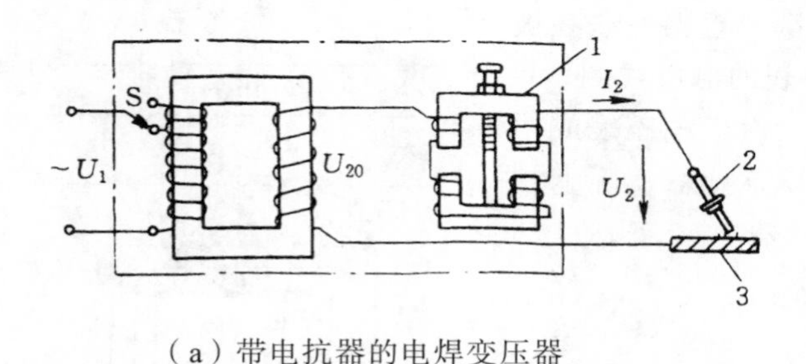

（a）带电抗器的电焊变压器

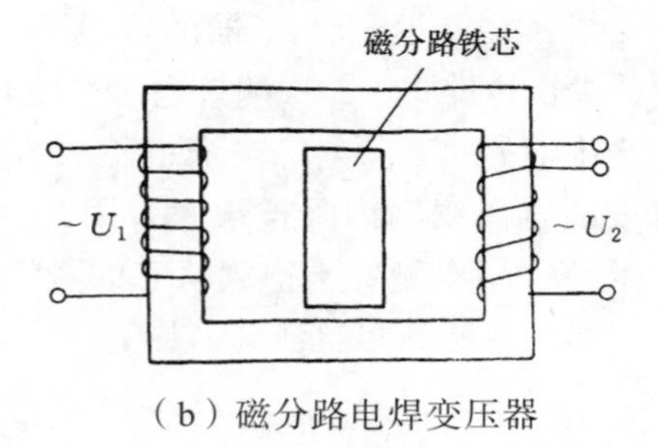

（b）磁分路电焊变压器

1—可调电抗器；2—焊把及焊条；3—工件

图 3-44　电焊变压器的原理接线图

带电抗器的电焊变压器如图 3-44（a）所示，它是在二次绕组中串接可调电抗器。电抗器中的气隙可以用螺杆调节，当气隙增大时，电抗器的电抗减小，电焊工作电流增大；反之，当气隙减小时，电抗增大，电焊工作电流减小。另外，在一次绕组中还备有分接头，以便调节起弧电压的大小。

磁分路电焊变压器如图 3-44（b）所示。在一、二次绕组铁芯柱中间，加装一个可移动的铁芯，提供了一个磁分路。当磁分路铁芯移出时，一、二次绕组的漏抗减小，电焊变压器的工作电流增大。当磁分路铁芯移入时，一、二次绕组间通过磁分路的漏磁通增多，总的漏抗增大，焊接时二次侧电压迅速下降，工作电流变小。这样，通过调节磁分路的磁阻，即可调节漏抗大小和工作电流的大小，以满足焊件和焊条的不同要求。在二次绕组中还常备有分接头，以便调节空载时的起弧电压。

本 章 小 结

变压器是一种静止的电气设备，它利用一、二次绕组匝数的不同，通过电磁感应作用，把一种电压等级的交流电能变换成同频率的另一种电压等级的交流电能，以满足电能的传输、分配和使用的需要。

在分析变压器内部的电磁关系时，通常按其磁通的实际分布和所起作用的不同，分成主磁通和漏磁通两部分，前者以铁芯为闭合磁路，在一、二次绕组中均感应电势，起着传递能量的媒介作用；而漏磁通主要以非铁磁性材料为闭合磁路，只起电抗压降的作用，不能传递能量。

分析变压器内部的电磁关系可采用基本方程式、等效电路和相量图三种方法。基本方程式是电磁关系中的一种数学表达式，它概述了电势和磁势平衡这两个基本的电磁关系，负载变化对一次侧的影响是通过二次侧磁势 F_2 来实现的。等效电路是从基本方程式出发用电路形式来模拟实际变压器，而相量图是基本方程式的一种图形表示法，三者是完全一致的。在定量计算中常用等效电路的方法求解，而相量图能直观地反映各物理量的大小和相位关系，故常用于定性分析。

励磁阻抗 Z_Z 和漏电抗 X_1、X_2 是变压器的重要参数。每一种电抗都对应磁场中的一种磁通，如励磁电抗对应于主磁通，漏电抗对应于漏磁通，励磁电抗受磁路饱和影响，不是常量，而漏电抗基本不受铁芯饱和影响，因此它们基本上为常数。励磁阻抗和漏阻抗参数可通过空载和短路试验的方法求出。

电压调整率、效率是衡量变压器运行性能的两个主要指标。电压调整率的大小反映了变压器负载运行时二次侧端电压的稳定性，而效率 η 则表明变压器运行时的经济性。Δu 和 η 的大小不仅与变压器的本身参数有关，而且还与负载的大小和性质有关。

三相变压器分为三相变压器组和三相心式变压器。三相变压器组每相有独立的磁路，三相心式变压器各相磁路彼此相关。

三相变压器的电路系统实质上就是研究变压器两侧线电势之间的相位关系。变压器两侧线电势的相位关系通常用时钟法来表示，即所谓联结组别。影响三相变压器联结组别的因素除有绕组绕向和首、末端标记外，还有三相绕组的联结法。变压器共有 12 种联结组别，国家规定三相变压器有 5 种标准联结组。

变压器并联运行的条件是：① 变比相等；② 组别相同；③ 短路阻抗标幺值相等。前两个条件保证了空载运行时变压器绕组之间不产生环流，后一个条件是保证并联运行时变压器的容量得以充分利用。除组别相同这一条件必须严格满足外，其他条件允许有一定的偏差。

自耦变压器的特点是一、二次绕组间不仅有磁的耦合，而且还有电的直接联系，故其一部分功率不通过电磁感应，而直接由一次侧传递到二次侧，因此和同容量普通变压器相比，自耦变压器具有省材料、损耗小、体积小等优点。但自耦变压器也有缺点，如短路电抗标幺值较小，因此短路电流较大等。

仪用互感器是测量用的变压器，使用时应注意将其二次侧接地，电流互感器二次侧绝不允许开路，而电压互感器二次侧绝不允许短路。

电焊变压器是一种特殊的降压变压器。为使其具有迅速下降的外特性，采用人为增大漏抗的方法，即串联可调电抗器或在磁路中装设可移动铁芯的磁分路。

思考题与习题

3-1　变压器是怎样实现变压的？

3-2　变压器一次绕组若接在直流电源上，二次侧会有稳定的直流电压吗？为什么？

3-3　变压器有哪些主要部件？其功能是什么？

3-4　变压器铁芯的作用是什么？为什么要用 0.35 mm 厚、表面涂有绝缘漆的硅钢片叠成？

3-5　变压器二次侧额定电压是怎样定义的？

3-6　有一台单相变压器，$S_N = 50$ kV·A，$U_{1N}/U_{2N} = 10\,500/230$ V，试求一、二次绕组的额定电流。

3-7　有一台三相变压器 $S_N = 5\,000$ kV·A，$U_{1N}/U_{2N} = 10/6.3$ kV，Y,d11 联结，试求变压器一、二次绕组的额定电流。

3-8　一台 380 / 220 V 的单相变压器，如不慎将 380 V 加在低压绕组上，会产生什么现象？

3-9　为什么要把变压器的磁通分成主磁通和漏磁通？它们有哪些区别？并指出空载和负载时产生各磁通的磁势。

3-10 变压器空载电流的性质和作用如何？其大小与哪些因素有关？

3-11　变压器空载运行时，是否要从电网中吸取有功功率？起什么作用？为什么小负荷的用户使用大容量变压器无论对电网还是对用户都不利？

3-12　当变压器一次绕组匝数比设计值减少而其他条件不变时，主磁通、空载电流、铁损耗、二次绕组感应电势和变比都将如何变化？

3-13　一台频率为 60 Hz 的变压器接在 50 Hz 的电源上运行，其他条件都不变，问主磁通、空载电流、铁损耗和漏抗有何变化？为什么？

3-14　变压器的励磁电抗和漏电抗各对应于什么磁通？对已制成的变压器，它们是否是常数？当电源电压降至额定值的一半时，它们如何变化？我们希望这两个电抗大好还是小好？为什么？并比较这两个电抗的大小。

3-15　一台 220 / 110 V 的单相变压器，变比 $K = \dfrac{N_1}{N_2} = 2$，能否一次绕组用 2 匝，二次绕

组用 1 匝？为什么？

3-16 变压器运行时降低电源电压，试分析对变压器主磁通、励磁电流、励磁阻抗和铁损耗有何影响？

3-17 变压器制造时：① 叠片松散、片数不足；② 接缝增大；③ 片间绝缘损伤。试分析这三种情况对变压器主磁通、励磁电流和铁损耗有何影响？

3-18 变压器负载时，一、二次侧绕组各有哪些电势或电压降？它们产生的原因是什么？并写出电势平衡方程式。

3-19 试比较变压器空载和负载运行时的励磁磁势的区别。

3-20 试绘出变压器 T 形、近似和简化等效电路，并说明各参数的意义。

3-21 当电源电压一定，用变压器简化相量图说明感性负载和容性负载对二次侧端电压的影响。

3-22 变压器空载试验一般在哪侧进行？将电源加在低压侧或高压侧所测得的空载电流、空载电流百分值、空载损耗及励磁阻抗是否相等？

3-23 变压器短路试验一般在哪侧进行？电源加在低压侧或高压侧所测得的短路电压、短路电压百分值、短路损耗及计算出的短路阻抗是否相等？

3-24 为什么变压器的空载损耗可近似看成铁损耗？短路损耗可否近似看成铜损耗？

3-25 变压器外加电压一定，当负载（$\varphi_2 > 0°$）电流增大，一次侧电流如何变化？二次侧电压如何变化？当二次侧电压偏低时，对于降压变压器该如何调节分接头？

3-26 变压器的电压调整率是如何定义的？它与哪些因素有关？从运行观点看是大一些好，还是小一些好？

3-27 电力变压器的效率与哪些因素有关？何时效率最高？

3-28 变压器出厂前要进行“极性”试验，在 U_1、U_2 端加电压，将 U_2、u_2 相连，用电压表测 U_1、u_1 间电压。设变压器额定电压为 220 / 110 V，如 U_1u_1 为同极性端，电压表的读数为多少？如不为同极性端，则读数又为多少？

3-29 某三相变压器，$S_N = 750$ kV·A，$U_{1N}/U_{2N} = 10\,000/400$ V，Y,yn0 联结。低压侧做空载试验，测出 $U_0 = 400$ V，$I_0 = 60$ A，$P_0 = 3\,800$ W。高压侧做短路试验，测得 $U_d = 440$ V，$I_d = 43.3$ A，$P_d = 10\,900$ W，室温 20°C。试求：

① 变压器的基本参数并画出等效电路；

② 当额定负载且 $\cos\varphi_2 = 0.8$（滞后）和 $\cos\varphi_2 = 0.8$（超前）时的电压调整率、二次侧端电压和效率。

3-30 某三相变压器的额定容量 $S_N = 5\,600$ kV·A，额定电压 $U_{1N}/U_{2N} = 6\,000/3\,300$ V，联结组为 Y,d1。空载损耗 $P_0 = 18$ kW，短路损耗 $P_d = 18$ kW，试求：

① 当输出电流 $I_2=I_{2N}$，$\cos\varphi_2=0.8$ 时的效率 η；

② 效率最高时的负载系数 β_m 和最高效率 η_{max}。

3-31 三相心式变压器和三相变压器组相比，具有哪些优点？在测取三相心式变压器的空载电流时，为何中间一相的电流小于两边相的电流？

3-32 什么是变压器的联结组？影响的因素有哪些？如何表示？

3-33 何谓时钟表示法？如何利用时钟表示法判断三相变压器的联结组别？

3-34 变压器并联运行的理想条件是什么？试分析当某一条件不满足时并联运行所产生的后果。

3-35 两台变压器并联运行，联结组均为 Y,d11，U_{1N}/U_{2N} = 35/10.5 kV。变压器Ⅰ：S_{NI} = 1 250 kV·A，$|Z_{dI}^*|$ = 6.5%。变压器Ⅱ：S_{NII} = 2 000 kV·A，$|Z_{dII}^*|$ = 6%。试求：

① 总输出为 3 250 kV·A，每台变压器分担的负载为多少？

② 在两台变压器均不过载的情况下，并联组的最大输出为多少？此时并联组的利用率为多少？

3-36 两台变压器并联运行，联结组、额定电压均相同。变压器Ⅰ：S_{NI} = 3 200 kV·A，$|Z_{dI}^*|$ = 6.9%。变压器Ⅱ：S_{NII} = 5 600 kV·A，$|Z_{dII}^*|$ = 7.5%。试求：第一台变压器恰好满载时，第二台变压器的负载是多少？并联组的利用率为多少？

3-37 自耦变压器的功率是如何传递的？为什么它的设计容量比额定容量小？

3-38 使用电流互感器时必须注意哪些事项？

3-39 使用电压互感器时必须注意哪些事项？

3-40 为了保证电焊的质量和电弧燃烧的稳定性，对电焊变压器有哪些具体要求？

第四章　三相异步电动机的原理

交流旋转电机包括同步电机和异步电机两大类，它们都是进行能量转换的装置。同步电机主要用作发电机，即把机械能转换为交流电能，有时也用作电动机或调相机；异步电机主要用作电动机，即把交流电能转换为机械能，很少用作发电机。

第一节　交流电机的绕组

交流电机的定子绕组是实现能量转换的重要部件，因此也称为交流电机的电枢绕组。下面，我们从交流电机的原理结构入手来讨论交流绕组的构成。

一、交流电机的原理结构

不管是异步电机还是同步电机，其结构均包括定子、转子两大部分。

图 4-1 所示是一台二极交流同步发电机，转子由直流励磁，当原动机拖动转子磁极旋转时，磁力线切割定子绕组产生感应电势。由于定子三相绕组匝数相等而且在空间彼此相差 120°，于是 U、V、W 三相绕组感应出大小相等、相位相差 120° 的三相对称交流电势。

图 4-2 所示是一台二极异步电动机，其定子绕组的布置与交流同步发电机一样，但是其转子不做成磁极，转子绕组（或笼型导条）自身形成闭合回路。当空间对称布置的定子三相交流绕组通入对称的三相交流电流时，将产生一个二极旋转磁场。当它切割转子导体时，将在转子导体中产生感应电势，并形成感应电流，进而产生电磁力矩使转子旋转。

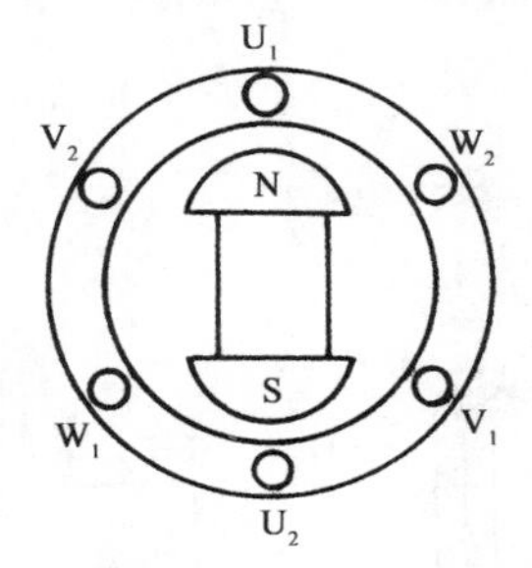

图 4-1　二极同步发电机原理图

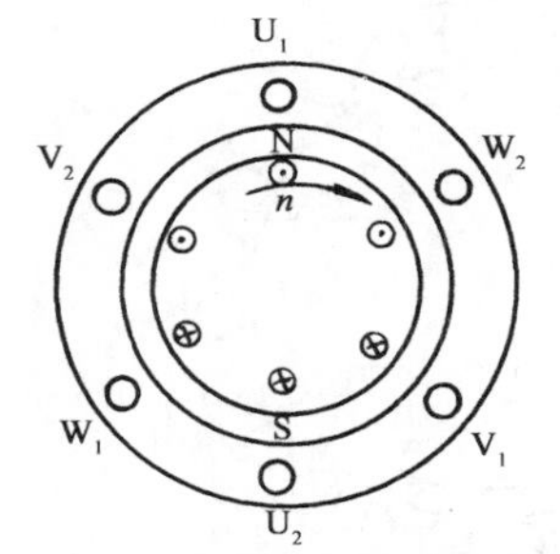

图 4-2　二极异步电动机原理图

需要注意的是，图 4-1 和图 4-2 仅是工作原理图，实际的定子绕组是嵌放在定子内圆的若干槽内的。放在槽内的导体部分切割磁场感应电势，称为有效边；而伸出槽外的前后连接部分仅起到连接作用，称为端接部分。定子绕组就是把属于同相的导体有效边通过端接部分串联起来形成线圈，再按照一定的规律将线圈串联或并联，构成每相绕组。

二、三相交流绕组的分类和基本要求

1. 分　类

三相交流绕组按照槽内线圈边的层数，分为单层和双层绕组。单层绕组按连接方式的不同可分为链式、交叉式和同心式绕组；双层绕组则可分为双层叠绕组和波绕组。

单层绕组与双层绕组相比，电气性能稍差，但槽的利用率高，制造工时少，因此小容量电机（P_N<10 kW）一般采用单层绕组。

2. 对交流绕组的基本要求

对交流绕组有以下基本要求：

① 三相绕组对称，以保证三相电势、磁势对称；

② 在导体一定的情况下，力求获得最大电势和磁势，且分布接近正弦波；

③ 绕组的绝缘和机械强度可靠，节省材料；

④ 制造工艺简单，便于嵌线和检修。

三、交流绕组的基本概念

1. 极　距

相邻两个磁极对应点之间沿定子内圆表面的距离称为极距 τ。极距一般用槽数表示，如图 4-3 所示，定子槽数为 Z，磁极对数为 p 的电机，极距为

$$\tau = \frac{Z}{2p} \tag{4-1}$$

2. 线圈节距 y

一个线圈两个有效边之间所跨过的距离称为线圈的节距 y，如图 4-4 所示。节距一般用槽数来表示。为了使每个线圈获得尽可能大的电势和磁势，节距 y 应等于或接近于极距 τ。$y=\tau$ 的绕组称为整距绕组，$y<\tau$ 的绕组称为短距绕组。

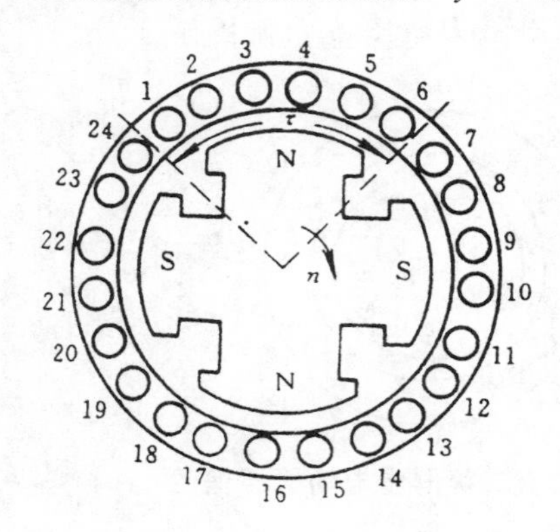

图 4-3　交流电机的极距

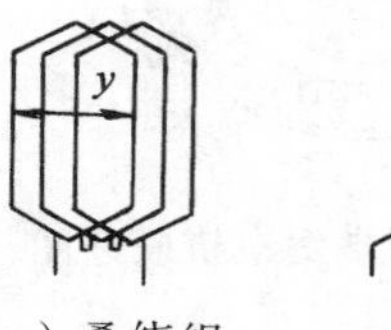

（a）叠绕组

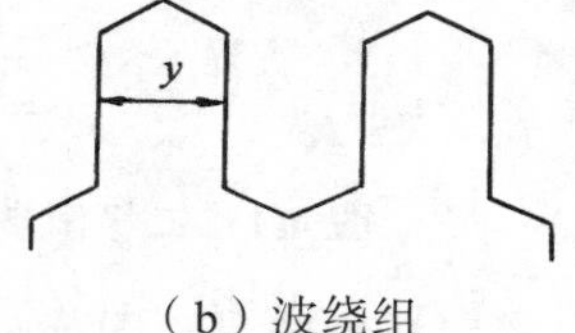

（b）波绕组

图 4-4　线圈的节距

3. 电角度与机械角度

电机圆周的几何角度恒为 360°，这个角度称为机械角度。而从电磁观点来看，每经过 N、S 一对磁极，磁场变化一周，相当于经过 360° 电角度。也就是说，若电机有 p 对磁极，则

$$电角度 = p \times 机械角度 \tag{4-2}$$

4. 槽距角

相邻两槽之间的电角度称为槽距角 α，如图 4-5 所示。定子槽在定子内圆上均匀分布，所以当定子槽数为 Z，电机的磁极对数为 p 时，得

$$\alpha = \frac{p \times 360°}{Z} \tag{4-3}$$

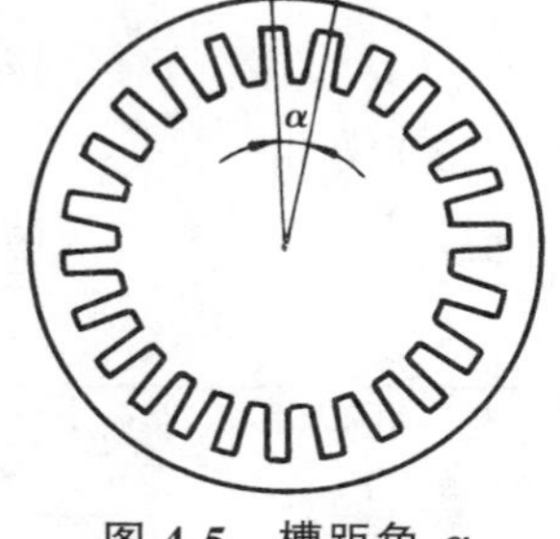

图 4-5　槽距角 α

5. 极相槽数 q

每一个磁极下每相所占有的槽数称为极相槽数 q，若交流绕组的相数为 m，那么

$$q = \frac{Z}{2pm} \tag{4-4}$$

q 为整数时称为整数槽绕组；若 q 为分数时称为分数槽绕组。分数槽绕组一般用于大型、低速的同步电机中。

6. 相　带

每相绕组在每个磁极下所占的范围，用电角度表示，称为相带。在异步电动机中，一般将每相所占的槽数均匀分布在每个磁极下，因为每个磁极占有的电角度是 180°，所以对三相绕组而言，每相在每极下占有的电角度是 60°，所以又称 60° 相带。由于三相绕组在空间彼此相距 120° 电角度，所以相带的划分沿定子内圆应依次为 U_1、W_2、V_1、U_2、W_1、V_2，如图 4-6 所示。

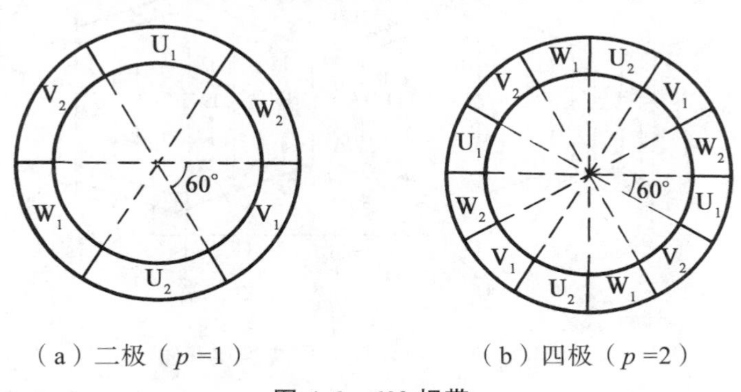

（a）二极（p =1）　（b）四极（p =2）

图 4-6　60° 相带

四、三相单层绕组

单层绕组的每个槽内只放置一个线圈边，所以线圈总数等于总槽数的一半。这种绕组嵌线方便，槽利用率高（无层间绝缘）。单层绕组又分为同心式、链式和交叉式三种绕组，现分别说明如下。

1. 同心式绕组

单层同心式绕组是由几个几何尺寸和节距不同的同心线圈组成的。

例 4-1　一台三相交流电动机，$Z = 24$，$2p = 2$，试绘出三相单层同心式绕组展开图。

解

（1）计算

$$\tau = \frac{Z}{2p} = \frac{24}{2} = 12$$

$$q = \frac{Z}{2pm} = \frac{24}{2\times 3} = 4$$

（2）分相

将槽依次编号，按照 $q = 4$、60°相带的排列次序，将各相带包含的槽填入表 4-1 中。

表 4-1　单层同心式绕组排列表

槽号＼相带	U_1	W_2	V_1	U_2	W_1	V_2
一对极	1、2、3、4	5、6、7、8	9、10、11、12	13、14、15、16	17、18、19、20	21、22、23、24

（3）组成线圈，构成一相绕组

把属于 U 相的每一相带内的槽分为两半，把 3 号和 14 号槽内的有效导体边连成一个节距为 y=11 的线圈，4 号和 13 号槽内导体连成一个节距为 9 的线圈，这两个线圈串联成一组同心式线圈组，同样 15 号和 2 号、16 号和 1 号导体构成另外一个同心式线圈组。这两个线圈组依次按照“头接头，尾接尾”的反串规律相连，得到 U 相同心式绕组的展开图，如图 4-7 所示。

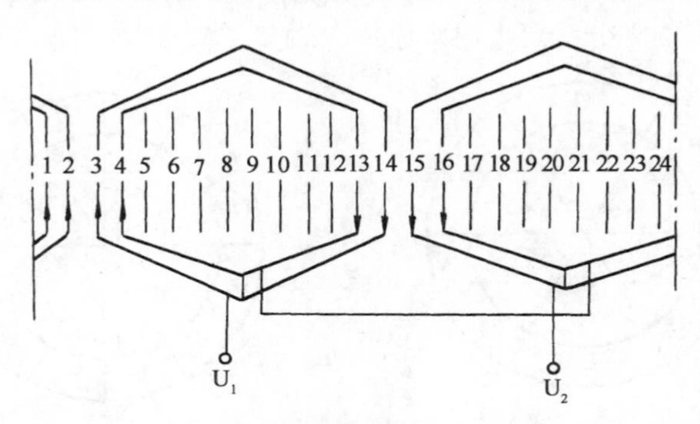

图 4-7　三相单层同心式绕组展开图

同样可画出 V、W 两相的绕组展开图。

同心式绕组的端部连接线较长，它适用于 $q = 4$、6、8 等偶数的二极小型异步电动机。

2. 链式绕组

链式绕组是由形状、几何尺寸和节距都相等的线圈连接而成，就整个绕组外形来看，一环套一环，形如长链。链式线圈的节距恒为奇数。

例 4-2　三相异步电动机，$p = 2$，$Z = 24$，绘制单层链式绕组展开图。

解

（1）计算

$$\tau = \frac{Z}{2p} = \frac{24}{4} = 6$$

$$q = \frac{Z}{2pm} = \frac{24}{4\times 3} = 2$$

（2）分相

将槽依次编号，按照 $q = 2$、60°相带的排列次序，将各相带包含的槽填入表 4-2 中。

表 4-2　单层链式绕组排列表

槽号＼相带	U_1	W_2	V_1	U_2	W_1	V_2
第一对磁极	1、2	3、4	5、6	7、8	9、10	11、12
第二对磁极	13、14	15、16	17、18	19、20	21、22	23、24

（3）组成线圈，构成一相绕组

将属于 U 相的 2 号和 7 号、8 号和 13 号、14 号和 19 号、20 号和 1 号线圈边分别连接成 4 个节距相等的线圈，并按电势相加的原则，将 4 个线圈按“头接头，尾接尾”的反串规律相连，得到 U 相绕组的展开图，如图 4-8 所示。

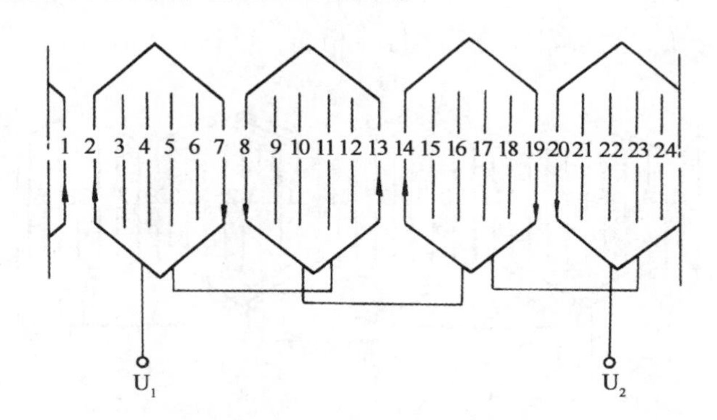

图 4-8　三相单层链式绕组展开图

同样可画出 V、W 两相的绕组展开图。这种绕组主要用在 q 为偶数的小型四极、六极异步电动机中。

3. 交叉式绕组

如果 q 为奇数，则一个相带内的槽数无法均分为二，必须出现一边多、一边少的情况，这时线圈的节距会不一样，此时应采用交叉式绕组。此绕组主要用于 q 为奇数的小型四极、六极电机中，采用不等距线圈。

例 4-3　一台三相交流电机，四极，定子 36 槽，试绘制交叉式绕组展开图。

解

（1）计算

$$\tau=\frac{Z}{2p}=\frac{36}{4}=9$$

$$q=\frac{Z}{2pm}=\frac{36}{4\times 3}=3$$

（2）分相

将槽依次编号，按照 $q=3$、60°相带的排列次序，将各相带包含的槽填入表 4-3 中。

表 4-3 单层交叉式绕组排列表

相带 槽号	U_1	W_2	V_1	U_2	W_1	V_2
第一对磁极	1、2、3	4、5、6	7、8、9	10、11、12	13、14、15	16、17、18
第二对磁极	19、20、21	22、23、24	25、26、27	28、29、30	31、32、33	34、35、36

（3）组成线圈，构成一相绕组

我们已知线圈端部连接方式的改变不会影响其电磁情况，现在根据 U 相绕组所占槽数不变的原则，把 U 相所属的每个相带内的槽导体分成两个部分，把 2 与 10、3 与 11 号槽内导体相连，构成两个节距 $y=8$ 的大线圈，并串联成一组；另外一部分的 1 与 30 号槽内的导体相连，构成另一个节距 $y=7$ 的小线圈。同样在第二对磁极下，20 与 28、21 与 29 构成两个节距 $y=8$ 的大线圈，19 与 12 构成另一个节距 $y=7$ 的小线圈。然后根据电势相加的原则把这 4 个线圈组按“头接头，尾接尾”的反串规律相连，得到 U 相绕组的展开图，如图 4-9 所示。

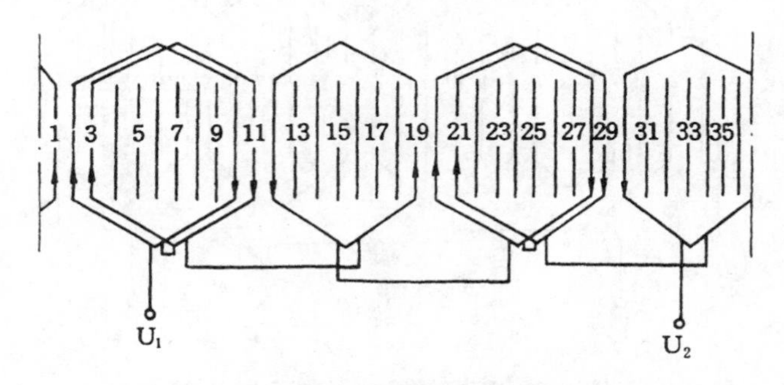

图 4-9 三相单层交叉式绕组展开图

同样，根据对称原则可画出 V、W 两相的绕组展开图。

五、三相双层绕组

双层绕组的每个槽内有上下两层线圈边，和直流电枢绕组一样，每个线圈一边放在一个槽的上层，另一边放在相隔节距为 y 的另一个槽的下层，因此总的线圈数等于槽数。

双层绕组相带的划分与单层绕组相同，10 kW 以上的电机一般采用双层绕组。双层绕组有叠绕和波绕两种。下面用一例子说明双层叠绕组展开图的绘制。

例 4-4 一台三相异步电动机，四极，定子 36 槽，$y=8$，试绘制双层叠绕组展开图。

解

（1）计算

$$\tau=\frac{Z}{2p}=\frac{36}{2\times2}=9$$

$$q=\frac{Z}{2pm}=\frac{36}{2\times2\times3}=3$$

（2）分相

按照 $q=3$、60° 相带的排列次序，对上层线圈的有效边进行分相，即 1、2、3 为 U_1，4、5、6 三个槽为 W_2，7、8、9 三个槽为 V_1……依此类推，如表 4-4 所示。

表 4-4　双层线圈排列表

极对 \ 槽 \ 相带		U_1			W_2			V_1			U_2			W_1			V_2		
第一对磁极	槽号	1	2	3	4	5	6	7	8	9	10	11	12	13	14	15	16	17	18
	上层	●	●	●							△	△	△						
	下层	○	○							●	●	●							△
第二对磁极	槽号	19	20	21	22	23	24	25	26	27	28	29	30	31	32	33	34	35	36
	上层	☆	☆	☆							○	○	○						
	下层	△	△							☆	☆	☆							○

（3）构成相绕组，绘制展开图

根据上述对线圈的上层边进行分相以及双层绕组的嵌线特点，线圈的一个线圈边放在某个槽的上层，线圈的另一个线圈边放在相隔节距为 y 的另一个槽的下层。如 1 号线圈的一个线圈边放在 1 号槽的上层，另一个线圈边根据节距 $y=8$ 应该放在 9 号槽的下层（虚线表示），依次类推。一个极面下属于 U 相的 1、2、3 三个线圈顺向串联构成一个线圈组；再将第二个极面下属于 U 相的 10、11、12 三个线圈顺向串联构成第二个线圈组。同样，另两个极面下属于 U 相的 19、20、21 和 28、29、30 分别构成第三、第四个线圈组，这样每个磁极下都有一个属于 U 相的线圈组，所以，双层绕组的线圈组数与磁极数相等，然后根据电势相加的原则把这 4 个线圈组按“头接头，尾接尾”的反串规律相连，得到 U 相绕组的展开图，如图 4-10 所示。

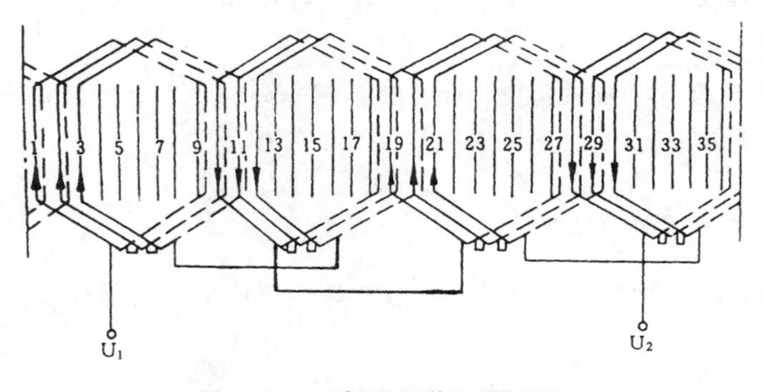

图 4-10　三相双层绕组展开图

同样，根据对称原则可画出 V、W 两相的绕组展开图。

各线圈组之间也可采用并联的方法，通常用 a 表示每相绕组的并联支路数，对于图 4-10，则 $a=1$。随着电机容量的增加，则要求增加并联支路数，比如可以构成 $a=2$ 或 $a=4$。由于每相线圈组数等于磁极数，而最大并联支路数等于每相线圈组数，所以 $a=2p$。

由于双层绕组是按上层线圈边分相的，线圈的另一个线圈边按照节距放在下层，所以可以任意选择合适的节距来改善电势或磁势波形，故其技术性能优于单层绕组。一般稍大容量的电机均采用双层绕组。

第二节　交流绕组的感应电势

交流绕组由线圈组构成，而线圈组由若干个线圈构成，每个线圈由两个线圈边构成。分析时，先讨论一个线圈的感应电势，进而讨论一个线圈组和一相绕组的感应电势。下标“1”表示所有的正弦基波量。

一、线圈的感应电势

1. 单根导体的感应电势

图 4-11 为一台四极交流同步发电机，转子是直流励磁形成的主磁极（简称主极）。定子上放有一根导体，当转子由原动机拖动以后，形成一旋转磁场。定子导体切割该旋转磁场感应电势。

设主极磁场在气隙内按正弦规律分布，则

$$B = B_{\rm m}\sin\omega_1 t$$

式中　$B_{\rm m}$——磁感应强度幅值；

ω_1——转子旋转的角频率。

导体感应电势的瞬时值为

$$e_1 = Blv = B_{\rm m}\sin\omega_1 t\cdot lv = E_{1\rm m}\sin\omega_1 t$$

式中　$E_{1\rm m}$——导体感应电势最大值。

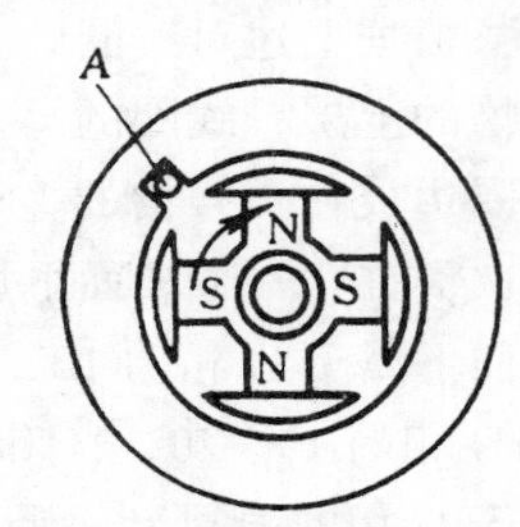

图 4-11　导体的感应电势

由上式可见，导体中感应电势是随时间按正弦规律变化的交流电势。

（1）电势的频率 f

若 $p=1$，则电角度等于机械角度，那么转子转一周，感应电势交变一次。设转子每分钟 n_1 转（即每秒转 $n_1/60$ 转），于是导体中电势交变的频率应为

$$f=\frac{n_1}{60}\quad(\text{Hz})$$

若电机为 p 对磁极，则转子每旋转一周，导体中感应电势将交变 p 次，此时电势频率

$$f=\frac{pn_1}{60}\quad(\text{Hz})\tag{4-5}$$

（2）电势的大小

因为导体切割磁场的线速度

$$v=\frac{n_1}{60}\pi D=2p\tau\frac{n_1}{60}=2\tau f$$

而平均磁密　$B_{av}=\frac{2}{\pi}B_m$

所以　$$E_1=\frac{E_{1m}}{\sqrt{2}}=\frac{B_m lv}{\sqrt{2}}=\frac{l}{\sqrt{2}}\cdot\frac{\pi}{2}B_{av}\cdot 2\tau f=\frac{\pi f}{\sqrt{2}}B_{av}l\tau=\frac{\pi f}{\sqrt{2}}\Phi_1=2.22f\Phi_1 \quad (4\text{-}6)$$

式中　Φ_1——一个极下的磁通量（Wb），$\Phi_1=B_{av}l\tau$；

l——导体的有效长度（m）。

2. 整距线圈的感应电势

我们先来看单匝整距线圈。因为 $y_1=\tau$，这时当线圈的一边位于 N 极下某点时，另一边恰好处于相邻 S 极下的对应点，所以两导体感应电势瞬时值总是大小相等，方向相反，如图 4-12（b）所示，则整距线圈的电势为

$$\dot{E}_{C1(整距)}=\dot{E}_1'-\dot{E}_1''=2\dot{E}_1'$$

$\dot{E}_{C1}$ 的有效值为　$E_{C1(整距)}=2E_1'=4.44f\Phi_1$

若线圈有 N_C 匝，则整距线圈的电势有效值为

$$E_{C1(整距)}=4.44fN_C\Phi_1 \quad (4\text{-}7)$$

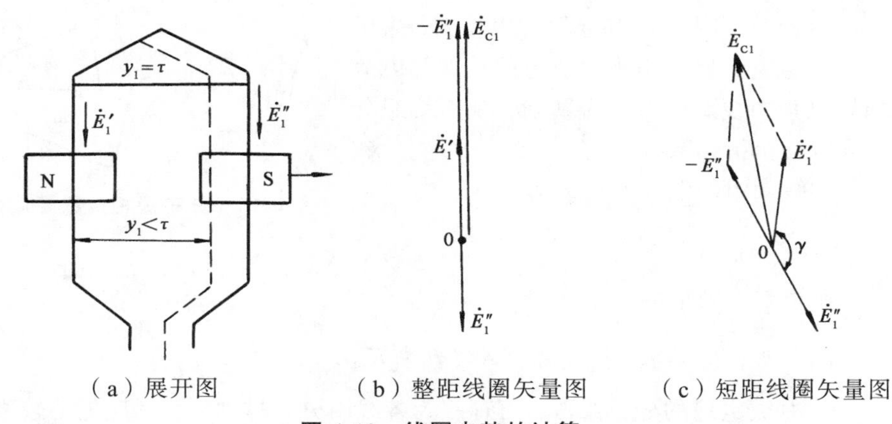

（a）展开图　（b）整距线圈矢量图　（c）短距线圈矢量图

图 4-12　线圈电势的计算

3. 短距线圈的感应电势

我们先来看单匝短距线圈，如图 4-12（a）的虚线所示。此时，两线圈边电势相位差不是相差 180°，而是相差 $\gamma=\frac{y_1}{\tau}\times 180°$，$\gamma$ 为由于短距造成的两线圈边之间的电角度如图 4-12（c）所示。可以看出，短距线圈的电势比整距线圈电势要小一些。如果以整距线圈电势为基础，那么短距线圈的电势就要再乘以一个折扣系数 K_{y1}，即

$$E_{C1(短距)}=E_{C1(整距)}K_{y1}$$

式中 K_{y1}——基波电势的短距系数，含义是线圈采用短距后感应电势减小而打的折扣，所以

$$K_{y1}=\frac{E_{C1(\text{短距})}}{E_{C1(\text{整距})}}=\frac{2E_1'\cos\frac{\pi-\gamma}{2}}{2E_1'}=\sin\frac{y_1}{\tau}90° \tag{4-8}$$

当为整距线圈，即 $y_1=\tau$ 时

$$K_{y1}=1$$

当为短距线圈，即 $y_1<\tau$ 时，例如 $y_1=\frac{5}{6}\tau$ 时可得

$$K_{y1}=\sin\frac{(5/6)\tau}{\tau}90°=0.966<1$$

总之，不论整距线圈还是短距线圈，线圈的感应电势都可以表示为

$$E_{C1}=4.44f\Phi_1N_CK_{y1} \tag{4-9}$$

二、线圈组的感应电势

每极下属于同一相的线圈串联起来，就成为一个线圈组。一个线圈组由 q 个线圈组成，并且这 q 个线圈处于同一极面下，相互之间又是顺向串联的，所以它们的电势应该相互叠加。但是由于绕组的分布关系，造成了线圈之间的电势有一定大小的相位差角，所以线圈组各电势相加时，不能采用简单的代数相加，而应该是各线圈电势的矢量相加。

例如，$q=3$ 时，如图 4-13 所示。可以看出，采用分布绕组的线圈组电势比采用集中绕组的线圈组电势要小些。如果以集中线圈组电势为基础，那么绕组分布时就要再乘以一个折扣系数 K_{q1}。

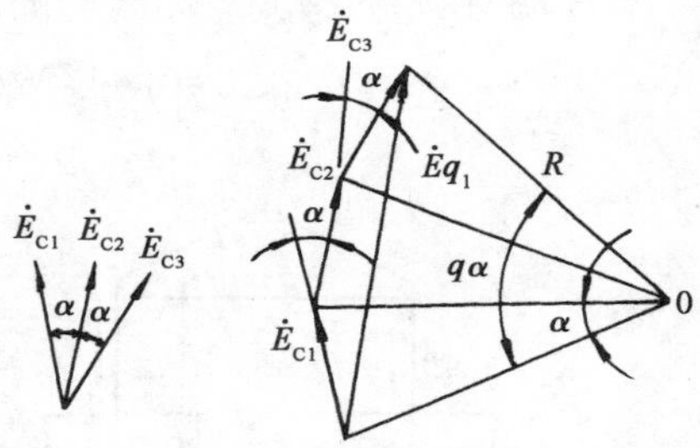

图 4-13 分布极相组的基波合成电势

显然，集中线圈组的电势 $E_{q1(\text{集中})}$ 为

$$E_{q1(\text{集中})}=qE_{C1}$$

那么分布线圈组电势有效值 $E_{q1(\text{分布})}$ 的计算公式为

$$E_{q1(\text{分布})}=qE_{C1}K_{q1}=q\times4.44f\Phi_1N_CK_{y1}K_{q1}$$

式中 K_{q1}——基波电势的分布系数，可理解为各线圈分布排列后，感应电势较集中排列时应打的折扣。

根据图 4-13 所示，则

$$K_{q1}=\frac{E_{q1(\text{分布})}}{E_{q1(\text{集中})}}=\frac{2R\sin\frac{q\alpha}{2}}{q2R\sin\frac{\alpha}{2}}=\frac{\sin\frac{q\alpha}{2}}{q\sin\frac{\alpha}{2}}$$

综上所述，若考虑线圈短距和分布影响时，线圈组的基波电势计算公式为

$$E_{q1}=4.44fqN_C\Phi_1K_{y1}K_{q1}=4.44fqN_C\Phi_1K_{W1} \tag{4-10}$$

式中　$K_{W1}=K_{y1}K_{q1}$——基波电势的绕组系数，表示考虑了短距和分布后线圈组电势所打的折扣；

qN_C——q 个线圈的总匝数。

三、相电势和线电势

根据设计要求，线圈组之间可以有多种联结方式，而相电势的大小又是和联结方式密切相关的。绕组形成的支路数 a 越少时，意味着相互串联的匝数越多，因而相电势的数值就越高。因此引出一个新的参数 N 来表示每相绕组在每条支路中的串联匝数。只要用 N 代替线圈组的基波电势计算公式中线圈组的总匝数 qN_C，便可得到一相绕组的电势有效值为

$$E_{\phi1}=4.44fN\Phi_1K_{W1} \tag{4-11}$$

1. 单层绕组

因为每对磁极下每相具有一个线圈组，那么 p 对磁极时，每相就有 p 个线圈组，即 pq 个线圈，若并联支路数为 a，每个线圈为 N_C 匝，则每相串联匝数为

$$N=\frac{pqN_C}{a} \tag{4-12}$$

2. 双层绕组

双层绕组中，p 对磁极有 $2p$ 个线圈组，即 $2pq$ 个线圈，若并联支路数为 a，则每相每条支路串联匝数为

$$N=\frac{2pqN_C}{a} \tag{4-13}$$

求出相电势后，再根据各相之间是采用“星”或“角”的接法，求出线电势。

我们将式 $E_{\phi1}=4.44fN\Phi_1K_{W1}$ 与变压器绕组感应电势有效值的计算公式 $E_1=4.44fN_1\Phi_m$ 比较，公式在形式上相似，只是多了一个绕组系数 K_{W1}，如果 $K_{W1}=1$，则两个公式完全一致。这也正与实际相吻合，因为变压器绕组是整距集中式的。

四、谐波电势的产生、危害及削弱

1. 谐波电势的产生

在前面的分析中，假定磁场是按正弦规律分布的，所以感应电势是基波正弦电势。但是在实际中，由于铁芯开槽、沿铁芯内圆分布的每个线圈的匝数不完全相同等种种原因，使旋转磁场并非完全按照正弦规律分布，因此，感应电势除基波外还含有高次谐波。

2. 谐波电势的危害和削弱方法

对电动机而言，高次谐波电势会产生高次谐波电流，增加了杂散损耗，对电动机的效率、温升及启动性能都会产生不利的影响。

削弱高次谐波电势最有效的两种方法是：

（1）采用分布绕组

采用分布绕组可以削弱高次谐波电势，原因是对于 v 次谐波，线圈组各线圈电势之间的

相位相距 $\nu\alpha$ 电角度，比基波电势之间的相位角 α 扩大了 ν 倍，由于相位角较大，相量合成后的谐波电势大大削弱，使相电势更接近正弦波。

（2）采用短距绕组

采用短距绕组可以消除或削弱高次谐波电势，如图 4-14 所示，当线圈节距比整距线圈缩短 $\tau/5$，即 $y=(4/5)\tau$ 时，线圈两有效边上感应的 5 次谐波电势大小相等，方向相同，因此从整个线圈回路看正好互相抵消。同理，当 $y=(6/7)\tau$ 时，可消除 7 次谐波。

一般来说，三相绕组的连接自然消除了 3 次谐波电势，所以需要削弱较大的 5、7 次谐波，因此短距线圈一般取 $y=(5/6)\tau$，使 5、7 次谐波都可得到有效的削弱。

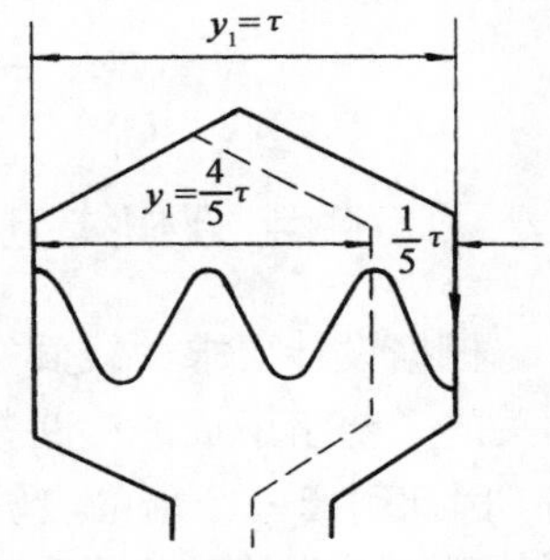

图 4-14 采用短距消除 5 次谐波电动势

第三节 交流绕组的磁势

在对称三相交流绕组中，通入对称三相交流电流时，会建立旋转磁场，旋转磁场对电机的能量转换和运行性能都有很大的影响。本节讨论三相旋转磁势的性质、大小和分布情况。为了分析三相绕组的旋转磁势，首先分析单相绕组的磁势。

一、单相绕组的脉振磁势

因为组成一相绕组的基本单元是线圈，所以在分析单相绕组的磁势时，可以先从分析一个线圈的磁势入手，进而分析一个线圈组的磁势，最后推出单相绕组产生的磁势。

1. 整距线圈的磁势

图 4-15（a）所示是一台二极电机的磁场分布，设定子上有一整距线圈 U_1U_2，匝数为 N_C，当通入正弦交流电流 i_C 时，线圈的磁势在瞬间的分布情况如图 4-15（b）所示，为二极磁场。由全电流定律可知，如不计铁磁材料中的磁压降，磁势 i_CN_C 全部降落在两段气隙中，每段气隙降落的磁势为 $\frac{1}{2}i_CN_C$。显然，整距线圈产生的磁势在空间的分布曲线是一个矩形波，如图 4-15（b）所示，矩形波的幅值为 $\frac{1}{2}i_CN_C$。

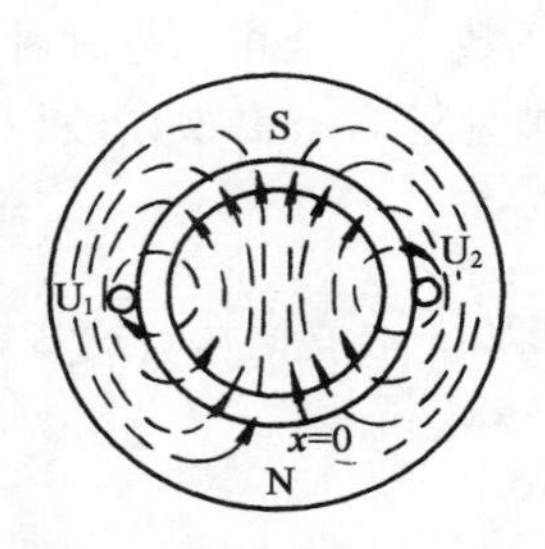

（a）整距线圈所建立的磁场分布

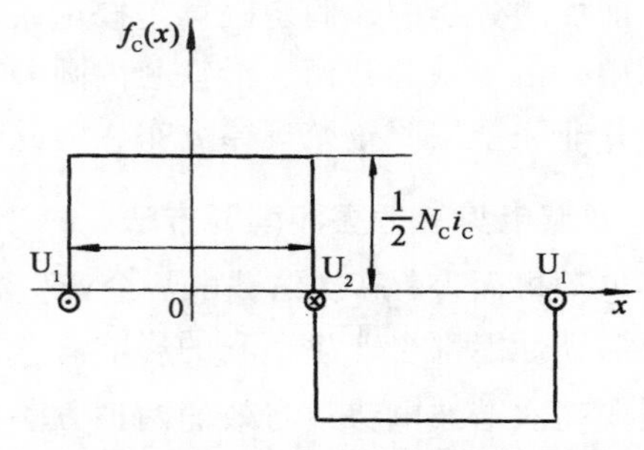

（b）整距线圈产生的磁势在气隙中的分布曲线

图 4-15 整距线圈的磁势

设线圈中的电流大小按正弦规律变化，即 $i_C = \sqrt{2}I_C \sin\omega t$，则整距线圈产生的气隙磁势的表达式为

$$f_C = \frac{N_C i_C}{2} = \frac{\sqrt{2}}{2} I_C N_C \sin\omega t = F_{Cm} \sin\omega t \tag{4-14}$$

式中　F_{Cm}——气隙磁势的最大值，$F_{Cm} = \frac{\sqrt{2}}{2} I_C N_C$。

如图 4-16 所示，当电流变化时，矩形波的幅值发生相应变化，电流改变方向时，磁势也随之改变方向，但磁势的空间位置保持不变。这种空间位置固定不动，但幅值的大小和方向随时间而变化的磁势称为脉振磁势。

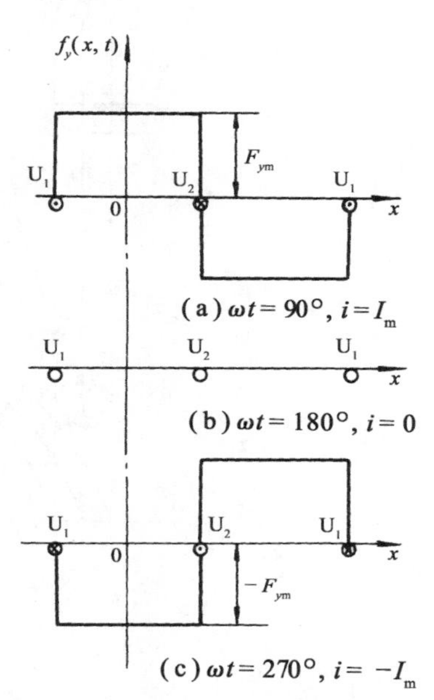

图 4-16　不同瞬间的脉振磁势

应用傅里叶级数可将矩形波分解为基波和一系列的谐波

$$\begin{aligned} f_C(x,t) &= f_{Cm1}\cos\frac{\pi}{\tau}x + f_{Cm3}\cos\frac{3\pi}{\tau}x + \cdots + f_{Cm\nu}\cos\frac{\nu\pi}{\tau}x + \cdots \\ &= F_{Cm1}\sin\omega t\cos\frac{\pi}{\tau}x + F_{Cm3}\sin\omega t\cos\frac{3\pi}{\tau}x + \cdots + \\ &\quad F_{Cm\nu}\sin\omega t\cos\frac{\nu\pi}{\tau}x + \cdots \end{aligned} \tag{4-15}$$

式中　ν——谐波次数；

$\frac{\pi}{\tau}x$——用电角度表示的空间距离；

F_{Cm1}——基波磁势的最大幅值，$F_{Cm1} = \frac{4}{\pi}\cdot\frac{\sqrt{2}N_C}{2}I_C = 0.9N_C I_C$；

$F_{Cm\nu}$——ν 次谐波的最大幅值，$F_{Cm\nu} = \frac{1}{\nu}F_{Cm1} = \frac{1}{\nu}0.9N_C I_C$。

式（4-15）中的第一项即为基波分量磁势，可见，整距线圈的基波磁势在空间按照余弦分布，其幅值位于线圈轴线，零值位于线圈边，空间每一点磁势的大小均随时间按正弦规律变化。而且基波磁势的最大幅值是矩形波幅值的 $4/\pi$ 倍，谐波磁势的幅值是基波幅值的 $1/\nu$ 倍。图 4-17 所示为矩形波磁势的分解。

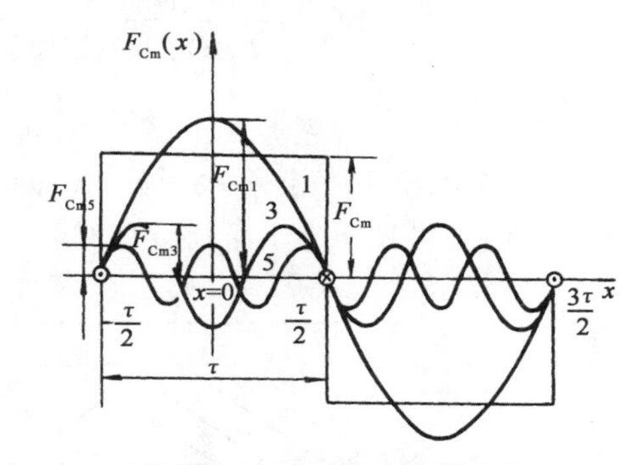

图 4-17　矩形波磁势的分解

2. 线圈组的磁势

每个线圈组是由若干个节距相等、匝数相同、依次沿定子圆周错开同一角度（通常为一槽距角 α）的线圈串联而成，下面按整距线圈组和短距线圈组两种情况分别分析线圈组的磁势。

（1）整距线圈组磁势

以 $q=3$ 的整距线圈组为例。

每个线圈磁势大小相等，不同的仅是各个线圈在空间相隔 α 电角度，所以 q 个线圈组成线圈组时，把 q 个线圈的基波磁势逐点相加，可得合成磁势，如图 4-18（a）所示。可见，合

成磁势并不等于每个线圈磁势的 q 倍，而是等于各个线圈磁势的矢量和，如图 4-18（b）所示。

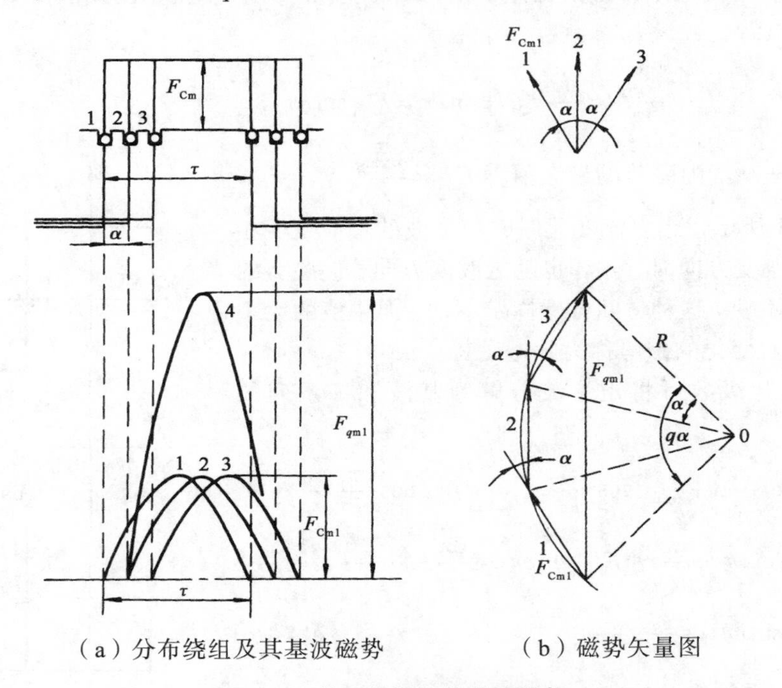

（a）分布绕组及其基波磁势　　（b）磁势矢量图

图 4-18　整距线圈组的基波磁势

不难看出，求整距线圈组合成磁势的方法与求线圈组电势的方法相同，同样要引入一个基波分布系数 K_{q1}，相当于由于线圈分布而造成的基波磁势的折扣系数，于是得到整距线圈组基波磁势的最大幅值为

$$F_{qm1} = qF_{Cm1}K_{q1} = 0.9(qN_C I_C)K_{q1} \tag{4-16}$$

式中　　K_{q1}——基波的分布系数。

由上节可知

$$K_{q1} = \frac{q\text{个线圈磁势矢量和}}{q\text{个线圈磁势代数和}} = \frac{F_{qm1}}{qF_{Cm1}} = \frac{2R\sin\dfrac{q\alpha}{2}}{q2R\sin\dfrac{\alpha}{2}} = \frac{\sin\dfrac{q\alpha}{2}}{q\sin\dfrac{\alpha}{2}}$$

（2）短距线圈组磁势

图 4-19 给出了一个 $q=3$、$\tau=9$、$y=8$ 的双层短距绕组在一对磁极下的、属于同一相的两个线圈组。可见，上、下层导体移开一个距离 β，即节距缩短对应的电角度。

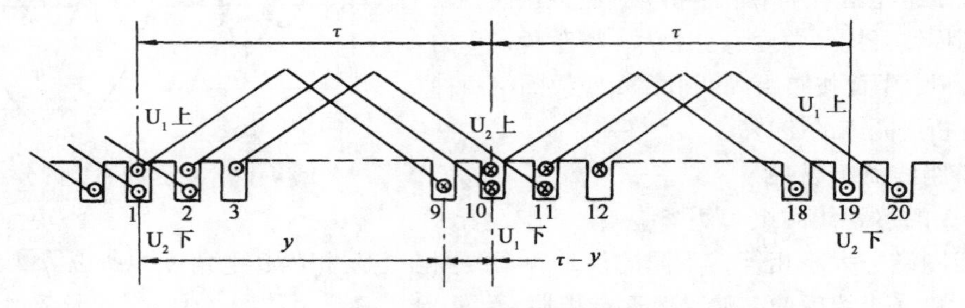

图 4-19　双层短距线圈组

由于绕组所建立的磁势的大小和波形只取决于导体的分布情况和导体中电流的方向，而与导体间的连接次序无关，因此可将上层绕组边等效地看成一个单层整距分布线圈组；下层绕组边等效地看成另一个单层整距分布线圈组，而上下两个线圈组在空间上相差 β 电角度，如图 4-20（a）所示。其中每个线圈组都可用求整距线圈组磁势的方法求得其基波磁势，

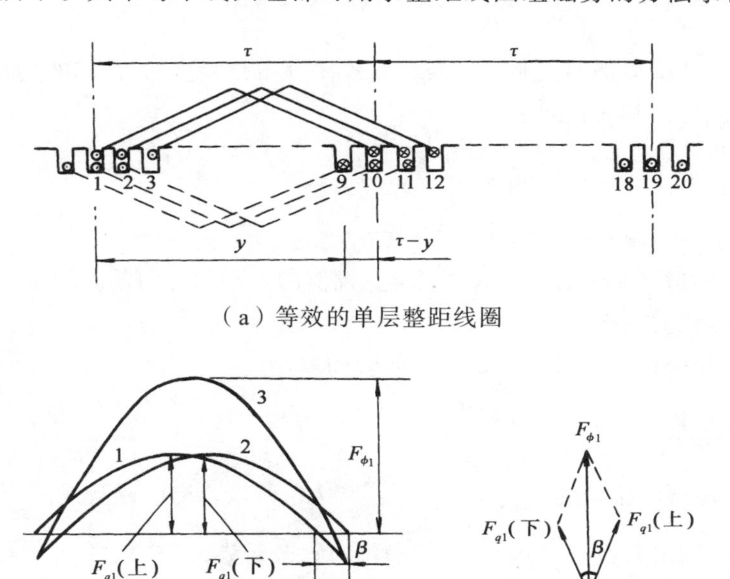

（a）等效的单层整距线圈

（b）上、下层基波磁势的合成　（c）矢量图

图 4-20　双层短距线圈组的基波磁势

如图 4-20（b）、（c）所示，短距分布线圈组的磁势，可如同求电势一样引入短距系数来计入由于线圈短距对基波磁势的影响，于是，双层短距分布线圈组基波磁势的最大幅值为

$$F_{qm1} = 2F_{qm1}K_{y1} = 2(0.9qN_{C}I_{C})K_{q1}K_{y1} = 0.9(2qN_{C})K_{W1}I_{C} \tag{4-17}$$

由上节可知，K_{y1} 为短距系数，$K_{y1} = \sin\frac{y}{\tau}\times 90^{\circ}$；$K_{W1} = K_{y1}K_{q1}$ 称为绕组系数。

综合以上分析，绕组采用短距分布后，其磁势较整距和集中放置有所改变，可得出如下结论：

① 分布系数可理解为绕组分布排列后磁势较集中排列时应打的折扣；

② 短距系数表示线圈采用短距后磁势较整距时应打的折扣；

③ 采用短距分布绕组后，可大大削弱谐波的影响，从而改善磁势波形。

3. 单相绕组脉振磁势

由于每对磁极下的磁势和磁阻构成一个对称的分支磁路，p 对磁极下就有 p 条并联的对称分支磁路，而一相绕组的磁势是指每对磁极下一相绕组的磁势，所以等于一个线圈组的磁势。由此可见，单相绕组基波磁势的最大幅值仍可用式（4-17）计算。为了使用更加方便，一般用相电流 I 和每相每条支路串联匝数 N 来代替线圈电流 I_{C} 和线圈匝数 N_{C}，若绕组并联支路数为 a，则式（4-17）可写为

$$F_{\phi \mathrm{m}1}=0.9\frac{NK_{W1}}{p}I \tag{4-18}$$

式中 $N=\dfrac{qN_{\mathrm{C}}p}{a}$（单层） 或 $N=\dfrac{2qN_{\mathrm{C}}p}{a}$（双层）

$I=aI_{\mathrm{C}}$

单相绕组的基波磁势仍旧按照空间余弦波规律分布，幅值的大小和方向随时间按正弦规律变化，是脉振磁势，其表达式为

$$f_{\phi 1}(x,t)=F_{\phi \mathrm{m}1}\sin\omega t\cos\frac{\pi}{\tau}x \tag{4-19}$$

综合以上分析，对单相绕组磁势的性质归纳如下：

① 单相绕组的磁势是一种空间位置固定、幅值的大小和方向随时间变化的脉振磁势，其脉振频率取决于电流的频率；

② 磁势既是空间位置的函数，也是时间的函数；

③ 基波磁势的幅值为 $F_{\phi \mathrm{m}1}=0.9\dfrac{NK_{W1}}{p}I$；

④ ν 次谐波磁势的幅值为 $F_{\phi \mathrm{m}\nu}=0.9\dfrac{1}{\nu}\cdot\dfrac{NK_{W\nu}}{p}I$，所以，谐波磁势是一个从空间上看按 ν 次谐波分布，从时间上看按 ωt 的余弦规律变化的脉振磁势；

⑤ 定子绕组多采用短距分布绕组，因而合成磁势中谐波含量大大削弱。一般情况下只考虑基波磁势的作用。

利用三角公式 $\sin\alpha\cos\beta=\dfrac{1}{2}\left[\sin(\alpha-\beta)+\dfrac{1}{2}\sin(\alpha+\beta)\right]$，则

$$f_{\phi \mathrm{m}1}=F_{\phi \mathrm{m}1}\sin\omega t\cos\frac{\pi}{\tau}x=\frac{1}{2}F_{\phi \mathrm{m}1}\sin\left(\omega t-\frac{\pi}{\tau}x\right)+\frac{1}{2}F_{\phi \mathrm{m}1}\sin\left(\omega t+\frac{\pi}{\tau}x\right)$$

右边第一项为正向旋转磁势，第二项为负向旋转磁势，所以一个脉振磁势可分解为两个转速相同、转向相反的旋转磁势，每个旋转磁势的幅值为脉振磁势幅值的 1/2。

二、三相绕组的基波合成磁势

前面分析了单相绕组的磁势为脉振磁势。交流电机绝大多数都是三相电机，都有对称的三相绕组，绕组又都通过三相对称交流电流，那么将三个单相磁势相加，即得三相绕组的合成磁势。现用解析法和图解法两种方法进行分析。

1. 解析法

我们已知单相绕组的基波磁势为

$$f_{\phi 1}(x,t)=F_{\phi \mathrm{m}1}\sin\omega t\cos\frac{\pi}{\tau}x$$

当对称三相绕组中，通入对称三相电流时，由于三相绕组在空间互差 120°，三相电流在时间上互差 120°，因此若把空间坐标原点取在 U 相绕组轴线上，U 相电流为 0 时的瞬间作为

时间起始点，则 U、V、W 三相绕组各自产生的脉振磁势基波的表达式为

$$f_{\mathrm{U1}} = F_{\phi\mathrm{m1}} \sin \omega t \cos \frac{\pi}{\tau} x$$

$$f_{\mathrm{V1}} = F_{\phi\mathrm{m1}} \sin(\omega t - 120°) \cos\left(\frac{\pi}{\tau} x - 120°\right)$$

$$f_{\mathrm{W1}} = F_{\phi\mathrm{m1}} \sin(\omega t - 240°) \cos\left(\frac{\pi}{\tau} x - 240°\right)$$

利用三角公式，将上式分解得

$$f_{\mathrm{U1}} = \frac{1}{2} F_{\phi\mathrm{m1}} \sin\left(\omega t - \frac{\pi}{\tau} x\right) + \frac{1}{2} F_{\phi\mathrm{m1}} \sin\left(\omega t + \frac{\pi}{\tau} x\right)$$

$$f_{\mathrm{V1}} = \frac{1}{2} F_{\phi\mathrm{m1}} \sin\left(\omega t - \frac{\pi}{\tau} x\right) + \frac{1}{2} F_{\phi\mathrm{m1}} \sin\left(\omega t + \frac{\pi}{\tau} x - 240°\right)$$

$$f_{\mathrm{W1}} = \frac{1}{2} F_{\phi\mathrm{m1}} \sin\left(\omega t - \frac{\pi}{\tau} x\right) + \frac{1}{2} F_{\phi\mathrm{m1}} \sin\left(\omega t + \frac{\pi}{\tau} x - 120°\right)$$

三相合成得

$$f_1(x,t) = 3 \times \frac{1}{2} F_{\phi\mathrm{m1}} \sin\left(\omega t - \frac{\pi}{\tau} x\right) = F_1 \sin\left(\omega t - \frac{\pi}{\tau} x\right) \tag{4-20}$$

式中　F_1——三相基波合成磁势的幅值，$F_1 = \frac{3}{2} F_{\phi\mathrm{m1}}$。

由式（4-20）可知，当对称的三相交流电流通入对称的三相绕组时，其三相基波合成磁势是一个幅值不变的旋转磁势，其幅值为单相脉振磁势的 3/2 倍。

2. 图解法

下面用图解法分析三相基波合成磁势。图解法的步骤为：

① 绘出对称三相交流电流的波形；

② 选定几个瞬时，并将各瞬时电流的实际方向标注在三相绕组中（假定首进尾出的方向为电流的正方向）；

③ 根据右手螺旋定则，确定各瞬间合成磁势的方向；

④ 观察各瞬时合成磁势的方向，分析磁场的变化情况。

图 4-21 所示为用图解法分析旋转磁场的电机绕组的结构图。三相对称交流电流的波形如图 4-22 所示。

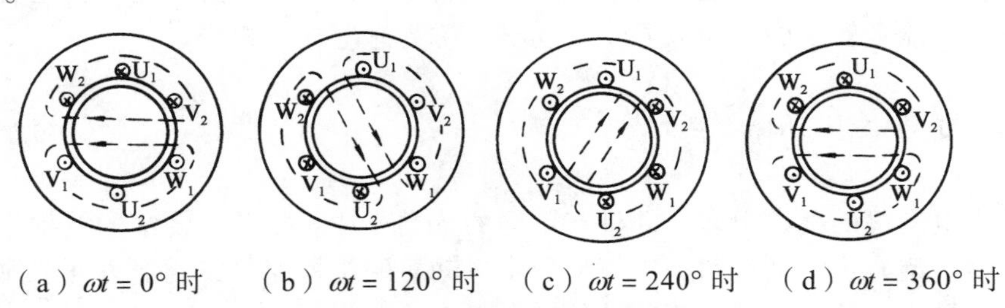

（a）$\omega t = 0°$ 时　（b）$\omega t = 120°$ 时　（c）$\omega t = 240°$ 时　（d）$\omega t = 360°$ 时

图 4-21　用图解法分析旋转磁场

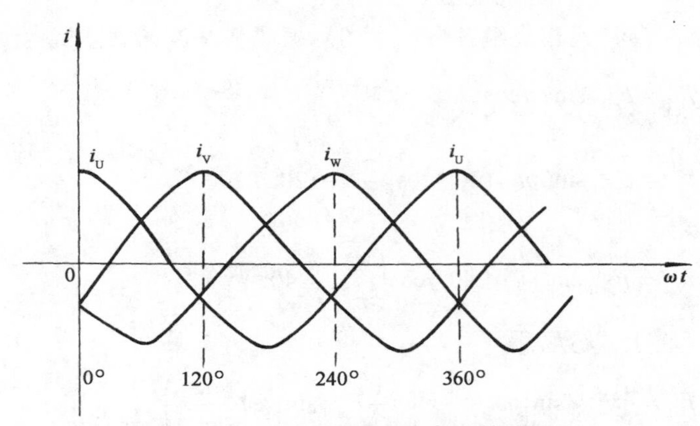

图 4-22　三相对称交流电流的波形

从以上分析可知，三相对称绕组通入三相对称电流后，所形成的合成磁势为一个幅值不变的逆时针旋转磁势。

综合上述分析，得出三相基波合成磁势具有以下特征：

① 三相绕组合成磁势为正弦分布的旋转磁势，其转速为同步转速，即 $n_1=\dfrac{60f_1}{p}$（r/min），转向由超前电流相转到滞后电流相。所以，要改变磁场转向，只需改变一下通入三相绕组电流的相序；

② 三相绕组合成基波磁势的幅值 F_1 不变，为各相脉振磁势幅值的3/2倍，所以旋转幅值的轨迹是圆，称为圆形旋转磁场；

③ 当某相电流为最大值时，合成旋转磁势的幅值恰好在这一相绕组的轴线上。

第四节　三相异步电动机的结构与工作原理

异步电机是一种交流旋转电机，它的转速与电网频率之间没有像同步电机那样有严格不变的关系，而是随着负载的大小而变。异步电机主要用作电动机，由于它具有体积小、重量轻、结构简单、运行可靠、制造方便、价格低廉、效率高而又坚固耐用等一系列优点，所以在现代社会中得到了极其广泛的应用。但异步电动机的缺点是运行时要从电网吸收感性无功电流来建立磁场，降低了电网的功率因数，增加了线路的损耗，限制了电网的功率传送。

异步电动机是靠定子绕组建立的旋转磁场在转子绕组中产生感应电势与电流，从而产生电磁转矩而进行能量转换的，所以异步电动机又称为感应电动机。

一、三相异步电动机的结构

三相异步电动机的种类很多，并且有不同的分类方法。按转子绕组的结构分类有笼型异步电动机和绕线型异步电动机两类。笼型异步电动机的结构简单、制造方便、成本低、运行可靠；绕线型异步电动机的转子可通过外串电阻来改善启动性能并进行调速。若按机壳的防护形式分类有防护式、封闭式和开启式。还可按电动机的容量大小、冷却方式进行分类。

无论三相异步电动机的分类如何，各类异步电动机的基本结构是相同的。它们都由定子和转子这两大基本部分组成，在定子和转子之间存在着气隙。图 4-23 所示是一台三相笼型异步电动机的结构图。

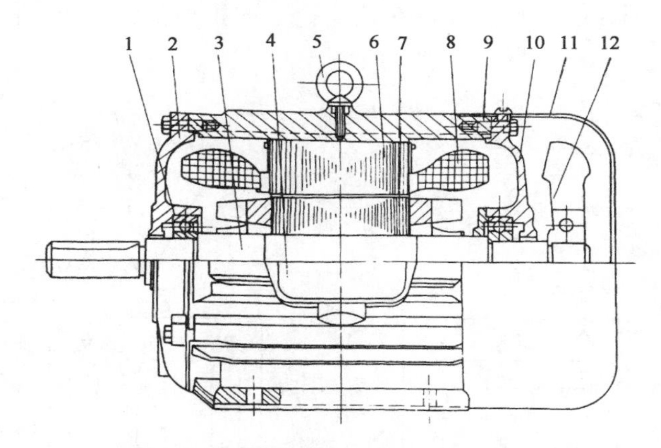

图 4-23　三相笼型异步电动机的结构图

1—轴承；2—前端盖；3—转轴；4—接线盒；5—吊攀；6—定子铁芯；7—转子；8—定子绕组；9—机座；10—后端盖；11—风罩；12—风扇

下面介绍各主要零部件的结构及作用。

1. 定　子

异步电动机的定子主要由定子铁芯、定子绕组、机座和端盖等部件组成。

（1）定子铁芯

定子铁芯是主磁路的一部分，为了增强导磁性能并减少磁滞损耗和涡流损耗，铁芯由 0.5 mm 厚的硅钢片叠压而成。在定子铁芯内圆上，均匀地冲有一定数目的槽，用来嵌放定子绕组。定子铁芯及冲片的示意图如图 4-24 所示。槽的形状分为半闭口槽、半开口槽、开口槽等，如图 4-25 所示。从提高效率和功率因数来看，半闭口槽最好，因为它可以减少气隙磁阻，使产生一定数量的旋转磁场所需的励磁电流最小。但绕组的绝缘和嵌线工艺比较复杂，因此只用于低压中、小型异步电动机中。对于中型异步电动机通常采用半开口槽。对于高压中型和大型异步电动机，一般采用开口槽，以便于嵌线。

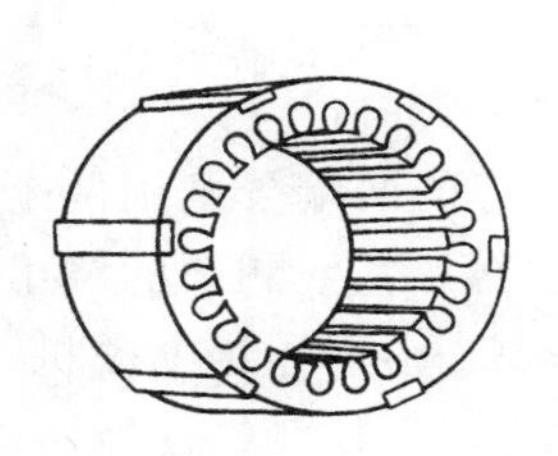

（a）定子铁芯

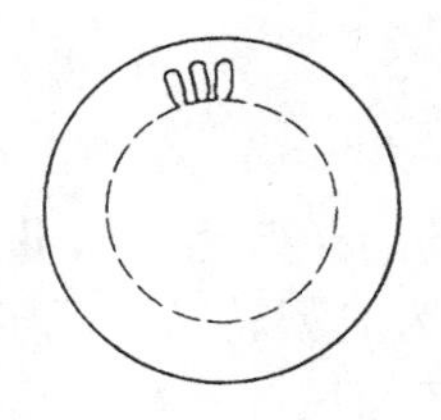

（b）定子铁芯冲片

图 4-24　定子铁芯及冲片示意图

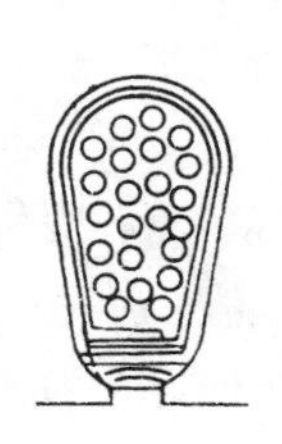

（a）半闭口槽

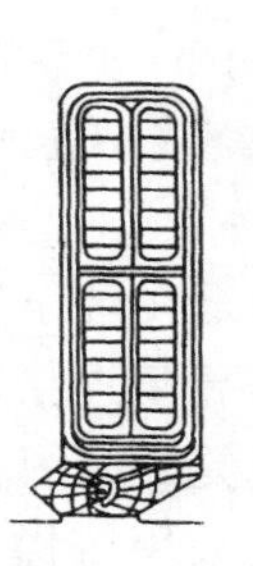

（b）半开口槽

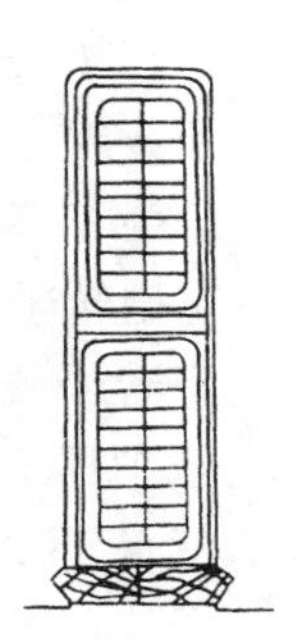

（c）开口槽

图 4-25　定子铁芯槽型和绕组分布示意图

（2）定子绕组

定子绕组是电动机的定子电路部分，嵌放在定子铁芯的槽内，可以是单层的，也可以是双层的。三相绕组的 6 个出线端都引至接线盒上，首端为 U_1、V_1、W_1，尾端分别为 U_2、V_2、W_2。为了接线方便，这 6 个出线端在接线板上的排列如图 4-26 所示，根据需要可以连成星型和三角形。

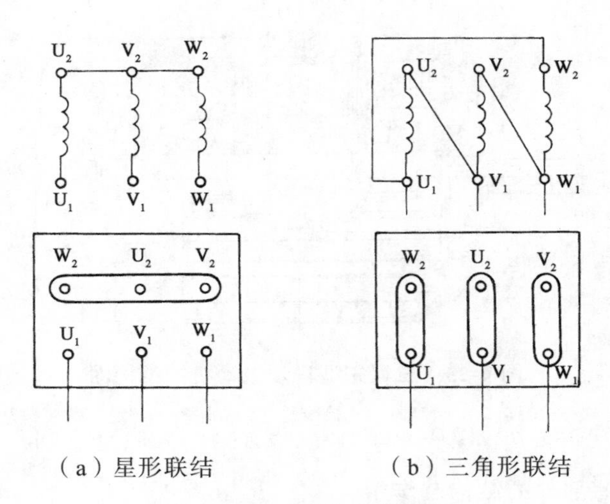

（a）星形联结　　（b）三角形联结

图 4-26　定子绕组的联结

（3）机座

机座是电动机机械结构的组成部分，用来支撑整个电机。

2. 转　子

三相异步电动机的转子主要由转子铁芯、转子绕组和转轴等部件组成。

（1）转子铁芯

转子铁芯也是主磁路的一部分，并且用来嵌放转子绕组。它由厚 0.5 mm 的硅钢片叠压而成，在铁芯外缘冲有一圈开口槽，外表面呈圆柱形。中、小型异步电动机的转子铁芯一般直接固定在转轴上，而大型异步电动机的转子铁芯则套在转子支架上，然后把支架固定在转轴上。

（2）转子绕组

转子绕组是转子的电路部分，它的作用是感应电势、流过电流并产生电磁转矩。按结构形式可分为笼型和绕线型转子两种。

- 笼型转子

笼型转子绕组是在转子铁芯的每个槽内放入一根导条，在伸出铁芯的两端分别用两个导电端环把所有的导条连接起来，形成自行闭合的转子绕组。如果去掉铁芯，剩下的绕组的形状就像一个鼠笼，如图 4-27 所示，所以称之为笼型转子。对于中、小型异步电动机，笼型转子绕组一般采用铸铝形式将转子导条、端环和风叶一次铸出，如图 4-27（a）所示。也有用铜条焊接在两个铜端环上的铜条笼型绕组，如图 4-27（b）所示。

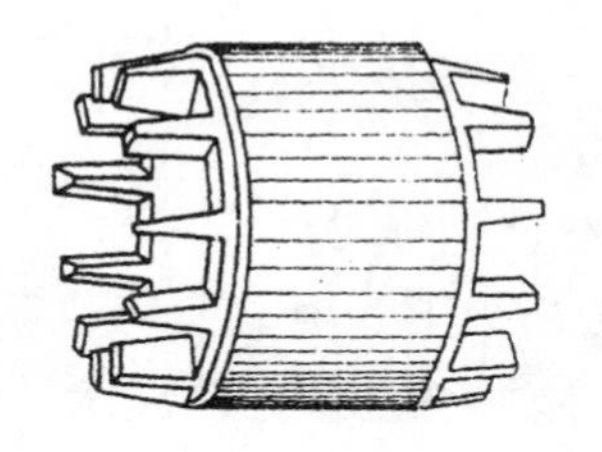

（a）铸铝转子

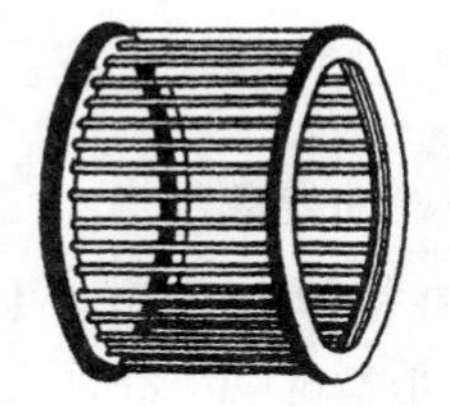

（b）铜排转子

图 4-27　笼型转子绕组的结构示意图

其实在生产实际中，笼型转子铁芯槽沿轴向是斜的，这样导致转子导条也是斜的。这主要是为了削弱由于定、转子开槽引起的齿谐波，以改善笼型电动机的启动性能。

笼型异步电动机结构简单，制造方便，应用比较广泛。

• 绕线型转子绕组

绕线型转子绕组与定子绕组一样，也是一个对称的三相绕组。它联结成 Y 形后，其三根引出线分别接到轴上的三个集电环，再经电刷引出而与外部电路接通，如图 4-28 所示。所以，可以通过集电环与电刷在转子绕组中串入附加电阻或其他的控制装置，以便改善三相异步电动机的启动性能及调速性能。绕线式转子的异步电动机还装有提刷短路装置。当电动机启动完毕而不需要调速时，可操作手柄将电刷提起，在切除全部电阻的同时使三只集电环短路起来，其目的是减少电动机在运行中电刷的磨损和摩擦损耗。

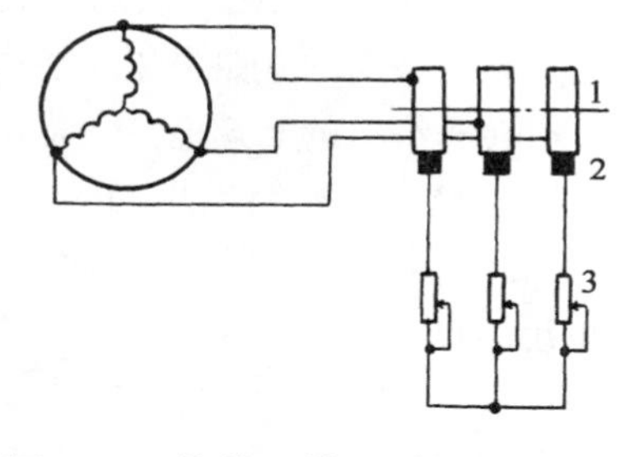

图 **4-28**　绕线型转子的绕组示意图

1—集电环；2—电刷；3—附加电阻

一般的绕线型异步电动机的外串电阻是放在电动机的非轴伸端盖外的，所以绕线型异步电动机的外形与笼型异步电动机的外形有很大的区别，看上去一头大、一头小，大的是电动机本身，小的是三相电阻包，且还有一个手柄外露。但在生产实际中，大吨位行车主钩电动机的外串电阻可以不紧挨在电动机旁，而且不需要手柄操作，而是通过操作员在驾驶室中控制接触器开关来串入或调节电阻。

（3）转轴

转轴是支撑转子铁芯和输出转矩的部件，它必须具有足够的刚度和强度。转轴一般用中碳钢车削加工而成，轴伸端铣有键槽，用来固定带轮或联轴器。

3. 气　隙

三相异步电动机中，定、转子之间有一气隙，气隙比同容量的直流电机的气隙小得多，一般仅为 0.2 ~ 1.5 mm。气隙的大小对异步机的性能有很大的影响。气隙大则磁阻大，要产生同样大小的旋转磁场就需较大的励磁电流，由于励磁电流基本上是无功电流，所以为了降低电机的空载电流，提高功率因数，气隙应尽量减小。但是气隙过小时，将使装配困难，运行不可靠，同时高次谐波磁场增强，从而使附加损耗增加且使启动性能变差。一般气隙的大小应为机械条件所容许达到的最小值。

二、异步电动机的铭牌及主要系列

1. 三相异步电动机的铭牌数据

三相异步电动机在铭牌上表明的额定值主要有以下几项：

• 额定功率 P_N　是指电动机在额定运行时转轴上输出的机械功率，单位是 kW。

• 额定电压 U_N　是指额定运行时电网加在定子绕组上的线电压，单位是 V 或 kV。

• 额定电流 I_N　是指电动机在额定电压下，输出额定功率时，定子绕组中的线电流，单位是 A。

对于三相异步电动机，$P_N=\sqrt{3}U_N I_N \cos\varphi_N \eta_N$，其中：

• 额定转速 n_N　是指额定运行时电动机的转速，单位是转/分（r/min）。

• 额定频率 f_N　是指电动机所接电源的频率，单位是 Hz。我国的工频频率为 50 Hz。

• 绝缘等级　绝缘等级决定了电动机的允许温升，有时也不标明绝缘等级而直接标明允许温升。

• 接法　用 Y 或 D 表示。表示在额定运行时，定子绕组应采用的联结方式。

• 转子绕组的开路电压　是指定子为额定电压、转子绕组开路时的转子线电压，单位是 V。

• 转子绕组的额定电流　是指定子为额定电压、转子绕组短路时的转子线电流，单位是 A。

转子绕组的开路电压和转子绕组的额定电流主要用来作为配备启动电阻时的依据。

铭牌上除了上述的额定数据外，还表明了电动机的型号。型号一般用来表示电动机的种类和几何尺寸等。例如，新系列的异步电动机用字母 Y 表示，并用中心高表示电动机的直径大小；铁芯长度则用 S、M、L 表示，S 最短，L 最长；电动机的保护型式由字母 IP 和两个数字表示，I 是 International（国际）的第一个字母，P 是 Protection（防护）的第一个字母，IP 后面的第一个数字代表第一种防护型式（防尘）的等级，第二个数字代表第二种防护型式（防水）的等级，数字越大，表示防护的能力越强。

对于系列电动机，铭牌上有时也标明防护型式。

2. 三相异步电动机的主要系列简介

（1）Y 系列

该系列是一般用途的小型笼型电动机系列，取代了原先的 JO2 系列。额定电压为 380 V，额定频率为 50 Hz，功率范围为 0.55 ~ 90 kW，同步转速为 750 ~ 3 000 r/min，外壳防护型式为 IP44 和 IP23 两种，B 级绝缘。Y 系列的技术条件已符合国际电工委员会（IEC）的有关标准。

（2）JDO2 系列

该系列是小型三相多速异步电动机系列。它主要用于各式机床以及起重传动设备等多种速度的传动装置。

（3）JR 系列

该系列是中型防护式三相绕线转子异步电动机系列，容量为 45 ~ 410 kW。

（4）YR 系列

该系列是大型三相绕线转子异步电动机系列，容量为 250 ~ 2 500 kW，主要用于冶金工业和矿山中。

（5）YCT 系列

该系列是电磁调速异步电动机系列，主要用在纺织、印染、化工、造纸及要求变速的机械上。

三、三相异步电动机的工作原理

1. 基本工作原理

如图 4-29 为三相异步电动机的工作原理示意图。

当三相异步电动机接到三相电源上，定子绕组中便有对称的三相交流电流（相序为 U、V、W）通过，产生一个旋转的磁场（方向如图 4-29 所示，转速 $n_1=\dfrac{60f_1}{p}$）。由于启动瞬间转子是静止的，所以该旋转磁场与转子导体之间有相对运动，转子导体切割旋转磁场产生感应电势（方向由右手定则判定，如图 4-29 所示）。由于转子绕组闭合，转子绕组中便有电流通过，该电流与旋转磁场作用，产生电磁力 F，形成电磁转矩 T（方向由左手定则判定）。当电磁力矩大于转子所受的阻力矩的时候，转子就沿着电磁转矩方向旋转起来。电机把由定子输入的电能转变成机械能从轴上输出。由图 4-29 可知，异步电动机的转向与电磁转矩和旋转磁场的转向一致。

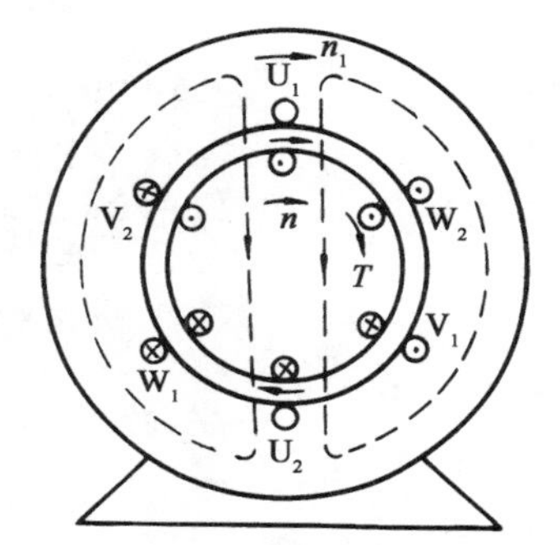

图 4-29　异步电动机的工作原理示意图

由于异步电动机的旋转方向始终与旋转磁场的转向一致，而旋转磁场的方向又取决于三相电流的相序，因此要改变电动机的转向，只需改变电流的相序即可，即任意对调电动机的两根电源线，便可使电动机反转。

异步电动机的转速恒小于旋转磁场的转速 n_1。因为一旦转子的转速等于旋转磁场的转速 n_1，转子导体与旋转磁场之间就不再有相对运动，转子导体就不再切割旋转磁场的磁通，转子绕组中的电流及其所受的电磁力均消失。由此可见，$n<n_1$ 是异步电动机工作的必要条件。异步电动机的转速与旋转磁场的转速不同，这就是异步电动机得名的原因。

2. 转差率

同步转速 n_1 与转子转速 n 之差（n_1-n）相对于同步转速 n_1 的比值称为转差率，常用 s 来表示，即

$$s=\frac{n_1-n}{n_1} \tag{4-21}$$

s 是异步电机的一个重要的运行参数，它反映异步电机的各种运行状态。对于异步电动机，启动的瞬间，$n=0$，此时转差率 $s=1$；额定运行时，转子的转速接近于同步转速 n_1，转差率非常小。

异步电动机的负载越大，转速越慢，转差率越大；反之，负载越小，转速越快，转差率越小。故转差率直接反映了转速的高低和负载的大小。

异步电动机的转速由下式推算

$$n=(1-s)n_1 \tag{4-22}$$

3. 异步电机的三种运行状态

根据转子导体所受的电磁力与转子转动方向之间的关系或 s 的数值，可以把异步电机分为三种运行状态，如图 4-30 所示。

（1）电动机运行状态

如图 4-30（b）所示，转子的转速 n 与同步转速 n_1 的方向一致但低于同步转速时，即 $n<n_1$，此时的 s 在 0～1 之间，即 $1>s>0$，这时异步电机作为电动机运行。

异步电机作为电动机运行时有以下几个特征：

① n 与 n_1 同方向，且永远保持 $n<n_1$ 的关系，即 $1>s>0$；

② F（或 T）的方向与 n 的方向一致，T 起着驱动转子转动的作用；

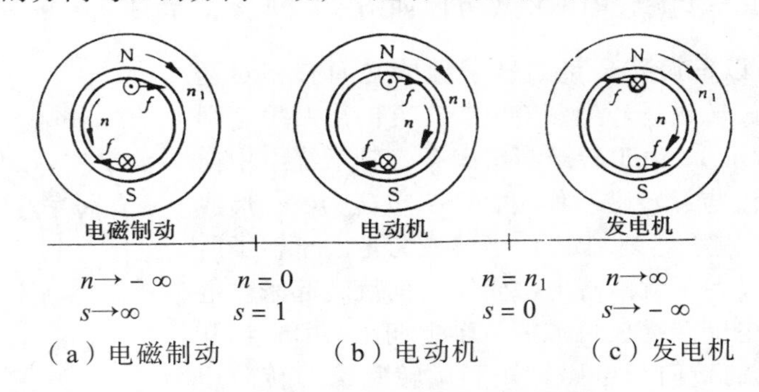

（a）电磁制动　　（b）电动机　　（c）发电机

图 4-30　异步电机的三种运行状态

③ 定子绕组从电网吸取电功率，转子在拖动负载时将向负载输出机械功率。

（2）发电机运行状态

如果用一原动机拖动异步电机的转子，使其沿旋转磁场的方向做高速运动，使 $n>n_1$，并且定子绕组始终保持和电网接通，这时 $s<0$，电机作为发电机运行。

异步电机作为发电机运行时有以下几个特征：

① n 与 n_1 同方向，且永远保持 $n>n_1$ 的关系，即 $s<0$；

② F（或 T）的方向与 n 的方向相反，T 起着阻碍转子转动的作用；

③ 必须存在一高速旋转的原动机，转子从它那里获取机械功率，同时定子绕组向电网输出一电功率。

（3）电磁制动运行状态

如果用一原动机拖动转子使其沿着与旋转磁场相反的方向转动，此时 $n<0$，$s>1$，异步电机处于电磁制动状态。

异步电机运行于电磁制动状态时有以下几个特征：

① n 与 n_1 方向相反，$s>1$；

② F（或 T）的方向与 n 的方向相反，T 起着阻碍转子转动的作用；

③ 必须存在拖动转子向 n_1 的反方向转动的原动机，转子从它那里获取一定的机械功率，同时定子绕组从电网吸取一定的电功率，这两种功率都变成绕组的损耗使其大量发热。

综上所述，异步电机可以作为电动机运行，也可以作为发电机和电磁制动状态运行。但一般用作电动机运行；异步发电机很少使用；电磁制动状态是异步电机在完成某一生产过程中出现的短时运行状态。例如，起重机下放重物时，为了达到安全、平稳，需要限制速度，异步电动机就会短时处于电磁制动状态。以下各章均只讨论异步电动机运行的各种问题。

第五节　三相异步电动机的空载运行

本节将采用与变压器相似的基本方程式、等效电路和相量图等分析方法对三相异步电动机的运行进行电磁分析。因为异步电动机的定、转子绕组之间没有电的联系，而是通过磁耦合进行能量转变的，所以异步电动机与变压器的基本电磁关系是相似的。不过，异步电动机有自己的特点：① 变压器铁芯中是脉振磁势，而三相异步电动机的气隙中是旋转磁势；② 异步电动机的主磁路有空气隙存在，定子绕组为短距分布绕组，而变压器的主磁路仅有接缝间隙，绕组是整距集中绕组；③ 异步电动机的转子是转动的，输出机械功率，而变压器的二次侧是静止的，输出电功率。所以异步电动机在沿用变压器的分析方法时，要注意与变压器的不同之处。本书中定、转子各物理量的下标分别采用“1”和“2”表示，如定子电流 I_1、转子电流 I_2；定子电势和电流的频率为 f_1，转子电势和电流的频率采用 f_2；并规定各物理量的正方向依照电工惯例。由于异步电动机在正常运行时三相是对称的，各物理量的数值均指一相。

和变压器一样，我们从异步电动机较为简单的状态——空载运行开始分析。

一、空载电流和空载磁势

三相异步电动机的定子绕组接在对称的三相电源上，转子轴上不带机械负载时的运行称为空载运行。

异步电动机空载时，定子三相绕组中通过空载电流 $\dot{I}_0$，三相空载电流将产生一个旋转磁势，称为空载磁势，用 $\boldsymbol{F}_0$ 表示，其基波幅值为

$$\boldsymbol{F}_0=\frac{m_1}{2}\times 0.9\times\frac{N_1K_{W1}}{p}I_0$$

式中　m_1——定子相数。

异步电动机空载电流的大小约为额定电流的 20%～50%。异步电动机比变压器的空载电流大的原因是异步电动机的主磁路中有气隙存在。

异步电动机空载运行时，由于轴上不带机械负载，其转速很高，接近同步转速，即 $n\approx n_1$，s 很小，此时旋转磁场与转子之间的相对速度几乎为 0，于是转子的感应电势 $E_2\approx 0$，转子电流 $I_2\approx 0$，转子磁势 $\boldsymbol{F}_2\approx 0$，所以空载时电动机的气隙磁场完全由定子空载磁势 $\boldsymbol{F}_0$ 产生。空载时的定子磁势即为励磁磁势，空载时的定子电流即为励磁电流。

空载电流 $\dot{I}_0$ 的有功分量 $\dot{I}_{0P}$ 用来供给空载损耗，包括空载时的定子铜耗、定子铁耗和机械损耗；无功分量 $\dot{I}_{0Q}$ 用来产生气隙磁场，也称为磁化电流，它是空载电流的主要部分。空载电流 $\dot{I}_0$ 可写为

$$\dot{I}_0=\dot{I}_{0P}+\dot{I}_{0Q} \tag{4-23}$$

励磁磁势产生的磁通大部分同时与定子、转子绕组交链，称为主磁通，用 $\varPhi$ 表示，主磁通参与能量的转换，在电动机中产生有效的电磁转矩。主磁通的磁路由定、转子铁芯和气隙

组成，受磁路饱和的影响，为非线性磁路。此外还有一小部分磁通仅与定子绕组交链，称为定子漏磁通，用$\Phi_{1\sigma}$表示。漏磁通不参与能量的转换，并且主要通过空气闭合，受磁饱和的影响较小，在一定的条件下可以看成是线性磁路。

二、空载时的电磁关系

空载时的电磁关系可总结如下：

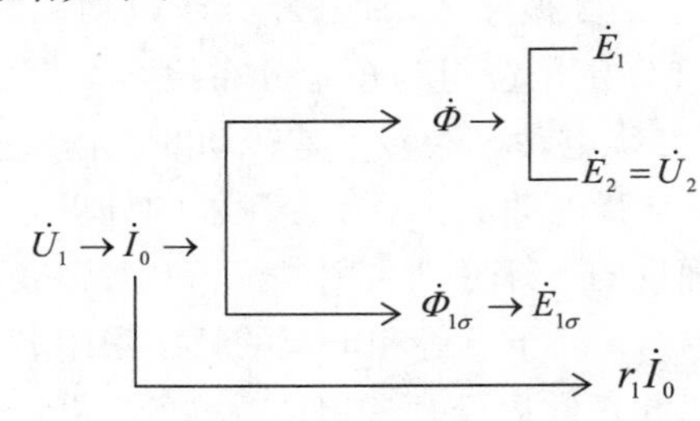

1. 主、漏磁通的感应电势

主磁通在定子绕组中的感应电势为

$$\dot{E}_1=-\text{j}4.44f_1N_1\dot{\Phi}K_{W1}$$

和变压器的分析方法一样，定子漏磁通在定子绕组中的感应电势可采用漏抗压降的形式来表示，即

$$\dot{E}_{1\sigma}=-\text{j}X_1\dot{I}_0$$

式中　X_1——定子漏抗，$X_1=\omega N_1^2\Lambda_{\sigma1}$，它是指对应于定子漏磁通的电抗值。

2. 空载时的电势平衡方程式及等效电路

据以上分析的异步电动机空载时的电磁关系，可列出异步电动机定子回路电势平衡方程式

$$\dot{U}_1=-\dot{E}_1-\dot{E}_{1\sigma}+\dot{I}_0r_1=-\dot{E}_1+\text{j}\dot{I}_0X_1+\dot{I}_0r_1=-\dot{E}_1+\dot{I}_0Z_1 \tag{4-24}$$

和变压器的分析一样，可写出

$$\dot{E}_1=-\dot{I}_0(r_z+\text{j}X_z)=-\dot{I}_0Z_z$$

式中　Z_1——定子一相漏阻抗，$Z_1=r_1+\text{j}X_1$；

Z_z——励磁阻抗，$Z_z=r_z+\text{j}X_z$；

r_z——励磁电阻，反映铁耗的等效电阻；

X_z——励磁电抗，与主磁通Φ对应的电抗值。

因为$E_1>>I_0Z_1$，可近似认为

$$\dot{U}_1\approx-\dot{E}_1\quad\text{或}\quad U_1\approx E_1$$

由式（4-24），可画出异步电动机空载时的等效电路，如图 4-31 所示。

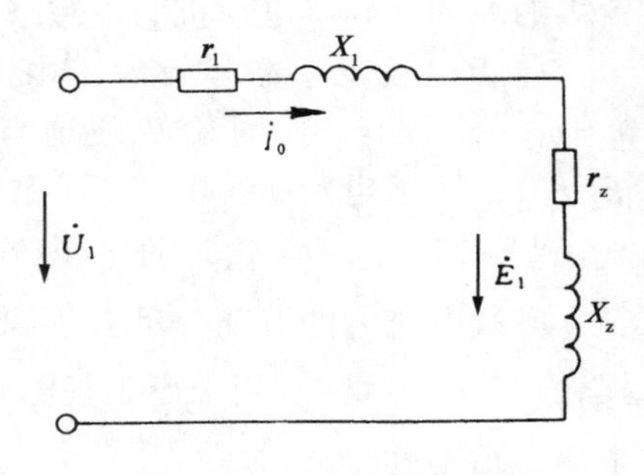

图 4-31　异步电动机空载时的等效电路

第六节　三相异步电动机的负载运行

三相异步电动机的负载运行是指定子外施对称的三相电压、转子带上机械负载时的运行状态。

一、负载时转子绕组的各电磁量与转差率 s 的关系

三相异步电动机空载时，转子接近同步转速，转子电流 $I_2 \approx 0$，转子磁势 $\boldsymbol{F}_2 \approx 0$；负载运行后，转子的转速下降，$n < n_1$，旋转磁场以（$n_1 - n$）的相对速度切割转子绕组，因此当转速 n 变化时，转差率变化，转子绕组的各电磁量也将随之变化。

1. 转子频率 f_2

转子旋转时，旋转磁场以 Δn $(\Delta n = n_1 - n)$ 的速度切割转子绕组，转子绕组的感应电势、电流和漏抗的频率（简称转子频率）用 f_2 表示为

$$f_2 = \frac{p\Delta n}{60} = \frac{n_1 - n}{n_1} \cdot \frac{pn_1}{60} = sf_1 \tag{4-25}$$

式中，f_1 为电网频率，是定值，所以转子频率与转差率 s 成正比，这是异步电动机转子绕组的一个重要特点。转差率 s 是异步电动机中一个重要的变化量。当转子不转（如启动瞬间）时，$n = 0,\ s = 1,\ f_2 = f_1$，此时转子频率达到最大；转速升高时，$s$ 减小，f_2 也随之减小；达到额定转速时，转子转速与同步转速非常接近，转差率很小，所以转子频率只有几赫兹。由于转子频率随着转差率 s 的变化而变化，便引起了转子绕组中与 s 有关的各物理量发生变化。

2. 转子绕组的感应电势

转子转动时转子绕组的感应电势为

$$E_{2s} = 4.44 f_2 N_2 \Phi K_{W2} = 4.44 f_1 s N_2 \Phi K_{W2} = sE_2 \tag{4-26}$$

式中　E_2——转子静止时的感应电势，$E_2 = 4.44 f_1 N_2 \Phi K_{W2}$。

式（4-26）表明，转子旋转时转子电势的大小与转差率成正比。

3. 转子绕组的漏抗

转子的漏抗是由转子漏磁通引起的，所以漏抗与频率有关，转子转动时的漏抗为

$$X_{2s} = 2\pi f_2 L_2 = 2\pi f_1 s L_2 = sX_2 \tag{4-27}$$

式中　X_{2s}——转子旋转时的漏抗；

X_2——转子静止时的漏抗；

L_2——转子绕组的每相漏电感。

式（4-27）表明，转子漏抗的大小与转差率 s 成正比。转子转动时，X_{2s} 随 s 的减小而减小。

4. 转子绕组的电流

异步电动机转子绕组在正常时处于短接状态，其端电压 $u_2 = 0$。因为转子绕组的电势和

转子的漏抗都随 s 而变化，所以转子电流一定也与转差率有关，即

$$I_{2s}=\frac{E_{2s}}{\sqrt{r_2^2+X_{2s}^2}}=\frac{sE_2}{\sqrt{r_2^2+(sX_2)^2}} \tag{4-28}$$

式（4-28）说明转子电流随着 s 的增大而增大。当电机启动的瞬间，$s=1$ 最大，转子电流也最大；当转子旋转时，s 减小，转子电流也随之减小。

5. 转子绕组的功率因数

转子的每相电路都包括电阻和漏抗，是一感性电路，因此转子电流滞后其电势的角度 φ_2 随转差率 s 的变化而变化，功率因数为

$$\cos\varphi_2=\frac{r_2}{\sqrt{r_2^2+(sX_2)^2}} \tag{4-29}$$

式（4-29）说明，转子回路的功率因数也与转差率 s 有关，随着转差率的降低而升高。

6. 转子的旋转磁势

异步电动机的转子绕组为多相（或三相）绕组，它通过多相（三相）电流时，也将产生旋转磁势。

（1）幅值

$$\boldsymbol{F}_2=\frac{m_2}{2}\times 0.9\times\frac{N_2K_{W2}}{p}I_2 \tag{4-30}$$

（2）转向

如图 4-32 所示电机，定子绕组与转子绕组均按顺时针方向排列，当定子绕组中流过对称的正相序三相电流时，产生出旋转磁势 $\boldsymbol{F}_1$，显然 $\boldsymbol{F}_1$ 的旋转方向为顺时针方向，转速为 n_1，由 $\boldsymbol{F}_1$ 建立的旋转磁场在闭合的转子绕组中产生感应电势和电流。因为异步电动机转子的转向与旋转磁场的转向相同，但转子的转速小于旋转磁场的转速，即 $n<n_1$，所以很容易看出，转子电势和电流也是正相序，三相对称的正相序的转子电流在空间对称布置的三相转子绕组中流过时，也产生出旋转磁势 $\boldsymbol{F}_2$，$\boldsymbol{F}_2$ 的旋转方向和 $\boldsymbol{F}_1$ 相同。

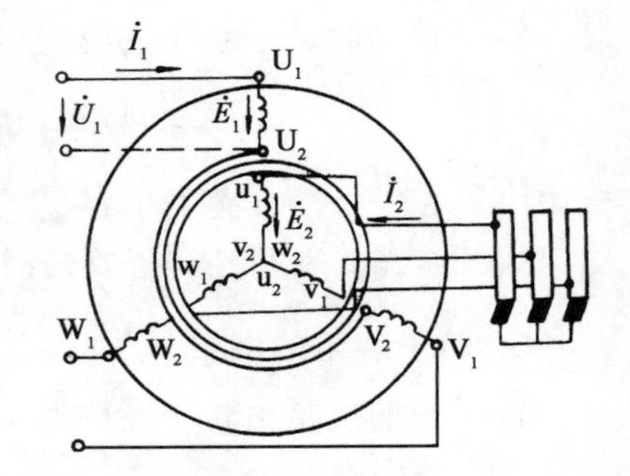

图 4-32　转子磁势和定子磁势之间的关系

（3）转速

由于转子电流的频率为 $f_2=sf_1$，故 $\boldsymbol{F}_2$ 相对于转子的转速为

$$n_2=\frac{60f_2}{p}=\frac{60sf_1}{p}=sn_1$$

又因为转子本身以转速 n 旋转，所以 $\boldsymbol{F}_2$ 的空间转速（即相对于定子的转速）为

$$sn_1+n=\frac{n_1-n}{n_1}\times n_1+n=n_1$$

由此可见，不论转子自身的转速如何变化，由转子电流所建立的旋转磁势与定子电流所建立

的旋转磁势在空间以同样大小的转速，按照同一方向旋转，故转子磁势和定子磁势之间没有相对运动，在空间相对静止，这是三相交流旋转电机能够正常运行的必备条件之一。

二、磁势平衡方程式

由于磁势 $\boldsymbol{F}_1$ 与 $\boldsymbol{F}_2$ 相对静止，就可以把 $\boldsymbol{F}_1$ 和 $\boldsymbol{F}_2$ 合成起来，所以异步电动机负载时，气隙中的主磁场是定、转子合成磁势共同建立的，即

$$\boldsymbol{F}_1+\boldsymbol{F}_2=\boldsymbol{F}_0 \tag{4-31}$$

式中　$\boldsymbol{F}_0$——气隙中总的合成磁势，它用来建立气隙中的主磁通 $\dot{\Phi}$。

式（4-31）即为异步电动机的磁势平衡方程式，也可写成

$$\boldsymbol{F}_1=\boldsymbol{F}_0+(-\boldsymbol{F}_2)$$

在定子电势平衡方程式中，定子绕组的感应电势 $\dot{E}_1$ 与电源电压 $\dot{U}_1$ 之间相差一个漏阻抗压降。当异步电动机从空载到额定负载运行时，定子漏阻抗压降所占的比重很小，在 $\dot{U}_1$ 不变的情况下，电势 $\dot{E}_1$ 的变化很小，可以认为是一个近似不变的数值。对于电动机来说，当频率一定时，电势 $\dot{E}_1$ 与主磁通 $\dot{\Phi}$ 成正比，所以当 $\dot{E}_1$ 不变时，$\dot{\Phi}$ 也近似不变，因此励磁磁势也不变。由此可见，在转子绕组中通过电流产生磁势 $\boldsymbol{F}_2$ 的同时，定子绕组中就必然增加一个电流分量，使这一电流分量产生的磁势 $-\boldsymbol{F}_2$ 抵消转子电流产生的磁势，以保持励磁磁势不变。励磁磁势 $\boldsymbol{F}_0$ 产生交链于定、转子绕组的主磁通 $\dot{\Phi}$，分别在定子、转子绕组中感应电势 $\dot{E}_1$ 和 $\dot{E}_{2s}$，同时，定、转子磁势 $\boldsymbol{F}_1$ 和 $\boldsymbol{F}_2$ 分别产生只交链本绕组的漏磁通 $\dot{\Phi}_{1\sigma}$ 和 $\dot{\Phi}_{2\sigma}$，感应出漏电势 $\dot{E}_{1\sigma}$ 和 $\dot{E}_{2\sigma}$，其电磁关系如下：

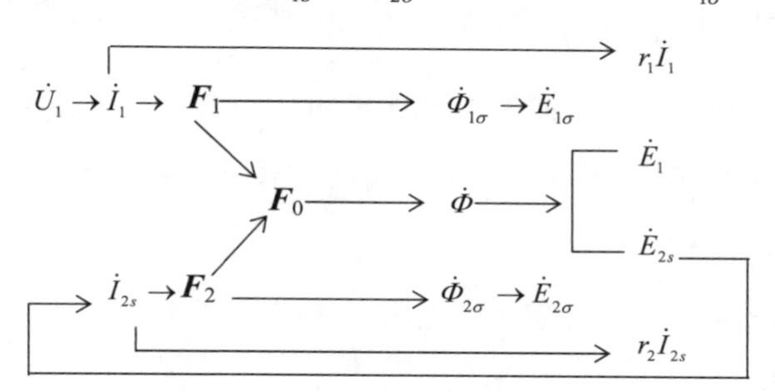

三、电势平衡方程式

负载时，定子电流为 $\dot{I}_1$，可列出负载时的电势平衡方程式

$$\left.\begin{aligned}&\dot{U}_1=-\dot{E}_1-\dot{E}_{1\sigma}+\dot{I}_1r_1=-\dot{E}_1+\dot{I}_1Z_1\\&\dot{E}_{2s}-\dot{I}_{2s}(r_2+\mathrm{j}X_{2s})=0\end{aligned}\right\} \tag{4-32}$$

式中　$\dot{I}_{2s}$——转子每相电流，它是由转子转动的电势和转子实际的电阻及电抗来决定的，其频率为 f_2，$I_{2s}=\dfrac{E_{2s}}{\sqrt{r_2^2+X_{2s}^2}}=\dfrac{sE_2}{\sqrt{r_2^2+(sX_2)^2}}$。

注意：因为转子绕组自成闭合回路，端电压 $\dot{U}_2=0$

四、异步电动机的等效电路

异步电动机的定、转子绕组之间只有磁的耦合，没有电的联系，而且定、转子绕组的相数、匝数、绕组系数不同，两电路频率不同，因此需要进行折算才能得出异步电动机的等效电路。

1. 频率折算

频率折算就是要寻求一个等效的转子电路来代替实际旋转的转子电路，而该等效的转子电路应与定子电路有相同的频率。我们知道，在转子不动的时候，$n=0,\ s=1,\ f_2=f_1$，所以频率折算就是用一个静止的转子绕组来代替转动的转子绕组。

当然，在等效过程中，要保持电机的电磁关系不变，所以进行频率折算时应保持转子磁势的大小、相位不变，即保持折算前后转子电流的大小、相位不变。

实际旋转转子的电流为

$$\dot{I}_{2s}=\frac{\dot{E}_{2s}}{r_2+\mathrm{j}X_{2s}}\quad（频率为 f_2）\tag{4-33}$$

分子和分母同除以转差率 s，得

$$\dot{I}_2=\frac{\dot{E}_2}{\dfrac{r_2}{s}+\mathrm{j}X_2}=\frac{\dot{E}_2}{\left(r_2+\dfrac{1-s}{s}r_2\right)+\mathrm{j}X_2}\quad（频率为 f_1）\tag{4-34}$$

式中 $\dfrac{r_2}{s}+\mathrm{j}X_2$——等效静止转子绕组的一相漏阻抗。

以上两式的电流数值仍是相等的，转子的功率因数角 $\varphi_2=\arctan\dfrac{X_{2s}}{r_2}=\arctan\dfrac{X_2}{r_2/s}$ 的大小也没有改变，但两式的物理意义是不同的。这就说明，如果在静止的转子每相绕组中串入一个电阻 $\dfrac{1-s}{s}r_2$，那么这个静止的转子绕组与实际旋转的转子绕组的电流大小及相位大小一样，这就实现了等效的频率折算。

为了便于和变压器的等效电路对应，将电阻 $\dfrac{r_2}{s}$ 分为两部分，即 r_2 和 $\dfrac{1-s}{s}r_2$。其中，第一项 r_2 为转子绕组的实际电阻；第二项 $\dfrac{1-s}{s}r_2$ 称为模拟电阻，它与转差率 s 有关，又称为等效负载电阻。等效负载电阻 $\dfrac{1-s}{s}r_2$ 上消耗的电功率为 $m_2I_2^2\dfrac{1-s}{s}r_2$，实际上相当于电动机轴上的总机械负载功率 $P_{\Sigma\mathrm{M}}$，即

$$P_{\Sigma\mathrm{M}}=m_2I_2^2\frac{1-s}{s}r_2\tag{4-35}$$

2. 绕组折算

对异步电动机进行了频率折算后，因定、转子频率不同而发生的问题就解决了，但是还不能把定、转子电路联系起来，因为 $E_1=4.44f_1N_1\Phi K_{W1}$，$E_2=4.44f_1N_2\Phi K_{W2}$，即 $E_1\neq E_2$，所以还要像变压器的处理方法一样，进行绕组折算，才能得出两个电路有电的联系的等效电路。所谓绕组折算，就是人为地用一个相数、匝数以及绕组系数和定子一样的绕组去代替原来的

转子绕组，在折算中必须保证折算前后转子的电磁关系不变。折算后的转子各量称为折算量，在原来符号的右上方加上符号“′”表示。

若折算后的转子电流为 I_2'，应保持折算前后转子磁势不变，所以

$$0.9\times\frac{m_1}{2}\times\frac{N_1K_{W1}}{p}I_2'=0.9\times\frac{m_2}{2}\times\frac{N_2K_{W2}}{p}I_2$$

得出折算后转子电流

$$I_2'=\frac{m_2N_2K_{W2}}{m_1N_1K_{W1}}I_2=\frac{1}{K_I}I_2 \tag{4-36}$$

式中　K_I——电流变比，$K_I=\dfrac{m_1N_1K_{W1}}{m_2N_2K_{W2}}$。

若折算后的转子电势为 E_2'，因为折算前后主磁通不变，所以电势与匝数和绕组系数成正比，即

$$\frac{E_2'}{E_2}=\frac{4.44f_1N_1\Phi K_{W1}}{4.44f_1N_2\Phi K_{W2}}=\frac{N_1K_{W1}}{N_2K_{W2}}$$

$$E_2'=\frac{N_1K_{W1}}{N_2K_{W2}}E_2=K_UE_2 \tag{4-37}$$

式中　K_U——电势变比，$K_U=\dfrac{N_1K_{W1}}{N_2K_{W2}}$。

若折算后转子每相电阻为 r_2'，因为折算前后转子的铜耗不变，所以

$$\left.\begin{aligned}&m_1I_2'^2r_2'=m_2I_2^2r_2\\&r_2'=\frac{m_2}{m_1}\cdot\frac{m_1^2N_1^2K_{W1}^2}{m_2^2N_2^2K_{W2}^2}r_2=K_IK_Ur_2\end{aligned}\right\} \tag{4-38}$$

若转子折算后的每相电抗为 X_2'，因为折算前后转子无功功率不变，所以

$$\left.\begin{aligned}&m_1I_2'^2X_2'=m_2I_2^2X_2\\&X_2'=K_IK_UX_2\end{aligned}\right\} \tag{4-39}$$

显然，折算后转子的每相阻抗

$$Z_2'=K_UK_IZ_2 \tag{4-40}$$

可见，转子侧各电磁量折算到定子侧时，转子电势和电压应乘以 K_U，转子电流应除以 K_I，转子电阻和电抗应乘以 K_IK_U，则折算后转子电势平衡方程为

$$\dot{E}_2'=\dot{I}_2'\left(\frac{r_2'}{s}+\mathrm{j}X_2'\right) \tag{4-41}$$

3. T 形等效电路

经过频率和绕组的折算，就可将转子电路和定子电路合并为一个电路来研究，上面已推出 $E_1 = E_2'$，于是可得异步电动机的 T 形等效电路如图 4-33 所示。

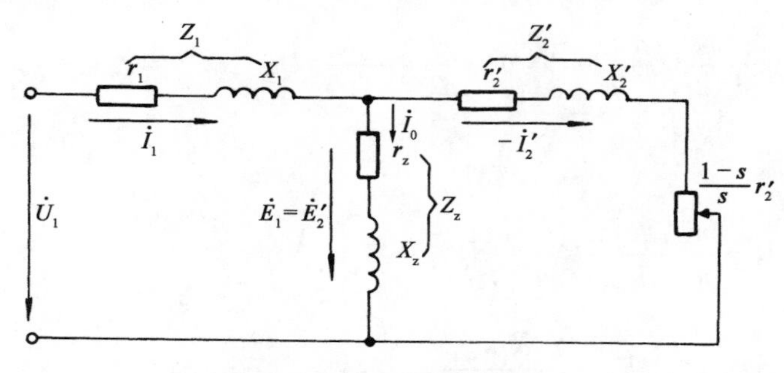

图 4-33　T 形等效电路

折算后的定、转子电势平衡方程为

$$\left.\begin{aligned} \dot{U}_1 &= -\dot{E}_1 + \dot{I}_1\left(r_1 + \mathrm{j}X_1\right) \\ \dot{E}_2' &= \dot{I}_2'\left(\frac{r_2'}{s} + \mathrm{j}X_2'\right) \\ \dot{E}_1 &= \dot{E}_2' = -\dot{I}_0 Z_z \\ \dot{I}_1 &+ \dot{I}_2' = \dot{I}_0 \end{aligned}\right\} \tag{4-42}$$

等效电路是分析和计算异步电动机性能的有力工具。在给定参数和电源电压的情况下，若已知 s，则电机的转速、电流、转矩、损耗和功率均可用等效电路算出。

4. 近似等效电路

T 形等效电路是一个串并联电路，它准确地反映了异步电动机的定、转子绕组的内在联系，但是计算和分析都比较复杂，因此在实际应用中可简化计算。需要注意的是，异步电动机的空载电流较大，它不能像变压器那样去掉励磁支路，只能把励磁支路移至输入端（为了减小误差，在前移时还需要串上定子漏阻抗，证明略），使电路简化为单纯的并联电路，称为近似等效电路，如图 4-34 所示。

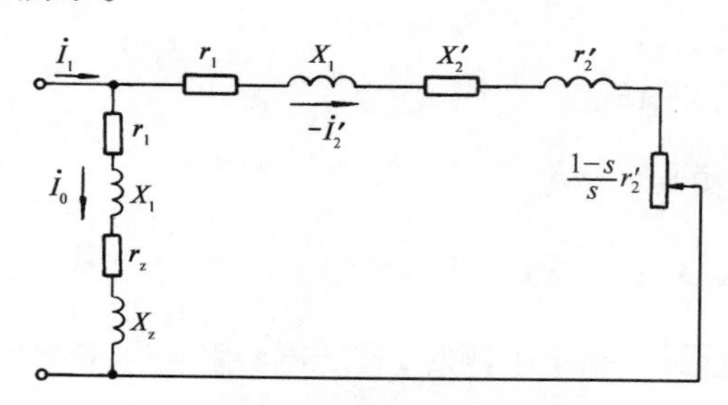

图 4-34　近似等效电路

这样计算可大为简便，如

$$\left.\begin{aligned} -\dot{I}_2' &= \frac{\dot{U}_1}{Z_1 + Z_2' + \dfrac{1-s}{s} r_2'} \\ \dot{I}_0 &= \frac{\dot{U}_1}{Z_1 + Z_z} \\ \dot{I}_1 &= \dot{I}_0 + \left(-\dot{I}_2'\right) \end{aligned}\right\} \tag{4-43}$$

与 T 形等效电路比较，会引起一些误差，但在工程上是允许的。

六、相量图

根据 T 形等效电路所对应的方程式，可以画出异步电动机负载时的相量图，如图 4-35 所示。

绘制相量图的步骤如下：

① 画出 $\dot{I}_2'$ 相量，并作为参考相量；

② 画出 $\dot{E}_1 = \dot{E}_2'$ 相量，根据 $\dot{E}_2' = \dot{I}_2'\left(\dfrac{r_2'}{s} + jX_2'\right)$；

③ 画出 $\dot{\Phi}$ 相量，根据 $\dot{\Phi}$ 超前 $\dot{E}_1$、$\dot{E}_2'$ 两相量 90°；

④ 画出 $\dot{I}_0$ 相量，根据它超前 $\dot{\Phi}$ 一个铁耗角 α_{Fe}；

⑤ 画出 $\dot{I}_1$ 的相量，根据 $\dot{I}_1 = \dot{I}_0 + (-\dot{I}_2')$；

⑥ 画出 $\dot{U}_1$ 相量，根据 $\dot{U}_1 = -\dot{E}_1 + \dot{I}_1(r_1 + jX_1)$。

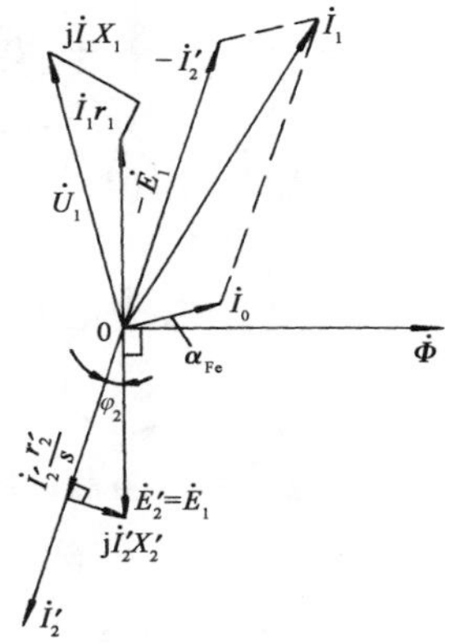

从相量图上可以看出，$\dot{I}_1$ 总是滞后于电源电压 $\dot{U}_1$，因为要建立和维持气隙中的主磁通和定、转子的漏磁通，需从电源吸取一定的感性无功功率，因此异步电动机的功率因数总是滞后的。

图 4-35　异步电动机的相量图

第七节　三相异步电动机的参数测定

和变压器一样，异步电动机在利用等效电路进行定量计算和分析时，必须知道等效电路中的参数，即励磁参数 Z_z、r_z、X_z 和短路参数 Z_d、r_d、X_d。这两种参数可由空载和短路试验测取。

一、空载试验

1. 空载试验的目的和方法

空载试验的目的是确定电机的励磁参数 r_z、X_z 以及电机的损耗 P_{Fe}、P_M。

空载试验接线如图 4-36 所示。试验时，定子接至 $U_1 = U_N$、$f_1 = f_N$ 的对称三相电源上，且电动机轴上不带任何负载，让电机在额定电压下空载运行一段时间（30 min），使其机械损耗达到稳定值。然后调节电压从(1.1 ~ 1.2)U_N降到 0.3U_N左右，做 7 ~ 9 组，记录U_1、P_0、I_0，并且绘制空载特性曲线 $I_0, P_0 = f(U_1)$，如图 4-37 所示。

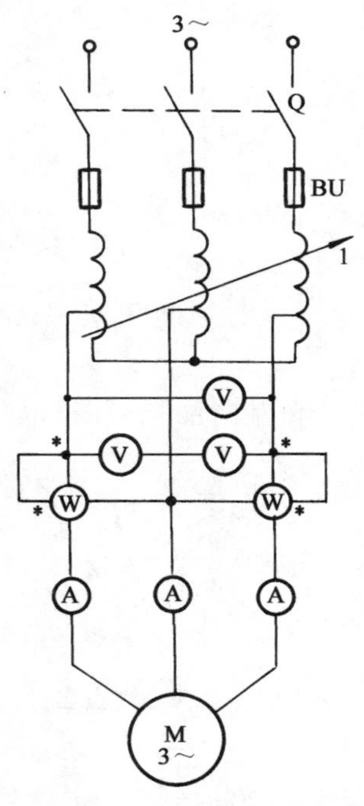

图 4-36　空载试验接线图

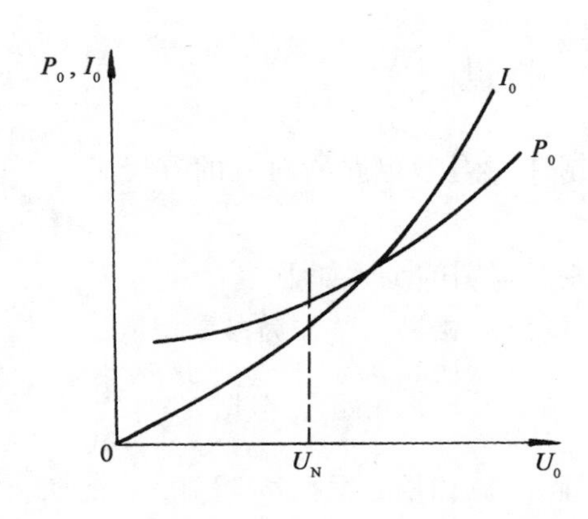

图 4-37　空载特性曲线

2. 铁耗与机械损耗的分离

做空载试验时，转差率 s 很小，转子电流 $I_2 \approx 0$，所以转子铜耗很小，可以忽略不计。那么输入功率消耗在定子铜耗 $P_{Cu1} = m_1 I_0^2 r_1$、铁耗 P_{Fe} 和机械摩擦损耗 P_M 上，即

$$P_0 \approx m_1 I_0^2 r_1 + P_{Fe} + P_M$$

与变压器空载损耗近似等于铁耗不同，异步电动机的空载电流较大，定子铜耗不可忽略，同时又因为转子旋转，存在机械损耗，因此求励磁电阻不像变压器那么简单，要先从空载损耗中分离出铁耗的大小来。方法如下：

首先从空载损耗中减去定子铜耗，就可得铁耗和机械损耗之和

$$P_0 - m_1 I_0^2 r_1 = P_{Fe} + P_M \tag{4-44}$$

由于铁耗与磁通的平方成正比，即与 U_1^2 成正比，$P_{Fe} \propto U_1^2$；而机械损耗 P_M 的大小与 U_1 无关，仅与转速的大小有关，当转速变化不大时可以认为是一常数，所以 $(P_{Fe} + P_M)$ 与电压的平方成正比。把不同电压下的 $(P_{Fe} + P_M)$ 与电压平方的关系绘成曲线，即 $P_{Fe} + P_M = f(U_1^2)$，如图 4-38 所示。这一曲线与纵轴的交点为 a，过交点 a 画与横轴平行的直线，直线以下的部分就表示与电源电压大小无关的机械损耗 P_M，直线以上的部分就表示与电压平方成正比的铁芯损耗 P_{Fe}。

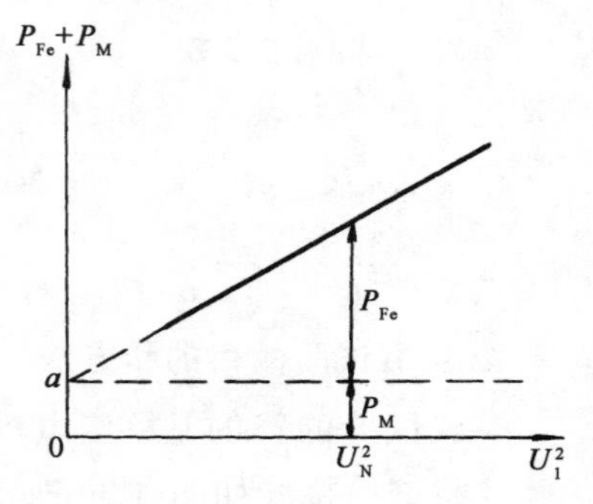

图 4-38　$P_{Fe} + P_M = f(U_1^2)$ 曲线

3. 励磁参数的确定

根据空载等效电路，并由空载特性曲线上查得额定电压时的空载电流和空载损耗，以及从铁耗和机械损耗的分离曲线上查得额定电压对应的铁耗，即可计算励磁参数

$$\left.\begin{aligned}&\text{空载阻抗}\quad |Z_0|=\frac{U_N}{I_0}=|Z_1|+|Z_z|\\&\text{空载电阻}\quad r_0=\frac{P_0}{m_1 I_0^2}\\&\text{空载电抗}\quad X_0=\sqrt{|Z_0|^2-r_0^2}\\&\text{励磁电抗}\quad X_z=X_0-X_1\end{aligned}\right\}\tag{4-45}$$

式中，X_1 可从短路试验求得。

励磁电阻 r_z 可由下式求得

$$r_z=\frac{P_{Fe}}{m_1 I_0^2}\tag{4-46}$$

注意：上述各式中的电压、电流均为一相的值。

二、短路试验

1. 短路试验的目的和方法

短路试验也称堵转试验，目的是确定三相异步电动机的短路参数 r_d 和 X_d。

短路试验的接线和空载试验时相同，但要注意更换仪表的量程。短路试验就是将转子堵转时做的试验。堵转时，$n=0$，$s=1$，T 形等效电路中的附加电阻 $\frac{1-s}{s}r_2'=0$，这时因电流过大，引起电机发热，所以应降低电源电压进行试验。在试验时，一般是调节调压器使短路电压 U_d 从零开始增加，当短路电流 I_d 达到 $1.2I_N$ 时，开始记录数据。逐步降低短路电压，短路电流随之下降至 $0.3I_N$，做 5 ~ 7 组，记录 U_d、I_d、P_d。绘制短路特性曲线 $I_d,P_d=f(U_d)$，如图 4-39 所示。

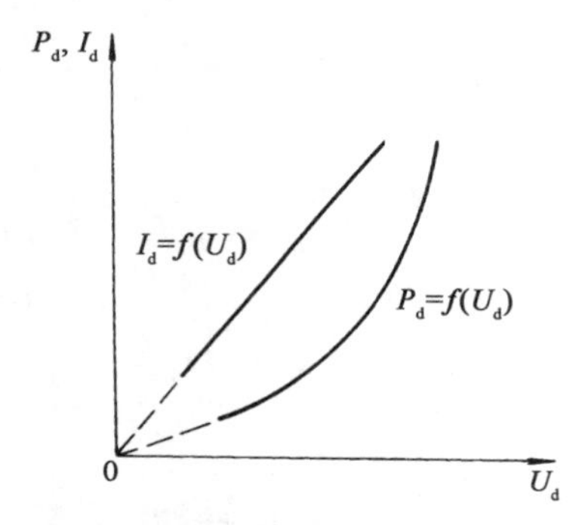

图 4-39　短路特性曲线 $I_d,P_d=f(U_d)$

2. 短路参数的确定

因为短路时，电压较低，所以磁通较低，励磁电流很小，可以认为励磁支路开路，这时 $I_2'\approx I_1=I_d$。由短路特性查出 $I_d=I_N$ 时的 U_d 和 P_d，即可计算参数

$$\left.\begin{aligned}&\text{短路阻抗}\quad |Z_d|=\frac{U_d}{I_d}\\&\text{短路电阻}\quad r_d=\frac{P_d}{m_1 I_d^2}\\&\text{短路电抗}\quad X_d=\sqrt{|Z_d|^2-r_d^2}\\&\text{一般可假设}\quad X_1\approx X_2'=\frac{X_d}{2}\end{aligned}\right\}\tag{4-47}$$

注意：上述各式中的电压、电流均为一相的值。

例 4-5 有一台四极三相异步电动机，已知 $P_N = 10\ \text{kW}$，$U_N = 380\ \text{V}$，$f_N = 50\ \text{Hz}$，Y 联结，测出定子电阻 $r_1 = 0.5\ \Omega$，并有：

（1）空载试验，$U_1 = 380\ \text{V}$，$I_0 = 5.4\ \text{A}$，$P_0 = 425\ \text{W}$，$P_M = 170\ \text{W}$；

（2）短路试验，$U_d = 130\ \text{V}$，$I_d = 19.8\ \text{A}$，$P_d = 1\ 050\ \text{W}$。

试求异步电动机的励磁参数和短路参数。

解

（1）先求励磁参数

空载阻抗 $$|Z_0| = \frac{U_N}{I_0} = \frac{380/\sqrt{3}}{5.4} = 40.62 \quad (\Omega)$$

空载电阻 $$r_0 = \frac{P_0}{m_1 I_0^2} = \frac{425}{3\times 5.4^2} = 4.86 \quad (\Omega)$$

空载电抗 $$X_0 = \sqrt{|Z_0|^2 - r_0^2} = \sqrt{40.62^2 - 4.86^2} = 40.33 \quad (\Omega)$$

铁耗 $$P_{Fe} = P_0 - m_1 I_0^2 r_1 - P_M = 425 - 3\times 5.4^2 \times 0.5 - 170 = 211.3 \quad (\text{W})$$

励磁电阻 $$r_z = \frac{P_{Fe}}{m_1 I_0^2} = \frac{211.3}{3\times 5.4^2} = 2.42 \quad (\Omega)$$

（2）再求短路参数（设不计温度影响）

短路阻抗 $$|Z_d| = \frac{U_d}{I_d} = \frac{130/\sqrt{3}}{19.8} = 3.97 \quad (\Omega)$$

短路电阻 $$r_d = \frac{P_d}{m_1 I_d^2} = \frac{1050}{3\times 19.8^2} = 0.893 \quad (\Omega)$$

$$r_2' = r_d - r_1 = 0.893 - 0.5 = 0.393 \quad (\Omega)$$

短路电抗 $$X_d = \sqrt{|Z_d|^2 - r_d^2} = \sqrt{3.97^2 - 0.893^2} = 3.87 \quad (\Omega)$$

取 $$X_1 \approx X_2' \approx \frac{X_d}{2} = \frac{3.87}{2} = 1.93 \quad (\Omega)$$

励磁电抗 $$X_z = X_0 - X_1 = 40.33 - 1.93 = 38.40 \quad (\Omega)$$

第八节　三相异步电动机的功率和转矩平衡方程式

异步电动机是通过电磁感应把电能传送到转子再转化为轴上输出的机械能的，在能量转换过程中，功率平衡和转矩平衡是两个重要的关系。本节将导出功率和转矩平衡方程式。

一、功率平衡方程式

异步电动机运行时，定子从电网吸收电功率，转子向拖动的机械负载输出机械功率。电动机在能量转换的过程中，不可避免地要产生各种损耗。根据能量守恒定律，输出功率应等于输入功率减去各种损耗。图 4-40 所示为三相异步电动机的功率流程图。

图 4-40 中，电动机的输入功率为定子从电网吸收的电功率，即

$$P_1 = m_1 U_1 I_1 \cos\varphi_1 \tag{4-48}$$

式中　m_1、U_1、I_1、$\cos\varphi_1$——定子的相数、相电压有效值、相电流有效值和功率因数。

根据等效电路可知，在能量转变的过程中，由定子电流流过定子绕组造成的定子铜耗为

$$P_{\mathrm{Cu1}} = m_1 I_1^2 r_1 \tag{4-49}$$

交变磁场在铁芯中的损耗为

$$P_{\mathrm{Fe}} = m_1 I_0^2 r_z \tag{4-50}$$

余下的大部分功率通过旋转磁场的电磁作用，经过气隙传送到转子，这部分功率称为电磁功率 P_{em}，即

$$P_{\mathrm{em}} = P_1 - P_{\mathrm{Cu1}} - P_{\mathrm{Fe}} = m_1 E_2' I_2' \cos\varphi_2 \tag{4-51}$$

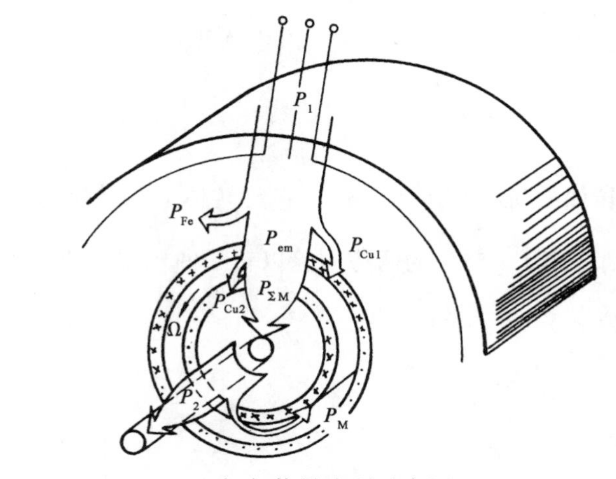

（a）能量流程示意图

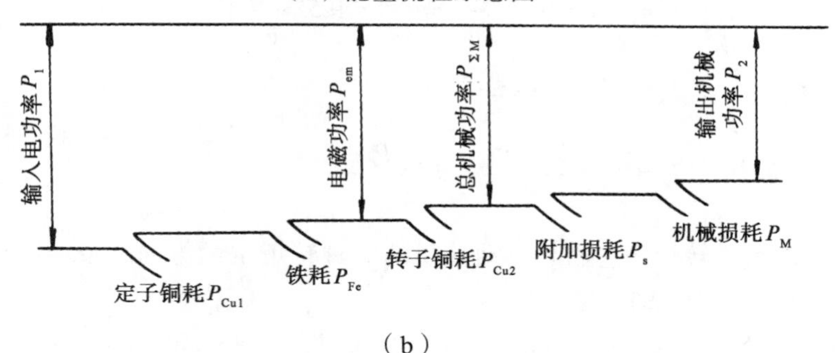

（b）

图 4-40　三相异步电动机的功率流程图

由等效电路可知

$$P_{em} = m_1 E_2' I_2' \cos\varphi_2 = m_1 I_2'^2 \frac{r_2'}{s} \tag{4-52}$$

传送到转子的电磁功率中有一小部分消耗在转子电阻 r_2' 上，即转子铜耗

$$P_{Cu2} = m_1 I_2'^2 r_2' = sP_{em} \tag{4-53}$$

因为转子频率在正常运行时仅为 1 ~ 3 Hz，所以铁芯的损耗可略去不计，因此，电磁功率扣去转子铜耗后的电功率是供给等效负载电阻的电功率，这实际就是转子轴上的总的机械功率

$$P_{\Sigma M} = m_2 I_2'^2 \frac{1-s}{s} r_2' = (1-s)P_{em} \tag{4-54}$$

注意，总机械功率还不是转子输出的机械功率，因为异步电动机还有轴承摩擦和风阻造成的摩擦等机械损耗 P_M 及因高次谐波和转子铁芯中的横向电流等引起的附加损耗 P_s，故轴上的输出机械功率为

$$P_2 = P_{\Sigma M} - P_M - P_s \tag{4-55}$$

综上可见

$$P_2 = P_1 - P_{Cu1} - P_{Fe} - P_{Cu2} - P_M - P_s = P_1 - \sum P \tag{4-56}$$

异步电动机的效率为

$$\eta = \frac{P_2}{P_1} \times 100\%$$

二、转矩方程式

由动力学可知，旋转体的机械功率等于作用在旋转体上的转矩与其机械角速度 Ω 的乘积，$\Omega = \frac{2\pi n}{60}$ rad/s。那么将式（4-55）的两边同除以转子的机械角速度 Ω，便可得到异步电动机的转矩平衡方程式为

$$\frac{P_2}{\Omega} = \frac{P_{\Sigma M}}{\Omega} - \frac{P_M}{\Omega} - \frac{P_s}{\Omega} \tag{4-57}$$

即

$$T_2 = T - T_0 \tag{4-58}$$

式中

$$\left.\begin{aligned} &\text{电磁转矩} \quad T = \frac{P_{\Sigma M}}{\Omega} = 9.55\frac{P_{\Sigma M}}{n} = \frac{P_{em}}{\Omega_1} = 9.55\frac{P_{em}}{n_1} \\ &\text{输出转矩} \quad T_2 = \frac{P_2}{\Omega} = 9.55\frac{P_2}{n} \\ &\text{空载阻力转矩} \quad T_0 = \frac{P_0}{\Omega} = \frac{P_s + P_M}{\Omega} = 9.55\frac{P_s + P_M}{n} \end{aligned}\right\} \tag{4-59}$$

其中，T_2 和 T_0 都是制动转矩，它们与驱动性质的电磁转矩 T 的方向相反。只有满足转矩平衡关系时，电动机才能以一定的转速稳定运行。

例 4-6 有一台 Y 联结的六极三相异步电动机，$P_N = 145$ kW，$U_N = 380$ V，$f_N = 50$ Hz。额定运行时，$P_{Cu2} = 3\,000$ W，$P_M + P_s = 2\,000$ W，$P_{Cu1} + P_{Fe} = 5\,000$ W，$\cos\varphi_1 = 0.8$。试求：

（1）额定运行时的电磁功率 P_{em}、额定转差率 s_N、额定效率 η_N 和额定电流 I_N。

（2）额定运行时的电磁转矩 T、额定转矩 T_N 及空载制动转矩 T_0。

解

（1）求 P_{em}、s_N、η_N 和 I_N

$$P_{em}=P_N+P_M+P_s+P_{Cu2}=145+2+3=150\quad（kW）$$

$$s_N=\frac{P_{Cu2}}{P_{em}}=\frac{3}{150}=0.02$$

$$P_1=P_{em}+P_{Cu1}+P_{Fe}=150+5=155\quad（kW）$$

$$\eta_N=\frac{P_N}{P_1}\times100\%=\frac{145}{155}\times100\%=93.5\%$$

$$I_N=\frac{P_1}{\sqrt{3}U_N\cos\varphi_1}=\frac{155\,000}{\sqrt{3}\times380\times0.8}=294.5\quad（A）$$

（2）求 T、T_N 和 T_0

由于是六极电动机，所以同步转速 n_1=1 000 r/min，于是

$$n_N=n_1(1-s)=1000\times(1-0.02)=980\quad（r/min）$$

$$T=9.55\frac{P_{em}}{n_1}=9.55\times\frac{150\,000}{1000}=1432.5\quad（N\cdot m）$$

$$T_N=9.55\frac{P_N}{n_N}=9.55\times\frac{145\,000}{980}=1413\quad（N\cdot m）$$

$$T_0=T-T_N=1432.5-1413=19.5\quad（N\cdot m）$$

第九节　三相异步电动机的工作特性

三相异步电动机的工作特性是指：当 $U_1=U_N$，$f_1=f_N$，且定、转子绕组不串接任何阻抗的条件下，电动机的转速 n、定子电流 I_1，电磁转矩 T、功率因数 $\cos\varphi_1$、效率 η 与输出功率 P_2 的关系曲线。上述关系可以通过直接负载法测得，也可以利用等效电路经过计算得到。电动机的工作特性曲线如图 4-41 所示。下面说明它们的意义及形状。

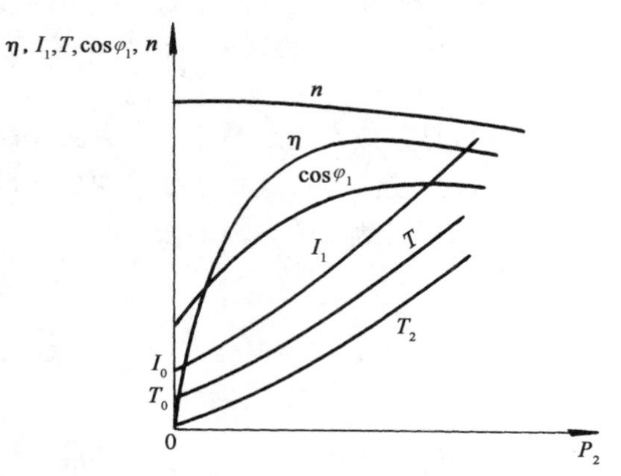

图 4-41　异步电动机的工作特性曲线

1. 转速特性 $n=f(P_2)$

三相异步电动机空载时 P_2=0，转子的转速 n 接近于电机同步转速 n_1，随着负载的增加，即输出功率增加时，转速要略微降低，这样才能使转子电势增大，从而使转子电流增大，以产生更大的电磁转矩与负载转矩相平衡。所以异步电动机的转速特性是一条稍向下倾斜的曲

线，即与并励电动机的转速特性相似，具有较硬的特性。

2. 电流特性 $I_1 = f(P_2)$

异步电动机定子电流与输出功率之间的关系曲线 $I_1 = f(P_2)$ 称为定子电流的特性曲线。由磁势平衡方程 $\dot{I}_1 = \dot{I}_0 + (-\dot{I}_2')$ 可知，当空载时，$\dot{I}_2' \approx 0$，故 $\dot{I}_1 \approx \dot{I}_0$。负载时，随着输出功率的增加，转子电流增大，于是定子电流的负载分量随之增加，所以 I_1 随 P_2 的增加而增加。

3. 功率因数特性 $\cos\varphi_1 = f(P_2)$

空载时 $P_2 = 0$，定子电流 I_1 就是空载电流 I_0，主要用于建立旋转磁场，因此主要是感性无功分量，功率因数很低，$\cos\varphi_1 = \cos\varphi_0 < 0.2$。当负载增加时，转子电流的有功分量增加，相对应的定子电流有功分量也增加，使功率因数提高。接近额定负载时，功率因数最高。超过额定负载时，由于转速降低较多（s 增加），转子电流与电势之间的相位角 $\varphi_2 = \arctan(sX_2 / r_2)$ 增加，转子的功率因数下降很多，转子电流的无功分量增大，引起定子电流中无功分量也增大，因而电动机的功率因数趋于下降，见图 4-41 所示。

4. 转矩特性 $T = f(P_2)$

空载时 $P_2 = 0$，电磁转矩 T 等于空载制动转矩 T_0。随着 P_2 的增加，由于 $T_2 = 9.55P_2 / n$，如果 n 不变，则 T_2 是一条过原点的直线。考虑到 P_2 增加时，n 稍有降低，故 $T = f(P_2)$ 是随着 P_2 的增加略向上偏离的直线。在式 $T = T_2 + T_0$ 中，T_0 值很小，而且认为它是与 P_2 无关的常数，所以 $T = f(P_2)$ 将比 $T_2 = f(P_2)$ 平行上移一定的数值，见图 4-41 所示。

5. 效率特性 $\eta = f(P_2)$

三相异步电动机的效率特性形状和直流电动机相似。由于

$$\eta = \frac{P_2}{P_1} \times 100\% = \left(1 - \frac{\sum P}{P_1}\right) \times 100\%$$
$$= \left(\frac{P_2}{P_2 + P_{\mathrm{Cu1}} + P_{\mathrm{Fe}} + P_{\mathrm{Cu2}} + P_{\mathrm{M}} + P_{\mathrm{s}}}\right) \times 100\% \tag{4-60}$$

空载时 $P_2 = 0$，$\eta = 0$；当负载增加但数值较小时，可变损耗 $(P_{\mathrm{Cu1}} + P_{\mathrm{Cu2}})$ 很小，效率将随负载的增加而迅速上升；当负载继续增加时，可变损耗随之增大，直至可变损耗等于不变损耗（$P_{\mathrm{Fe}} + P_{\mathrm{M}}$）时，效率达到最高；再继续增加负载时，由于可变损耗增加得较快，效率开始下降，见图 4-41 所示。

由此可见，效率曲线和功率因数曲线都是在额定负载附近达到最高，因此选用电动机容量时，应注意使其与负载相匹配。如果选得过小，电动机长期过载将影响其寿命；如果选得过大，则功率因数和效率都很低。

本 章 小 结

三相绕组的构成原则是力求获得最大的基波电势和磁势，尽可能地削弱谐波电势和磁势，并保证三相绕组产生的电势（磁势）对称，因而要求：① 线圈节距尽量接近于极距；② 采

用短距分布绕组，用以削弱高次谐波，但短距分布对基波分量也有一定的削弱，所以节距 y 和 q 值选择要合理；③ 每极每相槽数相等；④ 相带排列要正确，采用 60° 相带时为 U_1、W_2、V_1、U_2、W_1、V_2，各相绕组在空间相差 120°电角度。

电势的波形取决于气隙磁场在空间分布的波形。电势的频率 $f = pn_1/60$，若 $f = 50$ Hz 不变，则 n_1 与 p 间有固定关系。基波相电势的有效值 $E_{\phi 1} = 4.44 fN\Phi_1 K_{W1}$，可见其大小由主磁磁通、频率、相绕组支路串联匝数及绕组的结构决定。

在单相交流绕组中通入单相交流电，会产生一个空间位置固定不变、而幅值大小随时间变化的脉振磁势，此脉振磁势可以分解成两个转速相同、幅值相同、转向相反的旋转磁势。

三相对称绕组通入三相对称的正弦交流电流时，其合成磁势为一个幅值恒定的圆形旋转磁势。圆形旋转磁势的性质：① 幅值恒定；② 转速 $n_1 = 60f_1/p$；③ 转向与电流相序一致，由超前电流相转向滞后电流相；④ 当某相电流达到最大值时，幅值恰好转到该相绕组的轴线上。

三相异步电动机是靠电磁感应作用来工作的，其转子电流是由电磁感应产生的，故也称为感应电动机。

转差率是异步电动机的重要物理量，它的大小反映了电动机负载的大小，它的存在是异步电动机旋转的必要条件。用转差率的大小可区分异步电机的三种不同的运行状态。

异步电动机按转子结构不同，分为笼型和绕线型转子异步电动机。

从电磁感应的本质上看，异步电动机与变压器极为相似，因此可以采用研究变压器的方法来分析异步电动机。异步电动机和变压器具有相同的等效电路形式，但两者之间存在显著差异：① 主磁场性质不同，即异步电动机是旋转磁场，而变压器是脉振磁场；② 能量转换关系不一样，异步电动机是电能变换为机械能，变压器是电能变换成电能；③ 异步电动机定、转子电量的频率不同，而变压器则相同；④ 异步电动机主磁路有气隙，而变压器则没有，因此，两者参数相差较大；⑤ 异步电动机的绕组大都采用短距分布绕组，而变压器绕组可看成是集中整距绕组，所以两者的电势、磁势公式相差一个绕组系数。

为求出异步电动机的等效电路，除对转子绕组各量进行折算外，还须对转子频率进行折算。频率折算的实质就是用转子静止的异步电动机去代替转子旋转的异步电动机。等效电路中，$\dfrac{1-s}{s}r_2'$ 是模拟总机械功率的等效电阻。

当电动机负载变化时，其转速、转矩、定子电流、定子功率因数和效率将随输出功率而变化，其关系曲线称为异步电动机的工作特性，这些特性可衡量电动机性能的优劣。

思考题与习题

4-1　何为 60° 相带绕组？对三相交流绕组有何基本要求？

4-2　单层绕组有几种？它们的主要区别是什么？

4-3　双层绕组与单层绕组的主要区别是什么？

4-4　简述单、双层绕组的优缺点和它们的应用范围。

4-5　有一个三相单层绕组，$2p = 4$，$Z_1 = 36$，$a = 1$，试选择实际中最合适的绕组型式，划分相带，画出 U 相绕组的展开图。

4-6　有一台三相六极异步电动机，$Z_1=36$，$a=2$，$y=7\tau/9$，划分相带并画出 U 相绕组的叠绕组展开图。

4-7　试述基波分布系数、短距系数及绕组系数的意义，为何它们都是小于 1 的数？

4-8　欲使 7 次谐波电势为零，应让线圈短距多少？

4-9　某三相六极异步电动机，$U_N=380$ V，$f_N=50$ Hz，$Z_1=36$，定子采用双层短距分布绕组，Y 联结，节距 $y=5\tau/6$，$a=1$，每槽导体根数为 40。已知定子额定基波电势为额定电压的 85%，求每极基波磁通量 Φ 为多少？

4-10　三相异步电动机与变压器有何异同点？同容量时两者的空载电流有何差异？两者的基波感应电势公式有何差别？

4-11　三相异步电动机的旋转磁场是怎样产生的？

4-12　三相异步电动机旋转磁场的转速由什么决定？试问工频下二、四、六、八极的异步电动机的同步转速各为多少？频率为 60 Hz 时的呢？

4-13　试述三相异步电动机的工作原理，并解释“异步”的意义。

4-14　旋转磁场的转向由什么决定？如何改变异步电动机的转向？

4-15　若三相异步电动机的转子绕组开路，定子绕组接通三相电源后，能产生旋转磁场吗？电动机会转动吗？为什么？

4-16　何谓异步电动机的转差率？异步电动机的额定转差率一般是多少？启动瞬时的转差率是多少？转差率等于零时对应什么情况，这在实际中存在吗？

4-17　一台三相异步电动机的 $f_N=50$ Hz，$n_N=960$ r/min，该电动机的极对数和额定转差率是多少？另有一台四极三相异步电动机，其 $s_N=0.03$，那么它的额定转速是多少？

4-18　简述三相异步电动机的结构，它的主磁路包括哪几部分？

4-19　为什么异步电动机的定、转子铁芯要用导磁性能良好的硅钢片制成？而且空气隙必须很小？

4-20　对于三相异步电动机，如何解释“一个千瓦两个电流”这一说法？

4-21　一台 D 联结的 Y132M-4 异步电动机，其 $P_N=7.5$ kW，$U_N=380$ V，$n_N=1\,440$ r/min，$\eta_N=87\%$，$\cos\varphi_N=0.82$，求其额定电流和对应的相电流。

4-22　一台 50 Hz 的三相异步电动机运行于 60 Hz 的电源上时，电动机的空载电流如何变化？

4-23　异步电动机主磁通的大小由什么因素决定？

4-24　当异步电动机在额定电压下正常运行时，如果转子突然被卡住，会产生什么后果？为什么？

4-25　拆修异步电动机时重新绕制定子绕组，若把每相的匝数减少 5%，而额定电压、额定频率不变，则对电动机的性能有何影响？

4-26　试述当机械负载增加时，三相异步电动机的内部经过怎样的变化，最终使电动机在较以前低的转速下稳定运行？

4-27　三相异步电动机转子电路中的电势、电流、频率、感抗和功率因数与转差率有何关系？试说出 $s=1$ 和 $s=s_N$ 两种情况下，以上各量的对应大小。

4-28　异步电动机的转速变化时，转子电流产生的磁势相对定子的转速是否变化？为什么？

4-29　一台二极异步电动机接至频率为 f_1 的三相电源上，以转速 n 运行，问定、转子感应电势的频率各是多大？定子旋转磁势在空间的转速是多大？转子电流产生的磁势相对转子的转速和相对定子的转速各是多大？

4-30　在推导三相异步电动机的 T 形等效电路时，转子要进行哪些折算？为什么要进行这些折算？折算的原则是什么？怎样进行这些折算？

4-31　异步电动机的 T 形等效电路和变压器的 T 形等效电路有无差别？异步电动机的等效电路中的 $r_2'(1-s)/s$ 代表什么？能不能不用电阻而用等值的感抗和容抗代替？为什么？

4-32　当异步电动机的机械负载增加时，为什么定子电流会随转子电流的增加而增加？

4-33　三相异步电动机在空载时功率因数约为多少？为什么会这样低？在额定负载下运行时，功率因数为何会提高？

4-34　为什么异步电动机的功率因数总是滞后的？

4-35　一台三相异步电动机，$s_N = 0.02$，问此时通过气隙传递的电磁功率有百分之几转化为转子铜耗？有百分之几转化为机械功率？

4-36　一台三相异步电动机输入功率为 8.6 kW，$s = 0.034$，定子铜耗为 425 W，铁耗为 210 W，试计算电动机的电磁功率 P_{em}、转差功率 P_{Cu2} 和总机械功率 $P_{\Sigma M}$。

4-37　一台三相异步电动机，已知 $P_N = 28$ kW，$U_N = 380$ V，$n_N = 950$ r/min，$\cos\varphi_N = 0.88$，定子铜耗和铁耗共为 2.2 kW，机械损耗 $P_M = 1.1$ kW，忽略附加损耗，求额定运行时：

① 转差率 s、转子铜耗 P_{Cu2}；

② 效率 η、定子电流 I_1、转子电流的频率 f_2；

③ 电磁转矩 T、负载转矩 T_L 及空载转矩 T_0。

4-38　有一台 Y 联结的四极绕线转子异步电动机，$P_N = 150$ kW，$U_N = 380$ V，额定负载时的转子铜耗 $P_{Cu2} = 2\,210$ W，机械损耗 $P_M = 2\,640$ W，杂散损耗 $P_s = 1\,000$ W，试求额定运行时的电磁功率 P_{em}、转差率 s、转速 n、电磁转矩 T、负载转矩 T_L 及空载转矩 T_0。

第五章　三相异步电动机的电力拖动

与直流电动机相比，异步电动机具有结构简单、运行可靠、价格低、维护方便等一系列优点，因此异步电动机被广泛应用在电力拖动系统中。尤其是随着电力电子技术的发展和交流调速技术的日益成熟，使得异步电动机在调速性能方面完全可与直流电动机相媲美。目前，异步电动机的电力拖动已被广泛地应用在各个工业电气自动化领域中，并逐步成为电力拖动的主流。

本章首先讨论三相异步电动机的机械特性，然后以机械特性为理论基础，研究三相异步电动机的启动、制动、调速等问题。

第一节　三相异步电动机的电磁转矩

三相异步电动机的电磁转矩有三种表达式，即物理表达式、参数表达式和实用表达式，分别介绍如下。

一、电磁转矩的物理表达式

转子中的感应电流 I_2 与旋转磁场的主磁通 Φ 相互作用，因而产生了电磁力，所有导条上电磁力的作用方向是一致的，因而对转子形成了电磁转矩。那么，电磁转矩与转子电流 I_2、主磁通 Φ 有什么关系呢？现分析如下：

在第四章中讲过，三相异步电动机电磁转矩的基本公式是

$$T = \frac{P_{\mathrm{em}}}{\Omega_1}$$

同步角速度　$\Omega_1 = \frac{2\pi n_1}{60} = \frac{2\pi f_1}{p}$

电磁功率　$P_{\mathrm{em}} = m_1 E_2' I_2' \cos\varphi_2$

转子绕组感应电势　$E_2' = 4.44 f_1 N_1 \Phi K_{W1}$

由以上四个式子可得异步电动机的电磁转矩为

$$T=\frac{P_{\rm em}}{\Omega_1}=\frac{m_1E_2'I_2'\cos\varphi_2}{\frac{2\pi f_1}{p}}=\frac{m_1\times 4.44f_1N_1\Phi K_{W1}I_2'\cos\varphi_2}{\frac{2\pi f_1}{p}}$$

$$=\frac{4.44m_1pN_1K_{W1}}{2\pi}\Phi I_2'\cos\varphi_2$$

即

$$T=C_{\rm T}\Phi I_2'\cos\varphi_2 \tag{5-1}$$

式中　$C_{\rm T}$——转矩常数，显然 $C_{\rm T}=\frac{4.44m_1pN_1K_{W1}}{2\pi}$。

式（5-1）揭示了电磁转矩是由转子电流和主磁通相互作用而产生的这一物理本质，物理意义非常明确，所以称为电磁转矩的物理表达式。它表明异步电动机的电磁转矩与主磁通成正比，与转子电流的有功分量成正比。它常用来定性分析三相异步电动机的运行问题。

例 5-1　三相鼠笼型异步电动机在直接启动时，启动电流大而启动转矩却不大，这是为什么？

解　三相鼠笼型异步电动机在直接启动时，$s=1$，启动电流 $I_{\rm st}=\frac{U_1}{\sqrt{(r_1+r_2')^2+(X_1+X_2')^2}}$，因此启动电流极大。但由于此时 $f_2=f_1$，X_2' 比 r_2' 大得多，因此 $\varphi_2=\arctan\frac{X_2'}{r_2'}$ 角相当大，所以转子电流的有功分量 $I_2'\cos\varphi_2$ 并不很大；又由于启动时定子漏阻抗压降很大，在电源电压一定的情况下，E_1 减小，E_1 大约减小为 U_1 的一半，即主磁通 Φ 约为正常运行时的一半。因以上两点原因，所以启动转矩不大。

二、电磁转矩的参数表达式

电磁转矩的物理表达式虽然反映了异步电动机电磁转矩产生的物理本质，但不能直接反映电磁转矩与电动机转速之间的关系，而在电力拖动系统中则常常需要用转速或转差率与电磁转矩的关系式来分析问题。那么，电磁转矩与电动机的转速或转差率有什么关系呢？现分析如下：

由于转子电流的大小与电动机的运行情况（以 s 来表示）直接相关，所以，电磁转矩与转差率之间就有其确定的关系。

在第四章中讲过，三相异步电动机电磁功率 $P_{\rm em}=m_1I_2'^2\frac{r_2'}{s}$，根据三相异步电动机的简化等效电路，得转子电流

$$I_2'=\frac{U_1}{\sqrt{\left(r_1+\frac{r_2'}{s}\right)^2+(X_1+X_2')^2}}$$

将以上两式代入电磁转矩的基本公式 $T=\frac{P_{\rm em}}{\Omega_1}$，求得电磁转矩

$$T=\frac{P_{\rm em}}{\Omega_1}=\frac{m_1I_2'^2\frac{r_2'}{s}}{\frac{2\pi f_1}{p}}=\frac{m_1pU_1^2\frac{r_2'}{s}}{2\pi f_1\left[\left(r_1+\frac{r_2'}{s}\right)^2+(X_1+X_2')^2\right]} \tag{5-2}$$

式（5-2）反映了三相异步电动机的电磁转矩 T 与电源相电压 U_1、电源频率 f_1、电动机的参数（r_1、r_2'、X_1、X_2'、p、m_1）和转差率 s 之间的关系，所以称为电磁转矩的参数表达式。

由式（5-2）可知，当电源相电压 U_1、电源频率 f_1、电动机的参数不变时，电磁转矩 T 仅是转差率 s 的单值函数。对应于不同的 s，则有不同的 T，将这些数据绘成曲线，就是 $T=f(s)$ 曲线，也称 T-s 曲线，如图 5-1 所示。

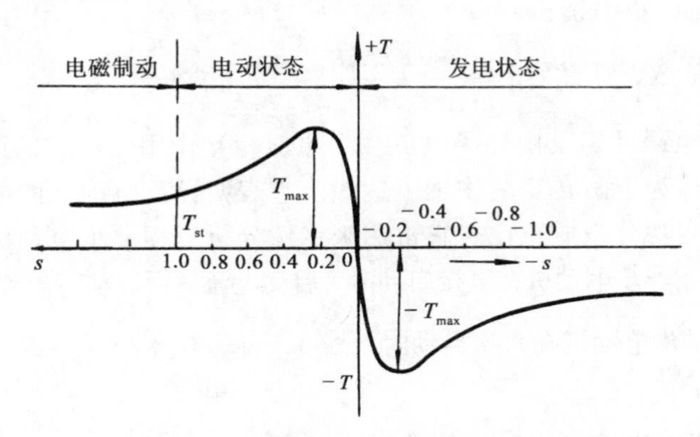

图 5-1　三相异步电动机的 T-s 曲线

以下对 T-s 曲线的形状进行定性解释。

1. 电动状态（$0<s<1$）

当 s=0 时，$\frac{r_2'}{s}\to\infty, I_2'=0$，$T=0$。从物理概念来看，这时转子以同步转速旋转，定、转子间的电磁感应消失了，转子电势及电流等于零，因而电磁转矩也等于零。

当 s 从零增大时，最初阶段由于 s 仍接近于零，因此 $\frac{r_2'}{s}$ 比 r_1 及 X_1+X_2' 大得多，所以在电磁转矩参数表达式中，r_1 及 X_1+X_2' 可忽略不计，因此可得到电磁转矩正比于转差率，即 $T\propto s$，随 s 增大，T 成正比增加。

当 s 继续增大至 s 较大时，$\frac{r_2'}{s}\approx r_2'$，此时定、转子漏抗 X_1+X_2' 比定、转子电阻 r_1+r_2' 大得多，所以 X_1+X_2' 成为阻抗中的主要部分，忽略参数表达式分母中的 $r_1+\frac{r_2'}{s}$ 项，可得到电磁转矩反比于转差率，即 $T\propto\frac{1}{s}$，随着 s 增大，T 成反比减小。

当 s 增大到 1 时，T 减小到 T_{st}，T_{st} 被称为启动转矩。

由以上分析可知，异步电机在电动运行状态时的 T-s 曲线是图 5-1 所示的 s 在 0～1 之间的那一段。

由图 5-1 可看出，三相异步电动机的 T-s 曲线有三个特殊点。

（1）同步运行点

在坐标原点，即 $s=0$、$T=0$ 这一点，此时电动机不进行机电能量转换。

（2）最大转矩点

根据数学知识，在电动运行状态的 T-s 曲线上，随着 s 的增大，电磁转矩 T 从正比于 s 到反比于 s，中间必有一分界点，此点的电磁转矩最大，为 T_{max}，此点就是最大转矩点，其对应的转差率为临界转差率 s_m。

因为最大转矩点是函数 $T=f(s)$ 的极值点，因此，为了求出 T_{max}，可以用高等数学中求最大值的方法求得，即令 $\frac{dT}{ds}=0$，求得临界转差率 s_m 为

$$s_m=\frac{r_2'}{\sqrt{r_1^2+(X_1+X_2')^2}}\approx\frac{r_2'}{X_1+X_2'} \tag{5-3}$$

把 s_m 代入式（5-2）得最大转矩 T_{max} 为

$$T_{max}=\frac{m_1pU_1^2}{4\pi f_1\left[r_1+\sqrt{r_1^2+(X_1+X_2')^2}\right]}\approx\frac{m_1pU_1^2}{4\pi f_1(X_1+X_2')} \tag{5-4}$$

在式（5-3）和式（5-4）中，因定子绕组电阻 $r_1<<(X_1+X_2')$，忽略 r_1 得近似表达式。在正常情况下，工程中常采用近似式，以简化计算。

从式（5-3）、式（5-4）可以得出：

① 当电源频率 f_1 及电动机参数不变的情况下，最大转矩 T_{max} 与 U_1^2 成正比，而临界转差率 s_m 与 U_1 无关。

② 当 U_1、f_1 及其他参数不变而仅改变转子回路电阻时，T_{max} 不变，而临界转差率 S_m 与转子回路的电阻成正比。

③ 当 U_1、f_1 及其他参数不变而仅改变定、转子漏抗 (X_1+X_2') 时，T_{max} 和 s_m 都近似与 (X_1+X_2') 成反比。

④ 当 U_1 不变时，最大转矩 T_{max} 与 f_1^2 成反比。

最大电磁转矩对电动机来说具有重要意义。当电动机短时超负荷运行时，只要轴上总的阻力矩 T_2+T_0 不大于电动机的 T_{max}，则电动机总是可以稳定运行下去的。如果 $T_2+T_0>T_{max}$，则电动机就要停转，可见 T_{max} 的大小标志着电动机过载能力的大小。我们称最大转矩 T_{max} 与额定转矩 T_N 之比为最大转矩倍数（或过载能力），用 λ_m 表示，即

$$\lambda_m=\frac{T_{max}}{T_N}$$

λ_m 是异步电动机的一个重要性能指标，它表明了电动机短时过载的极限。一般电机的 $\lambda_m=1.8\sim2.5$；供起重和冶金机械用的异步电动机的 $\lambda_m=2.7\sim3.7$。

（3）启动点

当 s=1 时，电磁转矩为启动转矩 T_{st}，此点为启动点。将 $s=1$ 代入式（5-2）得启动转矩 T_{st} 为

$$T_{st}=\frac{m_1pU_1^2r_2'}{2\pi f_1\left[(r_1+r_2')^2+(X_1+X_2')^2\right]} \tag{5-5}$$

从式（5-5）可以看到启动转矩 T_{st} 有如下特点：

① 当电源频率 f_1 及电动机参数不变的情况下，启动转矩 T_{st} 与 U_1^2 成正比。

② 当 U_1、f_1 及其他参数不变，在一定范围内，增大转子回路电阻，T_{st} 增大。利用此特点，可在绕线型异步电动机的转子回路中外串电阻来增加启动转矩 T_{st}。如果我们想在启动时得到最大转矩，则应使 s_m=1，即必须在转子回路中串入启动电阻 r_{st}，并使其满足关系

$$r_2'+r_{st}'=X_1+X_2'$$

③ 当 U_1、f_1 及其他参数不变，则定、转子总漏抗 (X_1+X_2') 增加时，T_{st} 减少。

除了最大转矩 T_{max} 之外，异步电动机的启动转矩 T_{st} 也是重要的运行性能指标，启动转矩越大，电机启动越容易，启动过程越短，意味着有好的启动性。通常以启动转矩倍数 K_{st} 来表示这一特性。所谓启动转矩倍数 K_{st}，是指在额定电压、额定频率及电机固有参数的条件下的启动转矩 T_{st} 与额定转矩 T_N 的比值，即

$$K_{st} = \frac{T_{st}}{T_N}$$

一般的笼型异步电动机的 $K_{st} = 1.0 \sim 2.0$，对于起重和冶金机械用的异步电动机的 $K_{st} = 2.8 \sim 4.0$。

2. 发电状态（$s < 0$）

如果电机的转子受外力拖动，使转子加速到 $n > n_1$，这时转差率变为负值，旋转磁场切割转子导体的方向与电动状态时相反，转子导体感应的电势和电流方向均改变，它受到的电磁力和电磁转矩方向也改变，即 $T < 0$，是制动性质的；又因为电磁功率 $P_{em} = m_1 I_2'^2 \frac{r_2'}{s}$ 也变为负值，说明电机向电网输入电功率，故电机处于发电状态。忽略 r_1，由式（5-2）可见，$s < 0$ 时的 T-s 曲线与电动状态时的曲线是相对于原点对称的，参见图 5-1。

3. 制动状态（$s > 1$）

当旋转磁场转向与电机转向相反时，转差率 $s > 1$，这有两种情况：

① 磁场反向（$n_1 < 0$，$n > 0$），$s = \frac{-n_1 - n}{-n_1} > 1$，旋转磁场切割转子导体的方向与电动状态时相反，即 $T < 0$，是制动性质的。

② 转子反向（$n_1 > 0$，$n < 0$），$s = \frac{n_1 - (-n)}{n_1} > 1$，旋转磁场切割转子导体的方向与电动状态时相同，即 $T > 0$，但由于 $n < 0$，T 仍是制动性质。

可见，当转差率 $s > 1$，电磁转矩与电机转向相反，起制动作用，此时电机处于制动状态。在 $s > 1$ 时，转子频率较大，转子漏抗较大，由式（5-2）可见，电磁转矩 T 随转差率 s 的增大而减小，所以制动状态时的 T-s 曲线是电动状态时的 T-s 曲线的延伸，参见图 5-1。

例 5-2 一台三相绕线型异步电动机，定子绕组 Y 联结，$U_N = 380$ V，$f_N = 50$ Hz，$n_N = 957$ r/min。$r_1 = r_2' = 1.53\ \Omega$，$X_1 = 3.12\ \Omega$，$X_2' = 4.25\ \Omega$，不计 T_0。试求：

（1）额定电磁转矩；

（2）临界转差率，最大电磁转矩及过载能力；

（3）欲使启动时产生最大启动转矩，在转子回路中应串入多大电阻（折算值）？

解 由于 n_N 略小于 n_1，所以由 $n_N = 957$ r/min 可确定 $n_1 = 1\,000$ r/min，电机的极对数 $p = 3$，则

$$s_N = \frac{n_1 - n_N}{n_1} = \frac{1000 - 957}{1000} = 0.043$$

（1）额定电磁转矩

$$T_N = \frac{m_1 p U_1^2 \frac{r_2'}{s_N}}{2\pi f_1 \left[\left(r_1 + \frac{r_2'}{s_N} \right)^2 + (X_1 + X_2')^2 \right]}$$

$$=\frac{3\times3\times(380/\sqrt{3})^2\times\frac{1.53}{0.043}}{2\times50\times3.14\times\left[\left(1.53+\frac{1.53}{0.043}\right)^2+(3.12+4.25)^2\right]}=34.48\quad(\text{N·m})$$

（2）临界转差率、最大电磁转矩及过载能力

$$s_m\approx\frac{r_2'}{X_1+X_2'}=\frac{1.53}{3.12+4.25}=0.21$$

$$T_{max}\approx\frac{m_1pU_1^2}{4\pi f_1(X_1+X_2')}=\frac{3\times3\times(380/\sqrt{3})^2}{4\times3.14\times50\times(3.12+4.25)}=76.54\quad(\text{N·m})$$

$$\lambda_m=\frac{T_{max}}{T_N}=\frac{76.54}{34.48}=2.22$$

（3）欲使启动时产生最大转矩，应在转子回路中串入的电阻

$$r_{st}'=X_1+X_2'-r_2'=3.12+4.25-1.53=5.84\quad(\Omega)$$

三、电磁转矩的实用表达式

电磁转矩的参数表达式清楚地表示了电磁转矩与电动机的转差率、参数之间的关系，但在实际应用中，用式（5-2）来进行计算比较麻烦，而且在电机手册和产品目录中往往只给出额定功率 P_N、额定转速 n_N、过载能力 λ_m 等，而不给出电动机的内部参数，因此需要将式（5-2）进行简化，得出电磁转矩的实用表达式为

$$T=\frac{2T_{max}}{\frac{s_m}{s}+\frac{s}{s_m}}\tag{5-6}$$

上式中 T_{max} 及 s_m 可用下述方法求出

忽略 T_0

$$T_N=9.55\frac{P_N}{n_N}$$

$$T_{max}=\lambda_mT_N=9.55\lambda_m\frac{P_N}{n_N}$$

$$s_N=\frac{n_1-n_N}{n_1}$$

将 $T\approx T_N$、$s=s_N$、T_{max} 代入式（5-6），可得

$$s_m=s_N(\lambda_m\pm\sqrt{\lambda_m^2-1})$$

因为 $s_m>s_N$，故上式中应取+号，于是

$$s_m=s_N(\lambda_m+\sqrt{\lambda_m^2-1})\tag{5-7}$$

实际中使用实用表达式时，先根据已知数据计算出 T_{max} 和 s_m，再把它们代入式（5-6），

即可求不同 s 值时的电磁转矩 T 了。

在 $0<s<s_m$ 的线性段上，可认为 $s/s_m \ll s_m/s$，则式（5-6）变为

$$T=\frac{2T_{max}}{s_m}s \tag{5-8}$$

式（5-8）是一个简化的线性表达式，称为电磁转矩的近似公式，使用起来更为方便。但是在 $0<s<s_m$ 线段上，s 越接近 s_m，其误差越大。在使用式（5-8）时，临界转差率可用 $s_m=2\lambda_m s_N$ 来计算。

以上三种异步电动机的电磁转矩表达式，应用场合有所不同。一般物理表达式适用于定性分析 T 与 Φ_m 及 $I_2'\cos\varphi_2$ 之间的关系；参数表达式可分析参数的变化对电动机运行性能的影响；实用表达式适用于工程计算。

第二节　三相异步电动机的机械特性

与直流电动机相同，三相异步电动机的机械特性也是指其转速与电磁转矩之间的关系，即 $n=f(T)$。上节我们分析了 T-s 曲线，但在拖动系统中，常用机械特性 n-T 即 $n=f(T)$ 来分析电动机的电力拖动问题，机械特性曲线可由 T-s 曲线变换得到，如图 5-2 所示。

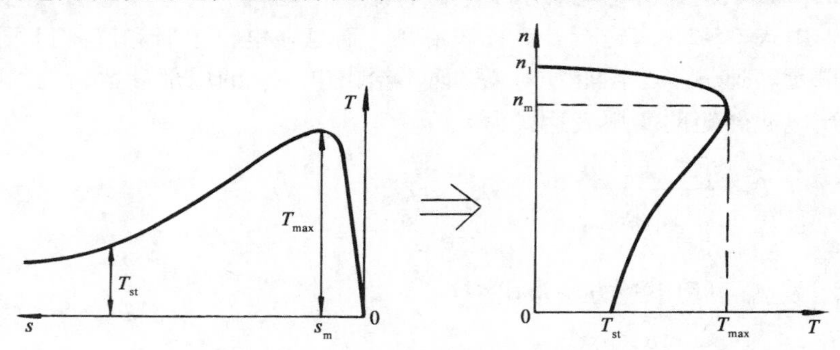

图 5-2　由 T-s 曲线变换为 n-T 曲线

一、固有机械特性

固有机械特性是指异步电动机在额定电压和额定频率下，电动机按规定的接线方法接线，定、转子回路中不外接电阻（电抗或电容）时所获得的机械特性曲线 $n=f(T)$。

三相异步电动机的固有机械特性可以通过计算定量地绘出，固有机械特性的绘制方法可用下面例题说明。

例 5-3　有一台 Y 联结的四极三相异步电动机，已知 $P_N=55$ kW，$n_N=1\,470$ r/min，$U_N=380$ V，$I_N=103$ A，$\lambda_m=2.3$。试绘制此异步电动机的固有机械特性曲线。

解
$$T_N=9.55\frac{P_N}{n_N}=9.55\times\frac{55\,000}{1\,470}=357.3\quad(\text{N·m})$$

$$T_{max} = \lambda_m T_N = 2.3 \times 357.3 = 821.8 \quad (\text{N·m})$$

$$s_N = \frac{n_1 - n_N}{n_1} = \frac{1500 - 1470}{1500} = 0.02$$

$$s_m = s_N(\lambda_m + \sqrt{\lambda_m^2 - 1}) = 0.02 \times (2.3 + \sqrt{2.3^2 - 1}) = 0.087\ 4$$

代入电动机的电磁转矩实用表达式，则

$$T = \frac{2 \times 821.8}{\dfrac{0.087\ 4}{s} + \dfrac{s}{0.087\ 4}}$$

根据表达式可得到不同 s 或 n 时的 T 值，列表如下：

s	0	0.005	0.01	0.02	0.087 4	0.1	0.5	1
n（r/min）	1 500	1 492.5	1 485	1 470	1 368.9	1 350	750	0
T（N·m）	0	93.7	185.7	357.3	821.8	814.5	279.0	142.5

根据表中数据，便可绘制出电动机的机械特性曲线如图 5-3 所示。但应该指出，用这种方法绘制的机械特性曲线，其非线性段与实际有一定误差。

异步电动机的固有机械特性也可通过三个特殊点定性绘制出，下面对这三个特殊点进行说明。

- 同步点 $D(0,n_1)$　要确定同步点，只需要确定同步转速 $n_1 = \dfrac{60 f_1}{p}$。
- 最大转矩点 $B(T_{max},n_m)$　T_{max} 可由式（5-4）确定，$n_m = (1 - s_m)n_1$ 可由式（5-3）确定。
- 启动点 $A(T_{st},0)$　启动转矩 T_{st} 由式（5-5）确定。

在实际应用中，只要确定出启动点、最大转矩点、同步点这三个特殊点，过这三个特殊点画圆滑的曲线，即可定性绘制出固有机械特性。

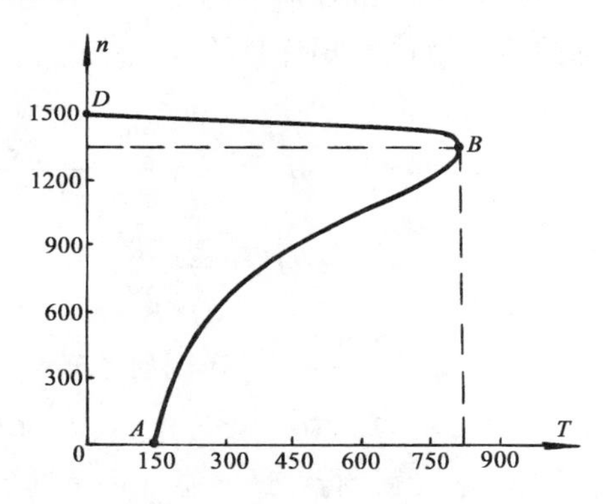

图 5-3　三相异步电动机的固有机械特性

二、人为机械特性

所谓人为机械特性就是改变异步电动机的任何一个或多个参数（U_1、f_1、定子极对数 p、定子和转子回路的电阻及电抗等），就可得到不同的机械特性，这些机械特性统称为人为机械特性。下面主要介绍三相异步电动机几种常见的人为机械特性。

1. 降低定子端电压的人为机械特性

如果异步电动机的其他条件都与固有特性时一样，仅降低定子相电压所得到的人为机械特性，称为降压人为机械特性。降低定子端电压后：

① 同步转速 n_1 不变，即不同 U_1 下的人为机械特性都通过固有机械特性的同步点；

② 最大电磁转矩 T_{max} 随 U_1^2 成比例下降，但 $n_m=n_1(1-s_m)$ 跟固有机械特性时一样；

③ 启动转矩 T_{st} 也随 U_1^2 成比例下降。

由以上分析，可得降低定子端电压后的启动点、最大转矩点、同步点，即可得降压人为机械特性如图 5-4 所示。

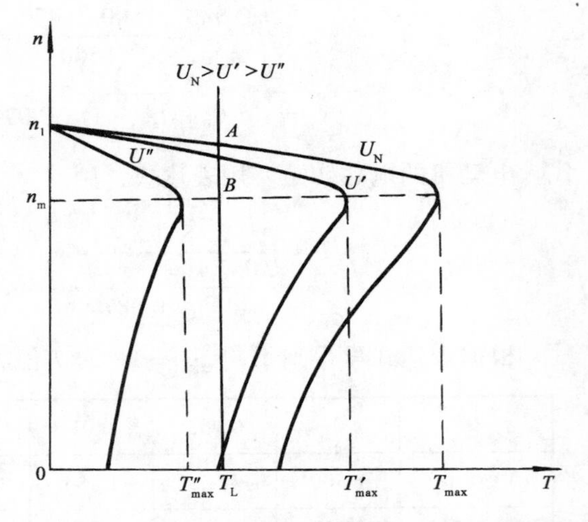

图 5-4 异步电动机降压时的人为机械特性

由图 5-4 可知，降压后的人为机械特性，其线性段的斜率变大，即特性变软；降压后电动机的启动转矩倍数和过载能力均显著地下降。这在实际应用中必须注意。

现分析一下降低电网电压对电动机运行的影响：

假设电动机原在额定情况下运行（A 点），此时电动机 $U_1=U_{1N}$，$I_1=I_{1N}$，$n=n_N$，$T=T_N$。如果电网电压由于某种原因降低，负载保持额定值不变时，电动机不能连续长期运行，否则势必影响电机寿命甚至可能烧坏。其原因为：当 U_1 降低时，瞬间转速 n_N 不变，电动机电流 I_1 及 I_2' 将下降，T 也下降，电动机开始减速，s 增大，电流因 sE_2 增大而回升，在 T 回升到 $T=T_N$ 以前，电动机继续减速，直到 $T=T_N$（B 点），系统又达到新的平衡状态。由于 U_1 下降前后，电磁转矩保持不变，根据

$$T=\frac{P_{em}}{\Omega_1}=\frac{m_1(I_2')^2\frac{r_2'}{s}}{\Omega_1}$$

得

$$(I_{2N}')^2\frac{1}{s_N}=(I_{2x}')^2\frac{1}{s_x} \tag{5-9}$$

式中 s_x、I_{2x}'——U_1 降低后的转差率、转子电流的折算值。

在式（5-9）中，由于 $s_x>s_N$，则 $I_{2x}'>I_{2N}'$，即 U_1 降低后电动机电流将大于额定值，电动机如长期连续运行，最终温升将超过允许值，导致缩短电机寿命、甚至烧坏电机的后果。从图 5-4 中还可以看到，如果电压下降太多，使最大转矩小于负载转矩，电动机将堵转。

2. 转子回路串联对称三相电阻的人为机械特性

对于绕线转子三相异步电动机，如果其他条件与固有特性时一样，仅在转子回路中串入对称三相电阻 R_P，如图 5-5（a）所示，所得人为机械特性简称为转子串电阻人为机械特性。由于此时：① 同步转速不变，即不同 R_P 的人为机械特性都通过固有机械特性的理想空载点（同步点）；② 转子串联电阻后的最大转矩 T_{max} 的大小不变，但临界转差率 s_m 随 R_P 增大而增大（或 n_m 随 R_P 的增大而减小）。可得人为机械特性如图 5-5（b）所示。

由图 5-5（b）可见，随着 s_m 增大，当 $s_m<1$ 时，T_{st} 随 R_P 的增大而增大；当 $s_m=1$时，$T_{st}=T_{max}$；但当 $s_m>1$ 后，T_{st} 随 R_P 的增大而减小。另外，转子串接对称电阻后，其机械特性曲线线性段的斜率增大，特性变软。

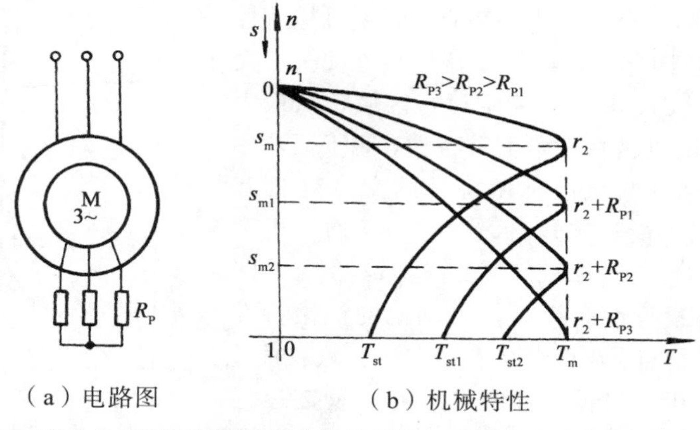

（a）电路图　　（b）机械特性

图 5-5　绕线转子异步电动机的转子电路串接对称电阻

转子回路串接对称电阻适用于绕线转子异步电动机的启动、制动和调速，这些内容将在以后几节中讨论。

3. 定子回路串接对称电抗（或电阻）时的人为机械特性

对于笼型异步电动机，可以在定子回路中串入对称的三相电抗 X_P，如图 5-6（a）所示，由前面的分析可知，此时，n_1 不变，但是从式(5-3)~式(5-5)可知，T_{max}、s_m 及 T_{st} 均随 X_P 的增加而下降，所得人为机械特性如图 5-6（b）所示。定子回路串接对称电抗一般用于笼型异步电动机的降压启动，以限制电动机的启动电流。

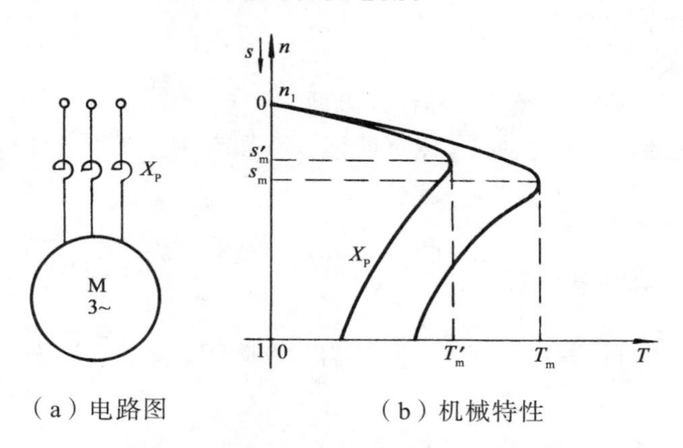

（a）电路图　　（b）机械特性

图 5-6　异步电动机的定子串接对称电抗器

定子回路串接三相对称电阻时的电路图和人为机械特性与上述串接电抗时相似。定子回路串接对称电阻一般也用于笼型转子异步电动机的降压启动。

除了上述几种人为机械特性外，关于改变电源频率、改变定子绕组极对数的人为机械特性，将在异步电动机调速一节介绍。

三、三相异步电动机的稳定运行区域

如图 5-7 所示，最大转矩点是三相异步电动机机械特性的“稳定”区域和“不稳定”

区域的分界点。从同步点到最大转矩点，因为机械特性曲线具有下降特性，因此负载的转矩特性与电动机的交点处均满足 $dT/dn < dT_L/dn$，是稳定运行区域；从最大转矩点到启动点，因机械特性是上升特性，对于恒功率和恒转矩负载均因与电动机机械特性的交点处具有 $dT/dn > dT_L/dn$，而不能稳定运行，只是对于通风机型负载，满足稳定运行的条件，可以稳定运行。例如，图 5-7 中的恒转矩负载特性曲线 1 与电动机的机械特性的交点 A 是稳定运行点，B 交点是不稳定运行点；通风机型负载 2 与电动机的机械特性的交点 C 是稳定运行点，但转速太低，损耗大，对通风机工作并不理想。因此三相异步电动机的理想稳定运行区域为 $n_1 > n > n_m$。

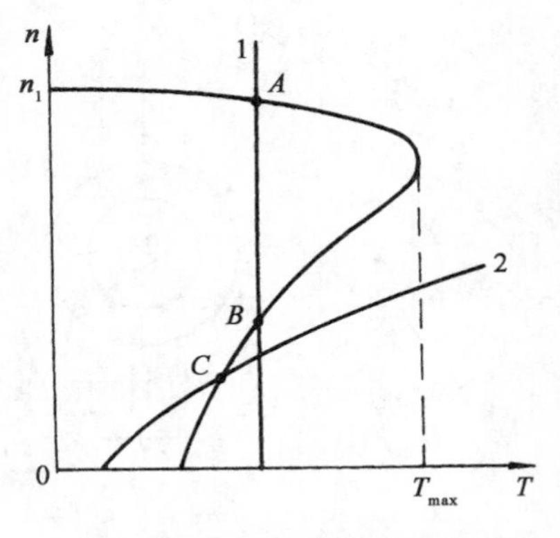

图 5-7　三相异步电动机的稳定运行区域

第三节　三相异步电动机的启动

电动机的启动是指电动机接通电源后，电动机由静止状态加速到稳定运行状态的过程。对异步电动机启动性能的要求和直流电动机一样，主要有以下几点：

① 启动电流要小；

② 启动转矩要大；

③ 启动设备尽可能简单、经济，操作要方便。

本节分别介绍鼠笼型异步电动机（以下简称“笼型异步电动机”）和绕线型异步电动机的启动。

一、三相笼型异步电动机的启动

笼型异步电动机的启动方法有两种：全压启动和降压启动。下面分别进行介绍。

1. 全压启动

全压启动也称直接启动，就是用刀开关或接触器将电动机定子绕组直接接到额定电压的电网上。这是一种最简单的启动方法，操作也很方便。但是，全压启动存在像我们前面所分析的启动电流大、启动转矩并不大的缺点。对于普通笼型异步电动机，启动电流倍数 $K_I = 4 \sim 7$，启动转矩倍数 $K_T = 1 \sim 2$。

笼型异步电动机全压启动时，启动电流大，而启动转矩不大，这样的启动性能是不理想的。过大的启动电流会使电网电压的压降增大，引起电网电压波动，给电动机自身也会带来不利影响，因此，全压启动一般只在小容量电动机中使用，如 7.5 kW 以下的电动机可采用全压启动。如果电网容量足够大，就可允许容量较大的电动机全压启动。可参考下列经验公式来确定电动机是否可以全压启动，即

$$\frac{3}{4}+\frac{\text{电源总容量}}{4\times\text{电动机容量}}\geqslant\frac{I_{st}}{I_N} \quad (5\text{-}10)$$

此式的左边为电源允许的启动电流倍数，右边为电动机的启动电流倍数，所以只有电源允许的启动电流倍数大于电动机的启动电流倍数时才能全压启动。

例 5-4　一台 20 kW 的电动机，启动电流与额定电流之比为 6.5，其电源变压器容量为 560 kV·A，问能否全压启动？另一台 75 kW 电动机，启动电流与额定电流之比为 7，能否全压启动？

解　对于 20 kW 的电动机，根据经验公式

$$\frac{3}{4}+\frac{\text{电源总容量}}{4\times\text{电动机容量}}=\frac{3}{4}+\frac{560\times10^3}{4\times20\times10^3}=7.75>6.5$$

由于电网允许的启动电流倍数大于该机的全压启动电流倍数，所以允许全压启动。

对于 75 kW 的电动机，根据经验公式

$$\frac{3}{4}+\frac{\text{电源总容量}}{4\times\text{电动机容量}}=\frac{3}{4}+\frac{560\times10^3}{4\times75\times10^3}=2.26<7$$

由于电网允许的启动电流倍数小于该机的全压启动电流倍数，所以不允许全压启动。

经核算电源容量不允许全压启动的笼型异步电动机，应采用降压启动。

2. 降压启动

降压启动是通过启动设备使加到电动机上的电压小于额定电压，待电动机转速上升到一定数值时，再使电动机承受额定电压，保证电动机在额定电压下稳定运行。降压启动的目的是减小启动电流，但同时也减小了电动机启动转矩（$T_{st}\propto U_1^2$），所以这种启动方法对电网有利，对负载不利。这种启动方法适用于对启动转矩要求不高的设备。下面介绍几种常见的降压启动方法。

（1）定子串电阻（或电抗）降压启动

定子串电阻或电抗降压启动，就是启动时在笼型异步电动机定子三相绕组中串接对称电阻（或电抗），如图 5-8（a）所示，待启动后再将它切除。

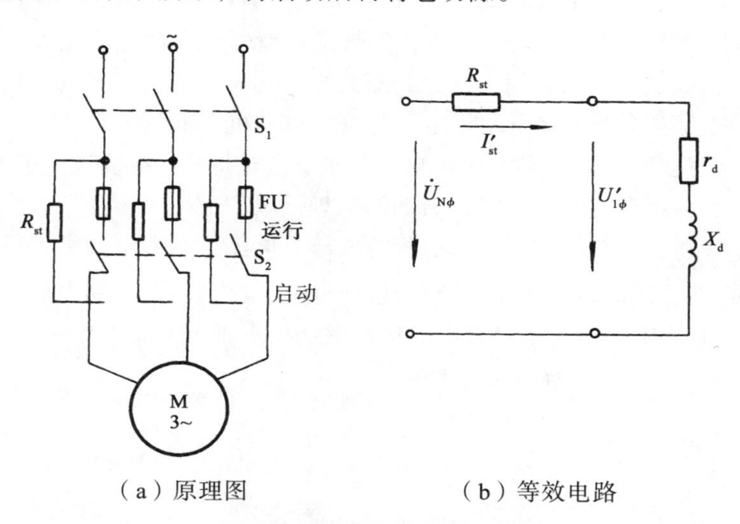

（a）原理图　　（b）等效电路

图 5-8　笼型异步电动机定子串电阻降压启动

启动时，先将转换开关 S_2 投向“启动”位，然后合上主开关 S_1 进行启动，此时较大的启动电流在启动电阻（或电抗）上产生了较大的电压降，从而降低了加到定子绕组上的电压，起到了减小启动电流的作用。当转速升高到一定数值时，把 S_2 切换到“运行”位，切除启动电阻（或电抗），电动机在全压下进入稳定运行。

电阻降压启动时耗能较大，一般只在较小容量电动机上采用，容量较大的电动机多采用电抗降压启动。

显然，串入的电阻或电抗起分压作用，使加在电动机定子绕组上的相电压 $U'_{1\phi}$ 低于电源相电压 $U_{N\phi}$（即全压启动时的定子端电压），使启动电流 I'_{st} 小于全压启动时的 I_{st}，定子串电阻启动的等效电路如图 5-8（b）所示。可见，调节所串电阻或电抗的大小，可以得到电网所允许通过的启动电流。

设 K（$K>1$）为启动电流所需降低的倍数，即

$$K=\frac{I_{st}}{I'_{st}}$$

则降压后的启动电流 I'_{st} 为

$$I'_{st}=\frac{I_{st}}{K} \tag{5-11}$$

由图 5-8（b）可知，$U'_{1\phi}=I'_{st}\left|Z_d\right|$；而全压启动时的 $U_{N\phi}=I_{st}\left|Z_d\right|$，比较两式有

$$U'_{1\phi}=\frac{U_{N\phi}}{K}$$

则降压后的启动转矩

$$T'_{st}=\frac{T_{st}}{K^2} \tag{5-12}$$

这种启动方法的优点是启动较平稳，运行可靠，设备简单。缺点是启动转矩随电压的降低而降低，只适合轻载启动，同时启动时电能损耗较大。

（2）采用自耦变压器降压启动

自耦变压器用于电动机降压启动，也称为启动补偿器，它的接线图如图 5-9（a）所示。启动时，把开关 S_2 投向“启动”侧，并合上开关 S_1，这时自耦变压器的高压侧接至电网，低压侧（有抽头，按需要选择）接电动机定子绕组，电动机在低压下启动。待转速上升至一定数值时，再把 S_2 切换到“运行”侧，切除自耦变压器，电动机直接接至额定电压的电网运行。

图 5-9（b）所示为自耦变压器降压启动的原理图。

设 $U_{N\phi}$、I'_{st} 分别表示自耦变压器一次侧的电压与电流，亦即电动机直接启动时的额定相电压和采用自耦变压器启动时由电网供给的启动电流；$U'_{1\phi}$、I'_{st2} 分别表示自耦变压器二次侧的电压与电流，亦即采用自耦变压器启动时加在电动机定子上的相电压和电动机的启动电流。设自耦变压器的变比为 K，由变压器原理得

$$\frac{I'_{st}}{I'_{st2}}=\frac{1}{K} \tag{5-13}$$

$$\frac{U_{N\phi}}{U'_{1\phi}}=K \tag{5-14}$$

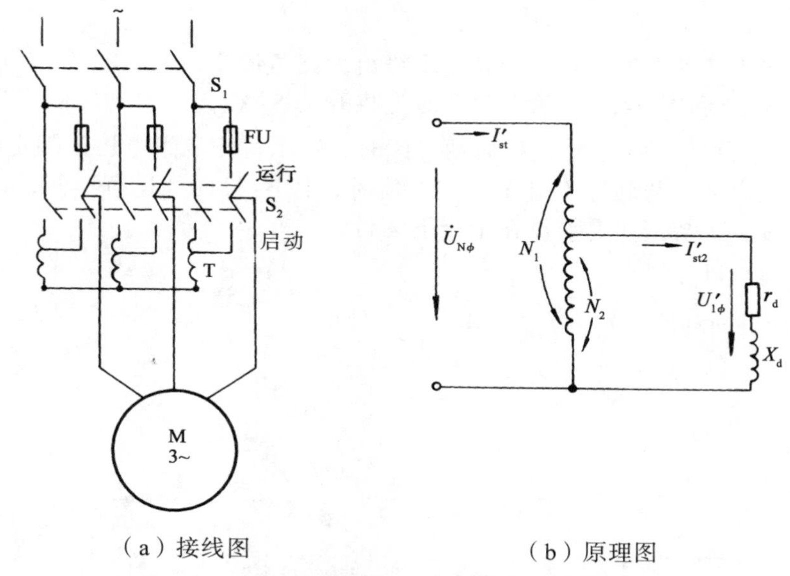

（a）接线图　（b）原理图

图 5-9　笼型异步电动机自耦变压器降压启动

设 I_{st} 是全压直接启动（电动机定子电压为 $U_{N\phi}$）时的启动电流，由于

$$\frac{I_{st}}{I'_{st2}}=\frac{U_{N\phi}/|Z_d|}{U'_{1\phi}/|Z_d|}=\frac{U_{N\phi}}{U'_{1\phi}}=K \tag{5-15}$$

由式（5-13）、式（5-15）得

$$\frac{I'_{st}}{I_{st}}=\frac{1}{K^2} \tag{5-16}$$

又因 $U'_{1\phi}=U_{N\phi}/K$，根据 $T_{st}\propto U_1^2$，启动转矩降为

$$T'_{st}=\frac{T_{st}}{K^2} \tag{5-17}$$

比较式（5-11）和式（5-12）、式（5-16）和式（5-17）可以看出，如果电网限制的启动电流倍数相同时，用自耦变压器降压启动将获得较大的启动转矩，这就是自耦变压器减压启动的主要优点之一。例如，电网允许通过的启动电流是全压启动时的一半，即 $I'_{st}=I_{st}/2$，若采用定子串电阻或电抗启动，根据式（5-11）、式（5-12）可得 $K=2$，$T'_{st}=T_{st}/4$；若采用自耦变压器降压启动，根据式（5-16）、式（5-17）可得 $K=\sqrt{2}$，$T'_{st}=T_{st}/2$，可见，采用自耦变压器降压启动的启动转矩大于定子串电阻或电抗启动时的启动转矩。

为了满足不同负载的要求，自耦变压器的二次侧一般有三个抽头，用户可根据电网允许的启动电流和机械负载所需的启动转矩进行选配。启动采用的自耦变压器有 QJ_2 和 QJ_3 两个系列。QJ_2 型的三个抽头比（即 $1/K$）分别为 55%、64% 和 73%；QJ_3 型为 40%、60% 和 80%。

采用自耦变压器降压启动时的线路较复杂，设备价格较高，可以拖动较大些的负载，但不能带重负载启动。此启动方法在较大容量笼型异步电动机上广泛应用。

（3）Y/D 降压启动

Y/D 降压启动只适用于正常运行时定子绕组为三角形联结的电动机，其启动接线及原理图分别如图 5-10 和图 5-11 所示。启动时先将开关 S_2 投向“启动”侧，定子绕组接成星形（Y 形），然后合上开关 S_1 进行启动，此时，定子每相绕组电压为额定电压的 $1/\sqrt{3}$，从而实现了降压启动。待转速上升至一定数值时，将 S_2 投向“运行”侧，恢复定子绕组为三角形（D 形）联结，使电动机在全压下运行。

由图 5-11 所示可得

Y 联结时的启动电流 $I'_{st}=I_{st\,Y}=\dfrac{U_N}{\sqrt{3}|Z_{st}|}$

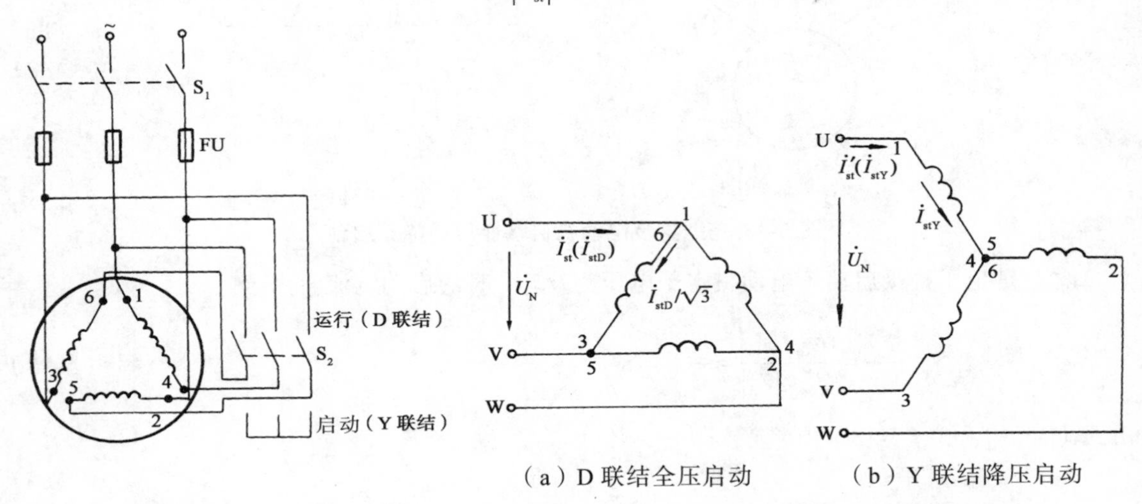

（a）D 联结全压启动　（b）Y 联结降压启动

图 5-10　笼型异步电动机 Y/D 降压启动线路图

图 5-11　笼型异步电动机 Y/D 降压启动原理图

D 联结时的启动电流 $I_{st}=I_{stD}=\sqrt{3}\dfrac{U_N}{|Z_{st}|}$

比较以上两式，可得到启动电流减小的倍数为

$$\frac{I'_{st}}{I_{st}}=\frac{I_{stY}}{I_{stD}}=\frac{1}{3} \tag{5-18}$$

根据 $T_{st}\propto U_1^2$，可得启动转矩减小的倍数为

$$\frac{T_{stY}}{T_{stD}}=\left(\frac{U_N/\sqrt{3}}{U_N}\right)^2=\frac{1}{3} \tag{5-19}$$

可见，Y/D 降压启动时，启动电流和启动转矩都降为直接启动时的 1/3 倍。

Y/D 降压启动操作方便，启动设备简单，应用较为广泛，但它仅适用于正常运行时定子绕组为三角形联结的电动机，因此，一般用途的小型异步电动机，当容量大于 4 kW 时，定子绕组都采用三角形联结。由于启动转矩为直接启动时的 1/3，这种启动方法多用于空载或轻载启动。

从以上分析可知，不论采用哪一种降压启动方法使启动电流减小至电网的允许范围内，都将使电动机的启动转矩受损失。但不同的降压启动方法有各自的特点，为了比较上述三种降压启动方法，现将主要数据列于表 5-1 中。

表 5-1　异步电动机降压启动方法的比较

参数比较 / 启动方法	$\frac{U_1'}{U_N}$	$\frac{I_{st}'}{I_{st}}$	$\frac{T_{st}'}{T_{st}}$	优、缺点
直接启动	1	1	1	启动最简单，启动电流大，启动转矩不大，适用于小容量轻载启动
串 R_{st}（或 X_{st}）启动	$\frac{1}{K}$	$\frac{1}{K}$	$\frac{1}{K^2}$	启动设备简单，启动转矩小，适用于轻载启动
Y/D 启动	$\frac{1}{\sqrt{3}}$	$\frac{1}{3}$	$\frac{1}{3}$	启动设备简单，启动转矩小，适用于轻载启动，只适用于三角形联结的电动机
自耦变压器启动	$\frac{1}{K}$	$\frac{1}{K^2}$	$\frac{1}{K^2}$	启动转矩大，有三种抽头可选，启动设备复杂，可带较大负载启动

例 5-5　某厂的电源容量为 560 kV·A，一皮带运输机采用三相笼型异步电动机拖动，其技术数据为：$P_N = 40$ kW，D 联结，全压启动电流为额定电流的 7 倍，启动转矩为额定转矩的 1.8 倍，要求带 $0.8T_N$ 的负载启动，试求应采用什么方法启动？

解　由题意知

$$\frac{I_{st}}{I_N}=7\,,\quad \frac{T_{st}}{T_N}=1.8$$

（1）试用全压启动

由经验公式

$$\frac{3}{4}+\frac{电源总容量}{4\times电动机容量}=\frac{3}{4}+\frac{560\times10^3}{4\times40\times10^3}=4.25<7$$

可见，该机的全压启动电流倍数大于电网允许的启动电流倍数，所以不允许全压启动。

由上面的计算可知，电网允许的最大启动电流为 $4.25I_N$，因此降压后，希望流过电网的电流 $I_{st}'\leqslant 4.25I_N$。

（2）试用电抗器降压启动

因为串电抗器后，希望流过电网的电流 $I_{st}'\leqslant 4.25I_N$，所以启动电流需降低的倍数

$$K=\frac{I_{st}}{I_{st}'}=\frac{7\times I_N}{4.25I_N}=1.647$$

则串电抗器后的启动转矩

$$T_{st}'=\frac{T_{st}}{K^2}=\frac{1.8\times T_N}{1.647^2}=0.66T_N<0.8T_N$$

可见，启动转矩无法满足要求，故不能采用串电抗器启动。

（3）试用 Y/D 降压启动

因电动机正常运行时是 D 联结，启动时采用 Y 联结，则

启动电流 $I'_{st}=\frac{I_{st}}{3}=\frac{7\times I_N}{3}=2.33I_N<4.25I_N$

启动转矩 $T'_{st}=\frac{T_{st}}{3}=\frac{1.8\times T_N}{3}=0.6T_N<0.8T_N$

可见，虽然启动电流小于电网容许值，但启动转矩不符合要求，不能采用。

（4）试用自耦变压器降压启动

因为用自耦变压器启动，希望流过电网的电流 $I'_{st}\leqslant 4.25I_N$，由于采用自耦变压器启动时，启动电流

$$I'_{st}=\frac{1}{K^2}I_{st}\leqslant 4.25I_N$$

则抽头电压比应满足

$$\frac{1}{K}\leqslant\sqrt{\frac{4.25I_N}{I_{st}}}=\sqrt{\frac{4.25I_N}{7I_N}}=0.77$$

由于采用自耦变压器启动时，启动转矩

$$T'_{st}=\frac{T_{st}}{K^2}\geqslant 0.8T_N$$

则抽头电压比应满足

$$\frac{1}{K}\geqslant\sqrt{\frac{0.8T_N}{T_{st}}}=\sqrt{\frac{0.8T_N}{1.8T_N}}=0.67$$

可见，采用自耦变压器启动时，要使启动电流和启动转矩均符合电网和负载的要求，抽头电压比应同时满足

$$0.77\geqslant\frac{1}{K}\geqslant 0.67$$

取标准抽头 0.73，即 $\frac{1}{K}=0.73$。可见，用抽头为 0.73 的自耦变压器降压启动，启动电流和启动转矩均符合电网和负载的要求。

3. 深槽式及双鼠笼型异步电动机

由以上对笼型异步电动机的启动分析可见，直接启动时，启动电流太大；降压启动时，虽然减小了启动电流，但启动转矩也随之减小。根据异步电动机转子串电阻的人为机械特性可知，在一定范围内增大转子电阻，可以增大启动转矩，同时可以分析出，转子电阻增大还将减小启动电流，因此，较大的转子电阻可以改善启动性能。但是，电动机正常运行时，希望转子电阻小一些，这样可以减小转子铜损耗，提高电动机的效率。怎样才能使笼型异步电动机在启动时具有较大的转子电阻，而在正常运行时转子电阻又自动减小呢？深槽式和双笼型异步电动机就可实现这一目的。

深槽式异步电动机的转子槽形深而窄，通常槽深与槽宽之比大到 10 ~ 12 或以上。当转子导条中流过电流时，槽漏磁通的分布如图 5-12（a）所示。由图可见，与导条底部相交链的漏磁通比槽口部分相交链的漏磁通多得多，因此，若将导条看成是由若干个沿槽高划分的

小导体并联而成，则越靠近槽底的小导体具有越大的漏电抗，而越接近槽口部分的小导体的漏电抗越小。在电动机启动时，由于转子电流的频率较高，$f_2 = f_1 = 50$ Hz，转子导条的漏电抗较大，因此，各小导体中电流的分配将主要取决于漏电抗，漏电抗越大则电流越小。这样，

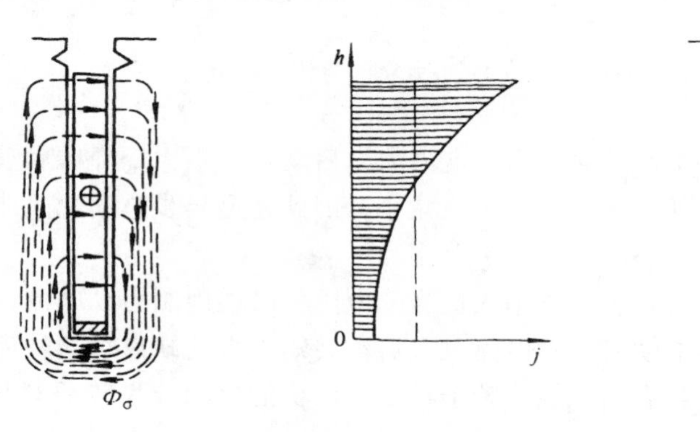

（a）槽漏磁分布　　（b）导条内电流密度分布　　（c）导条的有效截面

图 5-12　深槽式转子导条中电流的集肤效应

在由气隙主磁通所感应的相同电势的作用下，导条中靠近槽底处的电流密度将很小，而越靠近槽口则越大，因此沿槽高的电流密度分布如图 5-12（b）所示，这种现象称为电流的集肤效应。集肤效应的效果相当于减小了导条的高度和截面，如图 5-12（c）所示，这样增大了转子电阻，从而满足了启动的要求。

当启动完毕，电动机正常运行时，由于转子电流频率很低，一般为 1 ~ 3 Hz，转子导条的漏电抗比转子电阻小得多，因此前述各小导体中电流的分配将主要取决于电阻。由于各小导体电阻相等，导条中的电流将均匀分布，集肤效应基本消失，转子导条电阻恢复为自身的直流电阻。可见，正常运行时，转子电阻能自动变小，从而满足了减小转子铜耗、提高电动机效率的要求。

双笼型异步电动机的转子上有两套笼，即上笼和下笼，如图 5-13（a）所示。上笼导条截面积较小，并用黄铜或铝青铜等电阻系数较大的材料制成，电阻较大；下笼导条截面积较大，并用电阻系数较小的紫铜制成，电阻较小。双笼型电动机也常用铸铝转子，则上笼截面积远比下笼截面积小得多，如图 5-13（b）所示。显然下笼交链的漏磁通要比上笼多得多，因此，下笼的漏电抗也比上笼的大得多。

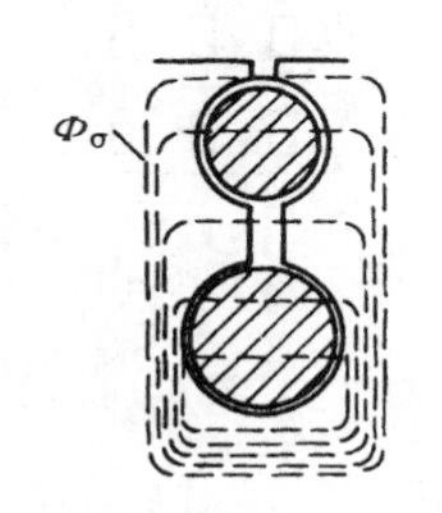

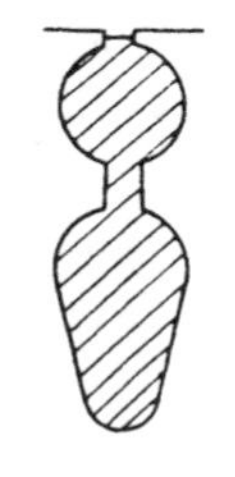

（a）铜条　　（b）铸铝

图 5-13　双笼型电动机的转子槽型

启动时，转子电流频率很高，转子漏电抗大于电阻，上、下笼的电流分布主要取决于漏电抗，由于下笼的漏电抗比上笼的大得多，电流主要从上笼流过，因此启动时上笼起主要作用，由于它的电阻较大，可以产生较大的启动转矩，限制启动电流，所以常把上笼称为启动笼。

正常运行时，转子电流频率很低，转子漏电抗远比电阻小，上、下笼的电流分配取决于电阻，于是电流大部分从电阻小的下笼流过，产生正常运行时的电磁转矩，所以把下笼称为运行笼。

双笼型异步电动机的启动性能比深槽异步电动机好，但深槽异步电动机结构简单，制造成本较低。它们的共同缺点是转子漏电抗较普通笼型电动机大，因此功率因数和过载能力都比普通笼型电动机低。

二、三相绕线转子异步电动机的启动

三相笼型异步电动机直接启动时，启动电流大，启动转矩不大；降压启动时，虽然减小了启动电流，但启动转矩也随电压的平方关系减小，因此笼型异步电动机只能用于空载或轻载启动。

绕线转子异步电动机，若转子回路串入适当的电阻，既能限制启动电流，又能增大启动转矩，同时克服了笼型异步电动机启动电流大、启动转矩不大的缺点，这种启动方法适用于大、中容量异步电动机的重载启动。绕线转子异步电动机的启动分为转子串电阻和转子串频敏变阻器两种启动方法。

1. 转子串电阻启动

为了在整个启动过程中得到较大的加速转矩，并使启动过程比较平滑，应在转子回路中串入多级对称电阻。启动时，随着转速的升高，逐段切除启动电阻，这与直流电动机的电枢串电阻启动类似，称为电阻分级启动。图 5-14 所示为三相绕线转子异步电动机转子串接对称电阻三级启动的接线图和对应的三级启动时的机械特性。

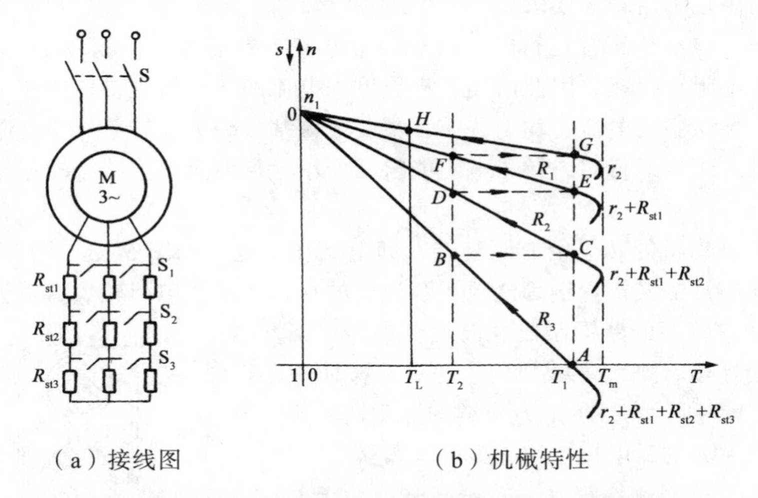

（a）接线图　　（b）机械特性

图 5-14　三相绕线式异步电动机转子串电阻分级启动

下面介绍转子串接对称电阻的启动过程及启动电阻的计算方法。

（1）启动过程

如图 5-14（a）所示，启动开始时，接触器触点 S 闭合，S_1、S_2、S_3 断开，启动电阻全部串入转子回路中，转子每相电阻为 $R_3 = r_2 + R_{st1} + R_{st2} + R_{st3}$，对应的机械特性如图 5-14（b）中的曲线 R_3。启动瞬间，转速 $n = 0$，电磁转矩 $T = T_1$（T_1 称为最大加速转矩），因 $T_1 > T_L$，于是电动机从 A 点沿曲线 R_3 开始加速。随着 n 上升，T 逐渐减小，当减小到 T_2 时（对应于 B 点），触点 S_3 闭合，切除 R_{st3}，切换电阻时的转矩值 T_2 称为切换转矩。切除 R_{st3} 后，转子每相电阻变

为 $R_2 = r_2 + R_{st1} + R_{st2}$ ，对应的机械特性为曲线 R_2。切换瞬间，转速 n 不突变，电动机的运行点由 B 点跃变到 C 点，T 由 T_2 跃升为 T_1。此后，n、T 沿曲线 R_2 变化，待 T 又减小到 T_2 时（对应 D 点），触点 S_2 闭合，切除 R_{st2}。此后转子每相电阻变为 $R_1 = r_2 + R_{st1}$ ，电动机运行点由 D 点跃变到 E 点，工作点沿曲线 R_1 变化。最后在 F 点，触点 S_1 闭合，切除 R_{st1}，转子绕组直接短路，电动机运行点由 F 点变到 G 点后沿固有特性加速到负载点 H 稳定运行，启动结束。

在启动过程中，一般取最大加速转矩 T_1=(0.7 ~ 0.85)T_{max}，切换转矩 T_2 = (1.1 ~ 1.2)T_N。

（2）启动电阻的计算

分级启动时，电动机的运行点在每条机械特性的线性段（$0 < s < s_m$）上变化，因此，可以采用机械特性的线性表达式（5-8）来计算启动电阻。转子串电阻时，电动机的最大转矩 T_{max} 保持不变，而临界转差率 s_m 与转子电阻成正比变化。根据式（5-8），在图 5-14（b）中的 B、C 两点处，可得

$$T_B = T_2 \propto \frac{2T_{max}}{R_3} s_B , \qquad T_C = T_1 \propto \frac{2T_{max}}{R_2} s_C$$

因为 $s_B = s_C$，所以

$$\frac{T_1}{T_2} = \frac{R_3}{R_2}$$

同理，在 D、E 两点和 F、G 两点分别可得

$$\frac{T_1}{T_2} = \frac{R_2}{R_1} , \qquad \frac{T_1}{T_2} = \frac{R_1}{r_2}$$

因此

$$\frac{R_3}{R_2} = \frac{R_2}{R_1} = \frac{R_1}{r_2} = \frac{T_1}{T_2} = \gamma \tag{5-20}$$

式中　γ——启动转矩比，也是相邻两级启动电阻之比。

若已知转子每相电阻 r_2 和启动转矩比 γ ，则各级电阻为

$$\left.\begin{aligned} R_1 &= \gamma r_2 \\ R_2 &= \gamma R_1 = \gamma^2 r_2 \\ R_3 &= \gamma R_2 = \gamma^3 r_2 \end{aligned}\right\} \tag{5-21}$$

当启动级数为 m 时，最大启动电阻为

$$R_m = \gamma^m r_2 \tag{5-22}$$

在图 5-14（b）中的 H 点（额定点）和 A 点（启动点）可写出

$$T_N \propto \frac{2T_{max}}{r_2} s_N , \qquad T_1 \propto \frac{2T_{max}}{R_m} \times 1$$

这里 $R_m = R_3$。根据式（5-22）及以上二式可得

$$\frac{T_N}{T_1 S_N} = \frac{R_m}{r_2} = r^m$$

$$\gamma = \sqrt[m]{\frac{R_m}{r_2}} = \sqrt[m]{\frac{T_N}{s_N T_1}} \tag{5-23}$$

$$m = \frac{\lg\left(\frac{T_N}{s_N T_1}\right)}{\lg\gamma} \tag{5-24}$$

根据上述各式，现分两种情况说明启动电阻的计算步骤。

- 当已知启动级数 m 时

按要求选取 T_1，并且：

① 计算 $\gamma = \sqrt[m]{\frac{T_N}{s_N T_1}}$；

② 校验 T_2，应满足 $T_2 = \frac{T_1}{\gamma} \geqslant (1.1 \sim 1.2)T_L$。如不满足，应重新选取较大的 T_1 值或增加级数 m；

③ 计算 $r_2 = \frac{s_N E_{2N}}{\sqrt{3} I_{2N}}$；

④ 计算各级启动电阻和各分段电阻，即

$$\left.\begin{aligned} R_1 &= \gamma r_2 \\ R_2 &= \gamma^2 r_2 \\ &\vdots \\ R_m &= \gamma^m r_2 \end{aligned}\right\} \tag{5-25}$$

$$\left.\begin{aligned} R_{st1} &= R_1 - r_2 \\ R_{st2} &= R_2 - R_1 \\ &\vdots \\ R_{stm} &= R_m - R_{m-1} \end{aligned}\right\} \tag{5-26}$$

- 当启动级数未知时

① 预选 T_1、T_2；

② 计算 $\gamma' = \frac{T_1}{T_2}$；

③ 计算 $m' = \frac{\lg\left(\frac{T_N}{s_N T_1}\right)}{\lg\gamma'}$，取整数后按式（5-23）修正 γ 值，按 $T_2 = \frac{T_1}{\gamma}$ 修正 T_2 值；

④ 计算 r_2；

⑤ 按式（5-25）、式（5-26）计算各级启动电阻和各分段电阻。

例 5-6 一台绕线转子异步电动机，$P_N = 11$ kW，$n_N = 715$ r/min，$E_{2N} = 163$ V，$I_{2N} = 47.2$ A。已知负载转矩 $T_L = 98$N·m，要求最大启动转矩 T_{st1} 等于额定转矩的 1.8 倍。试求启动级数 m

及每级启动电阻。

解
$$s_N = \frac{n_1 - n}{n_1} = \frac{750-715}{750} = 0.047$$

$$r_2 = \frac{s_N E_{2N}}{\sqrt{3} I_{2N}} = \frac{0.047 \times 163}{\sqrt{3} \times 47.2} = 0.0937 \quad (\Omega)$$

$$T_{st1} = 1.8T_N = 1.8 \times 9.55 \times \frac{11\,000}{715} = 264.46 \quad (\text{N·m})$$

初选 $T_{st2} = 1.2T_L = 1.2 \times 98 = 117.6$（N·m），得

$$\gamma' = \frac{T_{st1}}{T_{st2}} = \frac{264.46}{117.6} = 2.2488$$

则
$$m' = \frac{\lg\left(\dfrac{T_N}{s_N T_{st1}}\right)}{\lg \gamma'} = \frac{\lg \dfrac{T_N}{0.047 \times 1.8T_N}}{\lg 2.248\,8} = 3.048$$

取 $m=3$，则

$$\gamma = \sqrt[m]{\frac{T_N}{s_N T_{st1}}} = \sqrt[3]{\frac{T_N}{0.047 \times 1.8T_N}} = 2.278$$

校验
$$T_{st2} = \frac{T_{st1}}{\gamma} = \frac{264.46}{2.278} = 116.09 \ \text{N·m} > 1.1T_L$$

γ 值合适，$m=3$ 符合要求，则各级启动电阻值

$$R_1 = \gamma r_2 = 2.278 \times 0.0937 = 0.2134 \quad (\Omega)$$
$$R_2 = \gamma^2 r_2 = 2.278^2 \times 0.0937 = 0.4862 \quad (\Omega)$$
$$R_3 = \gamma^3 r_2 = 2.278^3 \times 0.0937 = 1.1076 \quad (\Omega)$$

各段启动电阻值

$$R_{st1} = R_1 - r_2 = 0.2134 - 0.0937 = 0.1197 \quad (\Omega)$$
$$R_{st2} = R_2 - R_1 = 0.4862 - 0.2134 = 0.2728 \quad (\Omega)$$
$$R_{st3} = R_3 - R_2 = 1.1076 - 0.4862 = 0.6214 \quad (\Omega)$$

2. 转子串接频敏变阻器启动

绕线转子异步电动机采用转子串接电阻启动时，若想在启动过程中保持较大的启动转矩且启动平稳，则必须采用较多的启动级数，这必然导致启动设备复杂化。为了克服这个问题，可以采用频敏变阻器启动。

频敏变阻器是一个铁损耗很大的三相电抗器。它的外观很像一台没有二次绕组而一次侧为 Y 联结的心式变压器，如图 5-15（a）所示，由于其铁芯是用较厚的钢板叠成，故其铁耗比普通变压器大得多。图 5-15（b）所示为转子串频敏变阻器的每相等效电路，其中 r_{mp} 为频敏变阻器每相绕组的电阻，其值较小，X_{mp} 是频敏变阻器在 50 Hz 时的每相电抗，R_{mp} 是反映频敏变阻器铁芯损耗的等效电阻。因为频敏变阻器的铁芯用厚钢板制成，所以铁损

耗较大，对应的 R_{mp} 也较大。

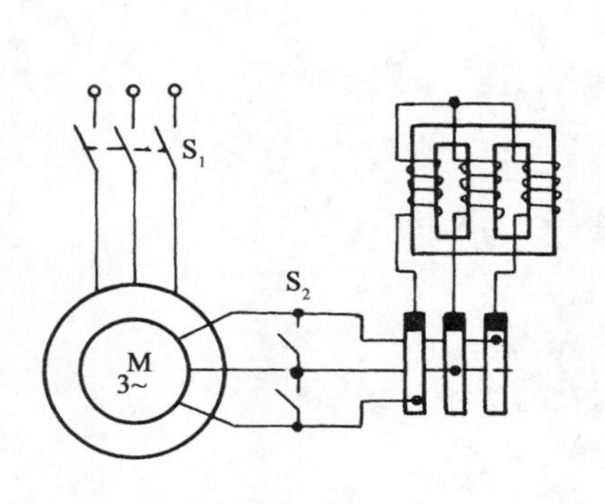

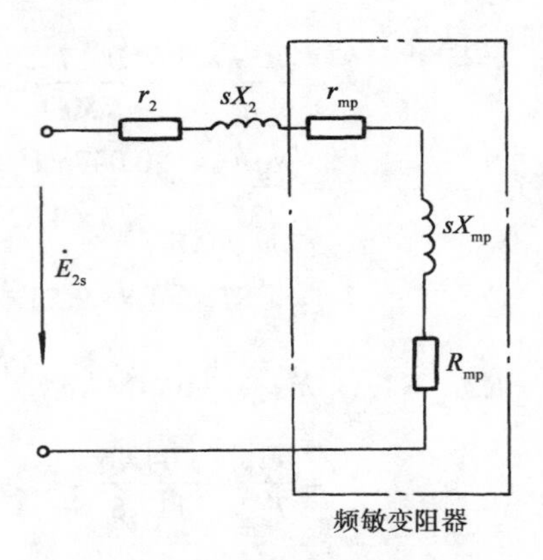

（a）频敏变阻器的结构与接线　　（b）串入频敏变阻器的转子等效电路

图 5-15　三相绕线式异步电动机转子串频敏变阻器启动

采用频敏变阻器启动的过程如下：启动时触点 S_2 断开，转子串入频敏变阻器，当触点 S_1 闭合时，电动机接通电源开始启动。启动瞬间，$n=0$，$s=1$，转子电流频率 $f_2=sf_1=f_1$（最大），频敏变阻器的铁芯中与频率平方成正比的涡流损耗最大，即铁损耗大，反映铁损耗大小的等效电阻 R_{mp} 大，此时相当于转子回路中串入一个较大的电阻。启动过程中，随着 n 上升，s 减小，$f_2=sf_1$ 逐渐减小，频敏变阻器的铁损耗逐渐减小，R_{mp} 也随之减小，这相当于在启动过程中逐渐切除转子回路串入的电阻。启动结束后，触点 S_2 闭合，切除频敏变阻器，转子电路直接短路。

因为频敏变阻器的等效电阻 R_{mp} 是随频率 f_2 的变化而自动变化的，因此称为频敏变阻器，它相当于一种无触点的变阻器。在启动过程中，它能自动、无级地减小电阻，如果参数选择适当，可以在启动过程中保持转矩近似不变，使启动过程平稳、快速。

频敏变阻器的结构简单，运行可靠，使用维护方便，因此使用广泛。

第四节　三相异步电动机的制动

三相异步电动机除了运行于电动状态外，还时常运行于制动状态。运行于电动状态时，电磁转矩 T 与 n 同方向，T 是驱动转矩，电动机从电网吸收电能并转换成机械能从轴上输出，其机械特性位于第一或第三象限。图 5-16（a）所示是异步电动机正、反转的示意图，图 5-16（b）是它们对应的机械特性。可见，只要是电动状态，n 和 T 同方向，n_1 和 n 同方向，且 $|n|<|n_1|$，$0<s<1$；$P_1\approx P_{em}=m_1(I_2')^2\dfrac{r_2'}{s}>0$，说明电动机从电网吸取电能；$P_2\approx P_{\Sigma M}=m_1(I_2')^2\dfrac{1-s}{s}>0$，说明电动机向负载输送机械能。

运行于制动状态时，电磁转矩 T 与 n 反方向，T 是制动转矩，电动机从轴上吸收机械能并转换成电能，该电能或消耗在电机内部，或反馈回电网，其机械特性位于第二或第四象限。

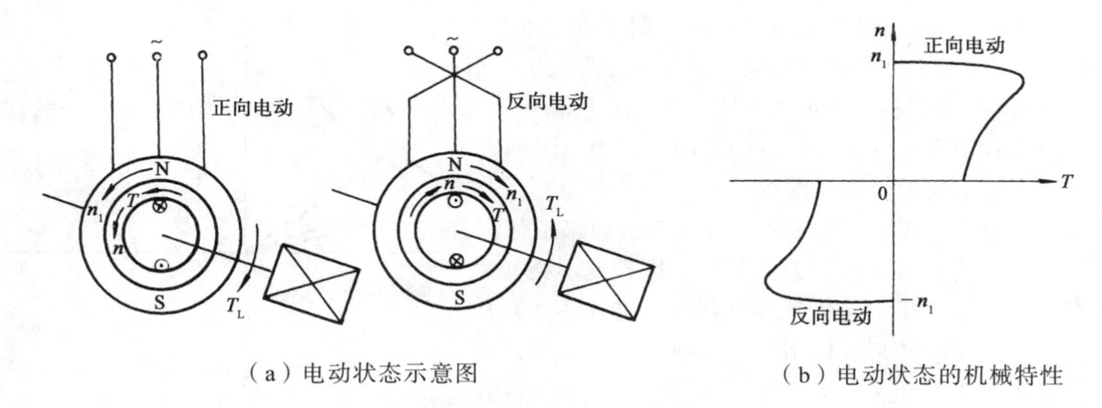

（a）电动状态示意图　　（b）电动状态的机械特性

图 5-16　电动状态下的异步电动机

异步电动机制动的目的是使电力拖动系统快速停车或者使拖动系统尽快减速，对于位能性负载，制动运行可获得稳定的下降速度。

异步电动机制动的方法有能耗制动、反接制动和回馈制动三种。

一、能耗制动

三相异步电动机的能耗制动，是将定子绕组从三相交流电源上断开，然后立即加上直流励磁，如图 5-17（a）所示。

制动时的操作过程是：接触器 S_1 断开，同时 S_2 闭合，流过定子绕组的直流电流便产生一个恒定的磁场，而转子因惯性继续旋转并切割该恒定磁场，转子导体中便产生感应电势及感应电流。由图 5-17（b）可以判定，转子感应电流与恒定磁场作用产生的电磁转矩为制动转矩，因此系统转速迅速下降，当转速下降至零时，转子感应电势和感应电流均为零，制动过程结束。因为这种制动是将转子动能转化为电能，并消耗在转子回路的电阻上，动能耗尽，系统停车，所以称为能耗制动。

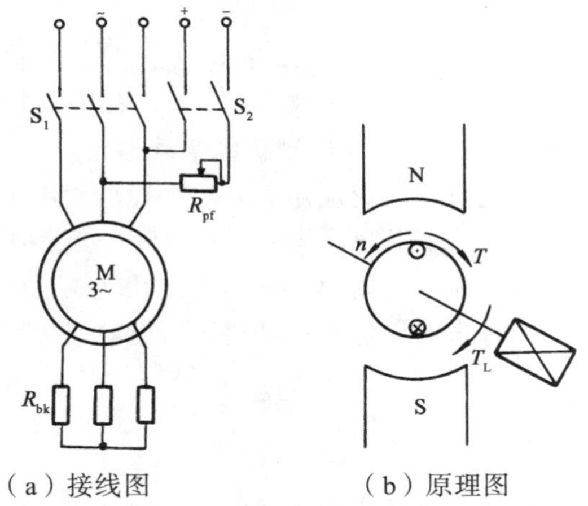

（a）接线图　　（b）原理图

图 5-17　异步电动机的能耗制动

能耗制动的机械特性是：三相异步电动机能耗制动的机械特性与电动状态时的机械特性形状相似，只是磁场与转子相对转速的大小不同，在电动状态下，转差率为 $s=\dfrac{n_1-n}{n_1}$，而在能耗制动时，由于磁场是静止不动的，转子对磁场的相对转速为 n，因此能耗制动时的转差率为 $s=\dfrac{n}{n_1}$。当 $n=n_1$ 时，$s=1$；当 $n=0$ 时，$s=0$，所以能耗制动时的机械特性就是倒过来的异步电动机的机械特性。又由能耗制动原理可知，电动机能耗制动时的电磁转矩的方向与电动状态相反，为负值，所以能耗制动的机械特性在第二象限，如图 5-18 所示。

图 5-18 可见，转子回路不串电阻时（曲线 1），初始制动转矩比较小。对于鼠笼型异步电动机，为了增大初始制动转矩，就必须增大直流励磁电流（曲线 2）。对于绕线转子异步电动机，可以采用转子串电阻的方法来增大初始制动转矩（曲线 3）。

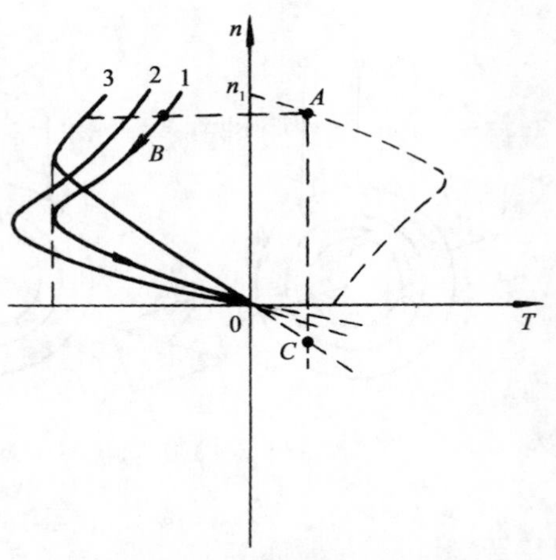

图 5-18 能耗制动的机械特性

能耗制动过程分析如下：假设电动机原来工作在固有特性曲线上的 A 点，制动瞬间，因转速不突变，工作点便由 A 点平移至能耗制动特性（如曲线 1）上的 B 点，在制动转矩的作用下，电动机开始减速，工作点沿曲线 1 变化，直到原点，$n=0$，$T=0$，如果拖动的是反抗性负载，电动机便停转，实现了制动停车；如果是位能性负载，当转速为零时，若要停车，必须立即用机械抱闸将电动机轴刹住，否则电动机将在位能性负载转矩的倒拉下反转，直到进入第四象限中的 C 点，系统处于稳定的能耗制动运行状态，这时重物保持匀速下降。C 点称为能耗制动运行点。由图 5-18 可见，改变制动电阻 R_{bk} 或直流励磁电流的大小，可以获得不同的稳定下降速度。

对于绕线转子异步电动机，采用能耗制动时，按照最大制动转矩为 $(1.25\sim2.2)T_N$ 的要求，可用下列两式计算直流励磁电流和转子应串接电阻的大小

$$I=(2\sim3)I_0 \tag{5-27}$$

$$R_{bk}=(0.2\sim0.4)\frac{E_{2N}}{\sqrt{3}I_{2N}}-r_2 \tag{5-28}$$

式中 I_0——异步电动机的空载电流。

能耗制动广泛应用于要求平稳准确停车的场合，也可应用于起重机一类带位能性负载的机械上，用来限制重物下降的速度，使重物保持匀速下降。但是从能耗制动的机械特性可见，拖动系统制动至转速较低时，制动转矩也较小，此时制动效果不理想。所以，若生产机械要求快速停车时，应对电动机进行电源反接制动。

二、反接制动

当异步电动机转子的旋转方向与旋转磁场方向相反时，电动机便处于反接制动状态。反接制动有两种情况：一是电源两相反接的反接制动；二是倒拉反转的反接制动。

1. 电源两相反接的反接制动

这种反接制动的原理是：如图 5-19（a）所示，将作电动机运行的异步电动机从电网切除后，立即变更任意两相的相序，而后立即再次投入电网。由于定子绕组两相对调，使旋转磁场反向，电磁转矩方向也随之改变，变为制动性质，因此系统转速迅速下降。

电源反接制动的机械特性是：由于定子两相绕组对调，使旋转磁场反向，即 $n_1<0$，电磁转矩方向改变，即 $T<0$，其机械特性曲线如图 5-19（b）中曲线 2 所示。

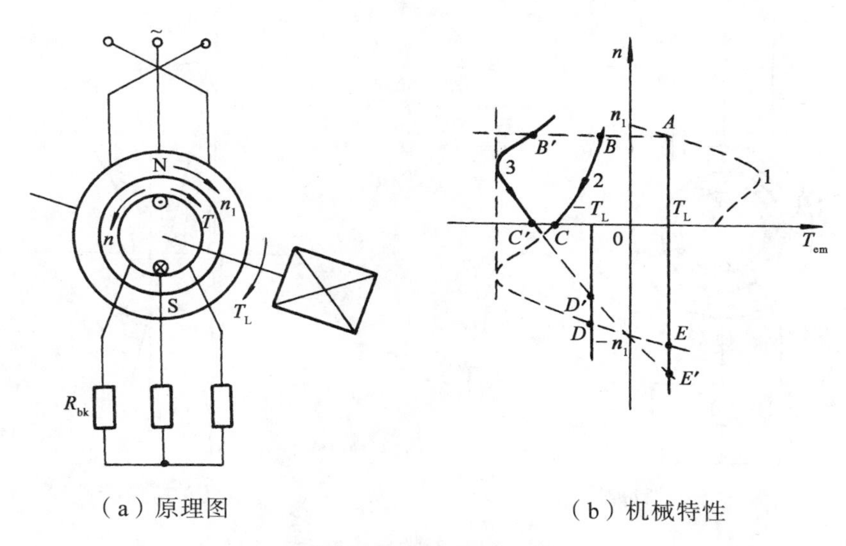

（a）原理图　（b）机械特性

图 5-19　电源反接制动

电源反接制动过程分析如下：在定子两相绕组反接瞬间，转速来不及变化，工作点由 A 点平移到 B 点，这时系统在制动电磁转矩和负载转矩共同作用下迅速减速，工作点沿曲线 2 移动，当到达 C 点时，转速为零，制动结束。

对于绕线转子异步电动机，为了限制制动瞬间电流以及增大制动转矩，通常在定子两相反接的同时，在转子回路中串接制动电阻 R_{bk}，这时对应的机械特性如图 5-19（b）中曲线 3 所示。定子两相反接的反接制动是指从反接开始至转速为零这一段制动过程，即图 5-19（b）中曲线 2 的 BC 段或曲线 3 的 $B'C'$ 段。

如果制动的目的只是为了快速停车，则在转速接近零时，应立即切断电源，否则电动机有可能反转，此时，如果电动机拖动反抗性负载，且在 $C(C')$ 点的电磁转矩大于负载转矩，则系统将反向启动并加速到 $D(D')$ 点，处于反向电动状态稳定运行；如果拖动位能性负载，则电动机在位能性负载的拖动下，将一直反向加速到第四象限中的 $E(E')$ 点处稳定运行，这时，电动机的转速高于同步转速，电磁转矩与转向相反，这是后面要介绍的回馈制动状态。

在电源两相反接的反接制动时，由于 $s=\dfrac{-n_1-n}{-n_1}>1$，则 $P_1\approx P_{\text{em}}=m_1I_2'^2\dfrac{r_2'}{s}>0$，$P_2\approx P_{\Sigma\text{M}}=m_1I_2'^2r_2'\dfrac{1-s}{s}<0$，说明制动时，电动机既要从电网吸收电能，又要从轴上吸收机械能，因此能耗大，经济性较差。但该制动方法的制动转矩即使在转速降至很小时，仍较大，因此制动迅速。

2. 倒拉反转的反接制动

这种反接制动适用于绕线转子异步电动机拖动位能性负载的情况，它能够使重物获得稳定的下放速度。现以起重机为例来说明。

图 5-20 是绕线转子异步电动机倒拉反转反接制动时的原理图及机械特性。假设电动机

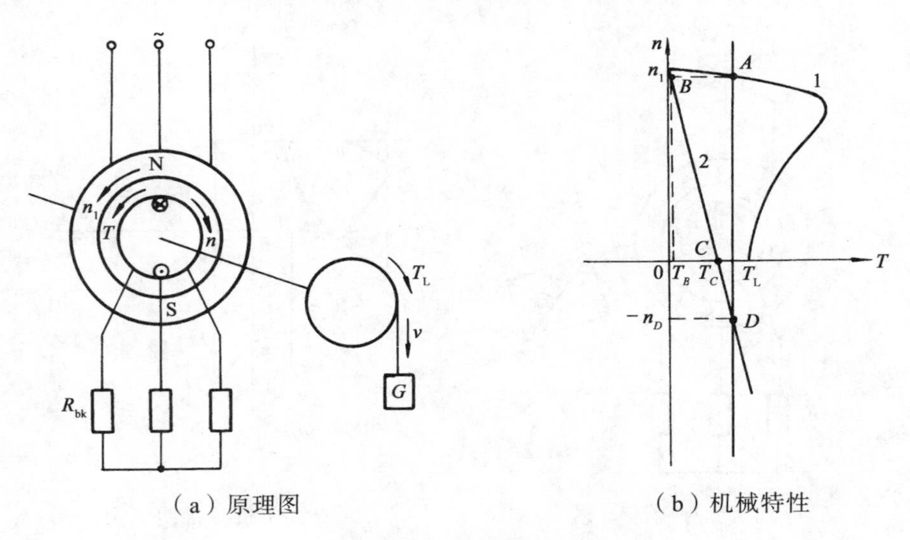

（a）原理图　　（b）机械特性

图 5-20　倒拉反接制动

原来工作在固有机械特性 1 上的 A 点来提升重物，处于正向电动状态。如果在转子回路中串入足够大的电阻 R_{bk}，其机械特性变为曲线 2。在串入 R_{bk} 瞬间，转速来不及变化，工作点由 A 平移到 B 点，此时电动机的提升转矩 T_B 小于位能性负载转矩 T_L，所以提升速度减小，工作点沿曲线 2 由 B 点向 C 移动。在减速过程中，电机仍运行在电动状态。待到转速为零时（即 C 点），电动机的电磁转矩 T_C 仍小于负载转矩 T_L，重物将倒拉电动机的转子反向旋转，即转速由正变负，此时 $T>0$ 而 $n<0$，电动机开始进入制动状态。在重物的作用下，电动机反向加速，电磁转矩逐步增大，直到 $T_D=T_L$（即 D 点）为止，拖动系统将以转速 n_D 稳定下放重物，处于稳定制动运行状态，这时制动转差率 s 为

$$s=\frac{n_1-(-n)}{n_1}>1$$

这与电源两相反接的反接制动一样，因此在制动过程中的能量关系也应一样，所以它也属于反接制动。根据这种反接制动的特点（定子接线不变，转子在位能性负载的拖动下反转），把它称为倒拉反转的反接制动。

由图 5-20（b）可见，要实现倒拉反转的反接制动，转子回路必须串接足够大的电阻，负载必须是位能性负载。在采用倒拉反转的反接制动时，由于在转子回路串入较大的电阻，所以这种制动能耗大，经济性差，但它能以任意低的转速下放重物，安全性好。

三、回馈制动

异步电动机在电动状态运行时，由于某种原因，使电动机的转速超过了同步转速（转向不变），这时电动机便处于回馈制动状态。

回馈制动时，由于 n_1、n 同方向，且 $|n|>|n_1|$，转差率 $s<0$，使 $P_1\approx P_{em}=m_1I_2'^2\frac{r_2'}{s}<0$，$P_2\approx P_{\Sigma M}=m_1I_2'^2r_2'\frac{1-s}{s}<0$，说明气隙主磁通传递能量是由转子到定子，即功率传递是由轴上输入，经转子、定子到电网，好似一台发电机，因此回馈制动也称为再生发电制动。由此可

见，回馈制动的经济性较好。

在生产实际中，异步电动机的回馈制动有两种情况：一种是出现在位能性负载下放时；另一种是出现在电动机变极调速或变频调速过程中。

1. 下放重物时的回馈制动（反向回馈制动）

下放重物时的回馈制动原理图及机械特性如图 5-21 所示。

在图 5-21（b）中，假设 A 点是电动状态下提升重物的工作点，D 点是回馈制动状态下下放重物的工作点。电动机从提升重物工作点 A 过渡到下放重物工作点 D 的过程是：如图 5-21（a）所示，首先将电动机定子两相反接，这时定子旋转磁场的同步转速为 $-n_1$，机械特性如图 5-21（b）中曲线 1 所示。反接瞬间转速不突变，工作点由 A 平移到 B，然后电机经过反接制动过程（工作点沿曲线 1 由 B 变到 C）、反向电动加速过程（工作点由 C 到反向同步点 $-n_1$），最后在位能负载作用下反向加速并超过同步转速，电机处于回馈制动状态，直到 D 点保持稳定运行（回馈制动稳定运行状态），即匀速下放重物。如果在转子电路中串入制动电阻，对应的机械特性如图 5-21（b）中曲线 2 所示，这时的回馈制动稳定工作点为 D'，其转速增加，重物下放的速度增大。为了限制电机的转速，回馈制动时在转子电路中串入的电阻值不应太大。但由于在此种制动状态下的 $|n|>|n_1|$，下放重物的安全性差。

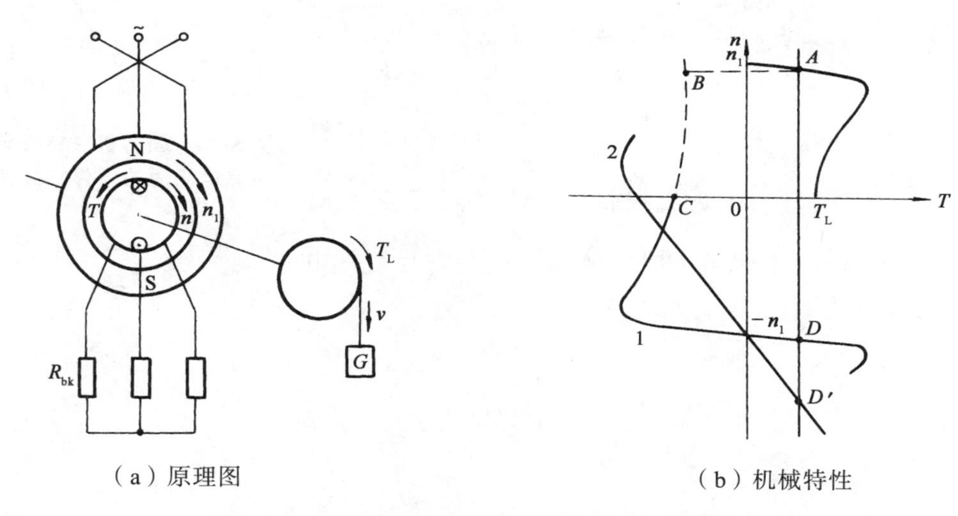

（a）原理图　　（b）机械特性

图 5-21　下放重物时的回馈制动（反向回馈制动）

2. 变极或变频调速过程中的回馈制动（正向回馈制动）

这种制动情况可用图 5-22 来说明。假设电动机原来在机械特性曲线 1 上的 A 点稳定运行，当电动机采用变极（如增加极数）或变频（如降低频率）进行调速时，其机械特性变为曲线 2，同步转速变为 n_1'。在调速瞬间，转速不突变，工作点由 A 变到 B。在 B 点，转速 $n_B>0$，电磁转矩 $T_B<0$，为制动转矩，且因为 $n_B>n_1'$，故电机处于回馈制动状态。工作点沿曲线 2 的 B 点到 n_1' 点这一段的变化过程为回馈制动过程，在此过程中，电机吸收系统释放的动能，并转换

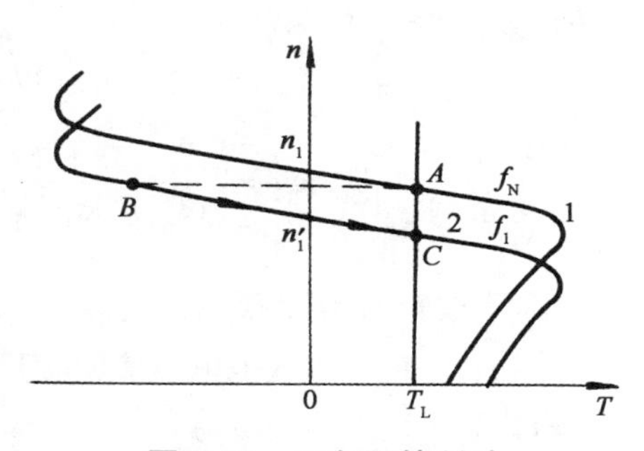

图 5-22　正向回馈制动

成电能回馈到电网。电机沿曲线 2 由 n_1' 点到 C 点的变化过程为电动状态的减速过程，C 点为调速后的稳态工作点。

四、绕线转子异步电动机制动问题的计算

1. 制动电阻的计算

绕线转子异步电动机在一些制动过程中，为了获得较好的制动性能，需要在转子回路中串入适当的电阻。图 5-23 所示为固有机械特性与转子串联电阻时的人为机械特性。

计算转子串入电阻的大小的步骤如下：

如图 5-23 所示，由式（5-8）得固有机械特性 1 上额定点（如图中 A 点）的电磁转矩

$$T_{\mathrm{N}}=\frac{2T_{\max}}{s_{\mathrm{m}}}s_{\mathrm{N}}$$

固有机械特性 1 上任意点（如图中 B 点）的电磁转矩

$$T=\frac{2T_{\max}}{s_{\mathrm{m}}}s_g$$

两式相除并整理，得固有机械特性上任意点（如图中 B 点）的转差率为

$$s_g=s_{\mathrm{N}}\frac{T}{T_{\mathrm{N}}} \tag{5-29}$$

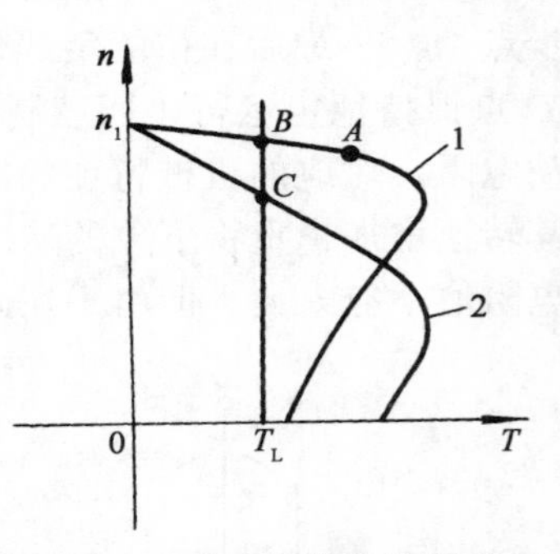

图 5-23　固有机械特性与转子串电阻时的人为机械特性

在转子串入电阻的人为机械特性 2 上，任意点 C 的 $T=\frac{2T_{\max}}{s_{\mathrm{m}}'}s$ 与固有机械特性 1 上同一转矩点 B 的 $T=\frac{2T_{\max}}{s_{\mathrm{m}}}s_g$ 相比，得

$$\frac{s}{s_g}=\frac{s_{\mathrm{m}}'}{s_{\mathrm{m}}}$$

由于

$$\frac{s_{\mathrm{m}}'}{s_{\mathrm{m}}}=\frac{(r_2+R_{\mathrm{bk}})/(X_1+X_2')}{r_2/(X_1+X_2')}=\frac{r_2+R_{\mathrm{bk}}}{r_2}$$

则

$$\frac{s}{s_g}=\frac{r_2+R_{\mathrm{bk}}}{r_2} \tag{5-30}$$

式中，s、s_g 分别为转子串入电阻（R_{bk}）时的人为机械特性和与它对应的固有机械特性上同一转矩点的转差率。

由式（5-29）、式（5-30）可求得转子回路串入的制动电阻 R_{bk} 为

$$R_{\mathrm{bk}}=\left(\frac{s}{(T/T_{\mathrm{N}})s_{\mathrm{N}}}-1\right)r_2 \tag{5-31}$$

2. 下放转速的计算

已知转子回路串入的电阻值，求下放转速时，可以由式（5-29）、式（5-30）计算出转差率 s，用 $n=(1-s)n_1$ 计算转速 n。

例 5-7　如图 5-24 所示，一绕线转子异步电动机的额定数据为：$P_N = 75$ kW，$n_N =$ 1 460 r/min，$U_{1N} = 380$ V，$I_{1N} = 144$ A，$I_{2N} = 116$ A，$E_{2N} = 399$ V，$\lambda_m = 2.8$。请问：

（1）当负载转矩 $T_L = 0.8T_N$，要求以 500 r/min 的速度被提升，转子每相应串入多大电阻？

（2）如电动机在额定状态下运行，采用反接制动使它快速停车，要求制动瞬间转矩等于 $2T_N$，则转子每相应串入多大电阻？

（3）如该电动机带动位能性负载，负载转矩 $T_L = 0.8T_N$，要求稳定下放转速为 300 r/min，求转子每相应串入多大电阻？

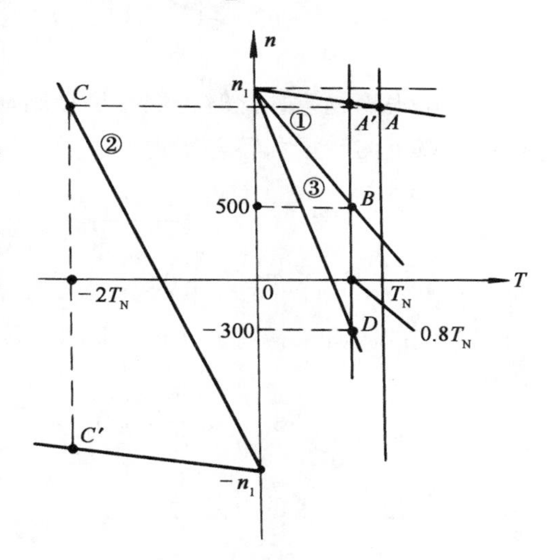

图 5-24　例 5-7 图

解　由 $n_N = 1460$ r/min 可确定 $n_1 = 1\,500$ r/min，所以

$$s_N = \frac{n_1 - n_N}{n_1} = \frac{1500 - 1460}{1500} = 0.027$$

$$r_2 = \frac{s_N E_{2N}}{\sqrt{3} I_{2N}} = \frac{0.027 \times 399}{\sqrt{3} \times 116} = 0.054$$

（1）根据题意，该情况下工作点应在图 5-24 中人为机械特性①上的 B 点，该点的转差率和转矩分别为

$$s = s_B = \frac{n_1 - n_B}{n_1} = \frac{1500 - 500}{1500} = 0.667$$

$$T = T_B = 0.8T_N$$

与之对应的固有机械特性（r_2）上同一转矩（$T = 0.8T_N$）点的转差率为

$$s_g = s_N \frac{T}{T_N} = 0.027 \times \frac{0.8T_N}{T_N} = 0.022$$

则转子每相应串入的电阻为

$$R_1 = r_2\left(\frac{s}{s_g} - 1\right) = 0.054 \times \left(\frac{0.667}{0.022} - 1\right) = 1.6 \quad (\Omega)$$

（2）根据题意，此时为电源反接制动，对应的同步转速为 −1500 r/min，制动瞬间工作点处于人为机械特性②上的 C 点，该点的转矩和转差率为

$$s = s_C = \frac{-n_1 - n_C}{-n_1} = \frac{1500 + 1460}{1500} = 1.973$$

$$T = T_C = -2T_N$$

与之对应的反向电动固有机械特性（r_2）上同一转矩（$T = -2T_N$）点的转差率为

$$s_g = s_N \frac{T}{T_N} = 0.027 \times \frac{2T_N}{T_N} = 0.054$$

则转子每相应串入的电阻为

$$R_2 = r_2\left(\frac{s}{s_g}-1\right) = 0.054\times\left(\frac{1.973}{0.054}-1\right) = 1.9 \quad (\Omega)$$

（3）根据题意，此时为倒拉反接制动运行状态，对应的工作点处于人为机械特性③上的 D 点，该点的转矩和转差率为

$$s = s_D = \frac{n_1 - n_D}{n_1} = \frac{1500-(-300)}{1500} = 1.2$$

$$T = T_D = 0.8T_{\mathrm{N}}$$

与之对应的固有机械特性（r_2）上同一转矩（$T = 0.8T_{\mathrm{N}}$）点的转差率为

$$s_g = s_{\mathrm{N}}\frac{T}{T_{\mathrm{N}}} = 0.027\times\frac{0.8T_{\mathrm{N}}}{T_{\mathrm{N}}} = 0.022$$

则转子每相应串入的电阻为

$$R_3 = r_2\left(\frac{s}{s_g}-1\right) = 0.054\times\left(\frac{1.2}{0.022}-1\right) = 2.9 \quad (\Omega)$$

第五节　三相异步电动机的调速

由第二章的分析和讨论可知，直流电动机具有优良的调速性能，因而在电力拖动调速系统中，特别是在宽调速和快速可逆拖动系统中，多采用直流电动机拖动。但是，直流电动机存在价格高、维修困难、需要直流电源等一系列缺点。而三相异步电动机虽然在调速和控制性能方面，目前还不如直流电动机，但异步电动机具有结构简单、运行可靠、维护方便等优点。近年来，随着电力电子技术和数控技术的不断发展，使得交流调速技术日益成熟，交流调速装置的容量不断扩大，性能不断提高，使得交流调速已显示出逐步取代直流调速的趋势。

根据异步电动机的转速公式

$$n = n_1(1-s) = \frac{60f_1}{p}(1-s)$$

可知，异步电动机有下列三种基本调速方法：

① 改变定子磁极对数 p 调速；

② 改变电源频率 f_1 调速；

③ 改变转差率 s 调速。

其中，改变转差率调速包括绕线转子异步电动机的转子串接电阻调速、串级调速和定子调压调速。下面分别介绍各种调速方法的基本原理、运行特点和调速性能。

一、变极调速

改变异步电动机定子的磁极对数 p，可以改变其同步转速 n_1，从而使电动机转速发生变化，达到调速的目的。

只有当定、转子绕组的磁极对数相等时才能产生平均电磁转矩，实现能量转换。变极调速通常是采用改变定子绕组接线的方法来改变定子的磁极对数，对于绕线转子异步电动机必须同时改变转子绕组的接线以保持定、转子极数的相等，这使变极接线及控制显得复杂。而笼型异步电动机的转子绕组没有固定的极数，其转子的磁极对数能自动地与定子磁极对数相对应，因此变极调速的异步电动机均采用笼型转子结构。

1. 变极原理

下面以四极变二极为例，说明定子绕组的变极原理。图 5-25 画出了四极电机 U 相绕组的两个线圈，每个线圈代表 U 相绕组的一半，称为半相绕组。两个半相绕组顺向串联（头尾相接）时，可得到四极磁场，即 $2p=4$，磁场方向如图 5-25（a）中的虚线或 5-25（b）中的⊕、⊙所示。

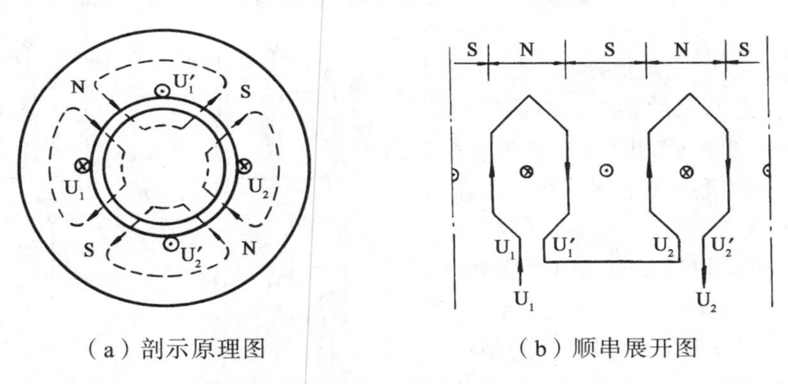

（a）剖示原理图　　（b）顺串展开图

图 5-25　三相笼型异步电动机变极时一相绕组的接法（$2p=4$）

如果将两个半相绕组的连接方式改为图 5-26 所示，即使其中的一个半相绕组中的电流反向，这时定子绕组便产生二极磁场，即 $2p=2$。由此可见，改变定子绕组接法，就可成倍地改变磁极对数。

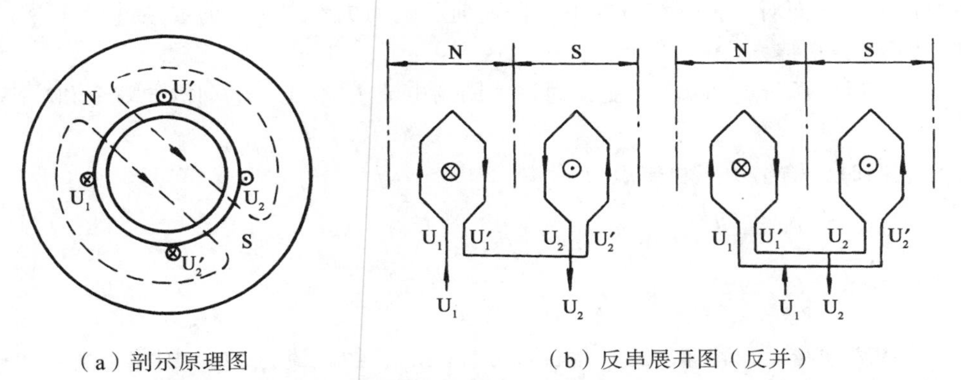

（a）剖示原理图　　（b）反串展开图（反并）

图 5-26　三相笼型异步电动机变极时一相绕组的接法（$2p=2$）

三相绕组的接法是相同的，因此只要了解其中一相的接法即可。比较上图可知，只要将两个“半相绕组”中的任何一个“半相绕组”的电流反向，就可以将磁极对数增加一倍（顺串）或减少一半（反串或反并），这就是倍极比的变极原理，如 2/4 极、4/8 极等。

除了上述最简单、最常用的倍极比变极方法之外，也可以采用改变定子绕组的接法来达到非倍极比的变极目的，如 4/6 极等。有时，所需变极的倍极数较大时，利用一套绕组变极比较困难，这时可用两套独立的不同极数的绕组，用哪一档速度时就用哪一套绕组，另一套绕组开路空着。例如，某电梯采用的多速电动机有 6/24 极两套绕组，可得 1 000 r/min 和 250 r/min 两种同步转速，低速作为接近楼层准确停车用，如果把以上两种方法结合起来，即在定子上装两套绕组，每一套只要改变极数，就能得到三速或四速电动机，当然这在结构上要复杂得多。

2. 两种常用的变极接线方式

图 5-27 示出了两种常用的变极接线方式的原理图，其中图 5-27（a）表示的是由单星形联结改接成并联的双星形联结；图 5-27（b）表示的是由三角形联结改接成双星形联结。由图可见，这两种接线方式都是使每相的一半绕组内的电流改变了方向，因而定子磁场的磁极对数减少了一半。

必须注意，定子绕组改接时，必须同时改变定子绕组任意两相的相序，以保证调速前后电动机的转向不变。因为在电机 $p=1$ 时，U、V、W 三相绕组在空间分布的电角度依次为 0°、120°、240°；而当 $p=2$ 时，U、V、W 三相绕组在空间分布的电角度变为 0°、120° × 2 = 240°、240° × 2 = 480°（相当于 120°）。可见，变极前后三相绕组的相序发生了变化，因此变极后只有对调定子的两相绕组出线端，才能保证电动机的转向不变。

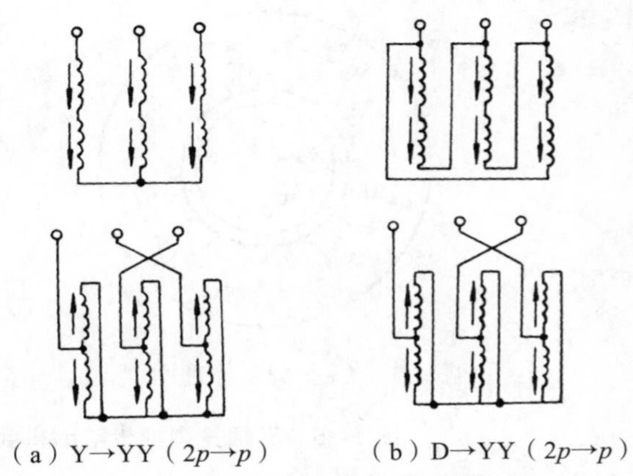

图 5-27 双速电动机常用的变极接线方式

3. 变极调速时的容许输出

调速时电动机的容许输出是指在保持电流为额定值的条件下，调速前后电动机轴上输出的功率和转矩。下面对两种联结方式下，调速前后电动机容许输出的关系进行分析。

（1）Y→YY 联结方式

设变极前后电源线电压 U_N 不变，通过线圈的电流 I_N 不变，电动机的效率和功率因数近似不变。

当 Y 联结时，输出功率和转矩为

$$P_Y = \sqrt{3}U_N I_N \eta_N \cos\varphi_N$$

$$T_Y = 9.55\frac{P_Y}{n_Y}$$

改接成 YY 联结后，转速增大一倍，即 $n_{YY} = 2n_Y$，线电流为 $2I_N$，则输出功率和转矩为

$$P_{YY} = \sqrt{3}U_N(2I_N)\eta_N \cos\varphi_N = 2P_Y$$

$$T_{YY}=9.55\frac{P_{YY}}{n_{YY}}=9.55\frac{P_{Y}}{n_{Y}}=T_{Y}$$

可见，Y→YY 联结方式，极数减少一半，转速增加一倍，功率增大一倍，而转矩基本上保持不变，属于恒转矩调速方式，适用于拖动起重机、电梯、运输带等恒转矩负载的调速。

（2）D→YY 联结方式

与前面的假定一样，电源线电压、绕圈电流在变极前后保持不变，效率和功率因数在变极前后近似不变。

当 D 联结时，输出功率和转矩为

$$P_{D}=\sqrt{3}U_{N}(\sqrt{3}I_{N})\eta_{N}\cos\varphi_{N}$$

$$T_{D}=9.55\frac{P_{D}}{n_{D}}$$

改接成 YY 联结后，转速增大一倍，即 $n_{YY}=2n_{D}$，线电流为 $2I_{N}$，则输出功率和转矩为

$$P_{YY}=\sqrt{3}U_{N}(2I_{N})\eta_{N}\cos\varphi_{N}=1.15P_{D}$$

$$T_{YY}=9.55\frac{P_{YY}}{n_{YY}}=9.55\frac{1.15P_{D}}{2n_{D}}=0.58T_{D}$$

可见，D→YY 联结方式时，极数减半，转速增加一倍，功率近似不变，而转矩近似减小一半，因而近似为恒功率调速方式，适用于车床切削等恒功率负载的调速。例如，粗车时，进刀量大，转速低；精车时，进刀量小，转速高。但两者的功率是近似不变的。

变极调速具有操作简单、成本低、效率高、机械特性硬等优点，而且还可采用不同的接线方式，既可适用于恒转矩调速，也可适用于恒功率调速。但是，它是一种有级调速，而且只能是有限的几档速度，因而适用于对转速要求不高、不需要平滑调速的场合。

二、变频调速

1. 电压随频率调节的规律

连续调节电源频率，可以平滑地调节同步转速 n_1，从而使电动机获得平滑调速。但工程实践中，仅仅改变电源频率还不能达到满意的调速特性，因为只改变电源频率，将导致电动机运行性能的恶化，其原因可分析如下：

电动机正常运行时，由于$U_1\approx E_1=4.44f_1N_1\Phi K_{W1}$，若 U_1 不变，则当频率 f_1 减小时，主磁通Φ将增加，这将导致磁路过分饱和，励磁电流增大，功率因数降低，铁芯损耗增大；而当频率 f_1 增大时，主磁通 Φ 将减少，电磁转矩及最大转矩下降，过载能力降低，电动机的容量也得不到充分利用。因此，为了使电动机能保持较好的运行性能，要求在调节 f_1 的同时，改变定子电压 U_1，以维持 Φ不变（$U_1/f_1=$ 常量），或者保持电动机的过载能力不变。

一般认为，在任何类型负载下变频调速时，若能保持电动机的过载能力不变，则电动机的运行性能较为理想。为使变频调速时保持过载能力不变，即

$$\lambda_{m}=\frac{T_{max}}{T_{N}}=\frac{T'_{max}}{T'_{N}}=\lambda'_{m}$$

根据式（5-4），三相异步电动机最大转矩的参数表达式可写成

$$T_{\max}=\frac{m_1pU_1^2}{4\pi f_1(X_1+X_2')}=\frac{m_1pU_1^2}{4\pi f_1\times 2\pi f_1(L_1+L_2')}=C\frac{U_1^2}{f_1^2}\propto\frac{U_1^2}{f_1^2}$$

则

$$\frac{T_{\max}}{T_{\max}'}=\left(\frac{U_1}{f_1}\right)^2\bigg/\left(\frac{U_1'}{f_1'}\right)^2=\frac{T_N}{T_N'}$$

即

$$\frac{U_1}{f_1}=\frac{U_1'}{f_1'}\sqrt{\frac{T_N}{T_N'}} \tag{5-32}$$

式（5-32）表明了变频调速时，欲使过载能力保持不变，电压随频率变化的规律。

变频调速时，U_1 与 f_1 的调节规律是和负载性质有关的，通常分为恒转矩变频调速和恒功率变频调速两种情况。

（1）恒转矩变频调速

对于恒转矩负载，T_L = 常数，所以 $T_N=T_N'$，则式（5-32）可写成

$$\frac{U_1}{f_1}=\frac{U_1'}{f_1'}=\text{常数} \tag{5-33}$$

即对于恒转矩负载，只要满足电压与频率成正比调节，则电动机在变频调速时，既可保持过载能力不变，又可使主磁通保持不变，因而变频调速最适合于恒转矩负载。

（2）恒功率变频调速

对于恒功率负载，$P_2=T_Nn_N/9.55=T_N'n_N'/9.55$=常数，所以

$$\frac{T_N}{T_N'}=\frac{n_N'}{n}\approx\frac{f_1'}{f_1}$$

将此式代入式（5-32），得

$$\frac{U_1}{\sqrt{f_1}}=\frac{U_1'}{\sqrt{f_1'}}=\text{常数} \tag{5-34}$$

即对于恒功率负载，如果保持 $U_1/\sqrt{f_1}$ =常数的调节，则电动机的过载能力可保持不变，但主磁通将发生变化。也就是说，对于恒功率负载，在采用变频调速时，无法使电动机的过载能力和主磁通同时保持不变。

2. 变频调速时的机械特性

在生产实际中，变频调速系统大都用于恒转矩负载，因此我们仅讨论恒转矩变频调速时的机械特性。因恒转矩变频调速时，U_1/f_1 = 常数，可通过三个特殊点的变化规律定性画出机械特性。

（1）同步点

因 $n_1=60f_1/p$，则

$$n_1\propto f_1$$

（2）最大转矩点

因 U_1/f_1 = 常数，则

$$T_{\max} \approx \frac{m_1 p}{8\pi^2(L_1+L_2')}\left(\frac{U_1}{f_1}\right)^2 = \text{常数}$$

虽然临界转差率　$s_{\mathrm{m}} = \dfrac{r_2'}{X_1+X_2'} = \dfrac{r_2'}{2\pi f_1(L_1+L_2')} \propto \dfrac{1}{f_1}$，但临界点转速降

$$\Delta n_{\mathrm{m}} = s_{\mathrm{m}} n_1 = \frac{r_2'}{2\pi f_1(L_1+L_2')} \cdot \frac{60 f_1}{p} = \text{常数}$$

这说明，不同频率时，不仅最大转矩保持不变，且对应于最大转矩的转速降也不变，所以，恒转矩变频调速时的机械特性基本上是互相平行的。

（3）启动转矩点

启动转矩 T_{st} 由式（5-5）得

$$T_{\mathrm{st}} = \frac{m_1 p U_1^2 r_2'}{2\pi f_1\left[(r_1+r_2')^2+(X_1+X_2')^2\right]} \approx \frac{m_1 p r_2'}{8\pi^3 f_1(L_1+L_2')^2}\left(\frac{U_1}{f_1}\right)^2 \propto \frac{1}{f_1}$$

由此可知，启动转矩随频率下降而增加。

通过对三个特殊点的变化规律的分析，得到变频调速时的机械特性如图 5-28 所示。图中曲线 1 为 U_{N}、f_{N} 时的固有机械特性；曲线 2 为降低频率、但频率仍较高时的人为机械特性；曲线 3 为频率较低时的人为机械特性，其 $T_{\max}$ 变小，因为随着 f_1 的降低（U_1/f_1 = 常数），定、转子漏抗减小，$T_{\max}$ 表达式里的 r_1 不能忽略，结果分母比分子下降慢之故。为保证异步电动机在低速时有足够大的 $T_{\max}$，可在低速时，U_1 比 f_1 降低的比例小一些，使 U_1/f_1 的比值随 f_1 的降低而增加。当频率超过额定频率 f_{N} 调速时，因电压不允许超过额定电压，最多只能保持 $U_1 = U_{\mathrm{N}}$，所以 f_1 增大，Φ 减弱，相当于电动机弱磁调速，属于恒功率调速方式，这时的最大转矩和启动转矩都变小，其人为机械特性如曲线 4 所示。

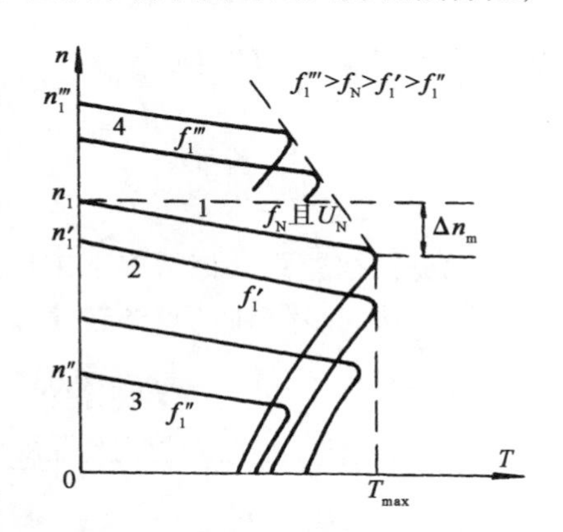

图 5-28　三相异步电动机变频调速时的机械特性

变频调速具有优异的调速性能，机械特性硬，调速范围较大，平滑性较高，可以适应不同负载特性的要求。变频调速是异步电动机，尤其是笼型异步电动机调速的发展方向。

要实现异步电动机的变频调速，必须有能够同时改变电压和频率的供电电源。现有的交流供电电源都是恒压恒频的，所以必须通过变频装置才能获得变压变频电源。变频装置可分为间接变频和直接变频两类。间接变频装置先将工频交流电通过整流器变成直流，然后再经过逆变器将直流变成为可控频率的交流，通常称为交-直-交变频装置。直接变频装置则将工频交流一次变换成可控频率的交流，没有中间直流环节，也称为交-交变频装置。目前应用较多的还是间接变频装置。

例 5-8　一台绕线式三相异步电动机的机械特性如图 5-29 所示。额定数据为：P_{N} = 75 kW，n_{N} = 720 r/min，U_{N} = 380 V，I_{N} = 148 A，$I_{2\mathrm{N}}$ = 220 A，$E_{2\mathrm{N}}$ = 213 V，λ_{m} =2.4。

拖动恒转矩负载 $T_L = 0.85T_N$ 时，欲使电动机在 $n = 540$ r/min 运行，若：

（1）采用转子回路串电阻，求每相应串入多大电阻？

（2）采用变频调速，保持 U/f 为常数，求频率与电压各为多少？

解 由 $n_N = 720$ r/min 可确定 $n_1 = 750$ r/min，所以

$$s_N = \frac{n_1 - n_N}{n_1} = \frac{750-720}{750} = 0.04$$

$$r_2 = \frac{s_N E_{2N}}{\sqrt{3} I_{2N}} = \frac{0.04 \times 213}{\sqrt{3} \times 220} = 0.022\,4 \quad (\Omega)$$

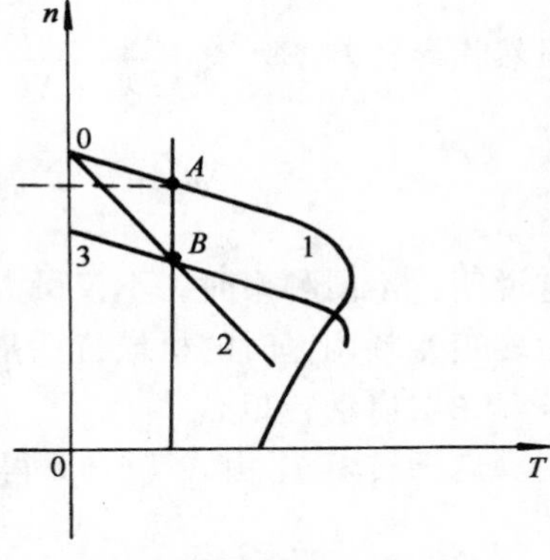

图 5-29 例 5-8 图

（1）根据题意，该情况下工作点应在图 5-29 中人为机械特性 2 上的 B 点，该点的转差率和转矩分别为

$$s = s_B = \frac{n_1 - n_B}{n_1} = \frac{750-540}{750} = 0.28$$

$$T = T_B = 0.85T_N$$

与之对应的固有机械特性（r_2）上同一转矩（$T = 0.85T_N$）A 点的转差率为

$$s_g = s_N \frac{T}{T_N} = 0.04 \times \frac{0.85T_N}{T_N} = 0.034$$

则转子每相应串入的电阻为

$$R_1 = r_2\left(\frac{s}{s_g} - 1\right) = 0.022\,4 \times \left(\frac{0.28}{0.034} - 1\right) = 0.16 \quad (\Omega)$$

（2）根据题意，该情况下工作点应在图 5-29 中人为机械特性 3 上的 B 点。在固有机械特性上，从同步点到 A 点的转速降为

$$\Delta n = s_g n_1 = 0.034 \times 750 = 25.5$$

变频调速时工作点位于平行机械特性 3 上的 B 点，则变频后的同步转速为

$$n_1' = n + \Delta n = 540 + 25.5 = 565.5 \quad (\text{r/min})$$

变频的频率为

$$f' = \frac{n_1'}{n_1} f_N = \frac{565.5}{750} \times 50 = 37.7 \quad (\text{Hz})$$

变频的电压为

$$U' = \frac{f'}{f_N} U_N = \frac{37.7}{50} \times 380 = 286.5 \quad (\text{V})$$

三、改变转差率调速

异步电动机改变转差率的调速方式包括绕线转子异步电动机的转子串接电阻调速、串级

调速及异步电动机的定子调压调速等。

1. 绕线转子电动机的转子串接电阻调速

绕线转子异步电动机的转子回路串接对称电阻的机械特性如图 5-30 所示。

从机械特性上看，转子串入附加电阻时，n_1、T_{max} 不变，但 s_m 增大，特性斜率增大。当负载转矩一定时，电动机的转速随转子串接电阻的增大而减小。

这种调速方法的缺点是：调速是有级的、不平滑调速；低速时转差率较大，造成转子铜损耗增大，运行效率降低；机械特性变软，当负载转矩波动时将引起较大的转速变化，所以低速时静差率较大。

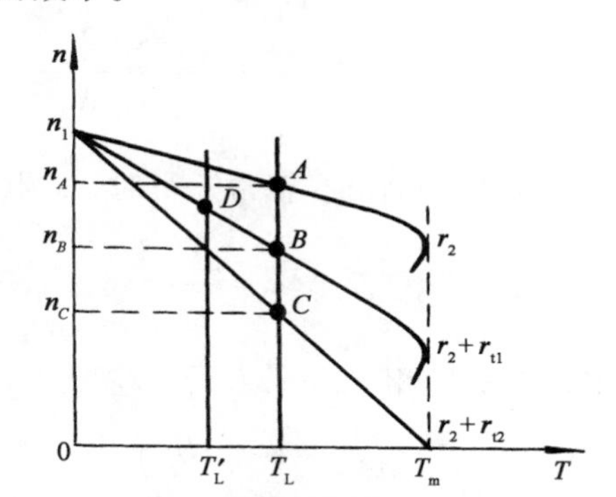

图 5-30　绕线转子异步电动机的转子串接电阻调速

优点是：设备简单，易于实现，而且其调速电阻还可以兼作启动与制动电阻使用，因而在起重机械的拖动系统中得到应用。

因在转子回路中串接电阻调速时，最大转矩 T_{max} 不变，根据电磁转矩的线性表达式 $T=\frac{2T_{max}}{s_m}s$，可得

$$\frac{s_m}{s}T=\frac{s_m'}{s'}T'$$

式中　s_m、s、T——转子串接电阻前的参数值；

s_m'、s'、T'——转子串接电阻 r_t 后的参数值。

又因为临界转差率与转子电阻成正比，所以

$$\frac{r_2}{s}T=\frac{r_2+r_t}{s'}T' \tag{5-35}$$

于是转子串接的调速电阻为

$$r_t=\left(\frac{s'T}{sT'}-1\right)r_2 \tag{5-36}$$

对于恒转矩负载，调速前后电磁转矩保持不变，即 $T=T'$，则

$$r_t=\left(\frac{s'}{s}-1\right)r_2 \tag{5-37}$$

如果调速时负载转矩发生了变化，则必须用式（5-36）来计算串接的电阻值。

对于恒转矩负载，由式（5-35）可知，串电阻调速前后 $\frac{r_2}{s}=\frac{r_2+r_t}{s'}$，则调速前后稳定状态的转子电流不变，定子电流 I_1 不变，输入电功率 P_1 不变，同时异步电动机的电磁功率 $P_{em}=T\Omega_1$ 也不变，但机械功率 $P_{\Sigma M}=(1-s)P_{em}$ 随转速的下降而减小，转子的铜损耗 $p_{Cu}=sP_{em}$ 与转差率成正比，所以转子铜耗又称转差功率。在转子回路串接电阻调速时，转速越低，转差率大，转差功率越大，输出功率越小，导致效率低且发热严重。为了改善绕线式异步电动机转子串电阻调速的性能，可以采用串级调速。

2. 绕线转子电动机的串级调速

串级调速是指在转子回路中串入一个附加电势 E_F 来调速。附加电势可与转子电势方向相同或相反，其频率则与转子频率相同。

串级调速的原理可分析如下：

未串 E_F 时，转子电流 I_2 为

$$I_2 = \frac{sE_2}{\sqrt{r_2^2 + (sX_2)^2}}$$

异步电动机在正常运行时，s 非常小，$r_2 >> sX_2$，上式可简化为

$$I_2 = \frac{sE_2}{r_2} \tag{5-38}$$

E_F 与 sE_2 同相，E_F 引入后，I_2 变为

$$I_2 = \frac{sE_2 + E_F}{r_2} \tag{5-39}$$

在串入同相 E_F 瞬间，由于机械惯性使电动机的转速不变，即 s 来不及变化，立即使转子电流 I_2 增大，于是，电动机的 T 相应增大，转速 n 升高，s 减小，I_2 减小，T 减小，直到转速上升到某个值，I_2 减小到使 T 恢复到与负载转矩平衡时，升速过程结束，电动机便在高速下稳定运行。

E_F 与 sE_2 反相，E_F 引入后，I_2 变为

$$I_2 = \frac{sE_2 - E_F}{r_2} \tag{5-40}$$

在串入反相 E_F 瞬间，由于机械惯性使电动机的转速不变，即 s 来不及变化，立即使转子电流 $I_2\downarrow \rightarrow T\downarrow \rightarrow n\downarrow \rightarrow s\uparrow \rightarrow I_2\uparrow \rightarrow T\uparrow$，直到转速下降到某个值，使 T 恢复到与负载转矩平衡时，减速过程结束，电动机便在此低速下稳定运行。

如果能平滑地调节 E_F，就能平滑地调节异步电动机的转速。

串级调速完全克服了转子串电阻调速的缺点，它具有效率高、平滑性好、机械特性硬的特点，是绕线异步电动机很有发展前途的调速方法。但要获得附加电势 E_F 的装置比较复杂，成本较高，且在低速时电动机的过载能力较低，因此串级调速最适用于调速范围不太大的场合，如通风机和提升机等。

3. 改变定子电压调速

改变异步电动机定子电压时的机械特性如图 5-31 所示。当定子电压降低时，电动机的同步转速 n_1 和临界转差率 s_m 均不变，但电动机的最大电磁转矩和启动转矩均随着电压的平方关系减小。对于恒转矩负载（曲线 2），电动机只能在机械特性的线性段（$n_m < n < n_1$）稳定运行，调速范围很小。但对于通风机负载（曲线 1），电动机在全段机械特性上都能稳定运行。由于改变定子电压可以获得较低的稳定转速，所以它的调速范围显著扩大了。

异步电动机的调压调速通常应用在专门设计的、具有较大转子电阻的高转差率异步电动机上，这种电动机的机械特性如图 5-32 所示。由图可见，即使是恒转矩负载，改变电压也能

获得较宽的调速范围。但大转子电阻时的机械特性太软，静差率大，常不能满足生产机械的要求，而且低速时的过载能力较低，负载的波动稍大，电机就有可能停转。为此，采用带转速负反馈的晶闸管闭环调压调速系统来提高机械特性的硬度，且能保证一定的过载能力。

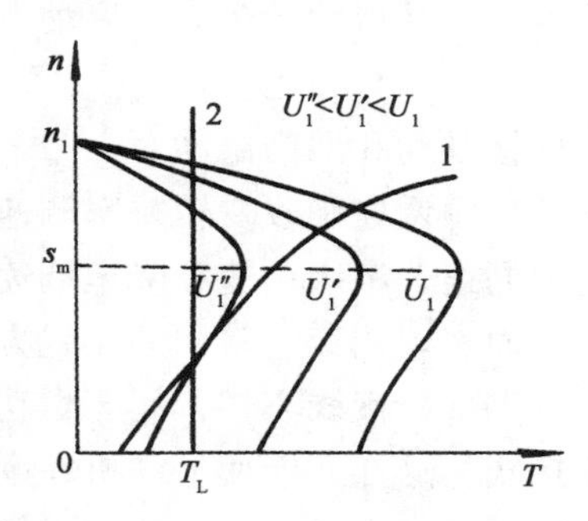

图 5-31　改变定子电压时的机械特性

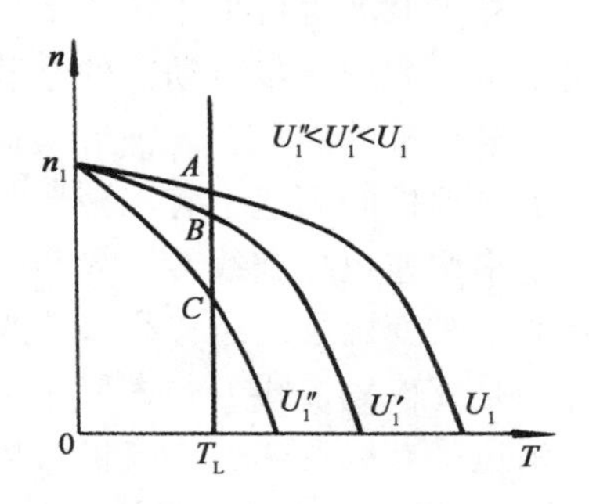

图 5-32　高转差率电动机改变定子电压时的机械特性

在改变定子电压进行调速时，由于 $T=\dfrac{P_{em}}{\Omega_1}=\dfrac{3(I_2')^2 r_2'/s}{\Omega_1}$，为使调速时电动机能得到充分利用，使 $I_2' = I_{2N}' =$ 恒值，r_2' =恒值，那么 $T \propto 1/s$，可见这种调速方法是既非恒转矩又非恒功率的调速方法，显然最适合于 T 随 n 降低（s 增加）而降低的负载（如通风机负载），而对于恒功率负载最不适应，能勉强用于恒转矩负载。

采用晶闸管调压调速系统，其控制方便，能够平滑地调节转速，并且因机械特性硬、静差率小而扩大了调速范围。但由于该调速系统通常采用高转差率电动机，使低速时的转差功率 sP_{em} 很大，不仅使损耗增加、效率降低，而且使电动机发热严重。

本 章 小 结

三相异步电动机电磁转矩有三个表达式，即物理表达式、参数表达式、实用表达式。物理表达式反映了电磁转矩产生的本质；参数表达式反映了电磁转矩与电动机参数之间的关系；实用表达式是工程计算中常采用的形式。电动机的最大转矩和启动转矩是反映电动机的过载能力和启动性能的两个重要指标，最大转矩和启动转矩越大，则电动机的过载能力越强，启动性能越好。

三相异步电动机的机械特性是指电动机的转速 n 与电磁转矩 T 之间的关系。机械特性是一条非线性曲线，一般情况下以最大转矩点为分界，其线性段为稳定运行区，而非线性段为不稳定运行区。固有机械特性的线性段属于硬特性，额定工作点的转速略低于同步转速。人为机械特性可用参数表达式分析得到，分析时关键是抓住同步点、最大转矩点、启动点三个点的变化规律。

小容量的三相笼型异步电动机可以采用直接启动，容量较大的笼型异步电动机可以采用降压启动。降压启动包括在定子回路中串接电阻或电抗降压启动、Y/D 换接降压启动和采用自耦变压器降压启动。在定子回路中串接电阻或电抗降压启动时，启动电流为直接启动时的

$1/K$，而启动转矩为直接启动时的 $1/K^2$，它适用于轻载启动。Y/D 换接降压启动时，启动电流和启动转矩均为直接启动时的 1/3，它也适用于轻载启动。采用自耦变压器降压启动时，启动电流和启动转矩均为直接启动时的 $1/K^2$，它适用于较大负载的启动。

绕线转子异步电动机可采用转子串接电阻或频敏变阻器启动，其启动转矩大、启动电流小，它适用于中、大型异步电动机的重载启动。

三相异步电动机的制动有三种形式，分别为能耗制动、反接制动和回馈制动。

三相异步电动机的调速也有三种形式，分别为变极调速、变频调速和改变转差率调速。其中改变转差率调速包括绕线转子异步电动机的转子串接电阻调速、串级调速和降压调速。变极调速是通过改变定子绕组接线方式来改变电机的极数，从而实现调速。常用的接线方式有两种：一种是 Y/YY 接线方式，属于恒转矩调速；另一种是 D/YY 接线方式，属于恒功率调速。变极调速是有级调速，在变极时应同时对调定子两相接线，这样才能使电动机在调速后的转向不变。变频调速是现代交流调速技术的主要方向，它可实现无级调速，适用于恒转矩和恒功率负载。绕线转子异步电动机的转子串接电阻调速的方法简单，易于实现，但是有级调速，且低速时特性软，转速的稳定性差，同时转子铜耗大，效率低。串级调速克服了转子串接电阻调速的缺点，但设备要复杂得多。异步电动机的降压调速主要用于通风机类负载的场合，或高转差率的电动机上。

思考题与习题

5-1　三相异步电动机的最大转矩、临界转差率及启动转矩与电源电压、转子电阻及定转子漏抗有什么关系？

5-2　一台额定频率为 60 Hz 的三相异步电动机，用在频率为 50 Hz 的电源上（电压大小不变），问电动机的最大转矩和启动转矩有何变化？

5-3　何谓三相异步电动机的固有机械特性和人为机械特性？

5-4　何谓三相异步电动机的稳定运行区域和不稳定运行区域？

5-5　对于一台三相异步电动机，当降低定子电压、转子串接对称电阻、定子串接对称电抗器时的人为机械特性各有什么特点？

5-6　若三相异步电动机拖动额定恒转矩负载，问电压下降后电动机的主磁通、转速、转子电流、定子电流各有什么变化？

5-7　电网电压太高或太低，都易使三相异步电动机的定子绕组过热而损坏，为什么？

5-8　有一台 Y 联结四极绕线转子异步电动机，$U_N = 380$ V，$n_N = 1\,460$ r/min，$f_N = 50$ Hz，$r_1=r_2' = 0.012\ \Omega$，$X_1 = X_2' = 0.06\ \Omega$，不计 T_0。试求：

① 额定转矩；

② 过载倍数和临界转差率；

③ 若希望启动时具有最大转矩，则转子回路应串入多大的电阻（折算值）？

5-9　为什么在降压启动的各种方法中，自耦变压器降压启动性能相对最佳？

5-10　三相笼型异步电动机定子回路串电阻启动和串电抗启动相比，哪一种较好？为什么？

5-11　某三相笼型异步电动机的额定数据如下：$P_N = 3\ 00$ kW，$U_N = 380$ V，$I_N = 527$ A，

$n_N = 1\ 450$ r/min，启动电流倍数为 7，启动转矩倍数 $K_{st} = 1.8$，过载能力 $\lambda_m = 2.5$，定子 D 联结。试求：

① 全压启动电流 I_{st} 和启动转矩 T_{st}。

② 如果供电电源允许的最大冲击电流为 1.8 kA，采用定子串电抗启动，求串入电抗后的启动转矩 T'_{st}，能半载启动吗？

③ 如果采用 Y/D 降压启动，启动电流降为多少？能带动 1 250 N·m 的负载启动吗？为什么？

④ 为使启动时最大启动电流不超过 1.8 kA、启动转矩不小于 1 250 N·m，采用自耦变压器降压启动。已知启动采用的自耦变压器抽头分别为 55%、64%、73% 三档，问选择哪一档抽头电压？这时对应的启动电流和启动转矩各为多大？

5-12　深槽式和双笼型电动机为什么能改善启动性能？

5-13　为什么绕线转子异步电动机转子串入合适电阻后，既能减小启动电流，又能增大启动转矩？

5-14　绕线转子异步电动机转子串电抗能改善启动性能吗？

5-15　有一台绕线转子异步电动机的额定数据为：$P_N = 11$ kW，$U_N = 380$ V，$I_N = 30.8$ A，$n_N = 715$ r/min，$E_{2N} = 155$ V，$I_{2N} = 46.7$ A，过载能力 $\lambda_m = 2.9$，$\eta_N = 81\%$，负载需要满载启动，试计算分三级启动的各段启动电阻值（取最大启动转矩为 $2.4T_N$）。

5-16　一台绕线转子异步电动机的额定数据为：$P_N = 40$kW，$U_N = 380$V，$I_N = 76.3$A，$n_N = 1\ 450$ r/min，$E_{2N} = 335$ V，$I_{2N} = 76.6$ A，启动时轴上负载转矩 $T_L = 0.8T_N$，初步确定切换启动转矩 $T_{st2} = 1.2T_L$，最大启动转矩 $T_{st1} = 2.2T_N$，试确定启动级数 m 和各级启动电阻值。

5-17　绕线转子异步电动机串频敏变阻器启动是如何具有串电阻启动之优点的？为什么比串电阻启动要平滑？

5-18　三相异步电动机有哪几种制动运行状态？每种状态下的转差率及能量关系有什么不同？

5-19　当三相异步电动机拖动位能性负载时，为了限制负载下降时的转速，可采用哪几种制动方法？如何改变制动运行时的速度？各制动运行时的能量关系如何？

5-20　现有一台桥式起重机，其主钩由绕线转子电动机拖动。当轴上负载转矩为额定值的一半时，电动机分别运转在 $s = 2.2$ 和 $s = -0.2$ 的情况下，问两种情况各对应于什么运转状态？两种情况下的转速是否相等？从能量损耗的角度看，哪种运转状态比较经济？

5-21　在桥式吊车的绕线转子异步电动机的转子回路中串接可变电阻，定子绕组按提升方向接通电源，调节可变电阻既能使重物提升又能使重物下降，其中有无矛盾？关键何在？

5-22　有一台绕线转子异步电动机的有关数据为：$P_N = 40$ kW，$U_N = 380$ V，$n_N = 1\ 470$ r/min，$E_{2N} = 420$ V，$I_{2N} = 62$ A，过载能力 $\lambda_m = 2.6$，欲将该电动机用来提升或下放重物，不计 T_0。假定电动机原来工作在固有机械特性上，轴上机械负载为 $T_L = 0.8T_N$。

① 今采用电源反接制动使电动机迅速停车，要求瞬时制动转矩为 $1.5T_N$，问在转子中应串接多大的电阻？

② 采用电源反接制动后，定子绕组并不脱离电网，而转子绕组仍保持如上所述的制动电阻，问负载转矩均为 $0.8T_N$ 的反抗性负载和位能性负载两种情况中，电动机各运转在什么状态？求出相应的转速（不计 T_0）。

③ 电动机用来下放 $T_L = 0.9T_N$ 的重物，如果电机工作在回馈制动状态，运行于固有机械

特性上，求下放转速（不计 T_0）。

5-23　题 5-22 的电动机，轴上为额定负载，不计 T_0。试求：

① 原以额定转速提升重物，现用电源反接制动，瞬时制动转矩为 $2T_N$，转子中应串入的电阻值。

② 如果要以 300 r/min 提升重物，转子应串入的电阻值。

③ 如果要以 300 r/min 下放重物，转子应串入的电阻值。

④ 如果要以 785 r/min 下放重物，应采用什么制动方式？需串入的电阻值为多少？

⑤ 定性画出上述各种情况的机械特性，并给出跳变点和稳定运行点。

5-24　变极调速时，改变定子绕组的接线方式有何不同，其共同点是什么？

5-25　为什么变极调速时需要同时改变电源相序？

5-26　电梯电动机变极调速和车床切削电动机的变极调速，定子绕组应采用什么样的改接方法？为什么？

5-27　基频以下的变频调速，为什么希望保证 U_1/f_1 = 常数？当频率超过额定值时，是否也是保持 U_1/f_1=常数？为什么？讨论变频调速的机械特性（U_1/f_1 = 常数）。

5-28　为什么说变频调速是笼型三相异步电动机调速的发展方向？

5-29　某三相两极笼型异步电动机额定数据如下：P_N = 11 kW，U_N = 380 V，I_N = 21.8 A，n_N = 2 930 r/min，电动机轴上是 $T_L = 0.8T_N$ 的恒转矩负载，若保持 U_1/f_1 = 常数，求降低频率到 $0.8f_N$ 时的转速（不计 T_0）。

5-30　试述绕线转子异步电动机转子串电阻的调速原理和调速过程，它有何优缺点？

5-31　在变极和变频调速从高速挡到低速挡的转换过程中，有一制动降速过程，试分析其原因；绕线转子异步电动机转子串电阻，从高速到低速的降速过程中有无上述现象？为什么？

5-32　有一台绕线转子异步电动机的额定数据为：P_N = 55 kW，U_N = 380 V，n_N = 582 r/min，E_{2N} = 212 V，I_{2N} = 159 A，过载能力 λ_m = 2.8，定子 Y 联结，该机用于起重机拖动系统（不计 T_0）：

① 已知电动机每分 35.4 转时主钩上升 1 m，现要求拖动该额定负载重物以 8 m/min 的速度上升，求应在转子每相中串入的电阻值。

② 若转子电阻串入 0.4 Ω 的电阻，求电动机的转速。

5-33　什么是串级调速？串级调速的出发点是什么？如何实现？

第六章　其他用途的电动机

在拖动系统中，除了使用前面介绍的直流电动机和三相异步电动机外，还使用其他各种用途的电动机。本章主要介绍一些常用的其他用途的电动机，如单相异步电动机、同步电动机、换向器式电动机、直线电动机，等等，以适应生产和日常生活中的各种需要。下面将逐一简要介绍它们的结构、工作原理及特点。

第一节　单相异步电动机

单相异步电动机是由单相电源供电的。由于单相异步电动机具有电源方便、结构简单、运转可靠等优点，因此被广泛应用在家用电器、医疗器械、自动控制系统和小型电气设备中。

单相异步电动机的结构与三相笼型异步电动机结构相似，其转子也为笼型，不同的是单相异步电动机的定子绕组为一单相工作绕组（主绕组），主要用以产生主磁场。通常为了启动的需要，定子上还设置启动绕组（辅助绕组），用来与主绕组共同作用，产生合成的旋转磁场，使电动机启动。

单相异步电动机与同容量的三相异步电动机相比，单相异步电动机的体积较大，运行性能较差，所以单相异步电动机只制成小容量的（几瓦到 1 kW）。

一、单相异步电动机的工作原理

当单相异步电动机运行时，只有一相绕组（即工作绕组）外接一个单相正弦交流电源，单相正弦交流电流通过单相工作绕组，在电机气隙中建立起一个脉振磁势。

前面我们讲过，一个脉振磁势可以分解为两个幅值相等、转速相同、转向相反的旋转磁势。由此可知，单相异步电动机的工作绕组也产生出幅值相等（等于基波脉振磁势幅值的一半）、转速相等（均为同步转速）、转向相反的两个旋转磁势。现规定，与转子转动方向一致的旋转磁势为正向旋转磁势，以 F_+ 表示；方向相反者则为反向旋转磁势，以 F_- 表示。分别由它们在气隙中建立起正向的和反向的两个旋转磁场 Φ_+ 和 Φ_-。显然，这两个旋转磁场的强弱及分布规律应完全一样。

如图 6-1 所示，这两个旋转磁场切割转子导体，并分别在转子导体中产生感应电势和感应电流，转子导体中的感应电流与磁场相互作用产生正向和反向的电磁转矩 T_+ 和 T_-。正向电

磁转矩 T_+ 企图使转子正转，反向电磁转矩 T_- 企图使转子反转，这两个转矩叠加起来就是推动电动机转动的合成转矩 T。

不论是 T_+ 还是 T_-，它们的大小与转差率的关系和三相异步电动机的情况是一样的。如果用某种方法使电动机旋转起来，转速为 n，则对正向旋转磁场而言，此时转差率为

$$s_+ = \frac{n_1 - n}{n_1} \tag{6-1}$$

T_+ 与 s_+ 的变化关系与三相异步电动机的 $T = f(s)$ 特性相似，如图 6-2 中曲线 1 所示。而对反向旋转磁场而言，转差率为

$$s_- = \frac{-n_1 - n}{-n_1} = 2 - \frac{n_1 - n}{n_1} = 2 - s_+ \tag{6-2}$$

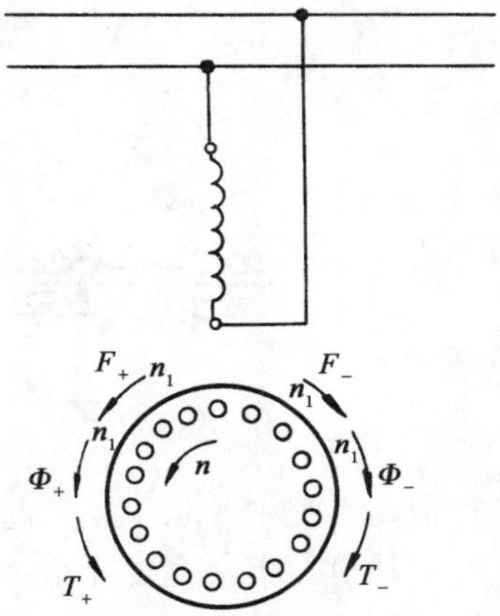

图 6-1　用双旋转磁场理论分析单相异步电动机

T_- 与 s_- 的变化关系与三相异步电动机的 $T = f(s)$ 特性相似，如图 6-2 中曲线 2 所示。

由于正、反向电磁转矩同时存在，因此单相异步电动机的电磁转矩应为二者的合成转矩，即 $T = T_+ + T_-$，故此可得到单相异步电动机的机械特性 $T = f(s)$，如图 6-2 中曲线 3 所示。当 T_+ 为拖动转矩时，T_- 就是制动转矩。从曲线上可以得到如下结论：

① 当转子不动时，其转速为 0，也就是 n=0，通过式 6-2 可以算出 $s_- = s_+ =1$，而通过图 6-2 可以看出此时 $T_+ = |T_-|$，故合成转矩 $T_{st} = T_+ + T_- =0$，如果不采用其他措施，电机将无法自行启动。

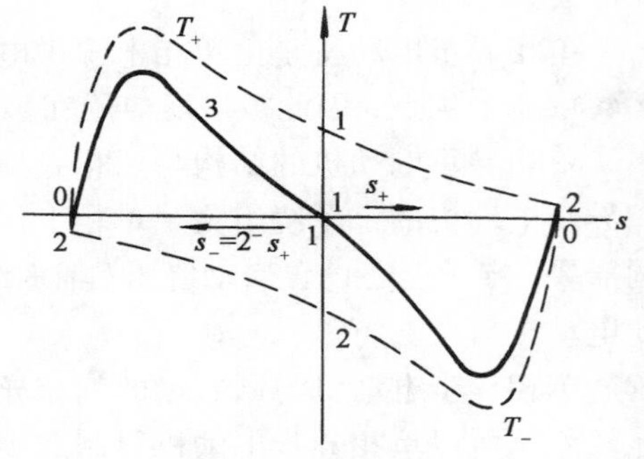

图 6-2　单相异步电动机的 T-s 曲线

② 当有外力拖动电机时，此时 $n \neq 0$，那么转差率 $s \neq 1$，$T \neq 0$。当合成转矩大于负载转矩时，则电机加速并达到某一稳定速度运转，而旋转的方向由电动机启动的方向，即外力方向决定。电动机旋转后，气隙中的磁场将变成椭圆形的旋转磁场。

③ 由于单相异步电动机存在一个反向的电磁转矩 T_-（即制动转矩），它对电机起制动作用，所以电动机的总输出转矩变小了，因此，过载能力、效率、功率因数等均低于相同容量的三相异步电动机。

二、单相异步电动机的类型及启动方法

由于单相单绕组异步电动机无法自行启动，如果要使单相异步电动机像三相异步电动机一样能够自行启动，那么就要在电机启动时给予外界的支持，一般常用的方法是在启动时建立一个旋转磁场，通过转子切割旋转磁场产生的力的作用起到启动电机的效果，如单相分相式异步电动机和单相罩极式异步电动机。

1. 单相分相式异步电动机

单相分相式异步电动机是在电动机定子上安放两相绕组，如果 U_1U_2 绕组和 V_1V_2 绕组的参数相同，而且在空间相位上相差 90° 电角度，则为两相对称绕组。如果两相对称绕组中通入大小相等、相位相差 90° 电角度的两相对称电流，则可以证明（用类似于图 4-21 的三相异步电动机的作图法）两相合成磁场为圆形旋转磁场，其转速为 $n_1=60f_1/p$，与三相对称交流电流通入三相对称绕组产生的旋转磁场性质相同，同样可以分析得出：当两相绕组不对称或两相电流不对称所引起两相的磁势幅值不等或相位移不是 90° 时，气隙中将产生一个幅值变动的旋转磁势，其合成磁势矢量端点的轨迹为一个椭圆，即为椭圆形旋转磁场。一个椭圆形旋转磁场可以分解为两个大小不等的正向和反向圆形旋转磁场，如图 6-3 所示。正、反向旋转磁场产生的电磁转矩分别对转子起拖动和制动作用。

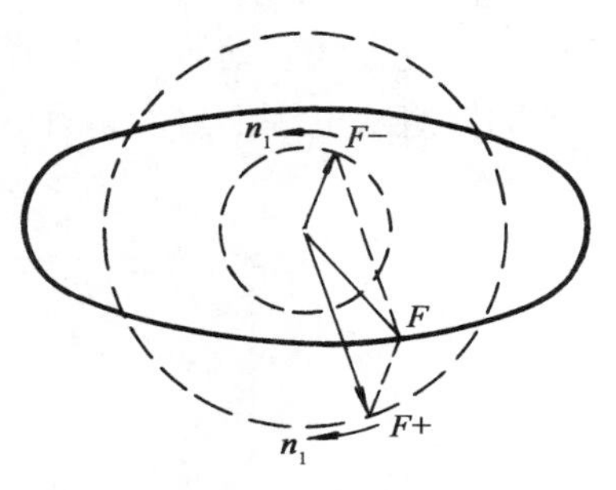

图 6-3　椭圆形旋转磁场的分解（或合成）

（1）单相电阻启动电动机

这种电动机的定子上嵌放两相绕组，一个为主绕组 U_1U_2（或称工作绕组），另一个为辅助绕组 V_1V_2（或称启动绕组）。如图 6-4（a）所示，两个绕组接在同一个单相电源上，辅助绕组串联一个离心开关 K。制造时，一般主绕组用的导线较粗而电阻小，辅助绕组用的导线细而电阻大，或者串电阻以增大辅助绕组支路的电阻值。辅助绕组一般按短时运转状态设计。

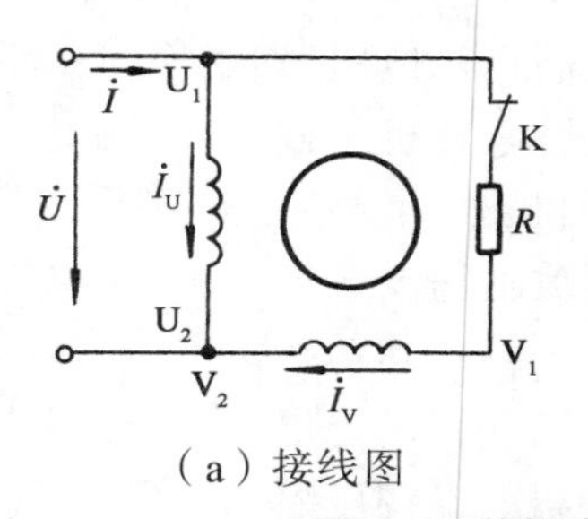

（a）接线图

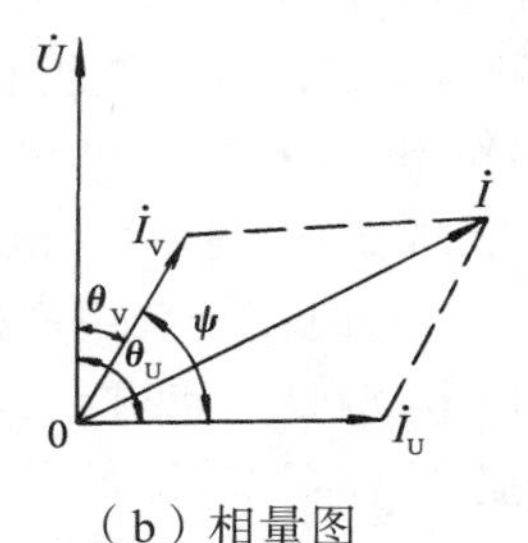

（b）相量图

图 6-4　单相电阻启动电动机

启动时，由于主绕组支路的阻抗和辅助绕组支路的阻抗不同，使得流过两个绕组的电流相位不同，一般辅助绕组中的电流超前于主绕组中的电流，形成了一个两相电流系统，如图 6-4（b）所示，这样电动机启动时就形成了椭圆形旋转磁场，从而产生了启动转矩。电动机启动后，当转速达到一定数值时，离心开关［即图 6-4（a）中的 K］断开，将辅助绕组从电源上切除，剩下主绕组进入稳定运行。

另外，切除辅助绕组的时候，还常采用检测电流法的方法。其原理是在主绕组中串联一个电流继电器线圈，并将其常开触点串在辅助绕组中，当电动机启动时的大电流通过线圈时，触头动作，将辅助绕组接入电源，启动后主绕组电流逐渐随转速的提高而下降，当转速升到某一数值时，主绕组中电流也下降到某一数值，此时电流继电器触头复位，将辅助绕组自动断开，剩下主绕组进入稳定运行状态。例如，家用电冰箱压缩机中的电动机采用的就是重力式启动器。

由于电阻分相启动时两相电流的相位移一般小于 90°，所以启动时电动机的气隙中建立的是椭圆形旋转磁场，因此单相电阻启动电动机的启动转矩较小。

（2）单相电容启动电动机

为了增加启动转矩，可以在辅助绕组支路中串一个电容器，如图 6-5（a）所示。如果电容器的电容选择适当，则可以在启动时使辅助绕组通过的电流 I_V 在时间相位上超前主绕组通过的电流 I_U 90°，如图 6-5（b）所示，这样在启动时就可以得到一个接近圆形的旋转磁场，从而产生较大的启动转距。同样，当电动机转速达到（75%～80%）同步转速时，离心开关 K 将辅助绕组从电源上自动断开，靠主绕组单独进入稳定的运行状态。

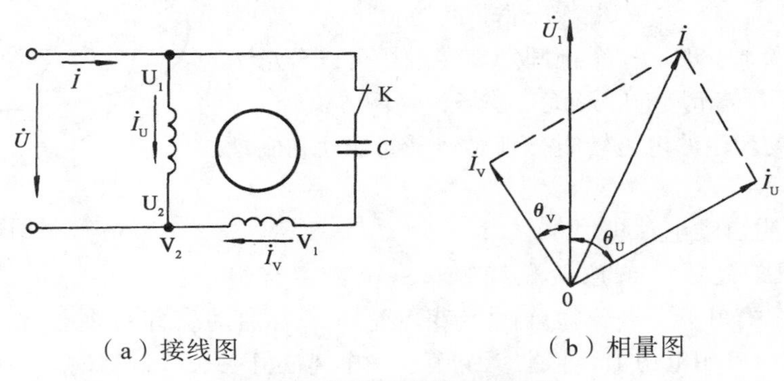

（a）接线图　　（b）相量图

图 6-5　单相电容启动电动机

（3）单相电容运转电动机

如果将电容启动电动机的辅助绕组和电容器都设计成长期工作制，而辅助绕组支路不串接离心开关，则将这种电动机称为单相电容运转电动机（或称单相电容电动机），如图 6-6 所示，这时电动机实质上是一台两相电动机，因此运行时定子绕组产生的气隙磁场较接近圆形旋转磁场，所以电动机运行性能有较大的改善，其功率因数、效率、过载能力等都比普通的单相电动机高，运行也比较稳定。例如，300 mm 以上的电风扇的电动机、空调压缩机的电动机等均采用这种单相电容运转电动机。

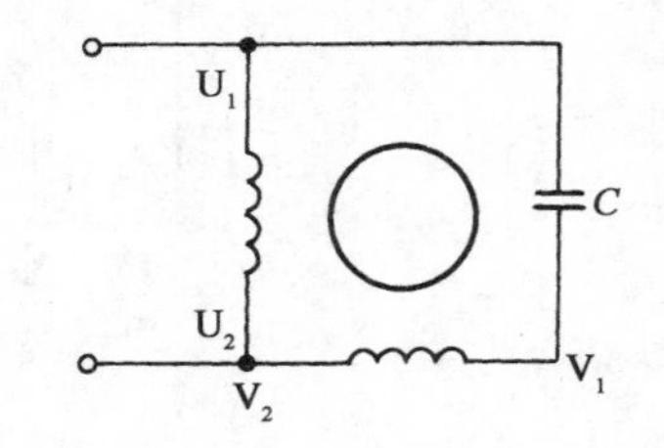

图 6-6　单相电容运转电动机

单相电容运转电动机的电容器电容量的大小，对电动机的启动性能和运行性能影响较大。如果电容量取大些，则启动转矩也大，但运行性能下降；如果电容量取小些，则启动转矩也小，但运行性能好。所以综合考虑，为了保证有较好的运行性能，单相电容运转电动机的电容器电容量比同容量的单相电容启动电动机的电容器电容量要小，启动性能不如单相电容启动电动机。

（4）单相双值电容电动机（单相电容启动及运转电动机）

如果希望单相异步电动机既要有较大的启动转矩，又要有好的运行性能，则可以采用两个电容器并联后再与辅助绕组串联，这种电动机称为单相电容启动及运转电动机（单相双值电容电动机），如图 6-7 所示，其中电容器 C_1 的容量较大，C_2 为运行电容器，容量较小，C_1 和 C_2 共同作用作为启动时的电容器，K 为离心开关。

启动时，C_1和C_2两个电容器并联，总电容量大，电动机有较大的启动转矩，启动后，当电动机转速达到（75%～80%）同步转速时，通过离心开关K将电容器C_1切除，这时只有电容量较小的C_2参加运行，电动机有较好的运行性能。这种电动机常用在家用电器、泵、小型机械等场合。

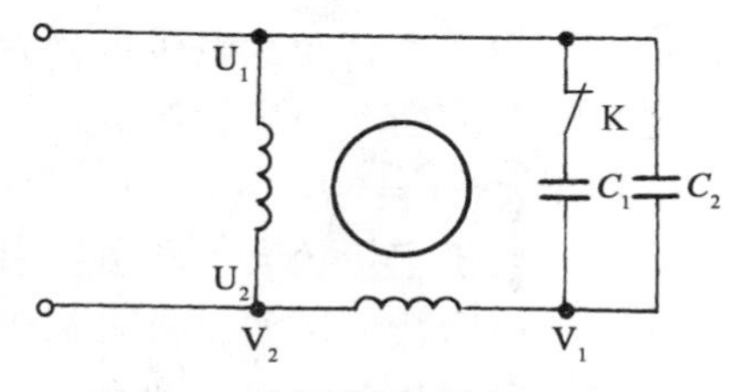

图 6-7　单相电容启动及运转电动机的接线图

对于单相分相式电动机，如果要改变电动机的旋转方向，可以对调主绕组或辅助绕组的两个接线端。通过分析不难得出，此时产生的旋转磁场的旋转方向改变，电动机的转向也跟着改变，也就是反转了。

2. 单相罩极式异步电动机

单相罩极式异步电动机按照磁极形式的不同，分为凸极式和隐极式两种，其中凸极式结构最为常见。下面以凸极式为例介绍单相凸极式罩极异步电动机。如图6-8所示，这种电动机的定、转子铁芯用0.5 mm的硅钢片叠压而成，定子凸极铁芯上安装单相集中绕组，即主绕组。在每个磁极极靴的1/3～1/4处开有一个小槽，槽中嵌入短路铜环将小部分极靴罩住。转子均采用笼型转子结构。

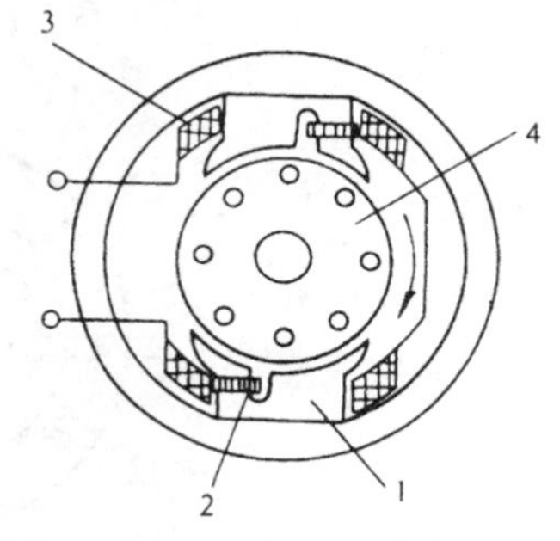

图 6-8　单相凸极式罩极异步电动机的结构示意图

1—凸极式铁芯；2—短路环；3—定子绕组；4—转子

当罩极式电动机的定子单相绕组中通以单相交流电流时，将产生一个脉振磁场，其中一部分磁通不穿过短路环，另一部分磁通穿过短路环。由于短路环的作用，当穿过短路环中的磁通发生变化时，短路环中必然产生感应电势和电流，根据楞次定律，该电流的作用总是阻碍磁通的变化，这就使穿过短路环部分的磁通滞后于不穿过短路环的磁通，造成磁场的中心线发生移动，于是在电动机内部就产生了一个移动的磁场（可将其看成是椭圆度很大的旋转磁场），使电动机产生一定的启动转矩而旋转起来。

因为磁场的中心线总是从磁极的未罩部分转向磁极的被罩部分，所以罩极式电动机转子的转向总是从磁极的未罩部分转向磁极的被罩部分，即转向不能改变。

单相罩极式异步电动机的主要优点是结构简单、制造方便、成本低、维护方便等，但是启动性能和运行性能较差，一般启动转矩只有$T_{st}=(0.3-0.4)T_N$，所以主要用于小功率电动机的空载启动场合，如250 mm以下的台式电风扇等。

第二节　三相同步电动机

同步电机就是转子的转速始终与定子旋转磁场的转速相同的一类交流电机。按功率转换方式，同步电机可分为同步发电机、同步电动机和同步调相机三类。同步发电机将机械能转换成电能，是现代发电厂（站）的主要设备；同步电动机将电能转换为机械能；同步调相机实际上就是一台空载运转的同步电动机，专门用来调节电网的无功功率，改善电网的功率因数。按结构不同，同步电机可分为旋转电枢式和旋转磁极式两种，旋转电枢式只在小容量同步电机中有应用，而旋转磁极式按磁极形状又分为隐极式和凸极式两种。

由于 $n = n_1 = 60 f_1 / p$，当电源频率不变时，同步电动机的转速恒为常值而与负载的大小无关，因此对于容量较大、转速要求恒定的设备，通常采用同步电动机拖动，同时又可以改善电网的功率因数。例如，自来水厂拖动水泵的电动机、工矿企业用的空气压缩机、大型鼓风机等多采用同步电动机拖动。

图 6-9 是三相旋转磁极式同步电机（同步发电机、同步电动机、同步调相机）的结构示意图。三相旋转磁极式同步电机的定子（或称电枢）与三相异步电动机的定子结构相同。定子铁芯由厚 0.5 mm 的硅钢片叠成，在内圆槽内嵌放三相对称绕组。对于隐极式转子，其转子做成圆柱形，转子上没有明显凸出的磁极，气隙是均匀的，励磁绕组为分布绕组，转子铁芯上的大小齿分开，如图 6-9（a）所示，一般用于两极（$p = 1$）或四极（$p = 2$）的电机；而凸极式转子有明显凸出的磁极，气隙不均匀，极靴下的气隙较小，极间部分的气隙较大，励磁绕组为集中绕组，如图 6-9（b）所示，一般用于四极及以上的电机。

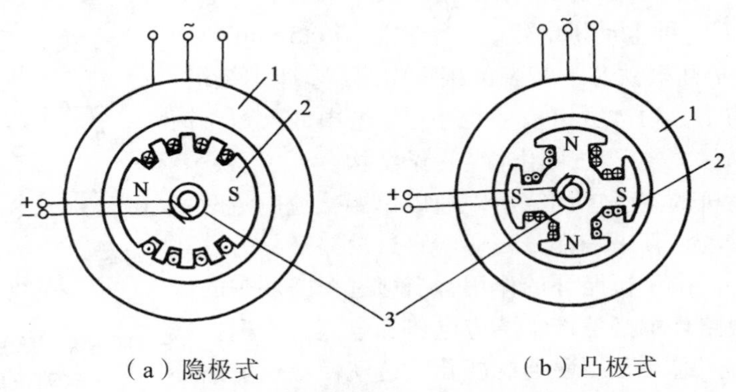

（a）隐极式　　（b）凸极式

图 6-9　三相旋转磁极式同步电机的结构示意图

1—定子；2—转子；3—集电环

一、三相同步电动机的原理

当三相交流电源加在三相同步电动机的定子绕组上时，便有三相对称电流流过定子的三相对称绕组，并产生旋转速度为 n_1 的旋转磁场。如果我们以某种方法使转子启动，并使其转速 n 接近于同步转速 n_1，这时在转子励磁绕组中通以直流电流，将产生极性和大小都不变的励磁磁场，其磁极数与定子的相同。当转子的 S 极与旋转磁场的 N 极对应，转子的 N 极与旋转磁场的 S 极对应时，根据磁极异性相吸、同性相斥的原理，定、转子磁场间将会产生电磁转矩（也称之为同步转矩），促使转子的磁极跟随旋转磁场一起同步转动，即转子转速 $n = n_1$，故称之为同步电动机，如图 6-10（a）所示的理想空载情况。由于空载运行时阻力始终存在，因此转子磁极的轴线总要滞后旋转磁场轴线一个很小的角度 θ，以增大电磁转矩，如图 6-10（b）所示。负载时，θ 随之增大，电机的电磁转矩 T 也相应增大，使电动机转速仍保持在同步状态，如图 6-10（c）所示。但当负载转矩超过同步转矩时，旋转磁场就无法带动转子一起旋转，犹如橡皮筋拉断一样，这种现象称为失步，电机不能正常工作。

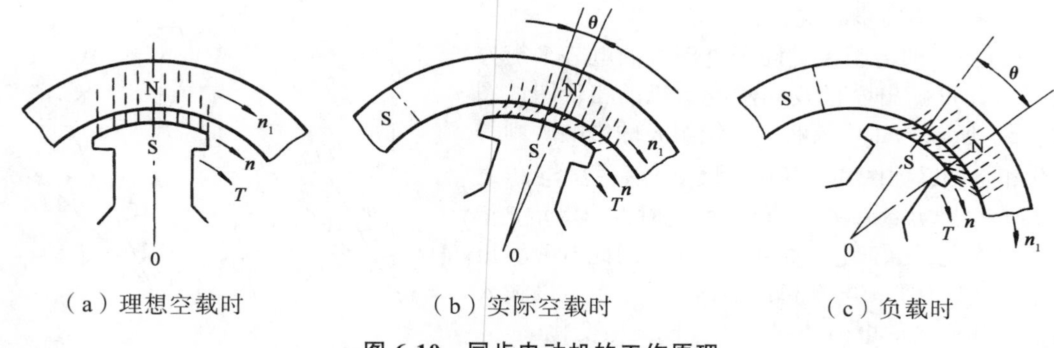

（a）理想空载时　　（b）实际空载时　　（c）负载时

图 6-10　同步电动机的工作原理

二、三相同步电动机的电势平衡方程式和相量图

三相同步电动机在三相对称电源下运转时，其每相情况相同，所以只需分析其中一相即可。下面以隐极式同步电动机为例分析其电势平衡方程式和相量图。

三相同步电动机稳定运转时，气隙中存在着两个旋转磁场：一个为励磁磁场，另一个为电枢磁场（即定子磁场）。由于这两个磁场作用在同一磁路上，因此负载时产生的电枢磁场对励磁磁场有一定的影响，称这种影响为电枢反应。当不考虑磁路饱和影响时，可按叠加原理，将两个磁场共同作用（即气隙合成磁场）产生的每相绕组的合成电势看成是各个磁场产生的电势之和，即：

励磁磁势 $F_{\mathrm{f}} \longrightarrow \Phi_{\mathrm{f}} \rightarrow \dot{E}_0$（空载电势，对电动机而言，$\dot{E}_0$ 为反电势）

电枢磁势 $F_{\mathrm{a}} \longrightarrow \Phi_{\mathrm{a}} \rightarrow \dot{E}_{\mathrm{a}}$（电枢反应电势）

$\quad\quad\quad\quad\quad\;\longrightarrow \Phi_{\sigma} \rightarrow \dot{E}_{\sigma}$（漏磁电势）

由于不考虑磁路饱和，故电流 $I \propto F_{\mathrm{a}} \propto \Phi_{\mathrm{a}} \propto E_{\mathrm{a}}$，而 $\dot{E}_{\mathrm{a}}$ 滞后 $\dot{\Phi}_{\mathrm{a}}\,90°$，即 $\dot{E}_{\mathrm{a}}$ 滞后 $\dot{I}\,90°$，如用电抗压降形式表示则为

$$\dot{E}_{\mathrm{a}} = -\mathrm{j}\dot{I}X_{\mathrm{a}} \tag{6-3}$$

式中　　X_{a}——电枢反应电抗。

另外，由漏磁通产生的漏磁电势

$$\dot{E}_{\sigma} = -\mathrm{j}\dot{I}X_{\sigma} \tag{6-4}$$

式中　　X_{σ}——定子绕组漏电抗。

由此可画出隐极式同步电动机的等效电路如图 6-11 所示，按照惯例规定图中的各有关量的正方向。根据电路的基尔霍夫第二定律，三相同步电动机的电势平衡方程式为

$$\dot{U} = \dot{E}_0 - \dot{E}_{\mathrm{a}} - \dot{E}_{\sigma} + \dot{I}r_{\mathrm{a}} \tag{6-5}$$

将式(6-3)和式(6-4)代入式(6-5)即有

$$\dot{U} = \dot{E}_0 + \dot{I}r_{\mathrm{a}} + \mathrm{j}\dot{I}(X_{\mathrm{a}} + X_{\sigma}) = \dot{E}_0 + \dot{I}r_{\mathrm{a}} + \mathrm{j}\dot{I}X_{\mathrm{t}} \tag{6-6}$$

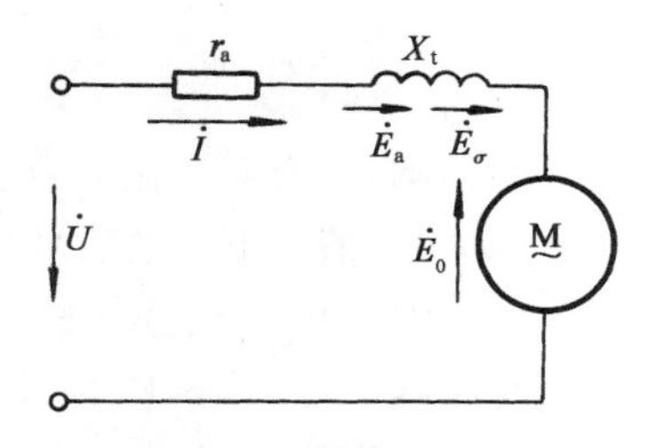

图 6-11　隐极式同步电动机的等效电路

式中　　X_t——同步电抗，$X_t = X_a + X_\sigma$。

式（6-6）即为隐极式同步电动机的电势平衡方程式，由此可画出隐极式同步电动机的相量图如图6-12（a）所示。如果忽略定子绕组r_a的影响，则得到简化相量图，如图6-12（b）所示。图中$\dot{U}$与$\dot{E}_0$之间的夹角称为功率角θ，当负载变化时，功率角θ相应地发生变化，由于电磁转矩$T \propto \theta$，因此电磁转矩也发生变化，为平衡电动机的输出功率，由电网输入的电功率和相应的电磁功率也相应地发生变化。

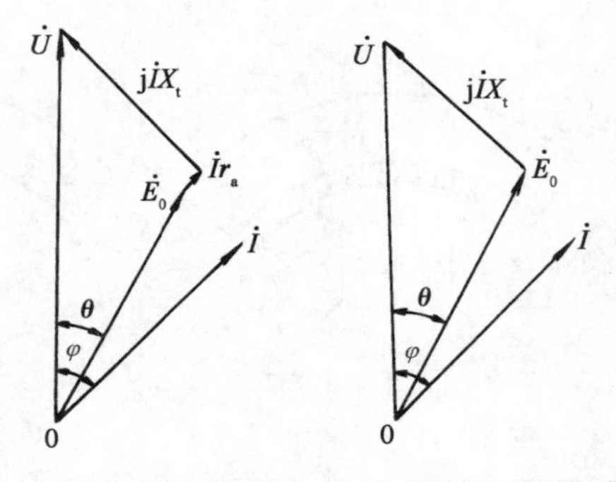

（a）考虑r_a的影响　（b）不计r_a的影响

图 6-12　隐极式同步电动机的相量图

三、三相同步电动机的运行特性

1. 功率平衡关系

三相同步电动机的定子绕组由电网输入的电功率P_1，扣除定子绕组上的铜耗P_{Cu}及铁耗P_{Fe}，余下的全部作为电磁功率P_{em}通过气隙传入转子，即

$$P_1 = P_{Cu} + P_{Fe} + P_{em} \tag{6-7}$$

P_{em}扣除机械损耗P_M和附加损耗P_s后，余下的就是电动机轴上的机械输出功率P_2，即

$$P_{em} = P_M + P_s + P_2 \tag{6-8}$$

2. 功角特性

功角特性是指三相同步电动机接在恒定的电网上运行时，电磁功率P_{em}与功率角θ之间的关系，即$P_{em} = f(\theta)$特性曲线。

由于现代同步电动机的绕组电阻r_a远小于同步电抗X_t，因此可把r_a忽略不计，即$P_{Cu} = I^2 r_a$被忽略，同时忽略铁耗P_{Fe}，由式（6-7）可得

$$P_{em} \approx P_1 = mUI\cos\varphi \tag{6-9}$$

对于三相同步电动机，m=3。

由图6-12（b）可以推导求得

$$\cos\varphi = \frac{E_0}{IX_t}\sin\theta \tag{6-10}$$

将式（6-10）代入式（6-9），可求得三相同步电动机的电磁功率为

$$P_{em} = \frac{mUE_0}{X_t}\sin\theta \tag{6-11}$$

式（6-11）表明，在恒定励磁和恒定电网电压（即E_0=常值，U=常值）下，电磁功率P_{em}的大小取决于功率角θ的大小，由此可画出隐极式同步电动机的$P_{em} = f(\theta)$的功角特性曲线，如图6-13所示。由图可知，当θ=90°时，将有最大的电磁功率

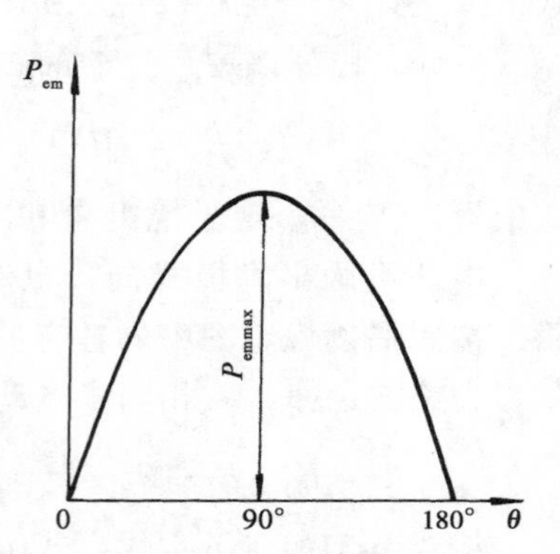

图 6-13　隐极式同步电动机的功角特性

$$P_{\mathrm{em\,max}}=\frac{mUE_0}{X_{\mathrm{t}}} \tag{6-12}$$

式（6-11）除以同步角速度 Ω_1，便得到同步电动机的电磁转矩 T 为

$$T=\frac{mUE_0}{\Omega_1 X_{\mathrm{t}}}\sin\theta \tag{6-13}$$

最大电磁转矩为

$$T_{\max}=\frac{mUE_0}{\Omega_1 X_{\mathrm{t}}} \tag{6-14}$$

当同步电动机的负载转矩大于最大电磁转矩时，电动机将无法保持同步旋转状态，即产生“失步”现象。为了衡量同步电动机的过载能力，常以最大电磁转矩与额定电磁转矩之比 λ_{m} 来衡量，对隐极式同步电动机，则有

$$\lambda_{\mathrm{m}}=\frac{T_{\max}}{T_{\mathrm{N}}}=\frac{1}{\sin\theta_{\mathrm{N}}} \tag{6-15}$$

式中　λ_{m}——同步电动机的过载能力；

θ_{N}——额定运行时的功率角。

同步电动机稳定运行时，一般 θ_{N}=20° ~ 30°，因此 λ_{m}=2 ~ 3。

3. V 形曲线

同步电动机的 V 形曲线是指电网恒定和电动机输出功率恒定的情况下，电枢电流 I 和励磁电流 I_{f} 之间的关系曲线，即 $I=f(I_{\mathrm{f}})$。

由于假设电网恒定，故电压 U 和频率 f 均保持不变。如果忽略励磁电流 I_{f} 改变时附加损耗的微弱变化，则当电动机的输出功率 P_2 不变时，由式（6-8）可知，电磁功率 P_{em} 也将保持不变，所以综合式（6-9）和式（6-11）考虑，则有

$$P_{\mathrm{em}}=\frac{mUE_0}{X_{\mathrm{t}}}\sin\theta=mUI\cos\varphi=\text{常数} \tag{6-16}$$

即

$$\left.\begin{aligned}E_0\sin\theta&=\text{常数}\\ I\cos\varphi&=\text{常数}\end{aligned}\right\} \tag{6-17}$$

据此我们可以画出当输出功率恒定（即 P_{em}=常数），改变励磁电流 I_{f} 时的隐极式同步电动机的电势相量图，如图 6-14 所示，由图可以看出，无论励磁电流 I_{f} 如何变化，相量 $\dot{E}_0$ 的端点始终落在垂直线 $\overline{AB}$ 上；相量 $\dot{I}$ 的端点始终落在水平线 $\overline{CD}$ 上。当正常励磁时，电动机的功率因数等于 1，电枢电流全部为有功电流，这时电枢电流值最小，为纯阻性的。当励磁电流小于正常励磁（即欠励）时，$\dot{E}_0$ 将减少，为了保持气隙合成磁通近似不变，电枢电流中除有功电流外，还要出现一个增磁的滞后无功电流分量，因此电枢电流将比正常励磁时的大，电动机的功率因数是滞后的。当励磁电流大于正常励磁（即过励）时，$\dot{E}_0$ 将增大，此时电枢电流会出现一个去磁的超前无功电流分量，此时电枢电流也比正常励磁时的大，电动机的功率因数为超前的。据此我们可以画出当同步电动机的励磁电流 I_{f} 改变时，电枢电流 I 变化的曲线，

由于此曲线形似 V 形，故称为同步电动机的 V 形曲线，如图 6-15 所示。由图可知，在功率因数 $\cos\varphi=1$ 点，电枢电流最小，为纯阻性的；欠励时，功率因数是滞后的，电枢电流为感性电流；过励时，功率因数是超前的，电枢电流为容性电流。

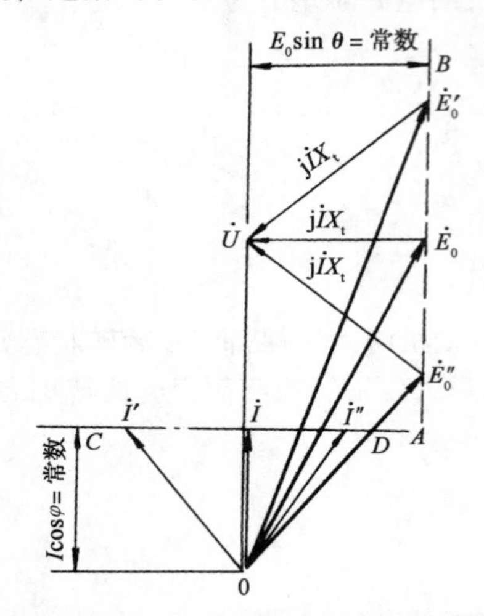

图 6-14　恒功率、变励磁时隐极式同步电动机的相量图

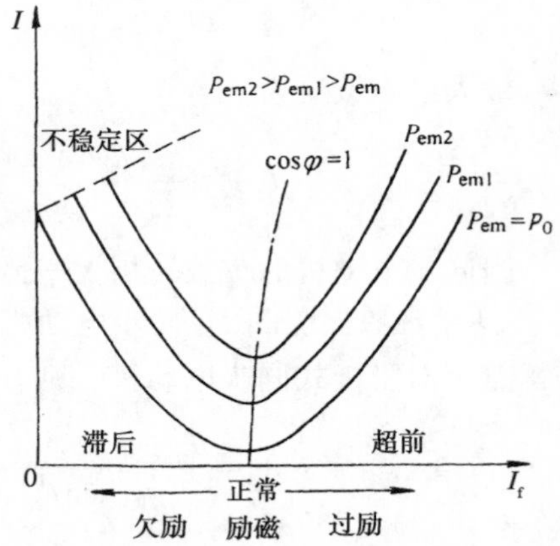

图 6-15　同步电动机的 V 形曲线

由于同步电动机的最大电磁功率 $P_{em\,max}$ 与 E_0 成正比，所以当减小励磁电流时，它的过载能力也要降低，而对应的功率角 θ 则增大。这样一来，在某一负载下，当励磁电流减少到一定数量时，θ 就将超过 90°，对于隐极式同步电动机就不能稳定运行而失去同步，图 6-15 中虚线表示出了同步电动机不稳定区域的界限。

改变励磁电流可以调节同步电动机的功率因数，这是同步电动机最可贵的特点。由于电网上的负载多为感性负载，因此如果使运行在电网上的同步电动机工作在过励状态下，则可提高电网的功率因数，所以为了改善电网的功率因数和提高电机的过载能力，现代同步电动机的额定功率一般均设计为 1 ~ 0.8（超前）。

如果将同步电动机接在电网上空载运行（即图 6-15 中对应 $P_{em}=P_0$ 的曲线），专门用来调节电网的功率因数，则称之为同步调相机，或称为同步补偿机。

四、三相同步电动机的启动方法

同步电动机本身是没有启动转矩的，通电以后，转子不能自行启动。我们通过图 6-16 来说明这个问题。

当静止的三相同步电动机的定、转子接通电源时，定子三相绕组通过三相交流电流建立起旋转磁场，转子励磁绕组通过的直流电流建立起固定磁场。假设通电瞬间，定、转子磁极的相对位置如图 6-16（a）中所示，而定子的旋转磁场以逆时针方向旋转，根据异性磁极相吸、

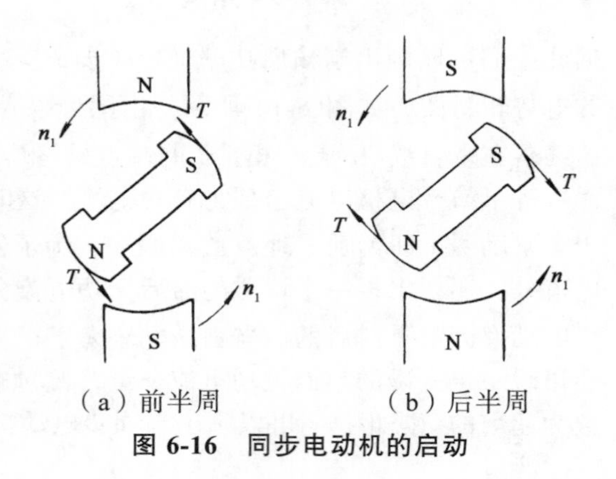

（a）前半周　（b）后半周

图 6-16　同步电动机的启动

同性磁极相斥的原理，此时转子上将产生一个逆时针方向的转矩，欲拖动转子逆时针旋转。由于旋转磁场以同步转速旋转，转速很快，而转子因机械惯性还来不及转动，定子的旋转磁场就已经转过 180° 到了图 6-16（b）的位置，这时转子上产生的转矩为顺时针，欲拖动转子顺时针旋转。由此可见，在一个周期内，作用在同步电动机转子上的平均启动转矩为零，因此同步电动机不能自行启动，需要借助其他方法启动。

三相同步电动机的启动方法常用的有三种：辅助电动机启动法、变频启动法和异步启动法。现代三相同步电动机多采用异步启动法来启动，所以这里主要介绍异步启动法。

现代三相同步电动机多在转子的极靴上装有类似于异步电动机笼型绕组的启动绕组（也称阻尼绕组），采用类似于启动笼型异步电动机的方法来启动三相同步电动机，具体步骤如下：

① 首先将三相同步电动机的励磁绕组通过一个附加电阻短接，该附加电阻的阻值约为励磁绕组电阻的 10 倍。注意，启动时励磁绕组不可开路，否则将产生很高的电压，可能击穿励磁绕组的绝缘。

② 采用三相笼型异步电动机的启动方法来启动三相同步电动机，这时三相同步电动机定子绕组通电建立的旋转磁场在转子的启动绕组中产生感应电势及电流，进而产生类似于异步电动机的异步电磁转矩，此时把同步电动机当作异步电动机进行启动。

③ 当三相同步电动机的转速接近同步转速（约 $0.95n_1$）时，将附加电阻切除，励磁绕组改接至励磁电源，依靠定子旋转磁场与转子磁极之间产生的同步转矩，将三相同步电动机牵入同步转速运行。

在三相同步电动机异步启动时，和三相异步电动机一样，为了限制过大的启动电流，可以采用减压方法启动。在转速接近同步转速时，应先恢复全电压，然后给予直流励磁将同步电动机牵入同步运行。

第三节　其他电动机

一、直线电动机

直线电动机是近年来发展很快的一种新型电动机，它可将电能转换成直线运动的机械能。对于做直线运动的生产机械，使用直线电动机可以省去一套将旋转运动转换成直线运动的中间转换结构，可提高精度和简化结构。

直线电动机有很多种形式，但其工作原理与旋转电机的基本相同，这里介绍两种典型的直线电动机，以便对这类电动机有所了解。

1. 直线异步电动机

（1）工作原理

直线异步电动机的工作原理与笼型异步电动机相同，只是结构形式上有所差别。

由普通旋转异步电动机演变成直线异步电动机的过程，相当于将旋转异步电动机的定、转子切开展平。直线异步电动机的定子一般称为初级，而转子称为次级。当直线异步电动机初级的三相绕组中通入三相对称电流后，三相合成磁势将产生气隙磁场，此时气隙磁场不是旋转磁场，而是按照U、V、W相序沿直线移动的磁场，称为滑行磁场。滑行磁场在次级绕组中产生感应电势和电流，电流与滑行磁场相互作用产生电磁力，促使次级跟随滑行磁场做直线运动。

（2）结构

直线异步电动机的结构类型有平板型、管型和圆盘型三种。以平板型直线异步电动机为例，其单边型和双边型的原理结构图分别如图6-17和图6-18所示，其初级铁芯也由硅钢片叠成，铁芯槽中嵌放三相、两相或单相绕组，单相直线异步电动机可采用电容分相式或罩极式；而次级通常用整块钢板或铜板制成，或者直接利用角钢、工字钢等来做成次级。对采用双边型的，其次级则放在两个初级的中间，这样有利于消除对次级的电磁拉力。

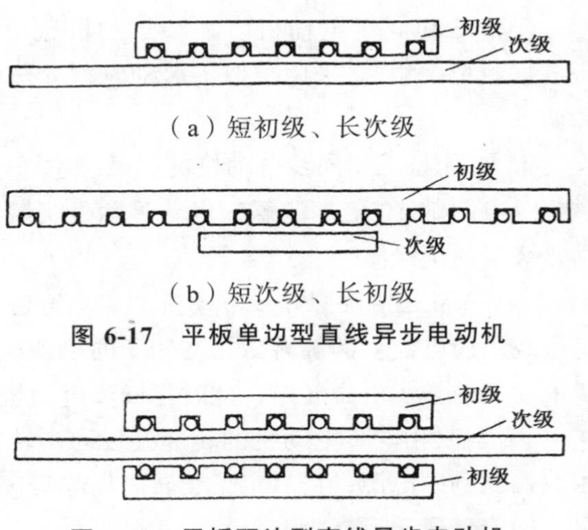

（a）短初级、长次级

（b）短次级、长初级

图 6-17　平板单边型直线异步电动机

图 6-18　平板双边型直线异步电动机

为了使直线异步电动机的固定部件和移动部件在所需行程范围内始终耦合，不至于使移动部件停止移动，必须使固定部件和移动部件的长度不等。一般采用长次级、短初级成本较低，因此初级嵌放绕组。

直线异步电动机的应用很广，在交通运输和传送装置中得到了广泛的应用，如磁悬浮高速列车，将初级绕组和铁芯装在列车上，利用铁轨充当次级；另外还可以用在各种阀门、生产自动线上的机械手、传送带等。

2. 直线直流电动机

随着高性能永磁材料的出现，各种永磁直流电动机相继出现，直线直流电动机的结构形式有框架式和音圈式两大类。

（1）框架式直线直流电动机

这种电动机多用在自动记录仪表中，它有两种结构形式，如图6-19所示，其工作原理都是利用通电线圈与永久磁场之间产生的推力工作的。

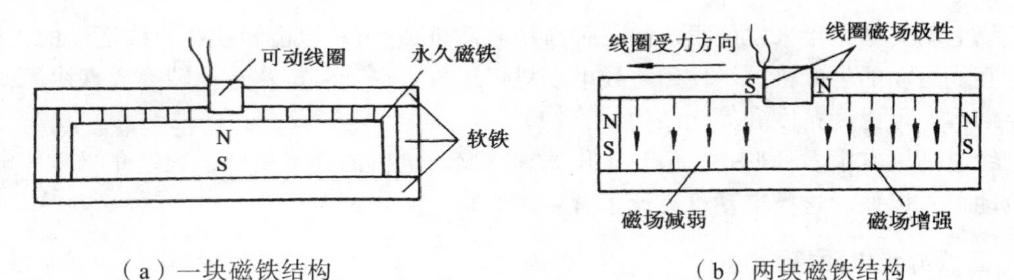

（a）一块磁铁结构　　（b）两块磁铁结构

图 6-19　框架式直线直流电动机

图6-19（a）采用的是强磁铁结构，磁铁产生的磁通通过很小的气隙与可动线圈交链。

当可动线圈中通入直流电流时便产生电磁力，促使可动线圈直线移动；当改变可动线圈中电流的大小和方向时，可改变可动线圈移动的速度和方向。这种结构的缺点是要求永久磁铁的长度要大于可动线圈的行程，如果记录仪表的行程范围较大，则磁铁就较长，很不经济，而且仪器也必然笨重。

图 6-19（b）采用在软铁架端放置两块极性相同的永久磁铁，当改变可动线圈中电流的大小和方向时，即可改变可动线圈运动的速度和方向，促使可动线圈在滑道做直线运动。这种结构的直线直流电动机体积很小，成本低，效率高。

为了减小直线直流电动机的静摩擦力，在精密仪器中常采用球形轴承、磁悬浮或气垫等支撑形式。

（2）音圈式直线直流电动机

图 6-20 是音圈式直线直流电动机的原理图。环形磁铁的磁通经过极靴、铁芯磁轭形成回路。当可动线圈里通过直流电流时，便在可动线圈上产生电磁力促使线圈移动。在图中所示的电流方向下，根据左手定则，可确定线圈上作用着一个向左的力，使线圈向左移动。改变可动线圈电流的大小和方向，则可改变可动线圈的推力和移动方向。

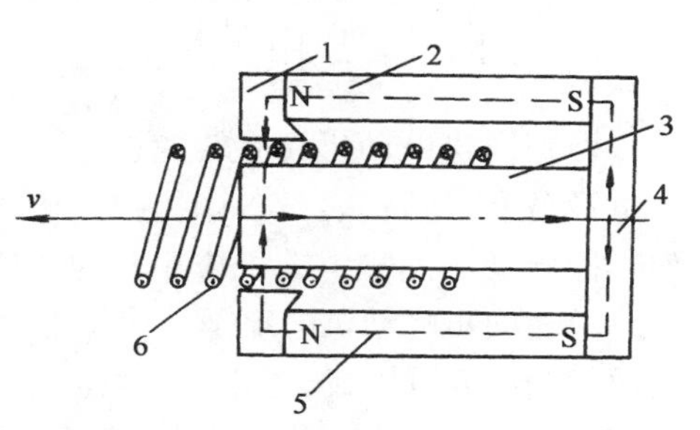

图 6-20　音圈式直线直流电动机

1—极靴；2—永久磁铁；3—铁芯；4—磁轭；5—磁通；6—可动线圈

音圈式直线直流电动机主要用在磁盘存储器中，用它控制磁头不仅可以代替原来的步进电动机及齿条机构，使结构简单化，惯性减小，而且易于实现闭环控制。由于它提高了运行速度和位置控制的精度，从而使整个磁盘存储器的容量增加，工作速度提高。

二、单相串励电动机

单相串励电动机的工作原理与直流串励电动机相似。单相串励电动机接在一个单相交流电源上，当交流电源处于正半波时，由主磁通 Φ 和电枢电流互相作用产生的电磁转矩使转子沿逆时针方向旋转，如图 6-21（a）所示。当交流电流处于负半波时，由于是串励，励磁电流和电枢电流同时改变方向，因此主磁通和电枢电流的方向同时改变，而产生的电磁转矩方向不变，促使转子仍沿着逆时针方向旋转，如图 6-21（b）所示。当单相串励电动机接在单相交流电上时，转子转向是恒定的，如图 6-21（c）所示。由此也可看出，单相串励电动机属于交、直流两用的电动机，它用于交流电源上所产生的电磁转矩的平均值与用于直流电源时所产生的电磁转矩相同。

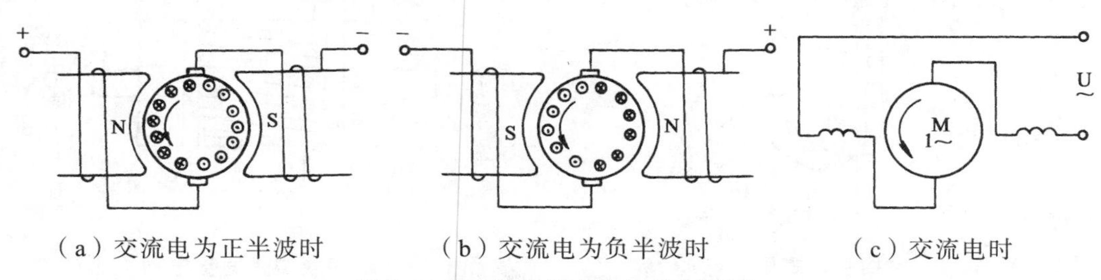

（a）交流电为正半波时　（b）交流电为负半波时　（c）交流电时

图 6-21　单相串励电动机的原理图

由于单相串励电动机使用交流电源，为了减少铁芯损耗，整个磁路的铁芯均采用硅钢片叠成。另外，为了改善功率因数，应尽量减少励磁绕组匝数以减小电抗，但为了保持有一定的主磁通，应尽量减小气隙以减小磁路磁阻。

单相串励电动机的机械特性与直流串励电动机一样为软特性，即有较大的启动转矩，并且转速随负载增加而迅速下降。这种电动机有较高的转速，而且不受电源频率限制。轻载时，转速可达 20 000 r/min，因此应避免长时间空载或轻载运行；负载时的转速往往也达几千转/分至一万多转/分。一般单相串励电动机均制成两极电动机，功率在几十瓦到一千多瓦之间。目前单相串励电动机多用于电动工具（如手电钻、电动扳手等）、家用食品搅拌器、真空吸尘器等。由于有换向器和电刷，使单相串励电动机的结构复杂、运行可靠性差，运行时的电火花还会产生无线电干扰。

三、单相同步电动机

微型同步电动机具有转速恒定、结构简单等特点，被广泛用于自动控制和遥控装置、无线电设备及仪器仪表设备中。根据使用的电源可分为三相或单相两种。由于单相电源来源方便，因此单相同步电动机应用较为普遍。

单相同步电动机的定子结构与单相异步电动机的定子结构完全一样，也采用分相式的主、副两相绕组或罩极式，通电后在气隙中即产生旋转磁场；而转子结构则与单相异步电动机不同。根据转子结构形式，单相同步电动机可分为永磁式、磁阻式（俗称反应式）和磁滞式三种。

1. 单相永磁式同步电动机

图 6-22 所示为两极永磁转子的同步电动机的运行情况。当定子绕组通电后，气隙中即产生旋转磁场，根据磁极同性相斥、异性相吸的性质，定子磁极牢牢吸住转子磁极，以同步转速一起旋转。当电机的极数一定、电源频率不变时，电动机的同步转速 n_1 为固定值，因此该电动机的转速恒定不变。

对于低转速的单相永磁式同步电动机，可以自行启动。对于高转速的单相永磁式同步电动机，常采用的启动方法为异步启动，而后再同步运行，这类电动机的转子两端为永久磁钢，中间则为类似于笼型绕组的启动绕组，如图 6-23 所示，启动时利用启动绕组作为异步电动机启动，当转速接近同步转速时，定子磁极吸住转子的永久磁钢而被牵入同步运行。

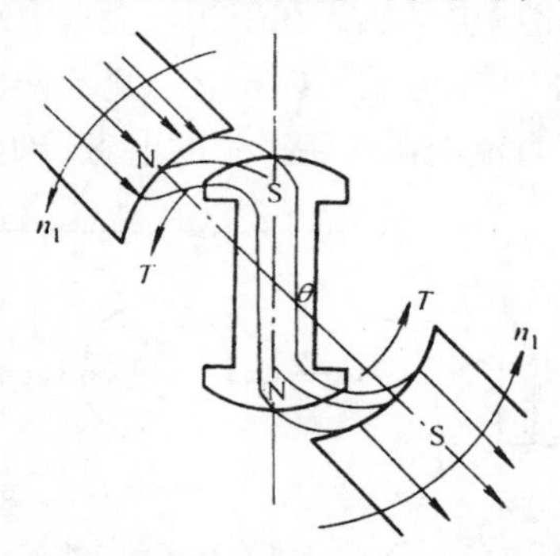

图 6-22 单相永磁式同步电动机的运行原理图

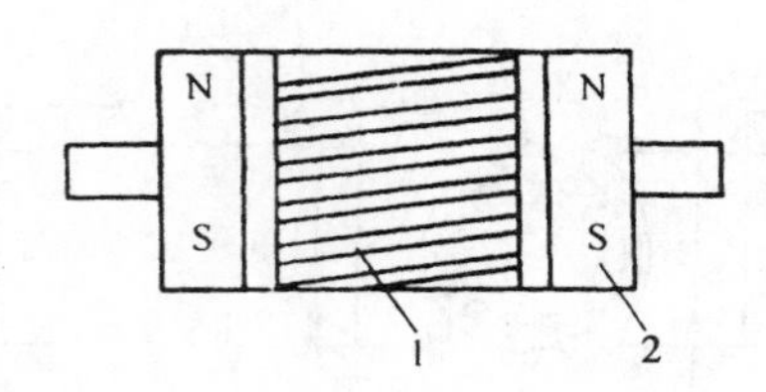

图 6-23 单相永磁式同步电动机的转子

1—笼型启动绕组；2—永久磁铁

2. 单相磁阻式同步电动机

这类电动机的定子一般采用罩极式结构，定子铁芯由硅钢片叠成；转子采用软磁材料作成凸极式结构，本身没有磁性，如图 6-24 所示。

当定子绕组通入单相交流电后，由于短路环的电磁感应作用，像单相罩极式异步电动机那样，在气隙中产生旋转磁场。根据磁力线总是力求沿磁阻最小的路径通过的性质，定子磁场的磁力线将通过转子的凸极而形成闭合回路，由此在转子上产生出与定子磁极相反的极性，从而使定、转子磁场间产生吸引力，促使转子跟随定子磁场一起同步旋转。由于利用交、直轴的磁阻不同而进行工作，所以这种电动机称为磁阻电动机。

单相磁阻式同步电动机有时为了改善其启动性能，在转子极靴上还装有笼型结构的启动绕组。

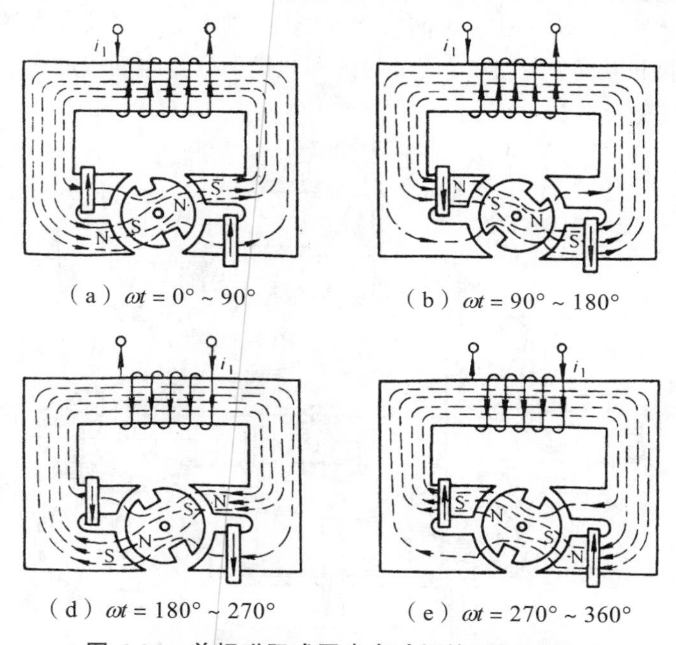

（a）$\omega t = 0° \sim 90°$　（b）$\omega t = 90° \sim 180°$

（d）$\omega t = 180° \sim 270°$　（e）$\omega t = 270° \sim 360°$

图 6-24　单相磁阻式同步电动机的运行原理图

3. 单相磁滞式同步电动机

磁滞式同步电动机的定子一般采用罩极结构，而转子一般采用硬磁材料制成圆柱体或螺旋形等。由图 6-25 可见，当定子绕组通入交流电后，气隙中产生旋转磁场，此时定子磁场对转子进行磁化，转子产生有规则的磁极，如图 6-25（a）所示。

随着定子磁场旋转，由于转子采用硬磁材料，因此转子有较强的剩磁，这样，当定子磁场离开时，转子磁场还存在，定、转子磁极间就产生吸引力形成了转矩（称为磁滞转矩），促使转子转动，并最终进入同步运行状态，如图 6-25（b）所示。

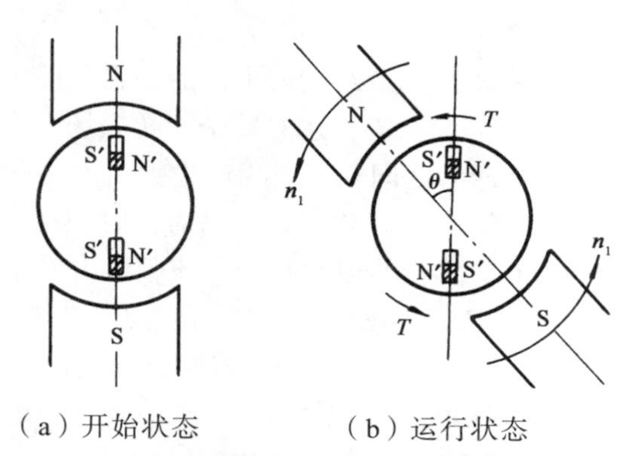

（a）开始状态　（b）运行状态

图 6-25　单相磁滞式同步电动机的运行原理图

由于磁滞式同步电动机转子的转速不论是否同步，都能产生磁滞转矩，因此它不需要任何启动装置即可自行启动并进入同步运行，这是它的优点。

单相同步电动机广泛应用在自动控制和其他需要恒定转速的设备上，常用于复印机、录音机、传真机、钟表业、定时器、程序控制系统、自动记录仪、电唱机、遥控装置，等等。

四、锥形异步电动机

锥形异步电动机因定子内腔和转子表面制成圆锥的一部分——锥台形状而得名，它是将异步电动机和制动器两项功能集于一体的电力驱动器具。锥形异步电动机与普通异步电动机相比，其主要不同之处是：除了铁芯表面呈圆锥形外，为了运行需要都带有附加的机械装置，如弹簧、齿轮及摩擦机构等。图 6-26 所示为内刹式锥形异步电动机的结构。

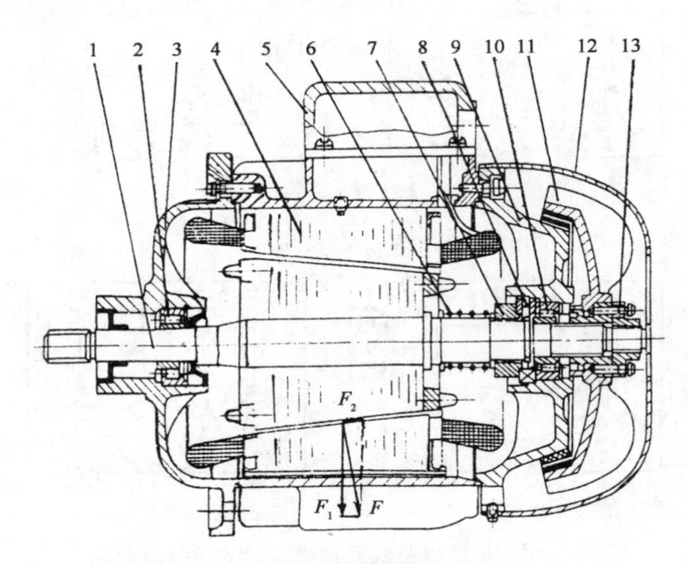

图 6-26 内刹式锥形异步电动机

1—转子；2—前轴承；3—前端盖；4—定子；5—出线盒（或断电限位器）；6—压缩弹簧；7—支承圈；8—径向推力球轴承；9—后端盖；10—后轴承；11—风扇制动轮；12—分罩；13—锁紧螺母

当定子三相绕组接通电源后，在气隙中就产生了旋转磁场，该旋转磁场在转子绕组中产生感应电势和电流，建立转子旋转磁场。在产生定、转子旋转磁场瞬间，两者尚处于相对静止状态，两者之间相互作用产生吸引力。若在普通异步电动机中，该吸引力沿径向垂直于定、转子表面，当气隙均匀且磁路对称时，径向力的总和为零，即不会产生任何不平衡的电磁拉力；但在锥形异步电动机中，该吸引力 F 垂直作用于转子表面，可将它分解为径向分力 F_1 和轴向分力 F_2，如图 6-26 中所示。如果气隙均匀，磁路对称，则径向分力 F_1 也互相抵消为零；但轴向分力 F_2 则使转子从左向右产生轴向移动，使得风扇制动轮 11 与静止制动环 9 松开，同时压紧了轴上的弹簧 6。其次，转子绕组电流与气隙旋转磁场相互作用产生切向电磁力，产生电磁转矩，促使电动机旋转。

当锥形异步电动机断电时，电动机产生的轴向分力 F_2 消失，转子在弹簧作用下向左移动，使得风扇制动轮向后端盖上的静止制动环压紧，在两个摩擦块的作用下，转子立即停止转动。所以，当锥形异步电动机通电时，松开制动器，电动机旋转；而断电时刹车制动，电动机停止旋转。由于静止制动环和制动摩擦环装在风扇内侧，故称为内刹式锥面制动。如果静止制动环和制动摩擦环装在风扇外侧，则称为外刹式锥面制动。一般锥形异步电动机功率在 13 kW 以上的采用外刹式结构，13 kW 以下的多采用内刹式结构。

锥形异步电动机与同容量的普通异步电动机相比，其气隙较大，因此相应的性能指标有所下降，损耗要大 10%～18%，功率因数低 10% 左右。

锥形异步电动机由于将电动机和制动器组成一体，因此广泛应用于需要快速制动的传动装置中，如用于起重设备、机床和组合机床、刀具和工作台的精确定位等。图 6-27 示出了锥形异步电动机用于电动葫芦的例子，它连同减速装置一起同装于一个卷筒内，结构十分紧凑。

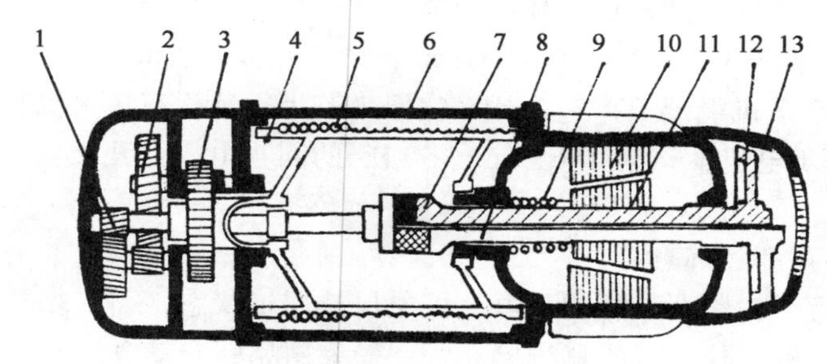

图 6-27　电动葫芦结构示意图

1、2、3—齿轮；4—滚筒；5—钢绳；6—外壳；7—转轴（通电位置）；8—转轴（断电位置）；9—弹簧；10—定子铁芯；11—转子铁芯；12—风扇轮；13—制动环

本 章 小 结

在拖动系统中，除了使用前面介绍的直流电动机和三相异步电动机外，还有使用其他各种用途的电动机。本章主要介绍一些常用的其他用途的电动机，如单相异步电动机、同步电动机、换向器式电动机、直线电动机，等等。

单相异步电动机的工作绕组通以单相交流电时，将建立起脉振磁场，不会产生启动转矩。因此单相异步电动机无法自行启动。我们在启动单相异步电动机时，一般是通过启动时在气隙中建立旋转磁场的方法实现的，比如常用的分相式启动方法和罩极式启动方法。

同步电机是转子转速与旋转磁场转速相等的交流旋转电机。按其运行方式可以分为同步发电机、同步电动机和同步调相机。目前的同步电动机多采用旋转磁极式结构，分为凸极式和隐极式两种。其中同步电动机具有转速恒定、功率因数可调等优点，因此在生活中得到了广泛的使用。其基本工作原理是：在定子绕组中通入三相交流电流而建立起旋转磁场，由一定方法启动（三相同步电动机平均转矩为零，因此不能自行启动）后，转子励磁绕组通入直流电流，建立起固定的磁极，根据异性磁极相吸的原理，由旋转磁场带动转子磁极同步旋转。

在现代生产和科研领域中，除广泛使用前几章所说的普通电机以外，一些具有某种特殊性能的小功率电机也得到了越来越广泛的应用。

思考题与习题

6-1　单相异步电动机为什么没有启动转矩？试画出 *T-s* 曲线，简述异步电动机有哪几种启动方法？

6-2　单相异步电动机主要分哪几类？

6-3　简述罩极式电动机的工作原理。

6-4　比较单相电阻启动、单相电容启动、单相电容运转电动机的运行特点及使用场合。

6-5　怎样改变单相电容运转电动机的旋转方向？对于罩极式电动机，如不改变其内部结构，它的旋转方向能改变吗？

6-6　一台单相电容运转式台风扇，通电时有振动，但不转动，如用手正拨动或反拨动风扇叶，则都能转动且转速较高，这是什么故障？

6-7　一台三相异步电动机，定子绕组星形联结，工作中如果一相绕组断线，原来若为轻载运行，能否允许电动机继续工作？为什么？原来若为重载运行，又如何？

6-8　什么叫同步电机？试问 150 r/min、50 Hz 的同步电机是几极？该机是隐极式还是凸极式？

6-9　简述功率角的物理意义。

6-10　正常运行时为什么三相同步电动机能保持同步状态，而三相异步电动机却不能？

6-11　同步电动机为什么不能自行启动？一般采用哪些启动方法？

6-12　直线异步电动机与旋转异步电动机的主要差别是什么？

第七章　控制电机

本章在已学过的常规旋转电机基本理论的基础上，简要地介绍几种有特殊用途的常用控制电机（伺服电动机、测速发电机及步进电动机等）的基本结构、工作原理和特性、用途等。

第一节　概　述

控制电机一般指用于自动控制、自动调节、远距离测量、随动系统以及计算装置中的微特电机。控制电机是在一般旋转电机理论的基础上发展起来的特殊用途的小功率电机，就电磁过程及所遵循的基本电磁规律而言，与常规的旋转电机没有本质上的差别。但是控制电机与常规的旋转电机用途不同，性能指标要求也就不一样。常规的旋转电机主要是在电力拖动系统中，用来完成机、电能量的转换，因此要求有较高的力、能指标；而控制电机主要是用作信号的传递和转换，对它们的要求主要是运行可靠、快速响应和高精确度。

控制电机一般体积小、重量轻、耗电少，其机座外径一般是 12.5 ~ 130 mm，重量从数克到数千克，功率从数百毫瓦到数百瓦。但是在较大的控制系统（如轧钢、数控机床和工业用机器人等的自动控制系统）中，这类电机的外径可达 300 ~ 400 mm，重量可达数十千克至数百千克，功率可达数十千瓦至数百千瓦。

由于控制电机在各种控制系统中应用广泛，品种繁多，本章仅就电力拖动系统中比较常用的几种控制电机为例，介绍其基本工作原理、结构和用途。

第二节　伺服电动机

伺服电动机在自动控制系统中用作执行元件，又称执行电动机。它将接收到的控制信号（电信号）转换为轴的角位移或角速度输出。改变控制信号的极性和大小，便可改变伺服电动机的转向和转速。这种电机有信号时就动作，没有信号时就立即停止。伺服电动机分为交流伺服电动机和直流伺服电动机。

自动控制系统对伺服电动机的性能要求可概括为：

① 无自转现象。控制信号为零时电机继续转动的现象称为“自转”现象，消除自转是自控系统正常工作的必要条件。在控制信号来到之前，伺服电动机转子静止不动；控制信号来到之后，转子迅速转动；当控制信号消失时，伺服电动机转子应立即停止转动。

② 空载始动电压低。电动机空载时，转子不论在任何位置，从静止状态开始启动至连续运转的最小控制电压称为始动电压，始动电压越小，表示电动机的灵敏度越高。

③ 机械特性和调节特性的线性度好。能在宽广的范围内平滑稳定地调速。

④ 快速响应性好。即机电时间常数小，因而伺服电动机都要求转动惯量小。

一、直流伺服电动机

1. 结　构

直流伺服电动机与他励直流电动机在结构上相似。

2. 工作原理

从工作原理来看，直流伺服电动机与普通直流电动机是完全相同的。当励磁绕组流过励磁电流时，建立气隙磁通 Φ，与电枢电流 I_a 相互作用产生电磁转矩 T，伺服电动机就动作。

3. 控制方式

直流伺服电动机的控制方式有两种：电枢控制和磁场控制。

所谓电枢控制，即励磁绕组上加恒压励磁，将控制电压施加于电枢绕组来进行控制，当负载转矩恒定时，电枢的控制电压升高，电动机的转速就升高；反之，电枢的控制电压降低，电动机的转速就降低；改变控制电压的极性，电机就反转；控制电压为零，电机就停转。

电动机也可采用磁场控制，即在电枢绕组上施加恒压，将控制电压信号施加于励磁绕组来进行控制，改变励磁电压的大小和方向，就能改变电动机的转速与转向。

电枢控制的优点是：没有控制信号时，电枢电流等于零，电枢中没有损耗，只有不大的励磁损耗；磁场控制的优点是控制功率小。由于电枢控制的特性好、电枢控制回路的电感小且响应迅速，因此控制系统多采用电枢控制。下面仅以电枢控制方式为例说明其特性。

4. 控制特性

电枢控制式直流伺服电动机的接线图如图 7-1 所示。伺服电动机由励磁绕组接于恒压直流电源 U_f 上，通过电流 I_f，而产生磁通 Φ。电枢绕组作为控制绕组，接收控制电压信号 U_a。当控制绕组收到控制电压后，电动机转动；当控制电压消失，电动机立即停转。

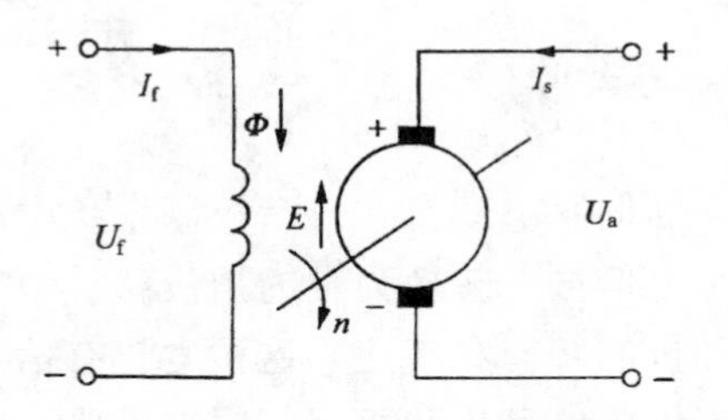

图 7-1　电枢控制式直流伺服电动机的原理图

（1）机械特性

机械特性是指励磁电压 U_f 恒定，电枢的控制电压 U_a 为一个定值时电动机的转速 n 和电磁转矩 T 之间的关系。

电枢控制时，直流伺服电动机的机械特性和他励直

流电动机改变电枢电压时的人为机械特性相似，其机械特性方程为

$$n=\frac{U_a}{C_e\Phi}-\frac{R_a}{C_eC_T\Phi^2}T \tag{7-1}$$

式中 C_e——电势常数；

C_T——转矩常数；

R_a——电枢回路总电阻。

直流伺服电动机的磁路一般不饱和，当不计电枢反应的去磁作用时，主磁通 Φ 即由励磁电流决定，此时

$$\Phi\propto I_f\propto U_f \quad 或 \quad \Phi=C_\phi U_f \tag{7-2}$$

式中 C_ϕ——比例常数。

令控制电压 U_a 与控制绕组额定电压 U_{aN} 之比为有效信号系数 ε（ε 最大值为 1），即

$$\varepsilon=\frac{U_a}{U_{aN}} \tag{7-3}$$

将式（7-2）和式（7-3）代入式（7-1），可得

$$n=\frac{U_{aN}}{C_eC_\phi U_f}\varepsilon-\frac{R_a}{C_eC_TC_\phi^2U_f^2}T \tag{7-4}$$

机械特性表达式表明，当 ε = 常数时，直流伺服电动机的机械特性曲线是线性的，且在不同的控制信号 ε 下，得到一簇平行直线，如图 7-2（a）所示。特性曲线与纵轴的交点为电磁转矩等于零时电动机的理想空载转速 n_0；特性曲线与横轴的交点为电机的启动转矩。从图中还可知：当控制信号 ε（或控制电压 U_a）增大，电机的机械特性曲线平行地向转速和转矩增大的方向移动，但是它的斜率保持不变。控制电压 U_a 越大，启动转矩也越大，越利于启动。

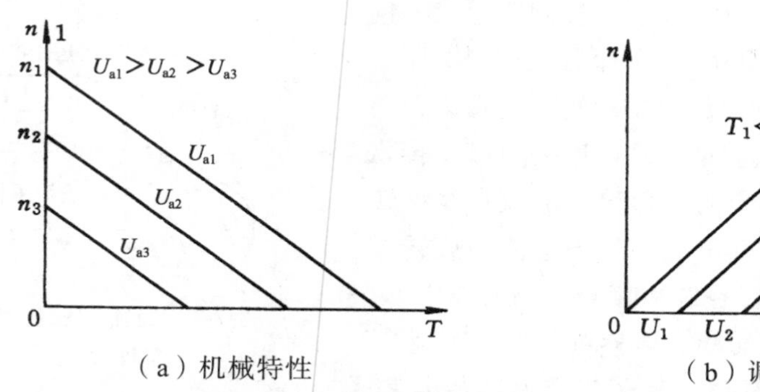

（a）机械特性

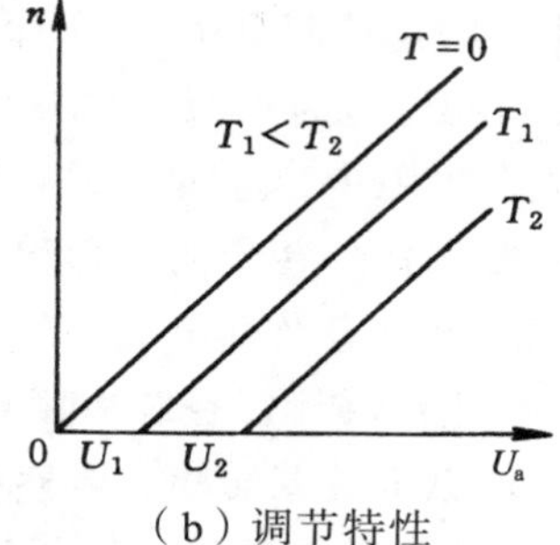

（b）调节特性

图 7-2 电枢控制式直流伺服电动机的特性

（2）调节特性

调节特性是指电磁转矩恒定时，电动机的转速随控制电压的变化关系，即 $n=f(U_a)$，如图 7-2（b）所示。

显然，调节特性也是线性的。调节特性曲线与横轴的交点，就表示在某一电磁转矩时电动机的始动电压。若转矩一定时，电机的控制电压大于相应的始动电压，电动机便能启动并达到一定转速；反之，控制电压小于相应的始动电压，则此时电动机所能产生的最大电磁转

矩仍小于所要求的转矩值，故不能启动。所以，在调节特性曲线上原点到始动电压点的这一段横坐标所示的范围，称为某一电磁转矩值时伺服电动机的失灵区。显然，失灵区的大小与电磁转矩的大小成正比。

由以上分析可见，直流伺服电动机在电枢控制方式运行时，两个主要特性——机械特性和调节特性都是线性的，调速范围大，效率高，启动转矩大，可以说，具有比较理想的伺服性能。缺点是电枢电流较大，所需控制功率也较大；电刷和换向器维护工作量大，接触电阻数值不够稳定，对低速运行的稳定有一定影响。此外，电刷与换向器之间的火花有可能对控制系统产生有害的电磁干扰。

二、交流伺服电动机

1. 交流伺服电动机的结构

交流伺服电动机在结构上类似于单相异步电动机。它的定子铁芯是用硅钢片或铁铝合金或铁镍合金片叠压而成，在其槽内嵌放空间相差90°电角度的两个定子绕组，一个是励磁绕组，另一个是控制绕组。

交流伺服电动机的转子结构有两种形式，一种是笼型转子，与普通三相异步电动机笼型转子相似，只是外形上细而长，以利于减小转动惯量；另一种是非磁性空心杯形转子（简称为杯形转子）。

2. 工作原理

交流伺服电动机的原理图如图 7-3 所示，其中 N_f 为励磁绕组，由电压保持恒定的交流电源励磁；N_c 为控制绕组，由伺服放大器供电。

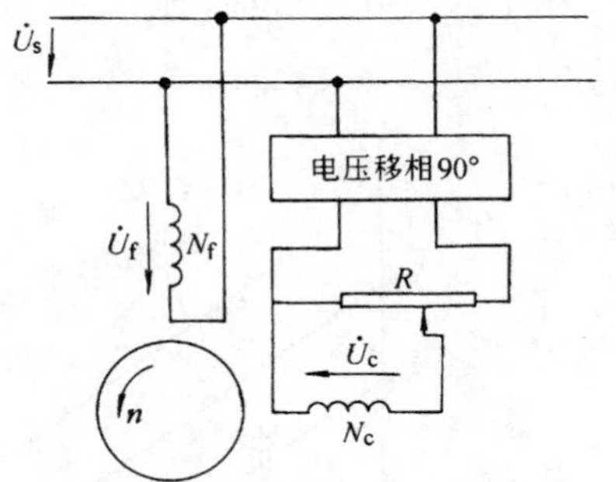

图 7-3 交流伺服电动机的原理接线图

两相绕组 N_f 和 N_c 的轴线在空间相差90°电角度，当励磁绕组接入额定励磁电压 U_{fN}，而控制绕组接入伺服放大器输出的额定控制电压 U_{cN}（即最大控制电压），并且 U_{fN} 与 U_{cN} 相位差为90°，根据旋转磁场理论，两相绕组的电流在气隙中建立的合成磁势是圆形旋转磁势，其旋转磁场在杯形转子的杯形筒壁上或在笼型转子的导条中感应出电势及其电流，转子电流与旋转磁场相互作用产生电磁转矩。在圆形旋转磁场的作用下，电动机如果拖动额定负载转矩，其转速为额定转速。在额定负载、最大控制电压时，转子相应为最高转速。

前面已指出，自动系统要求伺服电动机不能有“自转”现象，即交流伺服电动机一经转动，当控制信号消失，在励磁绕组单独通电的情况下，转子必须停转。若像单相异步电动机那样，仍然可以继续旋转，将导致系统失控。下面介绍交流伺服电动机是怎样实现不“自转”的。

从单相异步电动机的工作原理可知，因单个绕组中通入交流电流而产生的单相脉振磁势可分解为两个大小相等、方向相反的旋转磁势，二者分别产生正、反转旋转磁场。其正转旋转磁场产生正向电磁转矩 T_+；反转旋转磁场产生反向电磁转矩 T_-。正向转矩的 $T_+=f(s_+)$ 曲线、反向转矩的 $T_-=f(s_-)$曲线以及合成转矩的 $T=f(s)$曲线，如图 7-4（a）所示。图 7-4

所示的是普通单相单绕组异步电动机的机械特性［由于转子电阻小，$r_2' << (X_1 + X_2')$，所以 s_m 小，$s_m \leqslant 0.2$］，电动机用某种方法一经正向启动，则正向电磁转矩大于反向电磁转矩，合成转矩 T 是一正值，即 $T>0$，电动机继续旋转。可见，若交流伺服电动机的转子电阻设计得和普通单相异步电动机的转子电阻一样大，则伺服电动机控制信号消失而处于单相励磁的情况下，仍能继续转动，不符合控制系统不“自转”的要求，因此若把交流伺服电动机的转子电阻增大到 $r_2' >> (X_1 + X_2')$，则 $s_m \geqslant 1$，此时正、反向机械特性以及合成机械特性如图 7-4（b）所示。从合成的机械特性看出，当控制电压消失后，处于单相运行状态的电动机的合成转矩 T 为负值，由于电磁转矩为制动性质的，使电动机能迅速停转。所以为了克服电动机的“自转”现象，以防止误动作，在制造交流伺服电动机时，必须将转子电阻设计得很大，满足 $s_m = r_2' / (X_1 + X_2') \geqslant 1$。

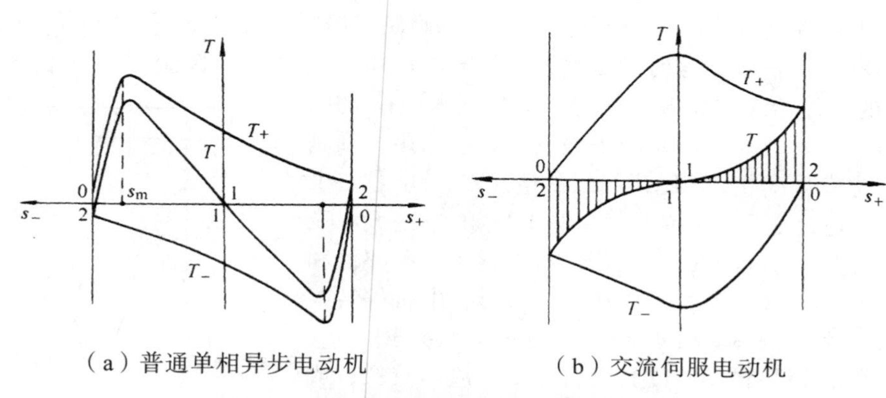

（a）普通单相异步电动机　　（b）交流伺服电动机

图 7-4　交流电动机单相励磁时的机械特性

3. 控制方式

交流伺服电动机不仅需要具有受控于控制信号而启动和停转的伺服性，而且还需要具有转速的大小及其转向的可控性。

对于交流伺服电动机，若在励磁绕组与控制绕组所加电压分别为额定值大小（对控制绕组来讲，额定电压指最大的控制电压），两绕组产生的磁势幅值也一样大，便可得到圆形旋转磁势。交流伺服电动机运行时，励磁绕组如果接在额定电压上，大小、相位都不变，那么改变控制绕组所加的电压 $\dot{U}_c$ 的大小和相位，电动机气隙磁势将随着信号电压 $\dot{U}_c$ 的大小和相位而改变，所得到的便有可能是椭圆形旋转磁势，也有可能是脉振磁势。由于气隙磁势不同，电动机的机械特性也相应改变，拖动负载运行的交流伺服电动机的转速 n 也就随之变化了。这就是交流伺服电动机利用控制信号电压 $\dot{U}_c$ 的大小和相位的变化，控制转速随之变化的道理。若控制绕组内的电流原来超前励磁电流，并且控制电压 $\dot{U}_c$ 的大小保持不变，而相位改变180°，即变为控制绕组内的电流滞后励磁电流180°，由旋转磁场理论可知，旋转磁场的旋转方向将改变，电动机的旋转方向也因此改变了。所以控制电压 $\dot{U}_c$ 相位改变180°，就可以改变交流伺服电动机的旋转方向。由此可见，改变控制电压 $\dot{U}_c$ 的大小和相位，就可以控制交流伺服电动机的转速与转向。交流伺服电动机的控制方法有三种：幅值控制、相位控制、幅—相控制。

（1）幅值控制

这种控制方式是通过调节控制电压的大小来改变电机的转速。而控制电压 $\dot{U}_c$ 与励磁电压

$\dot{U}_f$之间的相位差始终保持90°电角度。当$\varepsilon=1$时，$U_a=U_{aN}$，气隙合成磁场为圆形旋转磁场，电动机的转速最高；当$0<\varepsilon<1$时，$0<U_a<U_{aN}$，气隙合成磁场为椭圆形磁场，且ε越小，椭圆度越大，电动机的转速越低；当$\varepsilon=0$时，$U_a=0$，电机停转，即$n=0$。其接线原理参见图 7-3。

（2）相位控制

这种控制方式保持控制电压的幅值不变，通过控制电压的相位，即调节控制电压与励磁电压之间的相位角β来改变电机的转速，β的变化范围为$0°\sim90°$。当$\beta=90°$时，$\dot{U}_c$与$\dot{U}_f$之间的相位差为90°，气隙合成磁场为圆形旋转磁场，电动机的转速最高；当$0°<\beta<90°$时，$0<\sin\beta<1$，旋转磁场为椭圆形旋转磁场，且β越小，椭圆度越大，电动机的转速越低；当$\beta=0$时，电机停转，即$n=0$。其接线同上，这种控制方式一般很少采用。

（3）幅-相控制

也称为电容控制方式。这种控制方式是将励磁绕组串联电容C以后，接到稳压电源U_1上，其接线图如图 7-5 所示，这时励磁绕组上的电压$U_f=U_1-U_{Cf}$，而控制绕组上仍外加控制电压U_c，U_c的相位始终与U_1相同。当调节控制电压U_c的幅值来改变电动机转速时，由于转子绕组的耦合作用，励磁绕组的电流也发生变化，使励磁绕组的电压U_f及电容C上的电压U_{Cf}也随之变化，也就是说，电压U_c和U_f的大小及它们之间的相位角β也就随之变化，所以这是一种幅值和相位的复合控制方式。若控制电压$U_c=0$时，电机停转，即$n=0$。这种控制方式实质是利用串联电容器来分相，它不需要复杂的移相装置，所以其设备简单、成本较低，成为最常用的一种控制方式。

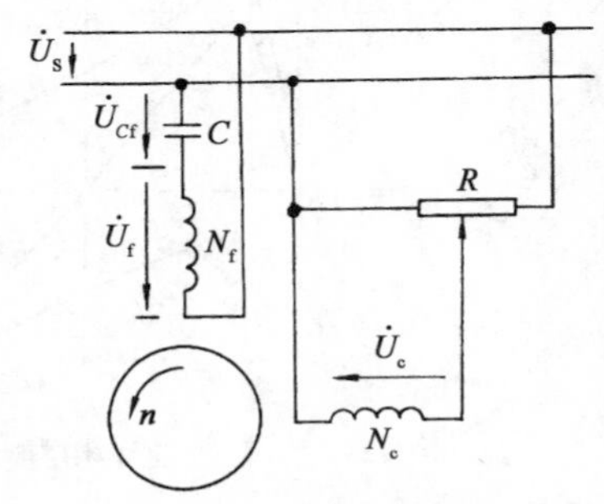

图 7-5 幅值-相位控制接线图

4. 运行特性

交流伺服电动机的运行特性与直流伺服电动机的运行特性一样，也有机械特性和调节特性。但是交流伺服电动机的这两个特性均为非线性，因此分析十分繁琐。现以电容伺服电动机为例简介如下。

（1）机械特性

当励磁电压与控制电压的幅值相等且相位差为90°时，将产生圆形磁场，这时机械特性曲线与一般异步电动机相似，如图 7-6 中曲线 1 所示，显然 1 的非线性较重。当控制电压只是幅值变小时，则磁场变为椭圆形旋转磁场，且产生的合成转矩也随之减小，所以曲线向下移动。随着控制电压幅值的不断下降，曲线就不断下移，同时理想空载（即$T=0$时）转速也不断下降，但非线性程度却越来越轻。一般要求机械特性应保证从零转速到理想空载转速范围内能平滑调速，以曲线平滑、线性度高为最好。

（2）调节特性

根据机械特性曲线，能够很容易画出调节特性曲线。在机械特性图上，画出一系列平行于横轴的转矩线，每一转矩线与各自不同的控制电压的机械特性曲线相交，将这些交点所对应的转速及控制电压画成曲线，就得到该输出转矩下的调节特性。不同的转矩线，就可以得到不同输出转矩下的调节特性，如图 7-7 所示。

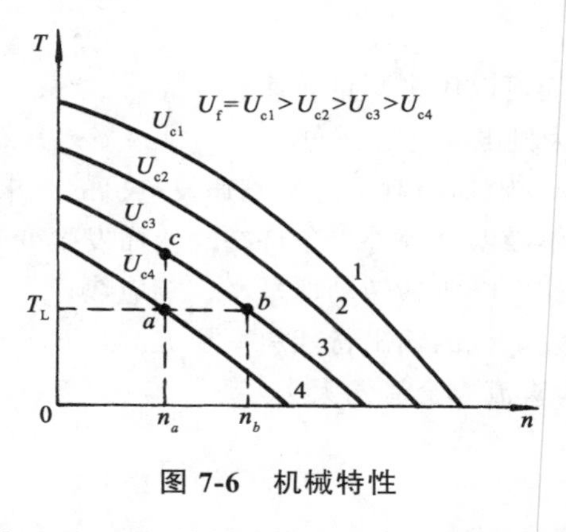

图 7-6　机械特性

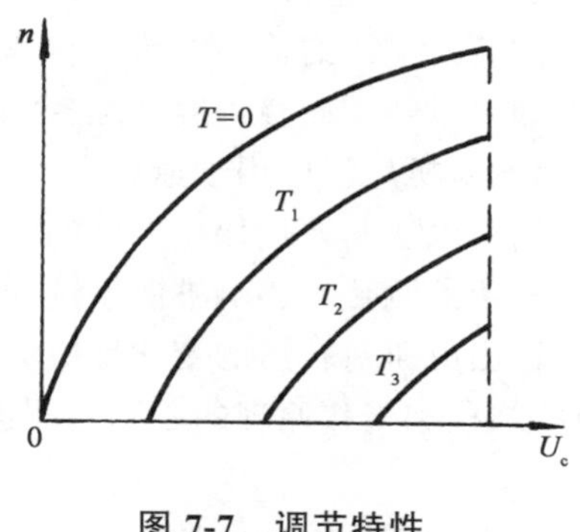

图 7-7　调节特性

有了这两个特性，我们就能分析电动机转速随控制电压的变化情况。在图 7-6 中，如电动机拖动负载 T_L，当控制电压为 U_{c4} 时，电动机运行在 a 点，转速为 n_a；如果控制电压升高到 U_{c3} 时，由于 $U_{c3}>U_{c4}$，则电动机的电磁转矩随之增加，但由于惯性，电机转速不能突变，于是电动机运行于 c 点，这时电动机产生的电磁转矩大于负载转矩，于是电动机沿特性曲线加速，一直加速到 b 点，这时电动机产生的电磁转矩又重新等于负载转矩，电动机稳定运行于 b 点。电动机转速从 n_a 升高到 n_b，实现了用调节控制电压的方法来控制转速。

5. 应　用

交流伺服电动机可以方便地利用控制电压 $\dot{U}_c$ 的有无来进行启动、停止控制；利用改变电压的幅值（或相位）大小来调节转速的高低；利用改变 $\dot{U}_c$ 的极性来改变电动机转向。它是控制系统中的原动机。例如，雷达系统中扫描天线的旋转，流量和温度控制中阀门的开启，数控机床中的刀具运动，甚至船舰方向舵与飞机驾驶盘的控制都是伺服电动机来带动的。伺服电动机的性能，直接影响着整个系统的性能。因此，系统对伺服电动机的静态特性、动态特性都有相应的要求，这是在选择电动机时应该注意的。

交流伺服电动机的输出功率一般是 0.1 ~ 100 W，其电源频率有 50 Hz、400 Hz 等几种。在需要功率较大的场合，则应采用直流伺服电动机。

第三节　测速发电机

测速发电机是一种测量转速的信号元件，它将输入的机械转速变换为电压信号输出。通常要求电机的输出电压与转速成正比关系，其输出电压可用下式表示

$$U = Kn \tag{7-5}$$

或

$$U = K'\Omega = K'\frac{\mathrm{d}\theta}{\mathrm{d}t} \tag{7-6}$$

式中　θ——测速发电机的转角（角位移）；

K、K'——比例系数。

可见，测速发电机主要有两种用途：

① 测速发电机的输出电压与转速成正比，因而可以用来测量转速；

② 如果以转子旋转角度 θ 为参数变量，可作为机电微分、积分器。

测速发电机广泛应用于速度和位置控制系统中。自动控制系统对测速发电机的要求是：

① 输出电压与转速保持严格的线性关系，且不随温度等外界条件的改变而发生变化；

② 转速的测量不影响被测系统的转速，即测速发电机的转动惯量小，响应快；

③ 输出电压对转速的变化反应灵敏，即测速发电机的输出特性斜率要大。

根据结构和工作原理的不同，测速发电机分为直流、交流两大类。

一、直流测速发电机

1. 直流测速发电机的结构和工作原理

直流测速发电机的结构与普通小型直流发电机相同，按励磁方式可分为他励式和永磁式两种。由于测速发电机的功率较小，而永磁式又不需另加励磁电源，且温度对磁钢特性的影响也没有因励磁绕组温度变化而影响输出电压那样严重，所以应用广泛。

直流测速发电机的工作原理和直流发电机相同，其工作原理图如图 7-8 所示，在恒定磁场中，当发电机以转速 n 旋转时，电刷两端产生的空载感应电势 E_0 为

$$E_0 = C_e \Phi_0 n \tag{7-7}$$

可见，空载运行时，直流测速发电机的空载感应电势与转速成正比。电势的极性与转速的方向有关。由于空载时 $I_a = 0$，直流测速发电机的输出电压就是空载感应电势，即 $U_0 = E_0$，因而输出电压与转速也成正比。

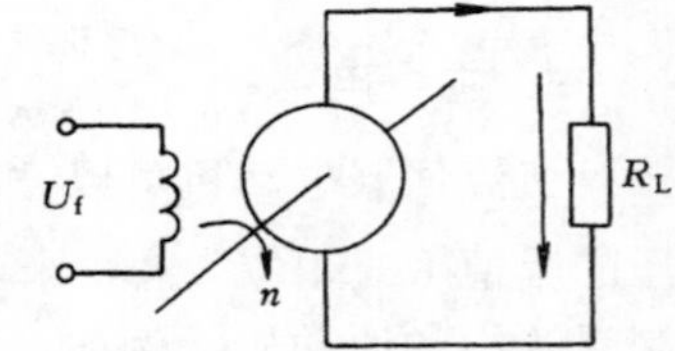

图 7-8 直流测速发电机的工作原理图

2. 直流测速发电机的特性

有负载时，因电枢电流 $I_a = U/R_L$，若不计电枢反应的影响，直流测速发电机的输出电压应为

$$U = E_0 - I_a R_a = E_0 - U\frac{R_a}{R_L} \tag{7-8}$$

式中　R_a——电枢回路的总电阻，它包括电枢绕组电阻、电刷与换向器的接触电阻；

　　　R_L——测速发电机的负载电阻。

将式（7-7）代入式（7-8），并整理后可得

$$U = \frac{C_e \Phi_0}{1+(R_a / R_L)} n \tag{7-9}$$

在理想情况下，R_a、R_L 和 Φ_0 均为常数，直流测速发电机的输出电压 U 与转速 n 仍呈线性关系。不过对于不同的负载电阻 R_L，测速发电机的输出特性的斜率有所不同，它随负载电阻 R_L 的减小而降低，如图 7-9 所示。

直流测速发电机的输出电压 U 与转速 n 呈线性关系的条件是 R_a、R_L 和 Φ_0 保持不变。实际上，直流测速发电机在运行时，某些原因会引起这些量发生变化，引起误差。例如：

① 电枢反应的去磁作用。当直流测速发电机带负载时，电枢电流引起电枢反应的去磁作用，使发电机气隙磁通减小，Φ_0 减小，输出电压和转速的线性误差加大，如图 7-9 所示，当负载电阻一定，转速很高时，电势越大，电枢反应越强，输出特性变为非线性。

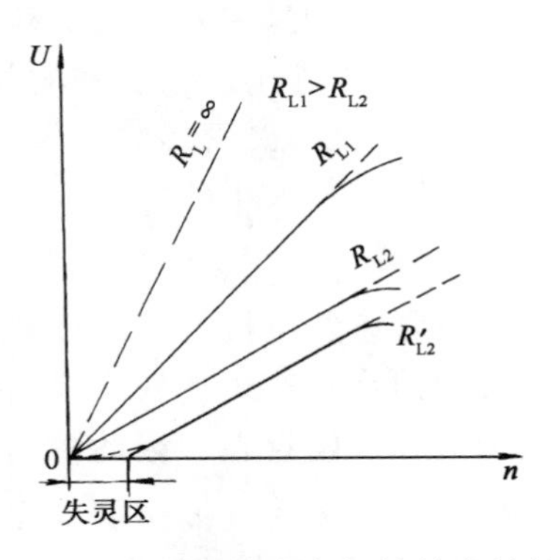

图 7-9 直流测速发电机的输出特性

② 电刷接触电阻的非线性。电枢电路总电阻中包括电刷与换向器的接触电阻，而这种接触电阻是非线性的，随负载电流的变化而变化。当电机转速较低时，相应的电枢电流较小，而接触电阻较大，电刷压降较大，这时测速发电机虽然有输入信号（转速），但输出电压却很小，因而在输出特性上有一不灵敏区（失灵区），引起线性误差，如图 7-9 所示。

二、交流测速发电机

交流测速发电机有异步式和同步式两种，下面介绍在自动控制系统中应用较广的交流异步测速发电机。

1. 基本结构

交流异步测速发电机的结构与交流伺服电动机的结构一样。在定子铁芯放置两个互相差 90° 电角度的绕组，分别作为励磁绕组和输出绕组。为了提高系统的快速性和灵敏度，减少转动惯量，目前广泛应用的交流异步测速发电机的转子都是空心杯形结构。空心杯形转子通常是由电阻率较大和温度系数较低的材料制成，如磷青铜、锡锌青铜、硅锰青铜等，杯厚 0.2 ~ 0.3 mm。

2. 工作原理

励磁绕组的轴线为 d 轴，输出绕组的轴线为 q 轴。工作时，励磁绕组接单相交流电源，频率为 f，d 轴方向的脉振磁通为直轴磁通 $\dot{\Phi}_d$，电机转子逆时针方向旋转，转速为 n，如图 7-10 所示。

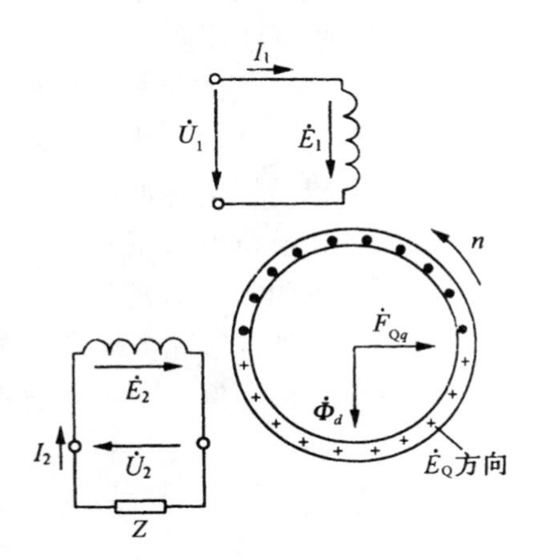

图 7-10 空心杯转子异步测速发电机的原理图

交流异步测速发电机工作时，空心杯的转子上有两种电势存在：一种是变压器电势，一种是切割电势。

变压器电势，是指不考虑转子旋转（n=0），而仅仅由于直轴磁通 $\dot{\Phi}_d$ 交变时，在空心杯形转子感应的电势。由于转子是闭合的，这个变压器电势将产生转子电流。根据电磁感应理论，该电流所产生的磁通方向应与励磁绕组所产生的直轴磁通 $\dot{\Phi}_d$ 相反，所以二者的合成磁通还是直轴磁通。由于输出绕组与励磁绕组互相垂直，合成磁通也与输出绕组的轴线垂直，因此输出绕组与直轴磁通没有耦合关系，故不产生感应电势，输出电压为零。

切割电势，是指仅仅考虑转子旋转时，转子切割直轴磁通 $\dot{\Phi}_d$ 产生的电势。空心杯转子转速为 n，逆时针方向，切割电势 $\dot{E}_Q$ 的方向用右手定则确定，如图中所示。分析切割电势时，我们可以把转子看成为无数多根并联的导条，每根导条切割电势的大小及导条所在处的磁密大小，与导条和磁密的相对切割速度成正比。转子杯轴向长度为 l，所在处磁密 $B_d \propto \Phi_d$，导条与磁密相对切割速度即转子旋转的线速度 $v \propto n$，且 Φ_d、l 和 v 三者方向互相垂直，切割电势大小则为

$$E_Q \propto \Phi_d n$$

异步测速发电机的空心杯转子材料是具有高电阻率的非磁性材料，因此转子漏磁通和漏电抗数值均很小，而转子电阻数值却很大，这样完全可以忽略转子漏阻抗中的漏电抗，而认为只有电阻存在，因此，切割电势 $\dot{E}_Q$ 在转子中产生的电流，与电势 $\dot{E}_Q$ 本身同方向、同相位，该电流建立的磁势则在 q 轴方向，用 $\dot{F}_{Qq}$ 表示，其大小正比于 E_Q，即

$$F_{Qq} \propto E_Q \propto \Phi_d n$$

磁势 $\dot{F}_{Qq}$ 产生 q 轴方向的磁通，与 q 轴上的输出绕组耦合，并在其中感应电势 $\dot{E}_2$，由于 $\dot{\Phi}_d$ 以频率 f 交变，$\dot{E}_Q$、$\dot{F}_{Qq}$ 和 $\dot{E}_2$ 也都是时间交变量，频率也是 f。输出绕组输出电势 $\dot{E}_2$ 的大小与 F_{Qq} 成正比，即

$$E_2 \propto F_{Qq} \propto \Phi_d n$$

忽略励磁绕组漏阻抗时，$U_1 = E_1$，只要电源电压 $\dot{U}_1$ 不变，纵轴磁通 Φ_d 为常数，测速发电机输出电势 E_2 只与电机转速 n 成正比，因此输出电压 U_2 也只与转速 n 成正比。

第四节 步进电动机

在自动控制系统中，常常要把数字信号转换为角位移。步进电动机是一种用电脉冲进行控制、将电脉冲信号转换成相应角位移或线位移的电动机。步进电动机每输入一个脉冲信号，转子就转动一个角度或前进一步，其输出的角位移或线位移与输入的脉冲数成正比，转速与脉冲频率成正比。因此，步进电动机又称为脉冲电动机。

步进电动机是用电脉冲信号控制的执行元件，除用于各种数控机床外，在平面绘图机、自动记录仪表、航空航天系统和数/模转换装置等方面，也得到广泛应用。

步进电动机的结构形式和分类方法较多，一般按励磁方式分为磁阻式（俗称反应式）、永磁式和混磁式三种；按相数可分为单相、两相、三相和多相等形式。下面以应用较多的三相磁阻式步进电动机为例，介绍其结构和工作原理。

一、三相磁阻式步进电动机的结构和工作原理

1. 三相磁阻式步进电动机模型的结构

三相磁阻式步进电动机模型的结构示意图如图 7-11 所示。它的定、转子铁芯都由硅钢片

叠成。定子上有六个磁极，每两个相对的磁极绕有同一相绕组，三相绕组接成星形作为控制绕组；转子铁芯上没有绕组，只有四个齿，齿宽等于定子极靴宽。

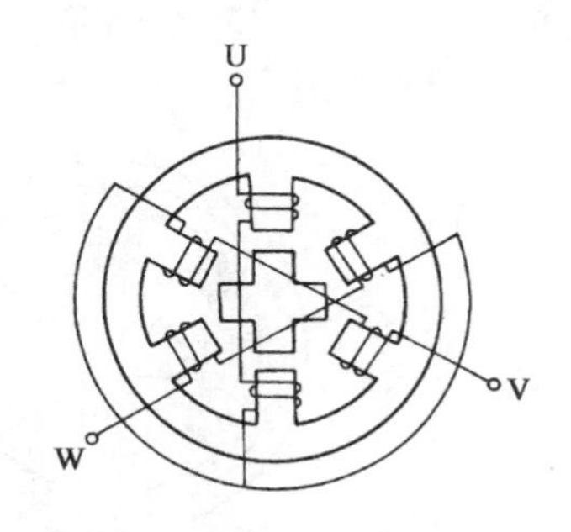

图 7-11　三相磁阻式步进电动机模型的结构示意图

2. 工作原理

三相磁阻式步进电动机的工作原理图如图 7-12 所示。当 U 相控制绕组通电，V、W 两相控制绕组均不通电时，由于磁力线力图通过磁阻最小路径闭合，转子将受到磁阻转矩的作用（其原理及结论与磁阻式同步电动机相同），使转子齿 1 和 3 与定子 U 相极轴线对齐，如图 7-12（a）所示，此时磁力线所通过磁路路径的磁阻最小，磁导最大，转子只受径向力而无切向力作用，磁阻转矩为零，转子停止转动；当 V 相绕组通电，U、W 两相断电时，由于同样原因，将使转子逆时针方向转过 30° 空间角，即转子齿 2 和 4 与 V 相极轴对齐，如图 7-12（b）所示；同理，当 W 相绕组通电，U、V 两相断电时，转子在磁阻转矩的作用下又逆时针方向转过 30° 空间角，如图 7-12（c）所示。这样按 U→V→W→U 顺序通电时，转子就在磁阻转矩的作用下按逆时针方向一步一步地转动。步进电动机的转速取决于控制绕组变换通电状态的频率，即输入脉冲频率；旋转方向取决于控制绕组轮流通电的顺序，若通电顺序为 U→W→V→U，则步进电动机反向旋转。控制绕组从一种通电状态变换到另一种通电状态称为“一拍”，每一拍转子转过一个角度，这个角度称为步距角 θ_b。

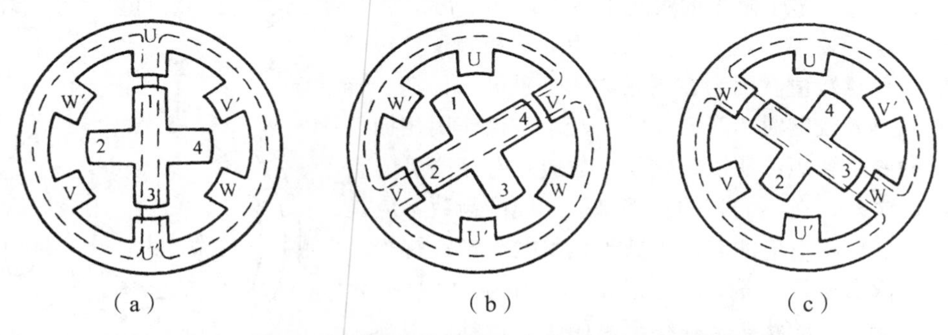

图 7-12　三相磁阻式步进电动机模型在单三拍控制时的工作原理图

上述三相依次单相通电方式，称为“三相单三拍运行”，“三相”是指定子为三相绕组，“单”是指每拍只有一相绕组通电，“三拍”是指三次换接通电为一个循环，第四次换接通电重复第一次情况。实际应用中，三相单三拍运行方式很少采用，因为这种运行方式每次只有一相绕组通电，使转子在平衡位置附近来回摆动，运行不稳定。三相磁阻式步进电动机的通电方式除“单三拍”外，还有“双三拍”和“三相六拍”等通电方式。

三相双三拍运行方式，即按 UV—VW—WU—UV 顺序通电，每次有两相绕组同时通电，每一循环也是换接三次，运行情况与三相单三拍相同，步距角不变，$\theta_b = 30°$。

如果步进电动机按 U—UV—V—VW—W—WU—U 顺序通电时，称为三相六拍运行方式，每一循环换接六次。当 U 相通电时，转子齿与 U 相绕组轴线对齐，如图 7-13（a）所示；当 U、V 两相同时通电时，转子逆时针方向转过 15° 空间角，如图 7-13（b）所示；当 V 相绕组通电时，转子在磁阻转矩作用下又逆时针转过 15° 空间角，如图 7-13（c）所示。依次类推，每拍转子只转过15°空间角。由此可见，三相六拍运行方式的步距角比三相单三拍和三相双三拍运行时减小了一半。

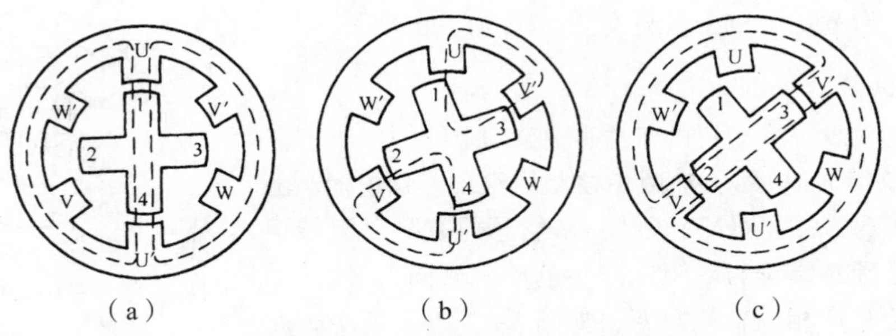

图 7-13　三相磁阻式步进电动机模型的三相六拍运行方式

双三拍和六拍通电方式，在切换过程中，总有一相绕组处于通电状态，转子磁极受其磁场的控制，因此不易失步，运动也较平稳，在实际工作中应用较广泛。

3. 小步距角三相磁阻式步进电动机

上述三相磁阻式步进电动机模型的步距角太大，很难满足生产中小位移量的要求。为了减小步距角，实际中是将转子和定子磁极都加工成多齿结构。下面介绍常见的小步距角三相磁阻式步进电动机。

三相磁阻式步进电动机断面接线图如图 7-14 所示。定子有三对磁极，每相一对，相对的极属于一相，每个定子磁极的极靴上各有许多小齿，转子周围均匀分布着许多个小齿。根据步进电动机工作的要求，定、转子的齿距必须相等，且转子齿数不能为任意数值。因为在同相的两个磁极下，定、转子齿应同时对齐或同时错开，才能使几个磁极作用相加，产生足够的磁阻转矩，所以，转子齿数应是每相磁极的整倍数。除此之外，在不同相的相邻磁极之间的齿数不应是整数，即每一极距对应的转子齿数不是整数。定、转子齿相对位置应依次错开 t/m（m 为相数，t 为齿距），这样才能在连续改变通电的状态下获得不断的步进运动。否则，当任一相通电时，转子齿都将处于磁路的磁阻最小的位置上。各相轮流通电时，转子将一直处于静止状态，电动机将不能运行，无工作能力。

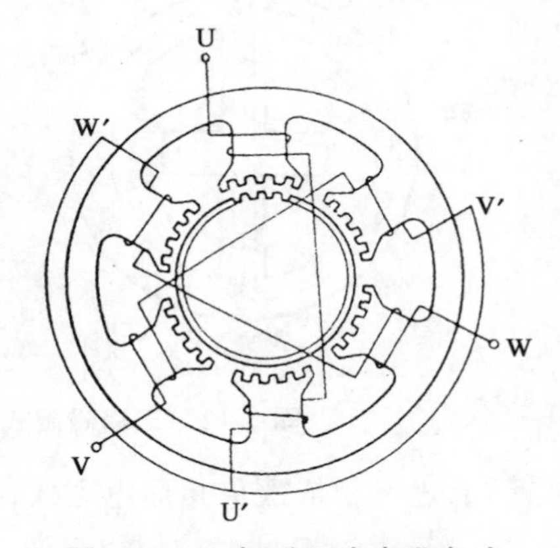

图 7-14　三相磁阻式步进电动机的断面接线图

若步进电动机转子齿数 $z=40$，齿、槽宽度相等，相数 m=3，当一相绕组通电时，在气隙中形成的磁极数 $2p=2$，则每一极距所占的转子齿数为

$$\frac{z}{2pm}=\frac{40}{2\times1\times3}=6\frac{2}{3}$$

也就是说，当 U 相一对磁极下定、转子齿一一对齐时，则 V 相下转子齿沿 U—V′—W—U′方向滞后定子齿 1/3 齿距（齿距角 $t=360°/40=9°$）。同理，W 相下转子齿沿 U—V′—W—U′方向滞后定子齿 2/3 齿距，如图 7-15 所示。

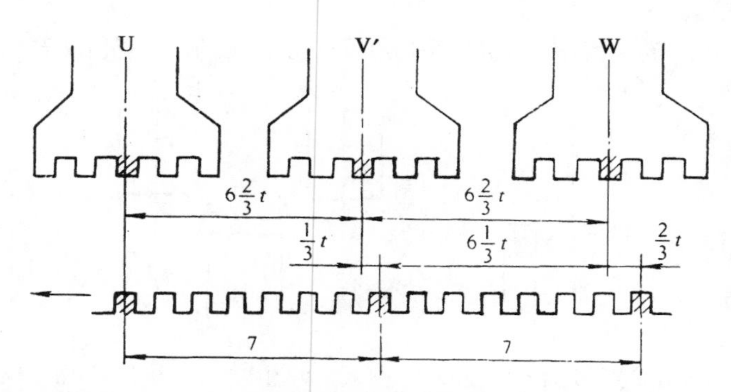

图 7-15　小步距角的三相磁阻式步进电动机的定、转子展开图

如按三相单三拍运行，当 U 相绕组通电时，便建立一个以 U—U′ 为轴线的磁场，转子齿力图处于磁路的最小磁阻位置，因此定、转子齿在 U—U′ 相下一一对齐。当 U 相断电、V 相通电时，转子便转过 1/3 齿距的空间角度，即 3°，定、转子齿便在 V—V′ 相下一一对齐，由于 V 相通电时，转子按 U′—W—V′—U 方向转过 1/3 齿距，这时 W 相绕组的一对磁极下定、转子齿相差 1/3 齿距，所以 V 相断电、W 相通电时，转子又转过 1/3 齿距的空间角，定、转子齿在 W—W′ 相下一一对齐。这样，定子绕组若按 U—V—W—U 依次通电，转子则按 U′—W—V′—U 方向转过一个齿距。由于每一拍转子只转过齿距角的 $1/N$（N 为拍数），所以步距角为

$$\theta_b = \frac{360°}{zN} = \frac{360°}{40\times 3} = 3°$$

步进电动机若按三相六拍方式运行，拍数增加一倍，步距角减小一半，每一拍转子只转过齿距角的 1/6，即这时步进电动机的步距角为 1.5°，即

$$\theta_b = \frac{360°}{zN} = \frac{360°}{40\times 6} = 1.5°$$

每当输入一个脉冲，转子转过 $1/(zN)$ 转，若脉冲电源的频率为 f，则步进电动机转速为

$$n = \frac{60f}{zN} \tag{7-10}$$

由上式可知，磁阻式步进电动机的转速取决于脉冲频率、转子齿数和拍数，而与电压和负载等因素无关。当转子齿数一定时，转速与输入脉冲频率成正比，与拍数成反比。

值得一提的是，减小步距角有利于提高控制精度；增加拍数可缩小步距角。拍数取决于步进电动机的相数和通电方式。除常用的三相步进电动机以外，还有四相、五相、六相等形式，然而相数增加使步进电动机的驱动器电路复杂，工作可靠性降低。

二、运行特性

磁阻式步进电动机的特性分静态运行特性和动态运行特性。而动态运行特性又分步进运行状态和连续运行状态。

1. 静态运行状态

步进电动机不改变通电方式的状态称为静态运行状态。此状态下步进电动机的静转矩和失调角之间的关系称为矩角特性，即 $T = f(\theta)$。步进电动机的静转矩就是电磁转矩 T，失调

角就是通电相的定子、转子齿中心线间用电角度表示的夹角 θ，如图 7-16 所示。

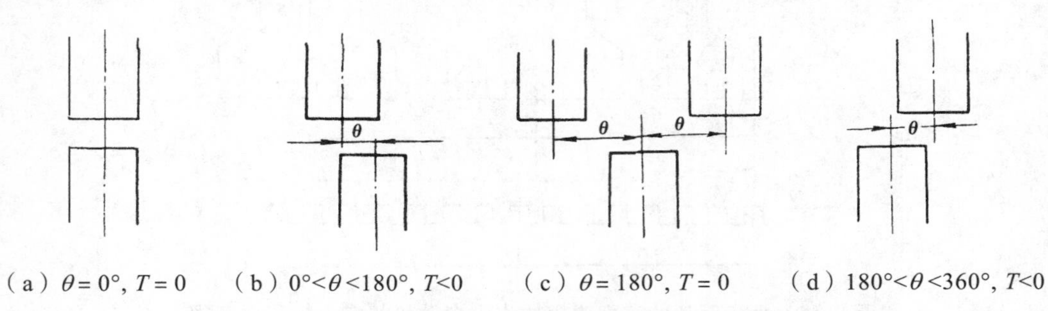

（a）$\theta=0°$, $T=0$　（b）$0°<\theta<180°$, $T<0$　（c）$\theta=180°$, $T=0$　（d）$180°<\theta<360°$, $T<0$

图 7-16　步进电动机的静转矩与失调角的关系

步进电动机一相通电，定、转子齿一一对齐，即 $\theta=0°$ 时，电动机转子上无切向磁拉力作用，转距 $T=0$，如图 7-16（a）所示。如果转子齿向右错开一个电角度，这时产生的切向磁拉力反对转子齿错开，故静转矩 T 为负值，显然在 $0°<\theta<90°$ 时，θ 越大，磁拉力及相应的静转矩 T 也越大；当 $90°<\theta<180°$ 时，由于磁阻显著增大，进入转子齿的磁通量急剧减少，故切向磁拉力和静转矩相应减小，如图 7-16（b）所示；当 $\theta=180°$ 时，转子齿轴线处于两个定子齿正中，因此，两个定子齿对转子齿的磁拉力互相抵消，静转矩 T 又为零，如图 7-16（c）所示。当 $180°<\theta<360°$ 时，即转子齿向左错开，并受到另一个定子齿磁拉力的作用，静转矩 T 为正值，如图 7-16（d）所示。由此可见，静转矩 T 随失调角 θ 成周期性变化，变化周期为一个齿距，即 360° 电角度。实践证明，磁阻式步进电动机的矩角特性近似为正弦曲线，如图 7-17 所示。

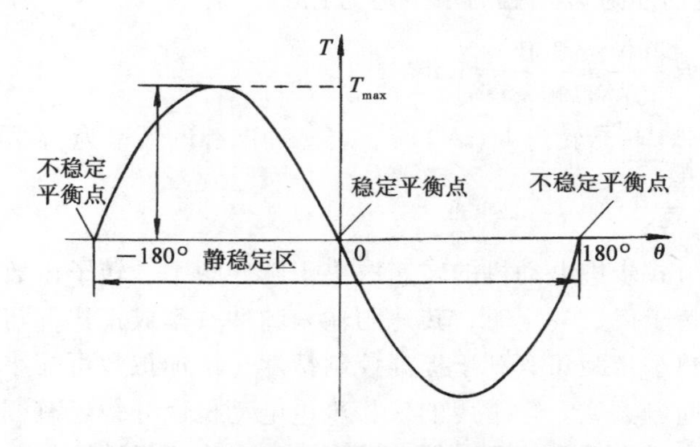

图 7-17　磁阻式步进电动机的矩角特性

通过以上分析可知，当磁阻式步进电动机空载运行时，转子静态的稳定平衡位置在 $\theta=0°$ 处。这是因为当有外力扰动使转子偏离平衡位置时，只要失调角在 $0°<\theta<180°$ 范围内，外力扰动去掉之后，转子即能自动恢复到原来的平衡位置 $\theta=0°$ 处；当外力扰动使 $\theta=\pm180°$ 时，虽然在该点转子齿受到的两个定子齿的切向磁拉力互相抵消，但是只要 $|\theta|$ 值稍有变化，磁拉力失去平衡，转子就不会返回原平衡位置，稳定性即被破坏。由此可见，$\theta=\pm180°$ 这两个点为不稳定平衡点。两个不稳定平衡点之间的区域，称为静稳定区。

在矩角特性上，电磁转矩的最大值称为最大静态转矩 T_{max}，对应 $\theta=\pm90°$。T_{max} 表示步进电动机承受负载的能力，是步进电动机最主要的性能指标之一，它的大小与通电状态及绕组中电流的大小有关。

2. 步进运行状态

当控制脉冲频率很低时，在下一个脉冲到来之前，转子已走完一步，并已经停止运动，这时电动机的工作状态称为步进运行状态。在此状态下，有两个主要特性：一是动稳定区，二是最大负载转矩。

（1）动稳定区

步进电动机的动稳定区是指从一种通电状态换接到另一种通电状态时，不会引起失步的区域。当步进电动机工作在三相单三拍空载运行时，在 U 相通电状态下，其矩角特性 U 如图 7-18 所示。转子的稳定平衡点为矩角特性 O_U 的点。当加一个控制脉冲，即 U 相断电、V 相通电时，矩角特性曲线变为曲线 V，曲线 U 和曲线 V 相隔一个步矩角 θ_b，转子新的稳定平衡点为 O_V；但在切换的瞬间，转子还处于 O_U 点，电磁转矩 T 由矩角特性 U 跳变到特性曲线 V 上的 B 点，这时 $T>0$，在 T 的作用下，转子逆时针向新的平衡位置 O_V 运动，该过程可以表示为 $O_U \to B \to O_V$。在改变通电状态的瞬间，转子位置只要处于 V_1 与 V_2 区间，就能趋向新的平衡点，进入稳定位置。所以，V_1 与 V_2 区间称为步进电动机空载状态下的动稳定区。显然，动稳定区与静稳定区重叠越大，步进电动机的稳定性越好。而步距角越小，即相数或拍数越多，动稳定区越接近静稳定区。

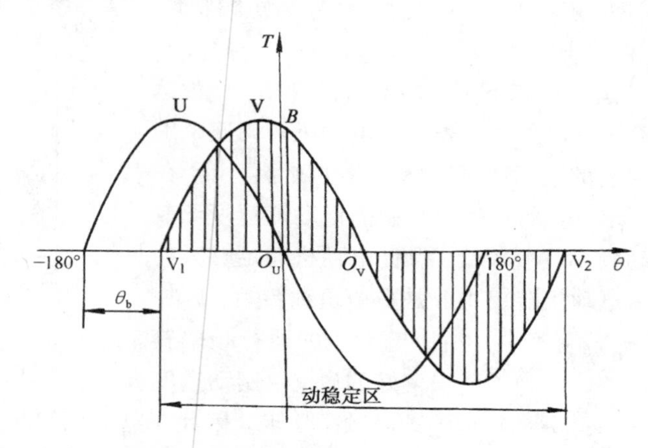

图 7-18　三相步进电动机的动稳定区

（2）最大负载转矩

当步进电动机负载运行时，转子除了每一步必须停在动稳定区外，还必须使下一个通电相的最小静转矩大于负载转矩，电动机才有可能在原方向上继续运行，如图 7-19 所示，可以看出，电动机步进运行时相邻矩角特性交点处的静转矩就是下一个通电相的最小静转矩，也称为启动转矩 T_{st}，它也是电动机能启动的最大负载转矩。这是因为，当 U 相通电时，转子处于平衡点 a'位置，当 U 相断电、V 相通电的瞬时，转子位置来不及变化，V 相产生的电磁转矩 T（图 7-19 中的 b'点）小于负载转矩 T_L，电动机不能沿着原方向继续运行，而是滑向另一方向，电动机处于失控状态，所以，负载转矩必须小于启动转矩。显然步距角越小，最大负载转矩越接近最大静转矩。

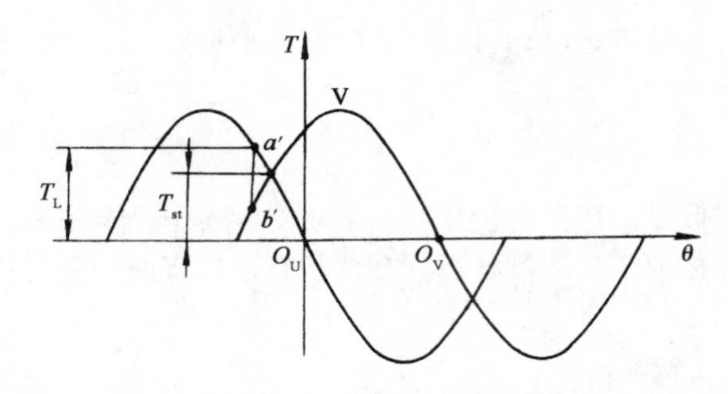

图 7-19 步进电动机的最大负载转矩

3. 连续运行状态

连续运行状态是指当脉冲频率很高时，其周期比转子振荡的过渡过程时间还短，此时步进电动机不是在一步一步地转动，而是连续平滑地旋转。当频率恒定时，电动机做匀速运动。

步进电动机在连续运行状态产生的转矩称为动态转矩。步进电动机的最大动态转矩小于最大静态转矩，脉冲频率越高，转速越高，则动态转矩越小。这是因为步进电动机的转矩与控制绕组的电流平方成正比，当频率较高时，控制绕组的电流来不及达到稳定值又要下降。所以电动机的最大动态转矩小于最大静转矩，而且脉冲频率越高，最大动态转矩也就越小。步进电动机的平均动态转矩与脉冲频率的关系称为矩频特性，是一条下降的曲线，如图 7-20 所示，是步进电动机的重要特性。

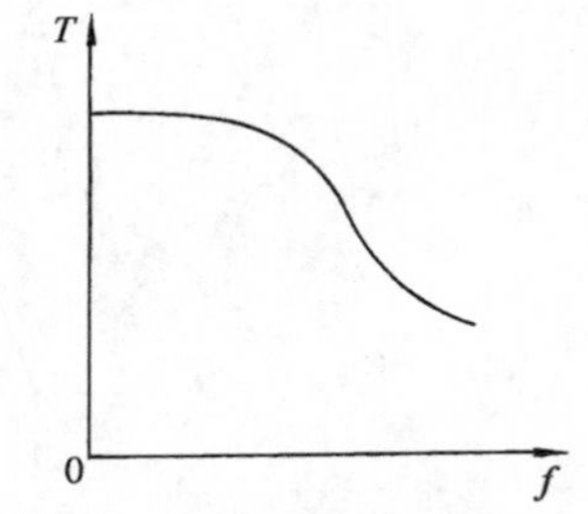

图 7-20 步进电动机的矩频特性

步进电动机在连续运行状态下不失步的最高频率，称为运行频率。运行频率越高，一定条件下表征了电动机的调速范围越大。电动机不失步启动的最高频率，称为启动频率。由于在启动时不仅要克服负载转矩，而且还要平衡因启动加速度形成的惯性转矩，所以启动频率一般较低，保证电动机有足够大的转矩。在连续运行时，电动机转矩主要是平衡负载转矩，因加速度而形成的惯性转矩影响较小，所以电动机的运行频率较高，以满足控制精度的要求。为了获得良好的启动、制动速度特性，保证不出现失步，又满足运行时的高频率要求，因此在电动机的脉冲控制电路中，设有升、降频控制器，以实现启动时逐渐升频、停转前逐渐降频的过程。

由上述可知，步进电动机的相数和转子齿数越多，步距角越小，性能也越好。但是相数越多，驱动电源越复杂。

三、驱动电源

步进电动机与其驱动电源是相辅相成的一个整体，二者缺一不可。步进电动机对驱动电源的基本要求是：

① 驱动电源的相数、通电方式和电压、电流都要满足步进电动机的需要。

② 要满足步进电动机启动频率和运行频率的要求。

③ 能最大限度地抑制步进电动机的振荡。

④ 工作可靠，抗干扰能力强。

⑤ 成本低、效率高，安装和维护方便。

驱动电源的组成如图 7-21 所示。驱动电源的基本部分包括变频信号源、环形分配器和脉冲功率放大器。变频信号源是一个频率从数十赫兹到几万赫兹左右的连续可变的脉冲信号发生器。环形分配器是由门电路和双稳态触发器组成的逻辑电路，它根据指令把脉冲信号按一定的逻辑关系加到放大器上，使步进电动机按一定的运行方式运转。这两部分对于各类型的驱动电源基本上都是相同的，其原理和线路可参阅有关专业书籍，这里不再详细介绍。

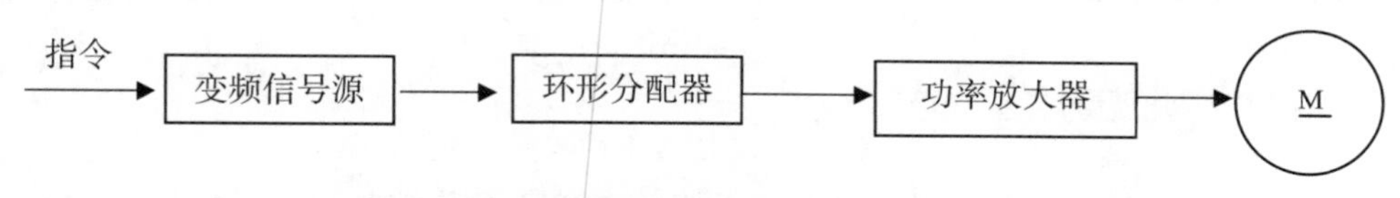

图 7-21 驱动电源的组成方框图

从环形分配器输出的电流只有几毫安，不能直接驱动步进电动机，因为一般步进电动机需要几个安（培）的电流，因此在环形分配器后面都装有功率放大器，用放大后的信号去驱动步进电动机。功率放大器的种类很多，它们对电动机性能的影响也各不相同，通常驱动电源就是按功率放大器的类型来进行分类的。常见的有单一电压型和高低压切换型两种。前者适用于驱动小功率的步进电动机或性能指标要求不高的场合；后者电源效率较高，启动和运行频率也较高，是一种常用的驱动电源。

由于步进电动机的转速不受电压和负载变化的影响，也不受环境条件（温度、压力、冲击和振动等）的限制，而只与脉冲频率成正比，所以它能按照控制脉冲数的要求，立即启动、停止和反转。在不失步的情况下运行时，小角位移的误差不会长期积累，所以步进电动机可用在高精度的开环控制系统中；如果采用了速度和位置检测装置，也可用于闭环系统。然而，在应用时要注意，由于开环控制的频率不自控，步进电动机低速时会发生振荡现象。

图 7-22 是步进电动机在数控线切割机床上的应用例子。数控线切割机床在加工工件时，首先由光电阅读机读出穿孔纸带上的加工工艺程序和数据，然后送入计算机进行运算处理，分别对 x、y 方向上的步进电动机给出控制电脉冲，使两台步进电动机运转，并通过传动装置拖动十字拖板纵横向运动，以达到对加工工件进行切割的目的。

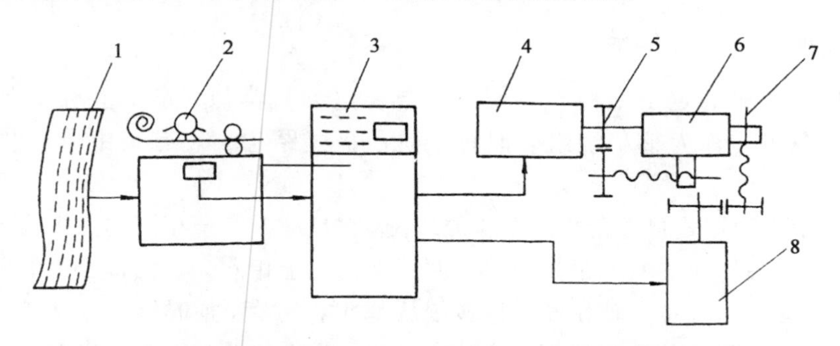

图 7-22 步进电动机在数控线切割机床上的应用示意图

1—纸带；2—光电读数装置；3—计算机及驱动电源；4—x 轴步进电动机；5—传动齿轮；6—十字拖板；7—丝杠；8—y 轴步进电动机

第五节　自整角机

自整角机是一种感应式电机元件，是一种对角位移或角速度的偏差能自动整步的控制电机。它被广泛应用于随动系统中，作为角度的传输、变换和指示。在自动控制系统中通常是两台或多台同时使用，使机械上不相连的两根或多根轴自动保持相同的转角变化，或同步旋转。

在自动控制系统中，主令轴上装的自整角机称为发送机，产生信号；输出轴上装的自整角机称为接收机，接收信号。

一、自整角机的分类

自整角机按其使用的要求不同，可分为力矩式自整角机和控制式自整角机两类。

（1）力矩式自整角机

力矩式自整角机主要用于指令系统中。这类自整角机的特点是本身不能放大力矩，要带动接收轴上的机械负载，必须由自整角机发送机一方的驱动装置供给转矩。力矩式自整角机只适用于接收机轴上负载很轻（如指针、刻盘）、角度转换精度要求不很高的控制系统中。

（2）控制式自整角机

控制式自整角机主要应用于自整角机和伺服机构组成的随动系统中。这类自整角机的特点是接收机转轴不直接带负载，即没有力矩输出。而当发送机和接收机转子之间存在角度差（即失调角）时，在接收机上将有与此失调角呈正弦函数关系的电压输出，此电压经放大器放大后，再加到伺服电动机的控制绕组中，使伺服电动机转动，从而使失调角减小，直到失调为零，使接收机上输出电压为零，伺服电动机立即停转。

控制式自整角机的驱动能力取决于系统中的伺服电动机的容量，与自整角机无关。控制式自整角机组成的是闭环系统，因此精度较高。

二、力矩式自整角机

1. 工作原理

力矩式自整角机的定子结构与一般三相异步电动机类似，定子上有星形联结的对称三相双层短距绕组，称为整步绕组。但转子是凸极式结构，装有集中单相绕组，称为励磁绕组。

图 7-23 所示为力矩式自整角机的工作原理图。它是两台完全相同的力矩式自整角机的接线图。左方一台为发送机，右方是接收机，两者结构完全相同，它们转子上的单相励磁绕组接到同一单相电源上。设主令轴使发送机转子从基准电气零位逆时针转过 θ_1 角，而接收机的转子位置为 θ_2，两者转子绕组通以同一交流电源后，产生的单相脉振磁场在各自的三相定子绕组中感应的电势分别为

$$\left.\begin{aligned} E_{S1} &= E_m \cos\theta_1 \\ E_{S2} &= E_m \cos(\theta_1 - 120°) \\ E_{S3} &= E_m \cos(\theta_1 + 120°) \end{aligned}\right\} \tag{7-11}$$

$$\left.\begin{aligned} E'_{S1} &= E_m \cos\theta_2 \\ E'_{S2} &= E_m \cos(\theta_2 - 120°) \\ E'_{S3} &= E_m \cos(\theta_2 + 120°) \end{aligned}\right\} \tag{7-12}$$

式中 E_m——发送机、接收机定子绕组感应电势的最大值(因发送机与接收机是同类型的，所以两者的最大感应电势是相同的)。

当$\theta_1 = \theta_2$时，失调角$\theta = \theta_1 - \theta_2 = 0°$，系统中发送机和接收机的定子绕组中对应的电势相互平衡，定子绕组中无电流通过，转子相对静止，系统处于协调位置。

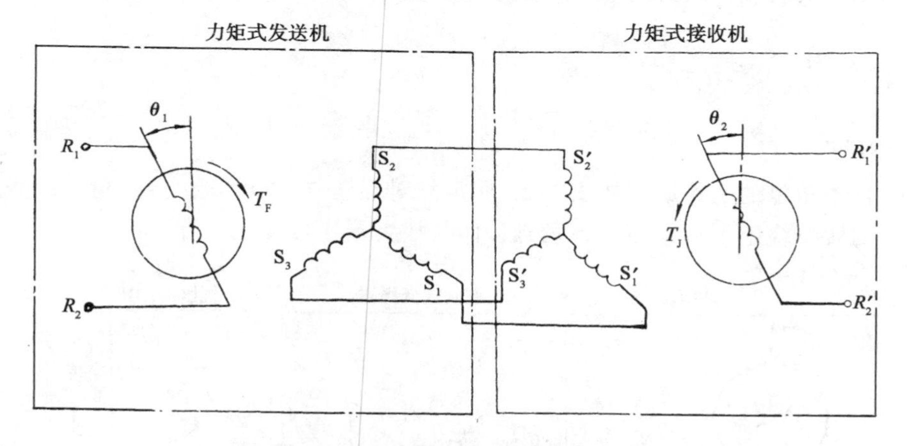

图 7-23 力矩式自整角机的工作原理图

当主令轴转过某一角度，则$\theta_1 \neq \theta_2$，失调角$\theta = \theta_1 - \theta_2 \neq 0°$，那么发送机、接收机定子绕组的对应相的电势不平衡，产生电流，而载流的定子整步绕组导体与励磁绕组的脉振磁场作用将产生整步电磁转矩，由于定子是固定的，转子将同样受到整步转矩T_F的作用而向失调角减小的方向转动，如图 7-23 所示。但发送机转子由主令轴带动，主令轴发出指令后是固定不动的，故只有接收机的整步转矩T_J才能带动接收机转子及负载朝失调角θ减小的方向转动，直至$\theta = 0°$，即$\theta_1 = \theta_2$时，转子停止转动，系统进入新的协调位置。

由于力矩式自整角机的整步转矩较小，只能带动很轻的机械负载，如指针、刻度盘等。

2. 应用实例

图 7-24 所示为力矩式自整角机用作液面位置指示器的示意图。浮子随着液面上升或下降，通过绳索带动自整角机发送机的转子转动，将液面位置转换成发送机转子的转角。自整角机的发送机和接收机之间通过导线远距离连接起来，于是自整角机的接收机转子就带动指针准确地跟随自整角机的发送机转子的转角变化而偏转，从而实现了远距离液面位置的指示。这种系统还可以用于电梯和矿井提升机构位置的指示及核反应堆中的控制棒指示器等装置中。

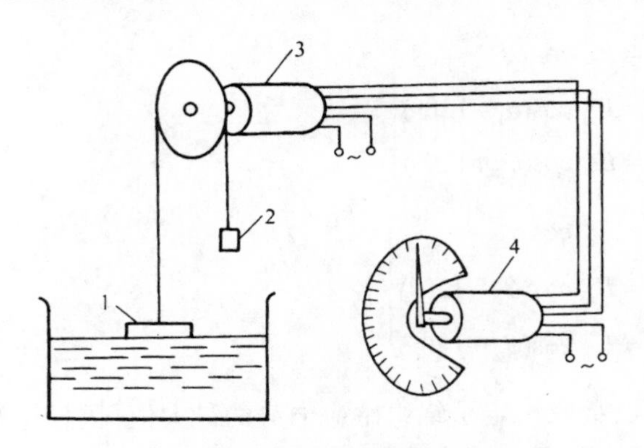

图 7-24 液面位置指示器

1—浮子；2—平衡锤；3—发送机；4—接收机

若需驱动较大负载，或提高传递角位移的精度，则要采用控制式自整角机。

三、控制式自整角机

1. 工作原理

控制式自整角机的工作原理如图 7-25 所示。对照图 7-23 可知，在控制式自整角机系统中，接收机的转子绕组不接单相电源励磁，而与放大器连接。

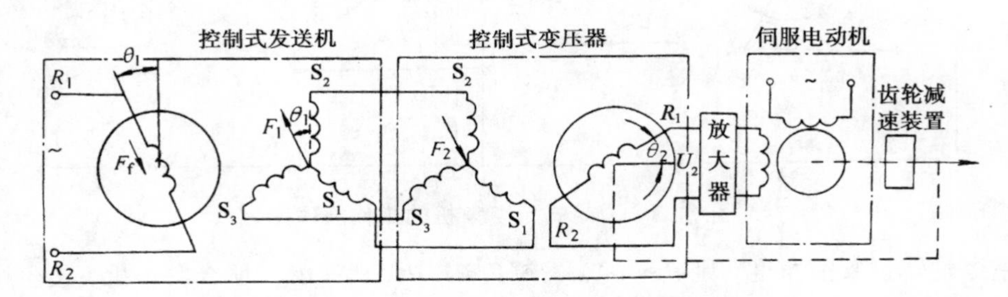

图 7-25 控制式自整角机的工作原理图

当发送机转子转过 θ_1 后，其定子绕组中产生如式（7-11）所示的感应电势，此电势使发送机与接收机的定子绕组产生电流，并分别在这两个定子绕组中建立合成磁势 F_1 和 F_2。根据愣次定理，发送机定子绕组中产生的合成磁势 F_1，与转子励磁磁势 F_f 的方向相反，起去磁作用。因接收机中的定子电流与发送机的对应定子电流大小相等而方向相反，所以接收机定子绕组产生的合成磁势 F_2 与发送机的 F_1 方向相反，即与 F_f 方向相同，如图 7-25 所示。而由 F_2 产生的与接收机转子绕组轴线重合的磁场分量，将在接收机的转子绕组中感应电势，因而产生供给放大器的电压为

$$U_2 = U_{2m}\sin(\theta_1 - \theta_2) = U_{2m}\sin\theta \quad (7\text{-}13)$$

式中 U_{2m}——接收机转子绕组的最大输出电压。

由于控制式接收机运行于变压器状态，故称为控制式变压器。其输出电压 U_2 经放大器放大后输至交流伺服电动机的控制绕组，使伺服电动机驱动负载，同时带动控制变压器的转子转动，直至 $\theta_1 = \theta_2$，即失调角 $\theta = \theta_1 - \theta_2 = 0°$，此时 $U_2 = 0$，放大器无电压输出，伺服电动机

停止旋转，系统进入新的协调位置。

由上述可见，控制式自整角机的负载能力取决于伺服电动机的功率，故能驱动较大负载。而控制式自整角机与放大器及伺服电动机所组成的闭环系统提高了系统精度。

2. 控制式自整角机在位置伺服系统中的应用

位置伺服系统是最基本的伺服系统之一，它的目的是控制电动机的转角或将其位置锁定在所要求的位置上。控制式自整角机组成的位置伺服系统，是由控制式发送机、接收机、伺服放大器和伺服电动机组成的闭环系统。

下面列举一个车床进给随动系统实例，其系统框图如 7-26 所示。

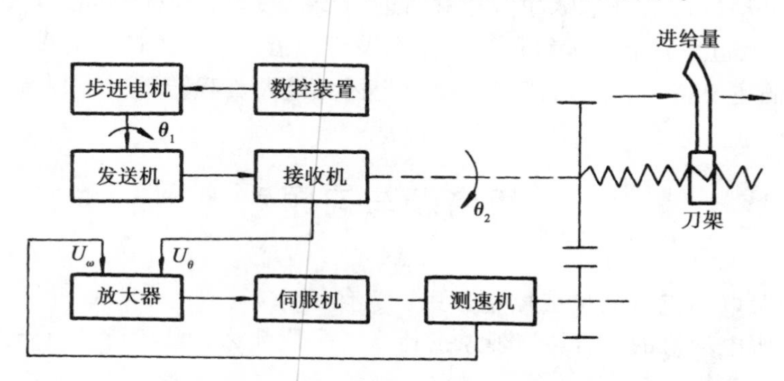

图 7-26　车床进给随动系统的方框图

其工作原理是：用小功率步进电动机把数字量转换成给定的转角 θ_1，由自整角接收机检测输出转角 θ_2，并送出反映角差 $\theta_1-\theta_2=\theta$ 的误差信号电压 U_θ，U_θ 经放大后作为伺服电动机的控制电压，于是伺服电动机转动。伺服电动机通过齿轮使自整角机的接收机转子偏转，同时还传动刀架跟随步进电动机转子的角位移量，实现车床进给量的控制。上述系统为半闭环方式，因为它的位置反馈时是检测丝杠的转角，而不是刀架的实际位置。

本 章 小 结

伺服电动机在自动控制系统中作为执行元件，分交、直流两种。直流伺服电动机的基本结构和特性与他励直流电动机一样，它的励磁绕组和电枢绕组的其中之一作为励磁之用，另一绕组作为接收控制信号用。因此，有两种控制方式：电枢控制和磁场控制。由于电枢控制方式的机械特性和调节特性均为线性，时间常数和励磁功率小，响应迅速，故电枢控制方式得到广泛应用。

交流伺服电动机的励磁绕组和控制绕组分别相当于分相式异步电动机的主绕组和辅助绕组。控制绕组的信号电压为零时，气隙中只产生脉振磁场，电动机无启动转矩；控制绕组有信号电压时，电动机气隙中形成旋转磁场，电动机产生启动转矩而启动。但电动机一经启动，即使控制信号消失，转子仍继续旋转，这种失控现象称为“自转”，是不符合控制要求的。为了消除自转现象，将伺服电动机的转子电阻设计得较大，使其在有控制信号时，迅速启动；一旦控制信号消失，就立即停转。

交流伺服电动机的控制方式有三种：幅值控制、相位控制和幅-相控制。它们都是通过控制气隙磁场的椭圆度来调节转速。

为了减小交流伺服电动机的转动惯量，转子采用杯形和套筒形结构。

测速发电机是信号检测元件，也有交流、直流两种。直流测速发电机的结构和工作原理与直流发电机相同，从电磁感应定律可知，发电机的空载输出电压与转速成正比。

交流测速发电机的结构与交流伺服电动机相同，当两相绕组之一作为励磁绕组，通过励磁电流后，产生磁通，当转子以一定转速旋转时，则在另一绕组中输出电压，其大小与转速成正比，频率等于励磁电源的频率，与转速大小无关。

步进电动机是一种将脉冲信号转换成角位移或直线位移的执行元件，广泛应用于数字控制系统中。步进电动机每给一个脉冲信号就前进一步，转动一个步距角，所以它能按照控制脉冲的要求启动、停止、反转、无级调速，在不失步的情况下，角位移的误差不会长期积累。

步进电动机的主要特性有矩角特性、动稳定区、最大负载转矩、矩频特性等。

思考题与习题

7-1　直流伺服电动机常用什么控制方式？为什么？

7-2　交流伺服电动机的“自转”现象指什么？采用什么办法消除“自转”现象？如何改变交流伺服电动机的旋转方向？

7-3　为什么直流测速发电机的使用转速不宜超过规定的最高转速？为什么所接负载电阻数值不宜低于规定值？

7-4　交流测速发电机励磁绕组与输出绕组在空间互相垂直，没有磁路的耦合作用，为什么励磁绕组接交流电源，发电机旋转时，输出绕组有输出电压？若把输出绕组移到与励磁绕组同一位置上，发电机工作时，输出绕组输出电压是多大？与转速是否有关？

7-5　步进电动机的转速与哪些因素有关？如何改变其转向？

7-6　力矩式自整角机和控制式自整角机在工作原理上各有何特点？各适用于怎样的随动系统？

第八章　电动机的选择

电力拖动系统经济而可靠地运行，必须正确选择拖动电动机，这包括电动机的种类、型式、额定电压、额定转速及额定功率的选择等。

第一节　电动机的一般选择

一、电动机种类（机种）的选择

1. 电动机的主要种类

电力拖动系统中拖动生产机械运行的原动机即驱动电动机，包括直流电动机和交流电动机两大类，交流电动机又有异步电动机和同步电动机两种。电动机的主要种类如表 8-1 所列。

表 8-1　电动机的主要种类

<table>
<tr><td>直流
电动机</td><td colspan="4">他励直流电动机
并励直流电动机
串励直流电动机
复励直流电动机</td></tr>
<tr><td rowspan="4">交流
电动机</td><td rowspan="3">异步
电动机</td><td rowspan="2">三相异步
电动机</td><td>鼠笼型</td><td>普通鼠笼型
高启动转矩式（包括高转差率、深槽式、双鼠笼型）
多速电动机</td></tr>
<tr><td colspan="2">绕线型</td></tr>
<tr><td colspan="3">单相异步电动机</td></tr>
<tr><td>同步电动机
三相、单相</td><td colspan="3">凸极式
隐极式</td></tr>
</table>

各种电动机具有的特点包括性能、所需电源、维修方便与否、价格高低等各项，这是选择电动机种类的基本知识。当然，生产机械的工艺特点是选择电动机的先决条件。这两方面都了解了，便可以为特定的生产机械选择到合适的电动机。表 8-2 粗略地列出了各种电动机主要的性能特点。

表 8-2 电动机主要的性能特点

电机种类		主要的性能特点
直流电动机	他励、并励	机械特性硬，启动转矩大，调速性能好
	串 励	机械特性软，启动转矩大，调速方便
	复 励	机械特性软硬适中，启动转矩大，调速方便
三相异步电动机	普通鼠笼型	机械特性硬，启动转矩不太大，可以调速
	高启动转矩式	启动转矩大
	多 速 式	多速（2～4 速）
	绕 线 型	机械特性硬，启动转矩大，调速方法多，调速性能好
三相同步电动机		转速不随负载变化，功率因数可调
单相异步电动机		功率小，机械特性硬
单相同步电动机		功率小，转速恒定

2. 选择电动机种类时要考虑的主要内容

（1）电动机的机械特性

生产机械具有不同的转矩、转速关系，要求电动机的机械特性与之相适应。例如，负载变化时要求转速恒定不变的，就应选择同步电动机；要求启动转矩大及特性软的电车、电气机车等，就应选用串励或复励直流电动机。

（2）电动机的调速性能

电动机的调速性能包括调速范围、调速的平滑性、调速系统的经济性（设备成本、运行效率等）诸方面，都应该满足生产机械的要求。例如，调速性能要求不高的各种机床、水泵、通风机多选用普通三相鼠笼式异步电动机；功率不大、有级调速的电梯及某些机床可选用多速电动机；而调速范围较大、调速要求平滑的龙门刨床、高精度车床等多选用他励直流电动机和绕线式异步电动机。

（3）电动机的启动性能

一些启动转矩要求不高的，如机床可以选用普通三相鼠笼式异步电动机；但启动、制动频繁，且启动、制动转矩要求比较大的生产机械就可选用绕线式异步电动机，如矿井提升机、起重机、压缩机等。

（4）电源

交流电源比较方便，直流电源则一般需要有整流设备。

采用交流电机时，还应注意，异步电动机从电网吸收落后性无功功率使电网功率因数下降，而同步电动机则可以吸收领先性无功功率。在要求改善功率因数的情况下，大功率的电机就选择同步电动机。

（5）经济性

满足了生产机械对于电动机启动、调速、各种运行状态、运行性能等方面要求的前提下，优先选用结构简单、价格便宜、运行可靠、维护方便的电动机。一般来说，在这方面交流电动机优于直流电动机，鼠笼式异步电动机优于绕线式异步电动机。除电机本身外，启动设备、调速设备等都应考虑经济性。

最后应着重强调的是综合的观点，即：① 以上各方面内容在选择电动机时必须都考虑到，都得到满足后才能选定；② 能同时满足以上条件的电动机可能不是一种，还应综合其他情况，诸如资源、节能等加以确定。

二、电动机类型的选择

1. 安装方式

分为卧式和立式，卧式电动机的转轴安装后为水平位置，立式的转轴为垂直地面的位置，两种类型的电动机使用的轴承不同，立式的价格稍高，一般情况下用卧式的。

2. 防护方式

按防护方式分，电动机有开启式、防护式、封闭式和防爆式几种。

开启式电动机的定子两侧和端盖上都有很大的通风口，其散热性好，价格便宜，但容易进灰尘、水滴和铁屑等杂物，只能在清洁、干燥的环境中使用。

防护式电动机的机座下面有通风口，其散热性好，能防止水滴和铁屑等杂物溅入或落入电动机内，但不能防止灰尘和潮气侵入，适用于比较干燥、没有腐蚀性和爆炸性气体的环境。

封闭式电动机的机座和端盖上均无通风孔，完全是封闭的。封闭式电动机又分为自冷式、自扇冷式、它扇冷式、管道通风式及密封式等。前四种，电机外的灰尘和潮气也不易进入电机，适用于尘土多、特别潮湿、有腐蚀性气体、易受风雨、易引起火灾等较恶劣的环境。密封式的可以浸在液体中使用，如潜水泵。

防爆式电动机是在封闭式基础上制成隔爆形式，机壳有足够的强度，适用于有易燃易爆气体的场所，如矿井、油库、煤气站等。

三、电动机额定电压和额定转速的选择

1. 额定电压的选择

电动机电压等级、相数、频率都要与供电电压相一致。一般中、小型交流电动机的额定电压为 380 V，大型交流电动机的额定电压为 3 000 V、6 000 V、10 000 V 三种。直流电动机的额定电压一般为 110 V、220 V、440 V 和 660 V 等。

2. 额定转速的选择

对电动机本身而言，额定功率相同的电动机，额定转速越高，体积越小，造价越低。一般来说，电动机转子越细长，转动惯量越小，启动、制动时间越短。

当生产机械所需额定转速一定的前提下，若还需要传动机械减速，则电动机额定转速越高，传动机械速比越大，机械越复杂，而且传动损耗也越大，整个系统装置的造价升高。所以选择电动机额定转速时，必须从电动机和机械装置两个方面综合考虑。

第二节　电动机的发热与温升

一、电动机的发热和冷却

1. 电动机的发热过程

电动机在运行过程中，各种能量损耗最终变成热能，使得电动机各部分温度升高，从而超过周围环境温度。电动机温度高出周围环境温度的值称为温升，一旦有了温升，电动机就要向周围散热，温升越高，散热越快。当单位时间发出的热量等于散出的热量时，电动机温度不再增加，而保持一个稳定不变的温升，即处于发热与散热平衡的状态，称为动态热平衡。以上温度升高的过程，称为电动机的发热过程。

电动机实际的发热情况比较复杂，为了研究分析方便。假设：① 电动机在恒定负载下运行，总损耗不变；② 电动机为均匀体，各部分温度均匀；③ 周围环境温度不变。

根据能量守恒定律：在任何时间内，电动机产生的热量应该与电动机本身温度的升高需要的热量和散发到周围介质中去的热量之和相等。如果用 $Q\mathrm{d}t$ 表示电动机产生的总热量；$C\mathrm{d}\tau$ 表示在 $\mathrm{d}t$ 时间内电动机温升 $\mathrm{d}\tau$ 所需的热量；$A\tau\,\mathrm{d}t$ 表示在同一时间内，电机散到周围介质中的热量，则

$$Q\mathrm{d}t = C\mathrm{d}\tau + A\tau\,\mathrm{d}t \tag{8-1}$$

$$\frac{C}{A} \cdot \frac{\mathrm{d}\tau}{\mathrm{d}t} + \tau = \frac{Q}{A} \tag{8-2}$$

式中　Q——电动机在单位时间内产生的热量（J/s）；

C——电动机的热容量，即电动机温度升高 1°C 所需要的热量（J/°C）；

A——电动机的表面散热系数，它表示温升为 1°C 时，单位时间内散到周围介质中的热量 J/(°C·s)；

τ——电动机的温升，即电动机温度与周围介质温度之差（°C）。

式（8-2）即为电动机的热平衡方程式，它是研究电动机发热和冷却的基础。

令稳态温升 $\tau_{\mathrm{W}} = Q/A$，发热时间常数 $T = C/A$（表征电动机热惯性大小），则热平衡方程式变为

$$T\frac{\mathrm{d}\tau}{\mathrm{d}t} + \tau = \tau_{\mathrm{W}} \tag{8-3}$$

这是一个标准的一阶微分方程，其解为

$$\tau = \tau_0 \mathrm{e}^{-t/T} + \tau_{\mathrm{W}}(1-\mathrm{e}^{-t/T}) \tag{8-4}$$

式中　τ_0——起始温升，即 $t = 0$ 时的温升（°C）。

如果电动机较长时间没有运行，再重新负载运行，其发热过程是从周围环境温度开始的，即 $\tau_0 = 0$，则上式变为

$$\tau = \tau_{\mathrm{W}}(1-\mathrm{e}^{-t/T}) \tag{8-5}$$

由式（8-4）和式（8-5）可以分别绘出如图 8-1 所示的电动机的温升曲线 1 和 2。

由温升曲线可以看出，电动机的温升是按指数规律变化的曲线。温升变化的快慢，与发热时间常数 T 有关，电动机温升 τ_W 最终趋于稳定。

电动机发热初始阶段，由于温升小，散发出的热量较少，大部分热量被电机吸收，所以温升增长较快；过一段时间以后，电动机的温升增加，散发的热量也增加，而电动机产生热量因负载恒定而保持不变，因此电机吸收的热量不断减少，温升变慢，温升曲线趋于平缓；当散发热量与发出热量相等，即 $A\tau\,dt = Qdt$ 时，则 $d\tau = 0$，电机的温升不再增长，温度最后达到稳定值。

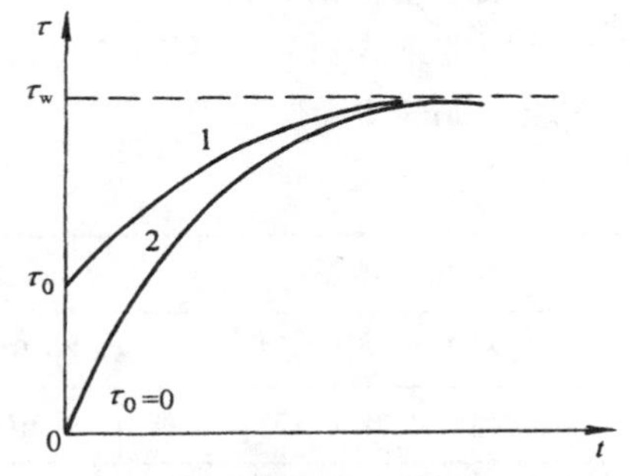

图 8-1　电动机发热过程的温升曲线

如果电动机是在长期停歇后启动的，则起始温升 $\tau_0 = 0$，温升曲线从 0 点开始。

当 $t = \infty$ 时，$\tau = \tau_W = Q/A$，这说明一定的负载，电动机的损耗所产生的热量一定，因此电动机的稳定温升也是一定的，与起始温升无关。

发热时间常数 $T = C/A$ 是一个很重要的参数，当热容量 C 越大时，温升就越缓慢，则 T 较长；当散热系数 A 越大时，散热越快，所以 T 较短。

2. 电机的冷却过程

一台负载运行的电动机，在温升稳定以后，如果使其负载减少或使其停车，那么电动机内损耗及单位时间的发热量都将随之减少或不再继续产生，这样就使发热少于散热，破坏了热平衡状态，电动机的温度要下降，温升降低。在降温过程中，随着温升的降低，单位时间散热量也减少。当重新达到平衡，发热量等于散热量时，电机不再继续降温，其温升稳定在一个新的数值上；在停车时，温升将降为零。温升下降的过程称为冷却。

热平衡方程式在电机冷却过程中同样适用，只是其中的起始值、稳态值要由冷却过程的具体条件来确定。

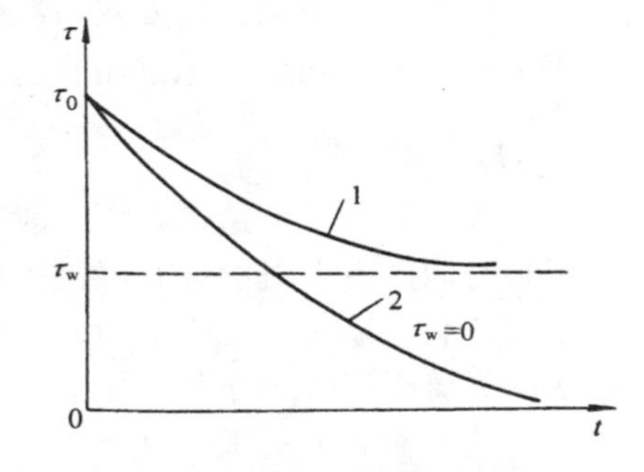

图 8-2　电动机冷却过程的温升曲线

1—负载减小时；2—电动机断开电源时

电动机冷却过程的温升曲线如图 8-2 所示，冷却过程曲线也是一条按指数规律变化的曲线。当负载减小到某一数值时，$\tau_W \neq 0$，大小为 $\tau_W = Q/A$；如果把负载全部去掉，且断开电动机电源后，则 $\tau_W = 0$。时间常数也与发热时相同。

二、电动机的允许温升

电动机在负载运行时，从尽量发挥它的作用出发，所带负载即输出功率越大越好（若不考虑机械强度），但是输出功率越大，其内部总损耗越大，电动机温升越高。电动机中耐热最差的是绝缘材料，若电动机温度超过绝缘材料允许的限度时，绝缘材料的寿命就急剧缩短，严重时会使绝缘遭到破坏，电动机冒烟而烧毁，这个温度限度称为绝缘材料的允许温度。由此可见，绝缘材料的允许温度，就是电动机的允许温度；绝缘材料的寿命，一般就是电动机的寿命。

环境温度随时间、地点而异，设计电机时规定以 40°C 为我国的标准环境温度。因此绝缘材料或电动机的允许温度减去 40°C 即为允许温升，用 τ_{max} 表示。

不同的绝缘材料有不同的允许温度，根据国家标准规定，把电动机常用绝缘材料分成若干等级，如表 8-3 所示。

表 8-3 电机允许温升与绝缘等级的关系

绝缘耐热等级	A	E	B	F	H	C
绝缘材料的允许温度（°C）	105	120	130	155	180	180 以上
电机的允许温升（°C）	65	80	90	115	140	140 以上

表中电机的最高允许温升表示了一台电动机能带负载的限度，而电动机的额定功率就代表了这一限度。电动机铭牌上所标注的额定功率，表示在环境温度为 40°C 时，电动机长期连续工作，而电动机所能达到的最高温度不超过最高允许温度时的输出功率。当环境温度低于 40°C 时，电动机的输出功率可以大于额定功率；反之，电动机的输出功率将低于额定功率，以保证电动机最终都能达到或不超过最高允许温度。

三、电动机的工作方式

电动机的发热和冷却情况不但与其所拖动的负载有关，而且与负载持续的时间有关。负载持续时间不同，电动机的发热情况就不同，所以，还要对电动机的工作方式进行分析。为了便于电动机的系列生产和供用户选择使用，我国将电动机工作方式分为三类。

1. 连续工作制

连续工作制是指电动机工作时间 t_g 相当长，即 $t_g > (3\sim4)T$。一般 t_g 可达几小时、几昼夜，甚至更长时间。电动机的温升可以达到稳定温升，所以，该工作制又称长期工作制。电动机所拖动的负载可以是恒定不变的，也可以是周期性变化的。电动机铭牌上对工作方式没有特殊标注的都属于连续工作制，如水泵、通风机、造纸机、大型机床的主轴拖动电动机等，都是采用连续工作制电动机。

2. 短时工作制

短时工作制是指电动机的工作时间较短，即 $t_g < (3\sim4)T$，在工作时间内，电动机的温升达不到稳态值；而停歇时间 t_0 相当长，即 $t_0 > (3\sim4)T$，在停歇时间里足以使电动机各部分的温升降到零，其温度和周围介质温度相同。电动机在短时工作时，其容量往往只受过载能力的限制，因此这类电动机应设计成有较大的允许过载系数。国家规定的短时工作制的标准时间为 15 min、30 min、60 min 和 90 min 四种。属于这种工作制的电动机，有水闸闸门、车床的夹紧装置、转炉倾动机构的拖动电动机等。

3. 周期性断续工作制

周期性断续工作制是指电动机工作与停歇周期性交替进行，但时间都比较短。工作时 $t_g < (3\sim4)T$，温升达不到稳态值；停歇时，$t_0 < (3\sim4)T$，电动机温升也降不到零。按国家标准规定，每个工作与停歇的周期 $t_g + t_0 \leqslant 10$ min。周期性断续工作制又称为重复短时工作制。

电动机经过一个周期时间，温升有所上升。经过若干个周期后，温升在最高温升 τ_{max} 和最低温升 τ_{min} 之间波动，达到周期性变化的稳定状态，其最高温升仍低于拖动同样负载连续运行的稳态温升 τ_W。

在周期性断续工作制中，负载工作时间与整个周期之比称为负载持续率（或称暂载率），即

$$FC = \frac{t_g}{t_g + t_0} \times 100\%$$

我国标准规定，负载持续率为 15%、25%、40%、60% 四种。

起重机械、电梯、轧钢机辅助机械、某些自动机床的工作机构等的拖动电动机都属于这种工作制。但许多生产机械周期断续工作的周期并不相等，这时负载持续率只具有统计性质。

由于断续工作制的电动机启动、制动频繁，要求过载能力强，对机械强度的要求也高，所以应用时要特别注意。

在生产实践中，电动机的所带负载及运行情况是多种多样的，根据发热情况的特征，总可以把它们归入以上三种基本工作制中。电动机的工作方式不同，其发热和温升情况就不同。因此，从发热观点选择电动机的方法也就不同。

第三节　电动机额定功率的选择

正确选择电动机容量的原则，应在电动机能够胜任生产机械负载要求的前提下，最经济、最合理地决定电动机的功率。若功率选得过大，设备投资增大，造成浪费，且电动机经常欠载运行，效率及交流电动机的功率因数较低；反之，若功率选得过小，电动机将过载运行，造成电动机过早损坏。决定电动机功率的主要因素有三个：① 电动机的发热与温升，这是决定电动机功率的最主要因素；② 允许短时过载能力；③ 对交流笼型异步电动机还要考虑启动能力。

选择电动机的容量较为繁杂，不仅需要一定的理论分析计算，还需要经过校验核准。其基本步骤是：根据生产机械拖动负载提供的负载曲线图 $P_L = f(t)$ 及温升曲线 $\tau = f(t)$，并考虑电动机的过载能力，预选一台电动机；然后根据负载图进行发热校验，将校验结果与预选电动机的参数进行比较，若发现预选电功机的容量太大或太小，再重新选择，直到其容量得到充分利用，最后再校验其过载能力与启动转矩是否满足要求。在满足生产机械要求的前提下，电动机额定功率越小越经济。

一、负载功率的计算

电动机负载功率要针对具体的生产机械的负载功率及效率进行计算，这是选择电动机额定功率的依据。

通常情况下负载功率 P_L 是已知的，电动机容量选择时可直接使用；当生产机械无法提供负载功率 P_L 时，可以用理论方法或经验公式来确定所用电动机的功率。

一般旋转机械的电动机功率的表达式为

$$P_L = \frac{T_L n}{9\,550\,\eta} \tag{8-6}$$

式中 T_L——生产机械的静态阻转矩（N·m）；

n——生产机械的转速（r/min）；

η——传动装置效率。

泵用电动机功率的表达式为

$$P_L = \frac{QH\rho}{102\,\eta_1\eta_2} \tag{8-7}$$

式中 Q——泵的流量（m^3/s）；

ρ——液体密度（kg/m^3）；

H——扬程（m）；

η_1——泵的效率，高压离心式泵为 0.5 ~ 0.8，低压离心式泵为 0.3 ~ 0.6，活塞式泵通常为 0.8 ~ 0.9；

η_2——电动机与泵之间的传动装置的效率，直接连接为 1，皮带传动为 0.9。

风机用电动机功率的表达式为

$$P_L = \frac{Qh}{1000\,\eta_1\eta_2} \tag{8-8}$$

式中 Q——每秒钟吸入或压出的空气量（m^3/s）；

h——通风机的压力（N/m^2）；

η_1——通风机效率，大型约为 0.5 ~ 0.8，中型的为 0.3 ~ 0.5，小型的为 0.2 ~ 0. 35；

η_2——传动装置效率。

负载功率是选择电动机额定功率的前提，但生产机械的工作机构形式多样，因此负载功率的计算也无法用几个公式统一表达，只能根据具体生产机械工作机构的实际情况进行计算。

二、连续工作制电动机容量的选择

1. 长期恒定负载下电动机容量的选择

长期恒定负载是指长期运行过程中，电动机处于连续工作状态，负载大小恒定或负载基本恒定不变，工作时能达到稳定温升 τ_W，负载图 $P_L = f(t)$ 与温升曲线 $\tau = f(t)$ 如图 8-3 所示。这种生产机械所用的电动机容量选择比较简单，选择的原则是使稳定温升 τ_W 在电动机绝缘允许的最高温升限度之内，选择的方法是使电动机的额定容量等于生产机械的负载功率加上拖动系统的能量损耗。通常情况下 P_L 和 η 已知时，可按 $P_N = P_L / \eta$ 计算电动机的额定功率 P_N，然后根据产品目录选一台电动机，使电动机的额定容量等

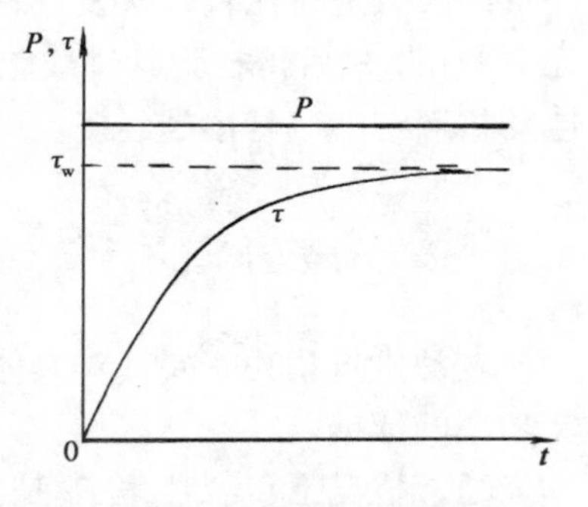

图 8-3 连续工作制时电动机的负载图与温升曲线

于或略大于生产机械需要的容量，即

$$P_N \geqslant P_L \tag{8-9}$$

由于一般电动机是按额定负载连续工作设计的，电动机设计及出厂试验均保证在额定容量下工作时温升不会超出允许值，且电机所带的负载功率小于或等于其额定功率，因此发热自然没有问题，不需进行发热校验。

例 8-1　一台直接与电动机连接的离心式水泵，其流量为 50 m³/h，扬程为 15 m，转速为 1 440 r/min，水泵的效率为 0.4，水的密度为 1 000 kg/m³，试选择电动机容量。

解　水泵的流量为

$$Q = 50\ \ \mathrm{m^3/h} = \frac{50}{3\,600}\ \ \mathrm{m^3/s}$$

水泵在电动机轴上的负载功率为

$$P_L = \frac{QH\rho}{102\,\eta_1\eta_2} = \frac{\frac{50}{3\,600}\times 15\times 1\,000}{102\times 0.4\times 1} = 5.1\quad(\mathrm{kW})$$

若工作环境无特殊要求，可选用额定转速为 1 440 r/min、额定功率为 5.5 kW 的封闭式异步电动机。

选择电动机容量时，除考虑发热外，还要考虑电动机的过载能力，并进行过载校验。过载能力是指电动机负载运行时，可以在短时间内出现的电流或转矩过载的允许倍数。校核电动机的过载能力可按下列条件进行

$$T_{max} \leqslant \lambda_m T_N \tag{8-10}$$

式中　T_{max}——电动机在工作中所承受的最大转矩（N·m）；

λ_m——电动机允许过载倍数，对不同类型的电动机，取值不完全一样。

如果选择交流电动机，要考虑电网电压向下波动时对于电动机的影响。校验的条件为

$$T_{max} \leqslant (0.8 \sim 0.85)\lambda_m T_N \tag{8-11}$$

若预选的电动机过载能力达不到，则要重选电动机及额定功率，直到满足要求为止。

对于笼型异步电动机，还要校验其启动能力。校验的条件为

$$T_{st} \geqslant (1.1 \sim 1.2)T_L \tag{8-12}$$

电动机铭牌上所标注的额定功率是指环境温度为 40°C 时，连续工作情况下的功率。当环境温度不标准时，其功率可按表 8-4 进行修正。环境温度低于 30°C，一般电动机功率也只增加 8%。但必须注意，在高原地区（海拔高度大于 1 000 m），空气稀薄，散热条件恶化，选择的电动机的使用功率必须降低。

表 8-4　不同温度环境下电动机功率的修正

环境温度（°C）	30	35	40	45	50	55
功率增减百分数	+8%	+5%	0	− 5%	− 12.5%	− 25%

2. 长期变化负载下电动机容量的选择

电动机拖动长期变化负载连续工作时，它的输出功率也按一定规律变化，变化周期为 t_B，一般 $t_B = t_1 + t_2 + \cdots + t_n$，共 n 段，长期变化负载图 $P_L = f(t)$ 如图 8-4 所示，当电动机拖动这类生产机械工作时，因为负载做周期性变化，所以温升也必然随负载周期性的变化而波动，温升波动的最大值必须低于对应于最大负载时的稳定温升，而高于对应于最小负载时的稳定温升，这样，如按最大负载选择电动机，显然是不经济的；而按最小负载选择电动机，其温升将超过允许温升。因此，电动机容量应在最大负载与最小负载之间。如果选择合适，既可使电动机得到充分利用，又可使电动机的温升不超过允许温升。在工程实践中，通常采用下列方法进行选择。

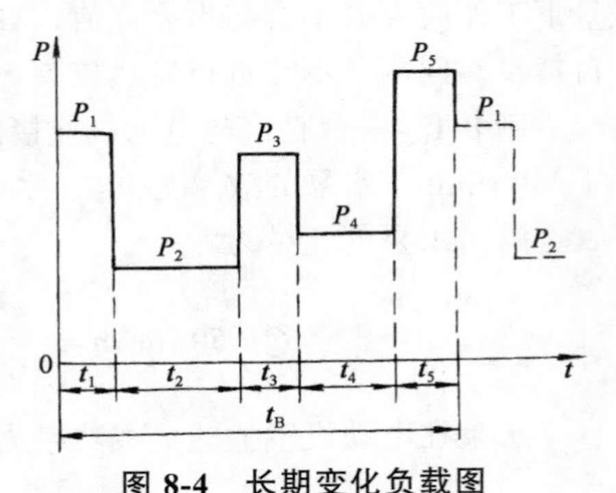

图 8-4　长期变化负载图

（1）等效电流法

等效电流法的基本原理是：用等效不变的电流 I_{dx} 来代替实际变动的负载电流，要求在同一周期内，等效电流 I_{dx} 与实际上变动的负载电流所产生的热量相等，当电动机的铁损耗与电阻 R 不变时，则可变损耗只与电流的平方成正比，由此求得

$$I_{dx} = \sqrt{\frac{I_1^2 t_1 + I_2^2 t_2 + \cdots + I_n^2 t_n}{t_1 + t_2 + \cdots + t_n}} \tag{8-13}$$

式中　　t_n——对应于负载电流 I_n 时的工作时间。

求出 I_{dx} 后，则选择的电动机的额定电流 I_N 应大于或等于 I_{dx}。

（2）等效转矩法

在选择电动机容量时，如果其转矩与电流成正比，且铁损耗及电阻为常数、他励直流电动机的励磁不变或异步电动机的 $\cos\varphi_2$ 及气隙磁通也不变时，则可以用等效转矩法求出 T_{dx}，即

$$T_{dx} = \sqrt{\frac{T_1^2 t_1 + T_2^2 t_2 + \cdots + T_n^2 t_n}{t_1 + t_2 + \cdots + t_n}} \tag{8-14}$$

选择的电动机的额定转矩 T_N 必须大于或等于等效转矩 T_{dx}。

（3）等效功率法

等效功率法是在功率与转矩呈线性关系，且当转速不变或变化很小的条件下，由等效转矩法引导出来的，此时等效功率 P_{dx} 应为

$$P_{dx} = \sqrt{\frac{P_1^2 t_1 + P_2^2 t_2 + \cdots + P_n^2 t_n}{t_1 + t_2 + \cdots + t_n}} \tag{8-15}$$

选择电动机的额定功率 P_N 应大于或等于等效功率 P_{dx}。

注意，用等效法选择电动机容量时，还必须根据最大负载来校验电动机的过载能力是否符合要求。

除了上面介绍的等效法可对电动机进行发热校验外，还有平均损耗法等方法可对电动机的发热进行校验，其具体计算方法读者可以参考其他书籍。

三、短时工作制电动机容量的选择

短时运转电动机的选择一般有三种情况，即可选择专为短时工作制而设计的电动机，也可选择为连续工作制而设计的电动机。

1. 直接选用短时工作制的电动机

我国设计制造的短时工作制电动机的标准工作时间 t_g 为 15 min、30 min、60 min 和 90 min 四种。当电机实际工作时间 t_{gx} 与上述标准工作时间一致时，则选择电动机的额定功率只需满足

$$P_N \geqslant P_L$$

若负载的实际工作时间 t_{gx} 和标准时间 t_g 不完全相同时，应该按发热和温升等效的原则把负载功率由实际的工作时间换算成标准工作时间，然后再按标准工作时间预选额定功率。这里将折算推导从略，只给出结果

$$P_N \geqslant P_L\sqrt{\frac{t_{gx}}{t_g}} \tag{8-16}$$

上式是根据发热和温升等效原则得出的，故经过向标准工作时间折算后，预选的电动机肯定能满足温升条件，不必再校验。

2. 选用周期性断续工作制的电动机

如果没有合适的短时工作制电动机，可采用周期性断续工作制的电动机代替，短时工作时间与暂载率的换算关系可近似地认为 30 min 相当于 $FC = 15\%$，60 min 相当于 $FC = 25\%$，90 min 相当于 $FC = 40\%$。

3. 选用连续工作制的电动机

选择一般连续工作制的电动机代替短时工作制的电动机时，若从发热温升来考虑，电动机额定功率为

$$P_N \geqslant P_L\sqrt{\frac{1-e^{-t_{gx}/T}}{1+ke^{-t_{gx}/T}}} \tag{8-17}$$

式中　k——电动机额定运行时不变损耗与可变损耗的比值。

显然，按式（8-17）求得额定功率来选择电动机，解决发热是不成问题的，但过载能力和启动能力却成了主要矛盾。一般情况下，当 $t_{gx} < (0.3 \sim 0.4)T$ 时，只要过载能力和启动能力足够大，就不必再考虑发热问题。因此，在这种情况下，必须按过载能力来选择电动机的额定功率，然后校核其启动能力。按过载能力来选择连续工作方式电动机的额定功率为

$$P_N \geqslant \frac{P_L}{\lambda_m} \tag{8-18}$$

例 8-2　一台直流电动机的额定功率为 P_N=20 kW，过载能力 $\lambda_m = 2$，发热时间常数 $T = 30$ min。额定负载时铁损耗与铜损耗之比 $k = 1$，请校核下列两种情况下是否能用此台电动机：

（1）短期负载，$P_L = 40$ kW，$t_{gx} = 20$ min。

（2）短期负载，$P_L = 44$ kW，$t_{gx} = 10$ min。

解

（1）折算成连续工作方式下负载功率为

$$P_L' = P_L\sqrt{\frac{1-e^{-t_{gx}/T}}{1+ke^{-t_{gx}/T}}} = 40\times\sqrt{\frac{1-e^{-20/30}}{1+e^{-20/30}}} = 40\times\sqrt{\frac{1-0.5134}{1+0.5134}} = 22.68 \quad (kW)$$

$$P_N < P_L'$$

发热通不过，不能运行。

（2）折算成连续工作方式下负载功率为

$$P_L' = P_L\sqrt{\frac{1-e^{-t_{gx}/T}}{1+ke^{-t_{gx}/T}}} = 44\times\sqrt{\frac{1-e^{-10/30}}{1+e^{-10/30}}} = 40\times\sqrt{\frac{1-0.7165}{1+0.7165}} = 17.88 \quad (kW)$$

$$P_N > P_L'$$

发热通过。实际过载倍数为

$$\lambda_m' = \frac{P_L}{P_N} = \frac{44}{20} = 2.2$$

$$\lambda_m' > \lambda_m = 2$$

过载能力不够，不能应用。

四、断续周期工作制下电动机容量的选择

断续周期工作制下电动机的选择也有两种方法。

1. 选用断续周期工作制的电动机

我国生产专供断续短时工作制的电动机，规定的标准暂载率为15%、25%、40%，60%四种。同一台电动机在不同的 FC 下工作时，额定功率和额定转矩均不一样，FC 越小，额定功率和额定转矩越大，过载能力越低。

选择电动机容量时，同样要进行发热和过载校验。电动机的负载与温升曲线如图 8-5 所示。

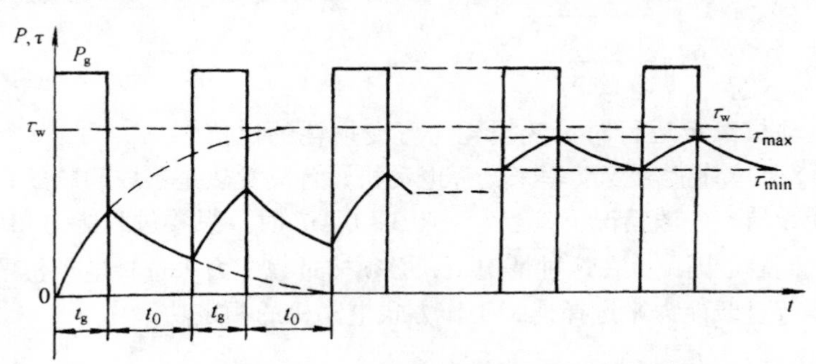

图 8-5　断续周期工作制下电动机的负载与温升关系

如果电动机实际暂载率与标准暂载率相同，则可直接按照产品目录选择合适电动机。如果实际暂载率与标准暂载率不相等，应该把实际功率 P_x 换算成邻近的标准暂载率下的功率 P_g，再选择电动机和校验温升。简化的换算公式为

$$P_g \approx P_x\sqrt{\frac{FC}{FC_x}} \qquad (8\text{-}19)$$

式中　　FC_x——实际的暂载率。

将功率折算以后，选取在同一标准暂载率下 P_N 等于或大于 P_g 的电动机即可。

例 8-3　有一起重机，其工作负载图如图 8-5 所示，其中 $P = 10$ kW，工作时间 $t_g = 0.91$ min，空车时间 $t_0 = 2.34$ min，要求采用绕线式异步电动机，转速为 1 000 r/min 左右，试选用一台合适的电动机。

解

$$FC_x = \frac{t_g}{t_g + t_0} \times 100\% = 28\%$$

换算到相近的标准暂载率 $FC = 25\%$ 时，其所需相对应的等效负载功率为

$$P_g = P_x \sqrt{\frac{FC}{FC_x}} = 10\sqrt{\frac{28\%}{25\%}} = 10.58 \quad (\text{kW})$$

查产品目录，可选取 YZR31-6 型绕线式异步电动机，其额定数据为 $FC = 25\%$ 时，$P_N = 11$ kW，$n_N = 953$ r/min。

2. 选用连续工作制的普通电动机

如果没有现成的断续周期工作制电动机，也可以选用连续工作制的电动机，此时可将标准暂载率看成为 100%，再按上述方法选择电动机。如例 8-3 所示数据，此时对应的等效负载功率为

$$P_g = P_x \sqrt{\frac{FC}{FC_x}} = 10\sqrt{\frac{28\%}{100\%}} = 5.3 \quad (\text{kW})$$

查产品目录，可选取 YR61-6 型电动机，其 $P_N = 7$ kW，$n_N = 940$ r/min。

注意：当 $FC_x < 10\%$ 时，应选用短期工作制电动机；当 $FC_x > 60\%$ 时，应选用连续工作制电动机。

工作周期很短（$t_g + t_0 < 2$ min），并且启动、制动或正转、反转十分频繁的情况下，必须考虑启动、制动电流的影响，因而在选择电动机的容量时要适当选大些。

以上对不同工作制电动机容量的选择方法是基于一些假设条件的。一般来说，电动机的负载图与生产机械的负载图有差别，因而介绍的计算方法仅是近似的，在实际应用时应根据具体情况适当地给予考虑和修正。

五、选择电动机容量的统计法和类比法

以电动机的发热和冷却理论为基础的电动机选择方法，其理论根据是可靠的，但要得到精确的结果计算是复杂的。前面所讨论的各种方法是在一些假设条件下得到的，且生产机械的负载种类又很多，绘出典型的电动机负载图比较困难，因此所得结果也只是近似的。我国机床制造厂对不同类型的机床的主拖动电动机容量的选择，常采用统计法。

1. 统计法

统计法就是对大量的拖动系统所用电动机的容量进行统计分析，找出电动机容量与生产机械主要参数之间的关系，得出实用经验公式的方法。下面介绍几种我国机床制造工业已确定了的主

拖动用电动机容量的统计数值公式（公式中 P 均为主拖动用电动机的容量，单位为 kW）：

- 车床　$P=36.5D^{1.54}$，其中 D 是工件最大的直径（m）。
- 立式车床　$P=20D^{0.88}$，其中 D 是工件最大的直径（m）。
- 摇臂钻床　$P=0.064D^{1.19}$，其中 D 是最大钻孔直径（mm）。
- 卧式镗床　$P=0.04D^{1.17}$，其中 D 是镗杆直径（mm）。
- 龙门铣床　$P=\dfrac{B^{1.15}}{166}$，其中 B 是工作台宽度（mm）。
- 外圆磨床　$P=0.1KB$，其中 B 是砂轮宽度（mm）；K 是考虑砂轮主轴采用不同轴承时的系数，当采用滚动轴时，$K=0.8\sim1.1$，若采用滑动轴承时，$K=1.0\sim1.3$。

例如，国产 C660 型车床，其工件最大直径为 1 250 mm，按上面统计法公式计算，主拖动电动机的容量应为

$$P=36.5\times\left(\frac{1\ 250}{1\ 000}\right)^{1.54}=52\quad(\text{kW})$$

实际选用 60 kW 的电动机与计算相近。

2. 类比法

类比法就是在调查同类型生产机械所采用的电动机容量的基础上，对主要参数和工作条件进行类比，从而确定新的生产机械所采用的电动机的容量。

本章小结

电力拖动系统电动机的选择，是对电动机的种类、结构型式、额定容量、额定电压和额定转速的选择，其中正确选择电动机的容量最为重要。

在电动机运行过程中，必然产生损耗。损耗的能量在电动机中全部转化为热能，一部分热能被电动机本身吸收，使其内部的各部分温度升高；另一部分热能向周围介质散发出去。随着损耗的增加，电动机的温度不断上升，散发的热量也不断增加，当损耗转化的热能全部散发时，电动机的温度达到稳定。

如果电动机带某一负载连续工作时，只要其稳定温度接近并略低于绝缘材料所允许的最高温度，电动机得到充分利用且不过热，此时的负载称为电动机的额定负载，对应的功率即为电动机的额定功率。

正确选择电动机额定容量的原则，就是以电动机能够胜任生产机械的要求为前提，最经济、最合理地选取。决定电动机容量时，首先考虑电动机的发热，然后再考虑允许过载能力、启动能力。

电动机的额定功率是指，连续运行时，在正常的冷却条件下，周围介质温度是标准值（40°C）时所能承担的最大负载功率。电动机短时或断续工作时，负载可以超过额定值。如果提高散热能力，也可提高电动机的带负载能力；如果周围介质温度不同于标准值，应对额定功率进行校正。

根据电动机不同的工作制，按不同的、负载变化的生产机械负载图，预选电动机的功率，

在绘制电动机负载图的基础上进行发热、过载能力及启动能力的校验。

实际选择电动机容量时，经常采用统计法或类比法。

思考题与习题

8-1　电力拖动系统中电动机的选择包含哪些具体内容？

8-2　什么叫电机的最高允许温度？它与什么因素有关？

8-3　电动机运行时温升按什么规律变化？两台同样的电动机，在下列条件下拖动负载运行时，它们的起始温升、稳定温升是否相同？发热时间常数是否相同？

① 相同的负载，但一台环境温度为一般室温，另一台为高温环境。

② 相同的负载，相同的环境，一台原来没有运行，另一台是运行刚停下后又接着运行。

③ 同一环境下，一台半载，另一台满载。

④ 同一个房间内，一台自然冷却，另一台用冷风吹，都是满载运行。

8-4　同一台电动机，如果不考虑机械强度或换向问题等，在下列条件下拖动负载运行时，为充分利用电动机，它的输出功率是否一样？是大还是小？

① 自然冷却，环境温度为 40°C。

② 强迫通风，环境温度为 40°C。

③ 自然冷却，高温环境。

8-5　一台电动机原绝缘材料等级为 B 级，额定功率为 P_N，若把绝缘材料改为 E 级，其额定功率应该怎样变化？

8-6　一台连续工作方式的电动机额定功率为 P_N，如果在短时工作方式下运行时，其额定功率应该怎样变化？

8-7　确定电动机额定容量时主要考虑哪些因素？

8-8　对于短时工作的负载，可以选用连续工作方式设计的电动机吗？怎样确定电动机的容量？当负载变化时，怎样校核电动机的温升和过载能力？

8-9　连续工作负载下电动机容量选择的一般步骤是怎样的？

8-10　电动机周期性地工作 15 min，休息 85 min，其负载持续率 $FC = 15\%$ 对吗？它应属于哪一种工作方式？

8-11　一台离心式水泵，其流量为 720 m^3/h，扬程为 21 m，转速为 1 000 r/min，水泵的效率为 0.78，水的密度为 1 000 kg/m^3，传动机构效率为 0.98，水泵与电动机同轴连接。今有一台电动机，其功率 $P_N = 55$ kW，定子电压 $U_N = 380$ V，额定转速为 $n_N = 980$ r/min，问此电机是否能用？

第九章　电机实训

电机技能训练是高等职业技术学院培养学生动手能力的一项重要内容，也是培养高等应用型人才的一个重要环节。

本章供相关专业进行电机实训时使用。

一、实训项目

① 普通小型直流电机的检修。
② 普通小型交流电动机的检修。

二、实训目标

① 通过直流电机的专业技能训练，使学生掌握直流电机各构成部件的名称、结构、材料、作用及各部件之间的配合关系，独立完成普通小型直流电动机的解体和组装，且能根据直流电动机的检查内容对电动机进行检查，会使用兆欧表和电机短路测试仪，并能对电机检修组装后进行运行试验。

② 通过三相异步电动机的技能训练，使学生掌握三相异步电动机各构成部件的名称、结构、材料、作用及各部件之间的配合关系，完成三相异步电动机的解体和组装，能进行电动机一般故障检查，会测定定子绕组的首、末端，能正确使用兆欧表、电机短路测试仪，测定绕组的绝缘电阻和绕组匝间短路状况，能对电机检修组装后进行运行试验，能测定三相空载电流和检查运行状况。

三、工具设备

直流电机实验台、交流电机实验台、压缩空气设备、定温电热油槽、电热烘箱、轴承清洗专用设备、轴承拔出器、500 V 兆欧表、电机短路测试仪、钳型电流表、电桥、开口扳手、套筒扳手、手锤、木锤、黄铜棒、螺丝刀、钢板尺、游标卡尺、塞尺、弹簧秤、毛刷、石棉手套、内径百分表、外径千分尺。

四、时间安排

本章开设了两个实训项目，各学校可根据实训计划、台位和具体要求任意选择其中的实训项目，两个实训项目需要约两周的时间。

五、劳动态度及安全注意事项

① 实训中要认真、细心，严格操作程序。

② 注意人身安全，防止触电、碰伤、砸伤。

③ 工具仪表及电机部件摆放应整齐，不乱堆乱放，保持场地清洁。

④ 演练中要求思想集中，保证工具和电机部件不脱落，不人为损坏。

六、考核评分标准

考核评分标准按下表执行。

电机实践技能考核评分表

考核项目:　　　　工时定额:　　　　开始时间:　　　　结束时间:

班　　级:　　　　姓　　名:　　　　学　　号:　　　　实际用时:

项目	分数	考核内容及评分标准	每次扣分	扣分	得分
操作技能	70分	1. 操作、检查、测量、调整方法不当或错误	4分		
		2. 工序错乱	6分		
		3. 漏拆、漏检、漏修、漏测	6分		
		4. 零部件脱落、损伤	4分		
		5. 口述内容有遗漏、错误	4分		
		6. 工作中返工	10分		
		7. 作业后未按要求恢复、整理	3分		
		8. 按工艺要求，质量不符合规定	2分		
		9. 超过时间者（每分钟）	1分		
工具设备使用	15分	1. 工具、量具及设备开工前不检查、收工时不清理	3分		
		2. 工、量具及设备使用不当	3分		
		3. 工、量具脱落	3分		
		4. 工具、设备损坏（视情况而定）	6～15分		
劳动态度、安全生产	15分	1. 按规定着装不符合要求	3分		
		2. 违章或违反安全事项	4分		
		3. 训练不勤学苦练，缺乏创新意识	6分		
		4. 工作场地不整洁，工件、工具摆放不齐	2分		
合计	100分				

技能训练一　小型直流电机检修工艺

一、电机的解体

① 松开换向器检查孔盖的螺栓，取下换向器检查孔盖，把弹簧压在指板上，取出电刷。

② 松开换向器侧轴承外盖螺栓，取下轴承外盖。

③ 拆开定子绕组与刷架连线，并在接线端子上记上记号。

④ 在换向器侧端盖和机座上做适当记号，卸下换向器侧端盖紧固螺栓，在端盖周围用黄铜棒对称敲击，使其离开机座止口，取下端盖。注意：取端盖时不要碰伤绕组和换向器。

⑤ 在刷架圈和端盖上做适当记号，松开刷架圈紧固螺栓，并取下刷架圈。

⑥ 在轴伸侧端盖和机座上做适当记号，卸下轴伸侧端盖紧固螺栓，用黄铜棒在端盖周围对称敲击，并使其与机座止口分离。

⑦ 用手扶住电枢两端使其保持水平，并使定子和电枢轴线对齐，将电枢从轴伸端由定子内腔移出，置于电枢托架上。注意：移出时不得碰伤绕组和换向器。

⑧ 卸下轴伸端轴承外盖紧固螺栓，取下轴承外盖。将电枢立起，用黄铜棒对称轻敲其端盖，使它与轴承外圈分离，取下端盖。

⑨ 用轴承拔出器分别拔下两端轴承，取下轴承内盖。注意：拔出轴承时应使轴承内圈受力，保护中心孔。

二、清扫、检查

1. 吹扫、清洗

用 200 ~ 300 kPa 干燥的压缩空气吹扫电机定子、电枢，再用汽油、棉丝擦干净。换向器用白布沾酒精擦拭。注意：吹扫时风嘴距离绝缘部分应 > 150 mm。

2. 清扫、检查接线板装置

① 拆开接线板装置，用汽油清扫干净。

② 检查接线板装置。检查引接线、接线端子、接线螺栓、螺母及接线盒，如有不良应更新。要求：接线板应无裂纹、放电灼伤，引接线折损面积<10%，绝缘无破损、老化，接线端子良好，无过热。接线螺栓、螺母、垫圈齐全，胶皮垫圈完整。

③ 组装接线板装置。

④ 测查接线板绝缘电阻。要求绝缘电阻 > 50 MΩ。

3. 清洗检查轴承

（1）轴承清洗

① 新轴承准备。将轴承从纸盒中取出，然后连同紧贴轴承的油包纸放入电热烘箱内，在 90° ~ 100°C 温度下进行烘焙，时间 5 ~ 10 min。烘焙后取掉轴承上的油包纸。

② 洗前的准备（旧轴承必须先去掉外部油垢）。将轴承直接放入 70°C ~ 80°C 的变压器

油中加热，待油脂全部溶去后取出放在油箱上面的铁丝网上，滴净轴承上的附油。

③ 清洗及吹净。用钳子将轴承夹到汽油箱中，清洗去掉油垢后，再浸入汽油箱清洁汽油中洗净。用手握紧清洗过的轴承内外圈，用 200 ~ 300 kPa 干燥清洁的压缩空气对准轴承滚道部分的整个周围，依次缓慢地吹净。

（2）轴承检查

① 检查清洗状态。将轴承细心检查，如发现有沙粒或杂质者，说明该轴承未清洗干净，应重新清洗。

② 检查轴承滚道、保持架和滚珠状态，有无不良情况。轴承内外滚道、保持架及滚珠表面应无锈迹、划痕、烧伤、裂纹等。

③ 检查轴承。用手或工具穿入轴承内圈托住，使轴承内外圈转动，待自由停下，在此过程中观察轴承，其转动应灵活，如遇卡住或过松现象则不得使用。

④ 用内径百分表检查轴承内径尺寸，应符合公差要求。

4. 检查定子

① 用 500 V 兆欧表测量定子绕组对地绝缘电阻，绝缘电阻应 > 10 MΩ，否则应在 120°C 恒温下干燥 8 h 后再行测定。

② 检查磁极及其绕组。要求：磁极固定螺栓不得有松动现象，绕组不得松动，磁极垫片不得脱离、变形、裂纹，绝缘不得老化及破损。

③ 检查磁极连线、刷架连线。磁极连线、刷架连线应无过热、绝缘老化等不良现象，引接线折损面应<10%。

④ 测量各磁极极尖之间的距离。主极尖之间的距离相互偏差应<1 mm。

⑤ 主极极性。应使 N、S 交替布置。

5. 检查刷架圈装置

① 检查刷架圈及刷杆。刷架圈和刷杆绝缘柱应无裂纹。

② 检查刷握，刷握应无裂纹、无烧痕，刷握内孔应光洁无疵纹，用塞尺检查电刷在刷握内的间隙，轴向为 0.06 ~ 0.30 mm，圆周方向为 0.05 ~ 0.20 mm。

③ 检查刷握弹簧应无褪火、永久变形。

④ 检查刷握的绝缘电阻。绝缘电阻应 > 20 MΩ。

6. 检查电枢

① 用 500 V 兆欧表测量电枢对地的绝缘电阻，要求其绝缘电阻 > 5 MΩ，否则应在 100°C 恒温下干燥 4 h 后再行测量。若干燥后绝缘电阻仍不能达到标准，表明绝缘老化。

② 检查电枢铁芯及轴，要求：轴上无裂纹，电枢铁芯与轴、换向器与轴无松弛位移，轴径无拉伤。用外径千分尺检查轴颈尺寸，要求：轴伸柱 ϕ18，轴承柱 ϕ20。用游标卡尺检查键及键槽是否配合。

③ 用电机短路测试仪检查电枢绕组，不得有短路现象。

④ 检查换向器，要求：表面应光洁，无污斑，无毛刺，无拉伤，焊接良好，无甩锡现象。检查换向器云母槽，要求：云母片低于换向器表面 0.8 ~ 1.2 mm，槽内应清洁无异物。

⑤ 检查自冷风扇。自冷风扇应无裂纹、无变形，与轴配合无松动、位移。

7. 检查端盖、轴承内外盖

各零件无变形裂纹。

三、组　装

① 套装轴承。首先，将两侧轴承内盖分别套入轴上，接着将合格轴承平行推入轴承挡处，用轴承套管顶住内圈，用锤轻轻敲入（套装轴承时，应使轴承上有字码的一面朝外），套装轴承也可悬放入油槽中，在 90°C ~ 100°C 的油中预热，热套在轴上，在组装后用汽油冲洗轴承；将轴承润滑脂加入轴承及轴承内盖内，在轴承内盖内涂到 1/3 容积，在轴承内要塞满滚珠之间空间。

② 将轴伸端端盖对准套在轴伸端轴承的外圈上，用黄铜棒对称轻轻敲端盖四周，使轴承套入端盖轴承室。将轴承外盖内涂 1/3 容积的轴承润滑脂，并将其装在轴端，用螺栓紧固。

③ 用手扶住电枢两端使其保持水平，并使定子和电枢轴线对齐，将电枢移入定子内腔，对准记号用木锤轻轻敲打，使端盖和机座止口完全贴合，紧固盖端螺栓。注意：不得碰伤线圈和换向器。

④ 套入刷架圈，按规定位置将刷架圈固定在换向器侧端盖上。

⑤ 按记号套入换向器侧端盖，装入固定螺栓，用铜棒对称敲端盖，使其与机座止口完全贴合，用木锤轻敲轴端，转动电枢使其灵活，最后对称紧固螺栓。

⑥ 将轴承外盖内涂 1/3 容积的轴承润滑脂，套装在轴承上，上紧其紧固螺栓。

⑦ 安装调整好电刷，测量电刷压力及刷握距换向器间的间隙。要求：电刷压力为 9.8 ~ 11.7 N，间隙为 1.5 ~ 2.5 mm。

⑧ 试验运行后，再装上换向器观察孔盖，紧固螺栓。注意：装观察孔盖时，要使孔盖上的百叶窗向下倾斜。

四、试验与运行

① 试验前检查。第一，检查电机所有紧固螺栓，应紧固无松动，用手转动电机应灵活，电刷应能在刷盒内上下自由移动，电刷与换向器接触面 > 3/4 表面；第二，检查换向器，其表面应清洁光滑，云母槽内无异物，云母片低于换向片 1 ~ 1.5 mm。

② 用 500 V 兆欧表测量电机对地绝缘电阻，绝缘电阻应大于 5 MΩ。注意：测量绝缘电阻时应把接线盒所有接线柱用导线连在一起。

③ 测量绕组的直流电阻。测量的电阻值通过换算，在 20°C 时的阻值与制造厂提供的数值之差不超过 10%（实训时也可与其他电机比较），可判断绕组是否断线或短路。

④ 采用感应法调整电刷中性线的位置。首先将电枢绕组两端接毫伏表，励磁绕组两端通过开关和限流电阻接低压直流电源，调整接通和断开电机的励磁电流应小于 1/10 额定电流。操作开关，交替接通和断开电机的励磁电流，看毫伏表是否摆动，若指针随开关的接通或断开而摆动，说明电刷不在中性线上，此时应松开刷架圈的固定螺栓，调整刷架圈位置。重复这个试验，逐步调整刷架圈位置，使指针摆动最小直至不动，电刷位置即在中性线上。

⑤ 耐压试验。加上工频交流电 1 500 V，要求 1 min 内不击穿（根据设备情况可降低电

压或不做此项检查）。

⑥ 接通电源，电机连续启动数次，并进行运转试验，监听轴承声响。要求：启动运转无异常；电机无剧烈振动，轴承转动应平稳轻快，无停滞现象；声音均匀和谐，无任何不正常的杂音。

⑦ 改变不同接法观察电机转向。一种是主极连接改变；另一种是电枢连接改变。

⑧ 调速。改变电枢两端电压，测量不同电压时的转速。注意：并励电动机调压时，应使励磁绕组电压不变。

⑨ 电机运行中观察换向器火花，要求换向器火花等级不超过 $1\frac{1}{4}$ 级。若发现火花超过规定，应查明原因，并进行处理。

技能训练二　小型交流电动机检修工艺

一、解　体

① 将风罩及外风扇拆下。

② 将轴伸端轴承外盖螺栓拆下，取下其轴承外盖。

③ 在轴伸端端盖和机座上做好适当记号，拆下轴伸端端盖螺栓，用黄铜棒对称敲其端盖，使其与机座止口分离，取下端盖。

④ 在风扇端端盖和机座上做好适当记号，拆下风扇端端盖螺栓，用黄铜棒对称轻敲，使端盖与机座止口分离。

⑤ 托起前端轴，使转子保持水平位置，和风扇端端盖一起从定子内腔抽出。

⑥ 拆下风扇端端盖上的轴承外盖螺栓，取下轴承外盖。

⑦ 从转子上取下风扇端端盖。

⑧ 卸下两端滚动轴承（可根据需要拆卸轴承）。

⑨ 取下轴承内盖。

二、清扫、检查

① 用 200 ~ 300 kPa 干燥压缩空气吹扫定子和转子，再用汽油、棉丝擦拭干净。吹扫时风嘴距绕组距离应 > 150 mm。

② 检查接线板装置。第一，拆下接线板装置用汽油清洗干净，检查接线板应无裂纹、无放电灼伤等现象；第二，检查引接线、接线端子、接线螺栓，引接线绝缘应无破损老化，引接线折损面积应 <10%，接线端子良好无过热，螺栓、螺母应齐全；第三，组装接线板装置，测量接线板对地绝缘电阻应大于 50 MΩ。

③ 检查定子。第一，检查机座，机座应无破损、裂纹；第二，检查定子铁芯，定子铁芯与机座之间应无松弛、位移；第三，检查定子绕组绝缘，端部绑线及槽楔、定子绕组应无破

损、无老化过热现象，绑线牢固，槽楔完好，无松动脱落；第四，用电机短路测试仪测量定子绕组，不能有短路现象；第五，用 500 V 兆欧表测量定子绕组对地及相间绝缘电阻，定子绕组不能接地，相间不能短路，绝缘电阻应大于 10 MΩ；第六，用指南针法检查极相组之间连接是否正确，将定子绕组 3 个首端 U_1、V_1、W_1 相连在一起，末端 U_2、V_2、W_2 也连在一起，在两端施加低压直流电源，用指南针沿着定子铁芯内圆移动，指南针经过各极相组时方向交替变化，表明接线正确，如果经过相邻的极相组时指南针方向不变化，表示极相组间接线错误，若指针方向变化不明显，可适当提高电源电压。

④ 清洗检查轴承（与小型直流电机轴承检查相同）。

⑤ 检查转子。第一，检查转子铁芯，铁芯应无松动、位移，无扫膛现象，铁芯槽部无烧痕；第二，检查转子铸铝导条、端环，用电机短路测试仪检查转子导条、端环，应无断条开裂；第三，检查平衡块，平衡块应牢固无脱落；第四，检查轴拉伤情况及轴键槽状态，轴拉伤面积应不大于 15%，深度应不大于其轴径的 2%，轴键槽完好，无变形损伤、毛刺现象。

⑥ 检查端盖和轴承内外盖，各零件无变形裂纹。

⑦ 检查自冷风扇，应无裂纹、变形，与轴配合无松动。

三、组　装

① 套装轴承。将两侧轴承内盖分别套在轴上；将轴承有字码的一方朝外，平行推入轴承挡处，用轴承管顶住内圈，用锤敲入至轴承挡处；将轴承润滑脂加入轴承及轴承的内盖内，在轴承内盖涂 1/3 容积，在轴承内尽量塞满滚珠之间空间。

② 套装风扇端端盖，用铜棒对称轻敲端盖四周，使轴承套入端盖轴承室内。先在轴承外盖内涂 1/3 容积的轴承润滑脂，然后套装轴承外盖，并用螺栓紧固。

③ 将转子托平与定子轴线对齐，平行移入定子内腔，并按记号对准。装入螺栓，用铜棒对称轻敲使端盖与机座止口贴合，紧固螺栓。注意：装入转子时不要碰伤绕组。

④ 按记号装入轴伸端端盖，装入螺栓。用铜棒或木锤对称轻敲端盖，使其与机座止口贴合，紧固螺栓。

⑤ 在轴承外盖内涂 1/3 容积的轴承润滑脂，套入轴端，并用螺栓紧固。

⑥ 安装好端盖。用木榧（或铜棒）对称轻敲，均匀紧固螺栓，同时用木榧轻敲轴端，用手转动轴，使其灵活，无摩擦声，最后紧固端盖螺栓。

⑦ 安装自冷风扇和风罩。

四、试验及运行

1. 试验前的检查

① 检查电机所有的紧固螺栓，用手转动电机应灵活。

② 用兆欧表检查定子绕组相间是否短路，绕组是否接地。

③ 检查定子绕组的始端和末端。先用万用表测出各相绕组的两个端子，将其中的任意两相绕组串联，施加单相低电压 $U = 80 \sim 100$ V，注意电流不应超过额定值，测第三相绕组的

电压，如测得的电压有一定读数，表示两相绕组是末端与首端相连；反之，如测得的电压近似为零，则表示两相绕组是末端与末端（或首端与首端）相连。用同样的方法测出第三相绕组的首、末端。

2. 用 500 V 兆欧表检查电机绝缘电阻

绝缘电阻应 > 10 MΩ。注意：测定时应把电机三相绕组的 6 个端子用导线连在一起进行测定。

3. 用电桥测定三相绕组冷态下的直流电阻

各相电阻之误差与三相平均值之比不应大于 5%。否则电阻较大的一相可能有断线故障。

4. 耐压试验

加上正弦波工频交流电 1 500 V，要求在 1 min 内不击穿（练习试验时，试验电压可降低）。

5. 电机启动试验

接通三相电源，启动数次，监听轴承声音，观察机组振动状态。要求：电机启动正常，运行轻快，轴承无杂音。

6. 空载试验

电动机轴上不带机械负载，定子绕组施加对称三相额定电压，测定三相空载电流是否平衡，三相中的任何一相的空载电流值与三相电流平均值的偏差不大于平均值的 10%。

7. 试运行

定子绕组施加对称三相电压，采用自耦变压器启动，不带负载，在额定电压下运行半个小时以上。测量电机空载电流，观察电机是否发热、轴承温升情况和轴承运行中的声音，要求：空载电流要平衡，铁芯不过热，轴承不过热，轴承声音均匀和谐，无杂音。

参考文献

[1] 张晓江，顾绳谷. 电机及拖动基础. 北京：机械工业出版社，2016.
[2] 彭鸿才. 电机原理及拖动. 北京：机械工业出版社，2011.
[3] 汤蕴璆. 电机学. 北京：机械工业出版社，2014.
[4] 胡敏强，等. 电机学. 北京：中国电力出版社，2014.
[5] 李发海，等. 电机学. 北京：科学出版社，2013.
[6] 张方. 电机及电力拖动. 北京：中国电力出版社，2008.
[7] 修春波，等. 电机及电力拖动. 北京：中国电力出版社，2016.
[8] 李光中，等. 电机及电力拖动. 北京：机械工业出版社，2013.
[9] 张全，等. 电机及拖动. 上海：复旦大学出版社，2015.
[10] 任艳君. 电机与电动. 北京：机械工业出版社，2011.